职业教育新形态系列教材

地质学基础

Dizhixue Jichu

杨加庆　孟石荣　黄茜蕊　**主　编**
　　　　　杨德敏　向云刚　**副主编**

图书在版编目(CIP)数据

地质学基础 / 杨加庆,孟石荣,黄茜蕊主编. -- 武汉：中国地质大学出版社,2024.8.
ISBN 978-7-5625-5935-1
Ⅰ. P5

中国国家版本馆 CIP 数据核字第 2024W0Q884 号

地质学基础			杨加庆　孟石荣　黄茜蕊 **主编**
责任编辑:张旻玥	选题策划:张　琰　张旻玥		责任校对:武慧君
出版发行：中国地质大学出版社(武汉市洪山区鲁磨路388号)			邮政编码:430074
电　　话：(027)67883511	传　真:67883580		E-mail：cbb@cug.edu.cn
经　　销:全国新华书店			https://cugp.cug.edu.cn
开本:787毫米×1092毫米 1/16		字数:439千字	印张:19
版次:2024年8月第1版		印次:2024年8月第1次印刷	
印刷:武汉市籍缘印刷厂			
ISBN 978-7-5625-5935-1			定价:68.00元

如有印装质量问题请与印刷厂联系调换

前　言

地质学基础是地质类和资源勘查类专业学生最早接触的最重要的地质学课程，是学生在有限学时内掌握地质知识、培养地质思维的关键课程，是引导学生进入地球科学殿堂的钥匙，在培养学生专业思维、专业兴趣及后续专业课程学习等方面发挥着重要的作用。本书的主要内容是有关地球和地壳的物质组成，结构和构造，动力地质作用原理与作用过程，地质环境与地质资源，以及地壳的演化发展历史。本教材努力反映地质科学认识和思维的基本规律，反映学科的发展和最新成就。在内容上重点突出动力地质作用、物质组成、地质环境与地质资源，强调地壳和岩石圈的特征与意义，把地质作用及其结果紧密联系起来。

本书旨在介绍基本知识、基本原理和基本方法，尤其着重阐述主要原理和概念。在确保全书体系完整和重点突出的前提下，力求做到内容简明扼要，精炼准确，概念清楚，语言通俗易懂。

本书是高等职业院校资源勘查类专业、地质类专业及其相关专业的入门教材。本书内容包括地球的形成、物质组成与演化，内外动力地质作用，资源与环境等三大部分。

本书不仅适用于高等职业院校资源勘查类专业、地质类专业等选用教材，也可供环境工程、水土保持、国土资源调查与管理、基础工程技术等专业选用教材，还是相关专业和地球科学爱好者首选的参考书；也可供地质工作人员参考学习。

本书由云南国土资源职业学院杨加庆、孟石荣、黄茜蕊任主编，杨德敏、向云刚任副主编。杨加庆负责学习情境一、学习情境四学习任务一、学习情境四学习任务六、学习情境五、学习情境六的编写，孟石荣负责学习情境三、学习情境四学习任务二、学习情境四学习任务三、学习情境四学习任务四、学习情境四学习任务五、学习情境四学习任务八的编写，黄茜蕊负责学习情境二、学习情境四学习任务七的编写，杨德敏、向云刚负责学习情境七、学习情境八的编写，张伟参加了部分内容的编写。全书由杨加庆统编定稿。

本教材的编写参考了地质调查相关规范，书中引用了大量前人的工作成果，同时还引用了部分网络资料。本教材编写过程中还得到了云南国土资源职业学院教务处、资源环境学院的大力支持和帮助，编者在此一并表示衷心感谢！

"日日行，不怕千万里；常常做，不怕千万事。"

——清·山阴金先生《格言联璧·处事》。

编　者
2024 年 6 月

目　　录

学习情境一　地质学的研究内容、任务和方法 ·· 1
  一、地质学的研究对象 ··· 1
  二、地质学的研究内容 ··· 2
  三、地质学的研究方法 ··· 2
  四、地质学的研究意义与任务 ··· 4
  五、地球系统与地质作用 ·· 4
 本学习单元小结 ··· 8

学习情境二　认识地球 ··· 9
 学习任务一　认识地球的形态 ·· 9
  一、地球在宇宙中的位置 ·· 9
  二、地球的形状和大小 ··· 10
  三、地球的表面形态 ··· 11
 学习任务二　认识地球的圈层构造 ··· 14
  一、地球的外部圈层 ··· 14
  二、地球的内部圈层 ··· 15
 学习任务三　认知地球的物理性质 ··· 18
  一、密度 ··· 18
  二、地球的重力 ·· 18
  三、地球内部的压力 ··· 19
  四、地球内部的温度 ··· 19
  五、地球的磁性 ·· 20
  六、地球的弹性和塑性 ··· 21
 学习任务四　认识地球的物质组成 ··· 21
  一、地壳的物质组成 ··· 21
  二、地幔的物质组成 ··· 26
  三、地核的物质组成 ··· 26
 学习任务五　认识地球的年龄和地质年代 ··· 26
  一、相对年代的确定 ··· 26

  二、绝对地质年代的确定 ··· 29
  三、地球的年龄 ··· 30
  四、地质年代表 ··· 30
 本学习单元小结 ··· 34

学习情境三　认识矿物 ·· 36
 学习任务一　认识矿物的形态 ··· 36
  一、晶体 ··· 36
  二、非晶体 ··· 37
  三、准晶体 ··· 37
 学习任务二　认识矿物的鉴定特征 ··· 38
  一、矿物的形态 ··· 38
  二、矿物的物理性质 ··· 38
 学习任务三　认识常见矿物 ·· 41
  一、矿物的分类 ··· 41
  二、常见矿物 ··· 43
 学习任务四　认识矿物的用途 ··· 47
  一、工业原料 ··· 47
  二、矿物材料 ··· 47
  三、药用矿物 ··· 48
  四、环境示踪矿物 ··· 49
 本学习单元小结 ··· 49

学习情境四　认知外动力地质作用及其产物 ·· 51
 学习任务一　认知风化作用 ·· 51
  一、概述 ··· 51
  二、风化作用的类型 ··· 52
  三、影响风化作用的因素 ··· 56
  四、风化作用的产物 ··· 58
 本学习单元小结 ··· 60
 学习任务二　认知地面流水的地质作用 ··· 61
  一、地面流水概述 ··· 62
  二、地面暂时性流水的地质作用 ··· 63
  三、河流的地质作用 ··· 66
  四、影响河流地质作用的因素 ··· 78

本学习单元小结 …………………………………………………………………………… 81
　学习任务三　认知地下水的地质作用 …………………………………………………… 82
　　一、地下水概述 …………………………………………………………………………… 83
　　二、地下水的类型 ………………………………………………………………………… 86
　　三、地下水的地质作用 …………………………………………………………………… 89
　　本学习单元小结 …………………………………………………………………………… 96
　学习任务四　认知冰川的地质作用 ……………………………………………………… 97
　　一、冰川的形成、类型与运动 …………………………………………………………… 98
　　二、冰川地质作用 ………………………………………………………………………… 102
　　三、冰水地质作用 ………………………………………………………………………… 106
　　四、冰期与间冰期 ………………………………………………………………………… 107
　　本学习单元小结 …………………………………………………………………………… 108
　学习任务五　认知风的地质作用 ………………………………………………………… 109
　　一、概述 …………………………………………………………………………………… 109
　　二、风的剥蚀与搬运作用 ………………………………………………………………… 110
　　三、风的沉积作用 ………………………………………………………………………… 115
　　本学习单元小结 …………………………………………………………………………… 120
　学习任务六　认知海洋的地质作用 ……………………………………………………… 121
　　一、海洋概况 ……………………………………………………………………………… 121
　　二、海洋的剥蚀作用 ……………………………………………………………………… 128
　　三、海洋的搬运作用 ……………………………………………………………………… 132
　　四、海洋的沉积作用 ……………………………………………………………………… 133
　　本学习单元小结 …………………………………………………………………………… 142
　学习任务七　认知湖沼的地质作用 ……………………………………………………… 144
　　一、湖泊的类型 …………………………………………………………………………… 144
　　二、湖泊的地质作用 ……………………………………………………………………… 147
　　三、沼泽及其地质作用 …………………………………………………………………… 151
　　本学习单元小结 …………………………………………………………………………… 153
　学习任务八　认知成岩作用及认识常见沉积岩 ………………………………………… 154
　　一、固结成岩作用 ………………………………………………………………………… 154
　　二、沉积岩的特征 ………………………………………………………………………… 156
　　三、代表性沉积岩 ………………………………………………………………………… 165
　　本学习单元小结 …………………………………………………………………………… 169

学习情境五　认知内动力地质作用及其产物 …… 171

学习任务一　认知岩浆作用及认识常见岩浆岩 …… 171
一、岩浆及岩浆作用的概念 …… 171
二、岩浆岩的基本特征 …… 178
三、代表性岩浆岩 …… 183
本学习单元小结 …… 184

学习任务二　认知变质作用及认识常见变质岩 …… 186
一、变质作用概述 …… 186
二、变质岩的特征 …… 189
三、变质作用类型及其代表性变质岩 …… 192
本学习单元小结 …… 196

学习任务三　认知构造运动及认识地质构造 …… 197
一、构造运动 …… 198
二、地质构造 …… 203
三、板块构造与造山运动 …… 216
本学习单元小结 …… 229

学习任务四　认知地震 …… 231
一、概述 …… 231
二、地震的强度 …… 232
三、地震的成因类型 …… 235
四、地震分布规律 …… 237
本学习单元小结 …… 238

学习情境六　认识地球演化历史 …… 240

学习任务一　认识地球演化的时期 …… 240
一、地球的天文时期 …… 240
二、前寒武纪时期 …… 241
三、显生宙时期 …… 246

学习任务二　认识地质历史时期的生物爆发与灭绝 …… 257
一、生物大爆发 …… 257
二、生物大灭绝 …… 258
本学习单元小结 …… 260

学习情境七　认识地质环境与地质灾害 …… 262
一、城市兴衰与地质环境 …… 262

二、废物处置的地质环境 ··· 264
　　三、常见的地质灾害 ··· 266
　本学习单元小结 ··· 272

学习情境八　认识地质资源 ··· 273
学习任务一　认识矿产资源 ··· 273
　　一、矿产资源的分类 ··· 274
　　二、矿体、围岩和矿床 ··· 274
　　三、矿石与品位 ··· 275
　　四、矿床的成因分类 ··· 275
　　五、我国矿产资源的特点 ··· 277
学习任务二　认识土地资源 ··· 278
　　一、土地与土地资源 ··· 278
　　二、土地资源的分类 ··· 278
　　三、我国土地资源的特征 ··· 279
　　四、土地资源现状 ··· 280
学习任务三　认识地下水资源 ··· 281
　　一、地下水资源含义 ··· 281
　　二、地下水资源的特性 ··· 282
　　三、地下水资源分类 ··· 284
学习任务四　认识地质景观资源 ··· 284
　　一、地质景观资源的含义 ··· 284
　　二、地质景观的类型 ··· 285
　本学习单元小结 ··· 291

主要参考文献 ··· 293

学习情境一　地质学的研究内容、任务和方法

●**学习目标**　了解地质学研究的意义及发展方向,熟悉地质学的研究特点、研究方法和地质学的任务,掌握地质学概念、研究对象、研究内容,地质作用的定义、能量来源及分类。能够深刻领会地质工作在人类社会经济发展和人们美好生活中的重要作用。

●**知识目标**　掌握地质学和地质作用的概念,地质学的研究对象、研究内容和研究方法;领会地质作用特征及其分类。

●**思政目标**　引导学生具有"将今论古""以古论今,论未来""时、空、物、能量变动论"的地质思维;树立"三光荣、四特别"的专业精神和劳动观,涵养为国家、为人民、为社会服务的人生价值。

一、地质学的研究对象

地质学的研究对象是地球,是研究地球及其演变的一门自然学科,是研究地球的物质组成、结构构造、地球形成与演化历史以及地球表层各种作用、各种现象及其成因的学科。目前主要研究范畴为地球的固体硬壳——地壳或岩石圈。地质学与数学、物理、化学、生物、天文学被列为自然科学六大基础学科。

地球自形成以来,经历了约46亿年的演化过程,进行过错综复杂的物理、化学变化,同时还受天文变化的影响,所以各个层圈均在不断演变。约在35亿年前,地球上出现了生命现象,于是生物成为一种地质营力。在200万~300万年前,开始有人类出现,人类为了生存和发展,一直在努力适应和改变周围的环境,利用坚硬岩石作为用具和工具,从矿石中提取铜、铁等金属,对人类社会的历史产生了划时代的影响。

地质学的产生源于人类社会对石油、煤炭、金属、非金属等矿产资源的需求,由地质学所指导的地质矿产资源勘探是人类社会生存与发展的根本源泉。随着社会生产力的发展,人类活动对地球的影响越来越大,地质环境对人类的制约作用也越来越明显。如何合理有效地利用地球资源、维护人类生存的环境,已成为当今世界所共同关注的问题。因此,地质学研究领域进一步拓展到人地相互作用。

英国地质学家莱伊尔(1797—1875)于1830—1833年分三卷相继出版了论著《地质学原理》,被认为是现代地质学的诞生标志,莱伊尔被誉为"现代地质学之父"(图1-0-1)。

图1-0-1　莱伊尔

二、地质学的研究内容

地质学的研究内容主要包括以下几个方面。

1. 组成地球的物质

目前深入研究的是组成地壳和上地幔的物质,主要包括元素、矿物、岩石(包括矿石和矿床)、不同尺度物质的存在形式、特征、形成条件、分布规律及其利用。研究这方面的分支学科有结晶学、矿物学、岩石学、矿床学、地球化学等。

2. 物质的组成方式、形成、演化与分布

主要阐明地壳以及地球内部的结构、构造特征,阐明其分布特征、形成条件与演化规律。研究这方面的分支学科有构造地质学、区域地质学、地球物理学等。

3. 地球的历史

地球形成至今已有46亿年,其中36亿年以来的形成与演化历史是重点研究对象。研究这方面的分支学科有古生物学、地史学、岩相古地理学、第四纪地貌学等。

4. 应用问题

涉及工程、水文、探矿、环境、灾害、城市、农业、旅游等方面的研究。如水文地质学研究地下水的分布、找寻、开发和利用;工程地质学研究与道路、大坝、桥梁、隧道、城市工程、建筑等建设有关的地质条件,以保证工程的稳固与安全;地震地质学研究地震发生的地质背景与分布规律,为预报地震服务;环境地质学研究影响环境的地质因素,为提高环境质量、保护环境和人类健康服务。此外,还有煤田地质学、石油地质学、铀矿地质学等应用学科。

三、地质学的研究方法

1. 野外调查

野外调查是地质研究的基础和出发点。地质现象是地质作用的结果或产物,只有通过对地质现象的观察,才能找出地质作用的特点与规律。因此,野外调查便是研究地质作用的前提和基础,大自然是最好的地质博物馆,在某种意义上也是实验室。

2. 实验模拟

对野外采集的样品进行实验分析,以确定岩石、矿物的化学组成和物理性质,追溯其形成条件和形成原因。同时,还要进行同位素年龄测定、古地磁测量、古生物化石鉴定、微体化石分析及其他测试,从不同角度提供有价值的信息,综合这些信息和其他成果,得出相应的地质学结论。

为验证所获得的地质结论,通常要进行模拟实验,即仿照实际地质资料,在给定的边界条件、物理化学条件、力学条件及其他条件下,以适当的材料和方式重现地质作用过程,获得必要的数据,借以证实地质结论的可靠性。这一方法包括一般模拟(如泥巴试

验)、数学模拟、计算机模拟、高温高压实验等。

3. 现实类比与历史分析法

理论研究建立在丰富的地质事实和数据的基础之上。这是一个由表及里,由此及彼,去粗取精,去伪存真,由感性认识上升到理性认识的过程。在这一过程中要具有地质思维,地质思维就是要运用地球系统科学知识和原理去研究问题。

◆ **将今论古** 这一方法论的基本思想是:"现在是认识过去的钥匙",即用现在正在发生的地质作用去推测过去、类比过去、认识过去。如现在的河流将大量的泥沙带到海盆中沉积下来并形成有一定特征的沉积物,因而过去的河流也应有类似的作用,形成类似特点的岩石。干旱区内陆盐湖里有各种盐类矿物沉淀并形成盐层,因而古代岩石中所见的盐层也应该是在干旱条件下形成的。"将今论古"是地质学的传统思维方法,地质学成果很大程度上是建立在这一方法论之上的。但是随着人们对客观现象认识的深入,发现不同地质时期内条件是不同的,地质作用的规律也有相应的变化,现在并不是简单地重复着过去;因而不能将过去的地质作用规律和现代正在进行的地质作用规律机械地等同起来。如海百合现在只生长在深海,但是在数亿年前,海百合与造礁珊瑚等典型的浅海生物生活在一起。

◆ **以古论今,论未来** 是地质思维中另一个重要的方法论。因为人们今天能够直接加以观察的地质作用往往只是漫长的地质作用过程中的一个片段,而在过去的地质记录中往往保留了某一地质作用的全部过程。因此,认识了过去就能够帮助我们更好地了解现在并且预测未来。譬如,地质时期气候的冷暖变化是有周期性的,这在深海海底沉积物中留下了清楚的记录,研究这些沉积记录就能够帮助我们去预测未来(如1000年内)气候变化的趋势。

◆ **活动论** 是当代地质学研究的指导理论。大陆、海洋不是固定不变的,而是不断活动和演变的。除了岩浆活动导致岩石圈隆起—沉降之外,地球浅层活动主要表现为水平运动。现在看到的洋陆面貌是地质历史期间大规模、长距离裂解或运移—聚合的结果,比如现在的地中海,是地质历史期间特提斯洋俯冲—关闭的残迹;而现在的红海,则是因非洲大陆裂解而形成的一个狭长形海盆。固定不变的认识是不对的,必须实事求是地去看待和认识地球。

4. 综合分析法

由于地质现象的复杂性和我们认识的局限性,综合分析方法在地质研究中的运用是必不可少的。所谓综合分析方法,就是在分析的基础上,把研究对象的各部分、各侧面和各种因素联系起来进行考察,将简单要素还原为复合要素,将部分还原为整体的科学研究方法。这种方法对复杂多变的地质现象研究有重要意义,例如,只有综合考虑岩性、古生物化石、接触关系、地球化学特征、含矿性、同位素年龄等才能正确划分地层,只有进行岩石学、地层学、构造地质学、地质制图的综合研究才能确定某一地区的大地构造性质和类型,让研究结论更加接近实际。

四、地质学的研究意义与任务

地质学是自然科学的重要分支。由于它的研究对象是人类的家园,所以它的研究无论在理论上还是实践上都有重大意义。

在理论上,地质学处在自然科学某些论战的前沿,担负着解决某些关键问题的重大使命。例如,关于天体起源问题,地球可提供最直接、生动、可靠的依据,为此要测定地球年龄,寻找最古老的地壳;关于生命起源问题,涉及地球上最古老的生物、最早的环境、最初的物理化学过程;关于生物的大规模绝灭,涉及古环境、古气候、地壳运动、天体运动以及古生物自身的演化规律;关于大陆的移动、海陆变迁、地壳升降的规律和原因以及气候的变迁、冷暖变化的规律和原因等;所有这些,都必须在地质学家的深入研究基础上才能得到解决。

在实践中,地质学解决与人类生活息息相关的重大问题,其任务是:

(1) 各种矿产资源的寻找。矿产资源是国民经济和人类生活的基础,无论黑色金属、有色金属还是非金属,无论是能源矿产、建筑材料,还是地下水,都必须通过地质工作才能获取。

(2) 解决工程地质问题。地质工作是一切工程建设的前提,它确保了施工的质量和安全。例如三峡大坝的建设,地质工作是基础。

(3) 预防自然灾害。地球上的自然灾害许多与地质学有关,例如地震、滑坡、泥石流、火山喷发、地面沉降、海水倒灌等,地质学能探索其规律和原因,提出预防措施。

(4) 改善人居环境,提高人民生活水平。这是社会发展不断为地质学提出的新课题,为此要进行环境地质、旅游地质、城市地质、农业地质等研究。

因此,地质学在实践中始终站在国民经济的前沿,涉及现代生活的一系列敏感课题。现代地质学已经将自己的研究领域从大陆扩大到深海、从地表扩大到深地、从地球扩大到深空,并与其他学科互相渗透,共同发展,已成为人类认识自然、利用自然、改造自然的有力武器。

五、地球系统与地质作用

(一) 地球系统

进入 21 世纪,地球科学发展到"地球系统科学"的新阶段,强调地球岩石圈、水圈、大气圈和生物圈之间的相互作用,进而从整体地球系统的视野,对地球各圈层的相互作用过程和机理进行研究。当前更多的对地观测体系(卫星、地表台站等),更细的时空分辨率以及更强的数据处理(超级计算机),正逐渐促进人类对地球的科学认知,增强人类适应全球环境变化的能力,并服务于可持续发展。

1. 地球系统的构成

地球系统是指由大气圈、水圈(含冰冻圈)、地圈(含地壳、地幔和地核)、土壤圈和生物圈(包括人类)组成的有机整体(图1-0-2)。地球系统科学主要研究各圈层的物质组成、结构分布、各圈层内部及之间一系列相互作用过程和形成演变规律,以及与人类活动相关的全球变化,为人类认知地球和绿色可持续发展提供科学支撑,以应对全球环境变化所带来的挑战。地球系统科学研究的空间范围从地心到地球外层空间,时间尺度从瞬间到46亿年。

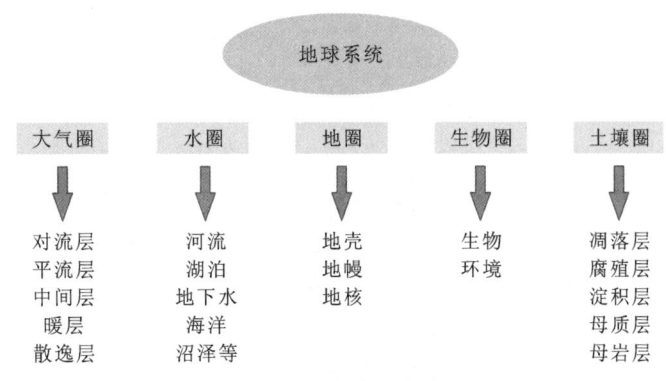

图1-0-2 地球系统关系

2. 地球系统的能量来源

地球系统的演化主要受内动力地质作用和外动力地质作用的共同驱动,其主要有两个能量输入体系。一是太阳在核聚变过程中向太阳系释放的太阳辐射能量,直接影响着地球气候变化、生物光合作用和岩石风化剥蚀作用等地球表层系统过程,是外动力地质作用最主要的能量供给;二是地球内部放射性物质衰变、物质向地球深部迁移释放的重力势能和矿物结晶等释放的热量,对大陆漂移、海底扩张、板块运动、岩浆活动、地震作用、变质作用和构造运动等过程产生影响,是内动力地质作用最主要的能量供给。

3. 地球系统的时空特征

地球作为一个由多时空尺度过程构成的复杂巨大系统。在空间上表现为多圈层体系,地球各圈层(地圈—土壤圈—大气圈—水圈—生物圈)、各过程(生物过程、物理过程、化学过程)、各要素(如山水林田湖草沙)之间相互作用、相互联系、连锁响应。地球系统科学将大气圈、生物圈、土壤圈、地圈作为一个系统,通过大跨度的学科交叉,构建地球的演变框架,理解当前正在发生的过程和机制,预测未来几百年的变化。地球系统科学的研究对象,在空间尺度上可以从分子结构到全球尺度,在时间尺度上可以从数亿年的演化过程到瞬间的破裂变形。

(二) 地质作用

1. 地质作用的分类

由自然力引起地球的物质组成、内部构造、地表形态等不断变化和形成的作用,通称地质作用,导致地质作用发生的力称为地质营力。力是能的表现,按照能的来源不同,分为两类:

一类来自地球外部,如太阳辐射热、日月引力能、陨石撞击能、潮汐能、生物能等,称为外地质营力;另一类来自地球内部,如内热能、重力能、地球旋转能、化学能、结晶能等,称为内地质营力,根据地质营力的来源将地质作用分为内力地质作用和外力地质作用两类(图1-0-3)。

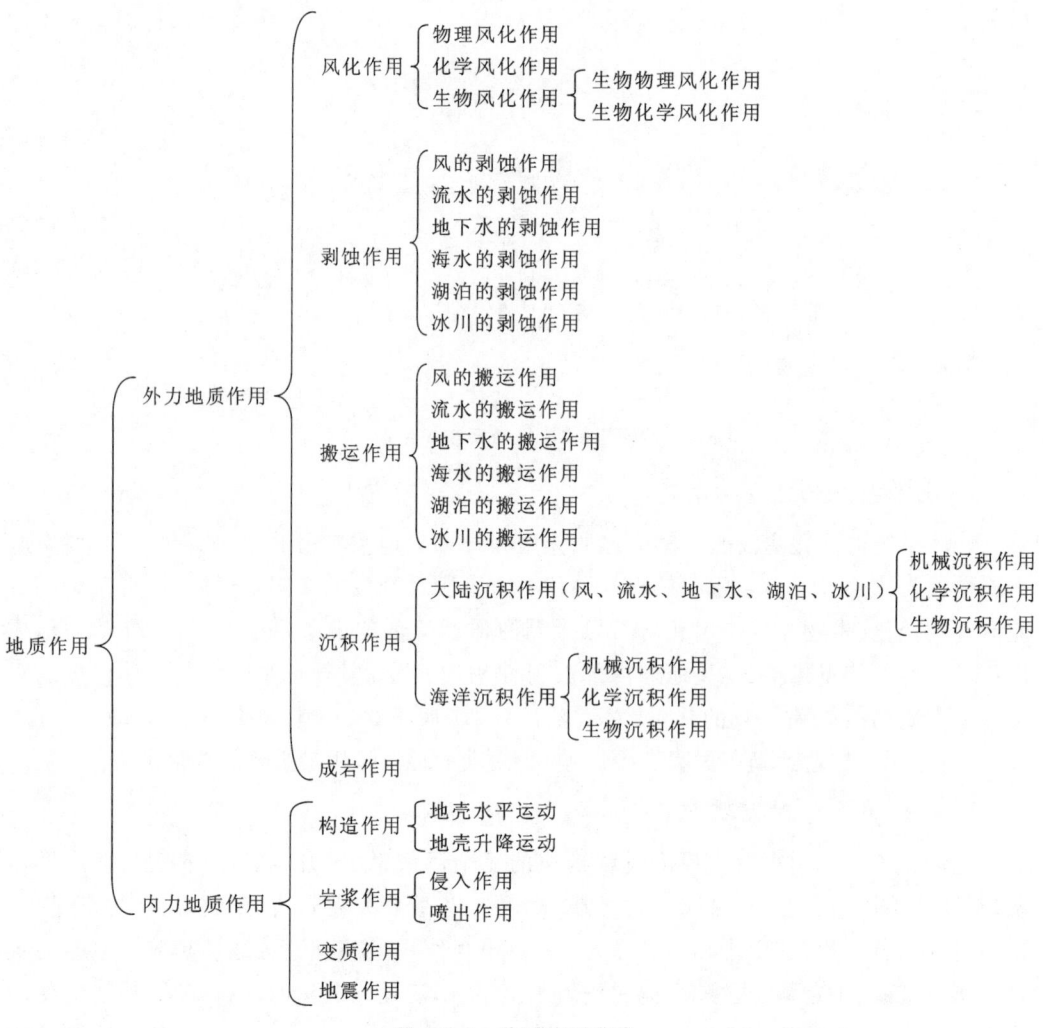

图 1-0-3 地质作用分类

内力地质作用主要作用于地球的内圈并最终反映到地壳,其作用形式主要有岩浆作用、构造作用、地震作用、变质作用等方式。外力地质作用主要作用于地球的外圈和地球的表层系统,通过大气、水、生物、温度等因素引起地球表层的变化,其作用形式主要有风化作用、剥蚀作用、搬运作用、沉积作用、成岩作用,并对地球的表层系统进行塑造。

2. 内力地质作用与外力地质作用的关系

内力地质作用与外力地质作用是互相区别又互相联系的。内力地质作用主要在地下深处进行,例如,它使岩石圈发生变形,使岩石发生褶皱和断裂,甚至导致地震,使岩石重熔或岩浆上侵,形成岩浆岩和变质岩,但也常常波及地表,造成岩石圈分裂、融合、变位、漂移,形成海洋盆地和大陆高山及区域性地面起伏等,控制着地球表面形态的基本轮廓。外力地质作用主要在地表或近地表进行,总的趋势是降低地面起伏即"削高填低",同时塑造局部地表形态。内力地质作用越强烈、地面隆升越厉害的山脉地区,往往也是外力地质作用发育、剥蚀作用盛行的地区。由于内、外力地质作用均有重力能的参与,所以外地质营力的变化也可促进内力地质作用的发生,例如,一个长期持续下陷(内力地质作用为主)的低洼地带,在外力地质作用下将长期持续地沉积,其下部的岩石在上部重力能的作用下,有利于在地下深处环境中发生区域变质作用、混合岩化作用,甚至被熔融成岩浆;再如,大陆冰川的融化(卸载作用)可导致地壳上升运动的发生。

内力地质作用和外力地质作用往往是同时产生,相辅相成、互相影响。例如,风化作用一方面对岩石和矿物进行破坏与分解,另一方面又产生了新矿物。但是在一定地点和一定时间条件下,内、外力地质作用中的一种可占主导地位。在现代火山喷发区,显然喷出作用是最重要的作用;在沙漠地区,风的吹蚀作用和机械搬运、机械沉积作用必然进行得十分强烈。

由于内、外力地质作用的相互影响,还会引起组成地壳的岩石类型相互转化。例如高温、高压条件下形成的岩浆岩、变质岩,由于构造运动和剥蚀作用的结果暴露在地表,为了适应长期处于地表常温、常压环境,就会发生风化并经剥蚀、搬运、沉积转化为沉积岩;而沉积岩因受上覆岩层施加的重压或受构造运动等的影响,从而沉入地壳深处,在高温、高压条件下发生变质,转化为变质岩,甚至可以发生重熔作用又转变为岩浆而形成岩浆岩。

正是这些内力和外力地质作用,或明或暗、或急或缓不断地作用于地球并改变地球的面貌,地球才表现出巨大的活力,地质学的主要研究任务是研究各种地质作用的过程及结果。

3. 地质作用的特点

(1) 地质作用的地域特色。一方面,地质作用的发生与发展具有共同规律;另一方面,不同地区往往出现不同的地质作用,且同一类地质作用在不同地区往往具有其特殊性。

(2) 地质现象的复杂性。从性质上看,包括物理的、化学的、生物的;从规模上看,大到全球的宏观现象,小到原子和离子的微观过程。同时,地质作用涉及生物、气象、天文、地理等一系列学科领域。

(3) 地质作用过程的漫长性。例如海陆变迁、山脉降升、海底扩张、岩浆侵位等过程需要很长的时间,一般以百万年(Ma)为单位计算。如喜马拉雅山,从大洋关闭、褶皱隆起至今约有40Ma,太平洋的形成至今约有180Ma。但是,也有一些地质作用过程的时间很短,如地震作用,往往在数秒至数十秒时间内完成。2008年5月12日14时28分发生的举世震惊的四川汶川8.0级大地震,仅持续十几秒,但发震前的能量聚集过程时间很长。因而,人们难以对正在进行的地质作用的全过程进行完整的观察,对于地质历史中发生的地质作用更不可能直接去了解;绝大多数地质作用也难以用物理或化学方法加以重现。

本学习单元小结

(1) 地质学是研究地球的科学。在解决自然科学理论问题的过程中,指导人们找寻矿产资源以及与自然灾害作斗争并改善人居环境的实践中,具有重大意义。

(2) 地质学研究的内容包括地球的物质组成、结构与构造、地球的历史、应用问题、综合性研究以及方法学研究等。

(3) 地质作用包括内力地质作用和外力地质作用两大类型。地质作用改变着地球的面貌,从不停息。促使地质作用进行的能量主要来自地球内热和太阳能。

(4) "将今论古""以古论今、论未来""活动论"是地质学思维的三大方法论。

(5) 到大自然中去实践是地质学研究的基础和前提。

(6) 地球系统科学是地质学的未来发展趋势。

• **重要术语**

地质学、地质作用、内力地质作用、外力地质作用、地球系统科学。

• **思 考 题**

(1) 什么是地质学?现阶段地质学研究的对象是什么?

(2) 地质学的研究内容有哪些?地质学有哪些研究方法?

(3) 地质学的任务是什么?举例分析之。

(4) 何谓地质作用?地质作用有哪些特点?

(5) 地质作用的类型有哪些?阐述内动力地质作用和外动力地质作用的关系。

学习情境二　认识地球

- **学习目标**　使学生从宏观角度认识宇宙中的地球,了解地球在宇宙中的位置、形状、大小及表面形态和外部圈层构造特征;掌握地球内部圈层构造特征及地球的主要物理性质,掌握地层年代确定方法。
- **知识目标**　掌握内部圈层构造特征及岩石圈的范围;掌握地球的主要物理性质及其特征;掌握地层年代确定方法并熟记地质年代表年代顺序;掌握地质年代单位与年代地层单位。
- **思政目标**　引导学生具有"地球系统"的宏观思维,领悟地球特征对人类生存发展的重要性;树立正确的宇宙观、地球观、科学观,涵养珍爱地球、保护环境、珍惜资源的"人与自然和谐共生"的思想意识。

在太阳系中,地球是一颗充满生机与活力的星球,是人类赖以生存的家园。在地球每时每刻进行公转和自转的同时,地球表面和内部也在不停歇地进行着各种复杂的地质作用。在21世纪,人类所面临的三大问题(人口、资源和环境)都与地球系统及演化过程息息相关。因此,21世纪应当是地球系统科学迅猛发展的时期。

学习任务一　认识地球的形态

一、地球在宇宙中的位置

宇宙是物质世界。"宇"是空间概念,是无边无际;"宙"是时间概念,是无始无终。因此,宇宙即为无限空间与无限时间的统一。宇宙空间中弥漫着各类不停运动和变化的物质,如恒星、行星、气体、尘埃、电磁波等。宇宙中的天体可分为恒星、行星、卫星、小行星、彗星、星云等。

银河系至少包含1400多亿颗恒星,这些恒星集中在一个扁球状的空间。从两极看它呈旋涡状,侧面类似中间厚边缘薄的铁饼。银河系直径为10万光年,银心厚度1万光年。在银河系之外,还存在众多河外星系,如麦哲伦星云、仙女座星云。目前,利用射电望远镜能观测到100亿光年的宇宙,大约存在数十亿个河外星系,它们都在不停地运动。

太阳系是以恒星太阳为引力中心的天体系统,是银河系的一个微小组成部分。太阳系作为一个整体围绕银心公转，公转速度 250km/s，公转周期约 2.5 亿年。太阳系的直径约 1.2×10^{10} km，太阳光需 5.5h 才能穿出星系边界。太阳系包括八大行星、至少 190 颗卫星和至少 100 万颗小行星及无数的彗星。由于冥王星体积较小且同轨道还存在卡戎星，在第 26 届国际天文联合会（2006）上，先前列入太阳系九大行星之一的冥王星被划定为矮行星。自内向外，太阳系的八大行星依次为水星、金星、地球、火星、木星、土星、天王星和海王星，它们还挟带着 190 颗卫星。八大行星总体上划分为两大类：一类称为类地行星，包括水星、金星、地球、火星，它们体积小，密度大，具有岩石表面；另一类称为类木行星，包括木星、土星、天王星、海王星，它们体积大，密度小，没有岩石表面。木星是太阳系八大行星中体积最大、自转最快的行星。2018 年，天文学家新发现了 12 颗木星的卫星，使得这颗气态巨行星的卫星数量增加到 79 颗，木星成为人类发现天然卫星最多的行星。在太阳系中，八大行星都沿逆时针方向绕太阳旋转，椭圆形轨道几乎在同一个平面上。在公转的同时，多数行星还在逆时针自转，只有金星和天王星例外，其自转方向与公转方向相反。

地球是生命的摇篮，是太阳系中普通但又特殊的一颗行星，它通过能量和物质交换与其他天体或者宇宙空间之间保持着密切联系。地球与太阳的平均距离为 1.49×10^{8} km，其近日点距离为 1.47×10^{8} km，远日点距离为 1.52×10^{8} km，太阳光需 496s 才能到达地球。

二、地球的形状和大小

地球形状，即地球的外形。随着科技的发展，人们对地球的形状已经有了一个明确的认识，地球并不是一个正球体，而是一个两极稍扁、赤道略鼓的旋转椭球体（图 2-1-1）。根据国际大地测量与地球物理联合会 1980 年公布的地球形状和大小的主要数据如下（2000 国家坐标系）。

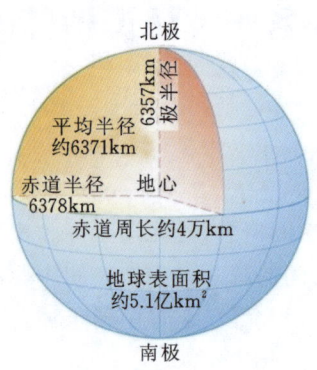

图 2-1-1　地球的形状

赤道半径（a）　　　　　　　　　　　6 378.137km
两极半径（c）　　　　　　　　　　　6 356.752km
平均半径[$R=(a^2c)^{1/3}$]　　　　　　6 371.012km

扁率$[f=(a-c)/a]$　　　　　　　　　$1/298.257=0.003\,352\,8$
赤道周长　　　　　　　　　　　　40 075.02km
子午线周长　　　　　　　　　　　40 008.08km
表面积$(4\pi R^2)$　　　　　　　　　510 064 471.9km²
体积$(4/3\pi R^3)$　　　　　　　　　$10\,832\times10^8$km³

根据卫星测量结果：北极高出参考椭球体约10m，南极低于参考椭球体约30m，在中纬度处，北半球收进7.5m，而南半球稍凸出（不到10m），但相对于整个地球而言，这些高低起伏变化是非常微小的，地球仍可被视为一个规则球体，但地球内部物质存在一定的不均匀性。

三、地球的表面形态

地球的表面高低不平，以海平面为界，可以划分为陆地和海洋两大地理单元。陆地面积约1.49×10^8km²，占地球表面积的29.2%；海洋面积约3.61×10^8km²，占地球表面积的70.8%。海洋的平均深度为3800m，马里亚纳海沟是世界上最深的海沟，其最深处叫斐查兹海渊，深度达11 040.41m（国外一般采用深度10 924m）。陆地平均高度为825m，珠穆朗玛峰是世界第一高峰，高度为8 848.86m（2020年中尼两国联合测定），地球表面起伏最大高差近20km。

（一）陆地地形

陆地表面地形十分复杂，按高程和地面起伏程度，可划分为山地、丘陵、平原、高原和盆地等类型。

1. 山地

地形起伏变化剧烈，相对高差较大，海拔大于500m，相对高差大于200m，具有较陡的山坡地区称为山地。按海拔可分为低山（500～1000m）、中山（1000～3500m）和高山（大于3500m）。一些高地中间常有一个较高的主脊，形成狭长山地，叫作山岭，如秦岭；由若干个山岭组成平行排列线状延伸的山体称为山脉，如喜马拉雅山脉、横断山脉、阿尔卑斯山脉等，世界上高大的山脉多分布在构造活动特别强烈的地带。

2. 丘陵

海拔200～500m，相对高差小于200m的地形起伏较小地区，一般分布在山地或高原与平原的过渡地带，如我国辽东丘陵、山东丘陵、东南丘陵等。

3. 平原

地面平坦或起伏微小的一个较大区域，其海拔小于500m，相对高差小于100m，主要分布在大河两岸和濒临海洋的地区。如海拔小于200m的则称低平原，如我国的华北平原、东北平原；海拔在200～500m的则称高平原，如成都平原。平原的分布比较有规律，一般分布在山地与海洋之间，或分布在大陆内部的山岳之间，如我国的松辽平原、黄淮海平原、长江中下游平原，印度的恒河平原等，地球上最大的平原位于南美洲的亚马孙平原,面积约 $5.6\times10^6 km^2$。

4. 高原

海拔大于500m,表面较平坦或有一定起伏的宽阔地区称为高原,实际上海拔往往在1000m以上。世界最高的高原为我国的青藏高原,平均海拔大于4000m,面积最大的高原为巴西高原,面积500多万平方千米。

5. 盆地

四周较高、中间低平形状似盆状的地区。如我国的塔里木盆地、四川盆地等,我国新疆的吐鲁番盆地是世界上最低的盆地,最低点在海平面以下154m,又称为洼地。盆地在西南地区被称为坝子。

(二) 海底地形

海底景象千姿百态,绚丽壮观。其崎岖程度不亚于陆地,而规模和高低之差更有过之而无不及。海底地形可划分为大陆边缘、大洋中脊、大洋盆地3个单元(图2-1-2)。

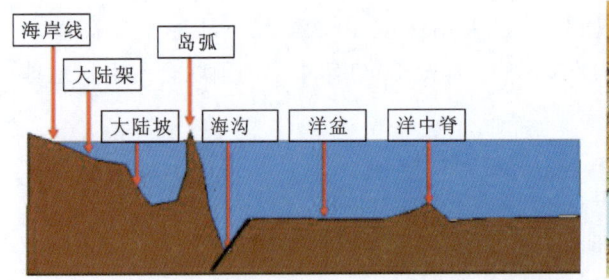
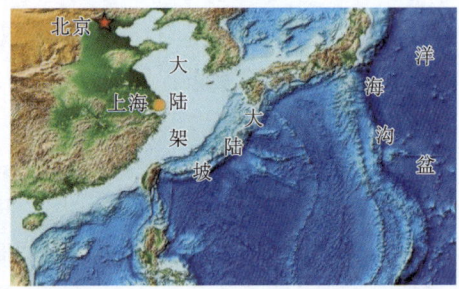

图 2-1-2　海底地形示意图

1. 大陆边缘

大陆边缘为大陆与洋底两大台阶面之间广阔的过渡地带,进一步可分为大陆架、大陆坡、大陆基(图2-1-3)。

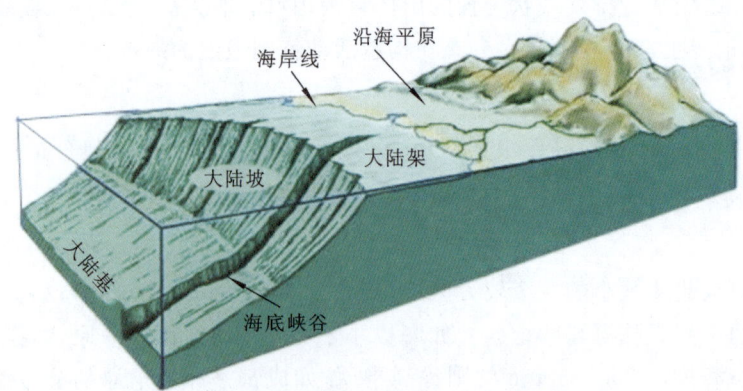

图 2-1-3　大陆边缘地形示意图

（1）大陆架（又称陆棚）是指从低潮线向海延伸至海底坡度显著增加的浅水台地，是大陆向海洋的自然延伸。大陆架地势平坦，平均坡度小于 0.3°，深度各地不一，平均水深约 130m，对于坡度变化不明显的地区通常以 200m 水深处作为与大陆坡的分界。全球的大陆架平均宽度约为 75km，我国的大陆架宽度超过 200km。

（2）大陆坡是指坡折线以外，坡度明显变陡的海底地形。大陆坡的坡度较陡，平均为 4.3°，最大可达 20°以上。其下界平均水深约 2000m，宽度平均 30km。大陆坡上常发育有海底峡谷，谷壁陡峭，剖面形态呈"V"字形。

（3）大陆基又称大陆裙。是大陆坡与大洋盆地之间的缓坡地带，其坡度一般小于 1°。通常由浊流和滑塌作用在大陆坡麓堆积而成的较为平坦的地形。

（4）岛弧与海沟是指大陆边缘连绵呈弧状的一长串岛屿称为岛弧。如太平洋西部的阿留申群岛、千岛群岛、日本群岛、琉球群岛、菲律宾群岛等。岛弧靠大洋一侧常发育的两壁较陡、狭长的、水深大于 5000m 的巨型沟槽，称为海沟，如马里亚纳海沟。

2. 大洋中脊

大洋中脊又称为中央海岭，是指贯穿四大洋、成因相同、特征相似的海底山脉系列。大西洋中脊呈"S"形，与两岸轮廓平行，向北延伸至北冰洋（图 2-1-4）；太平洋中脊位置偏东；印度洋中脊分三支，呈"人"字形。三大洋的中脊南端在南半球相互连接，北端分别经浅海或海湾潜伏进大陆。大洋中脊高出两侧海底 1～3km，脊顶水深一般为 2～3km，宽度为 2～4km，有的甚至露出海面，如冰岛。中脊被一系列大断裂错开，沿断裂带出现狭长的沟槽、海脊和崖壁，断裂带两侧海底被分割成深度不同的台阶。洋中脊是地震、火山活动强烈的地带。

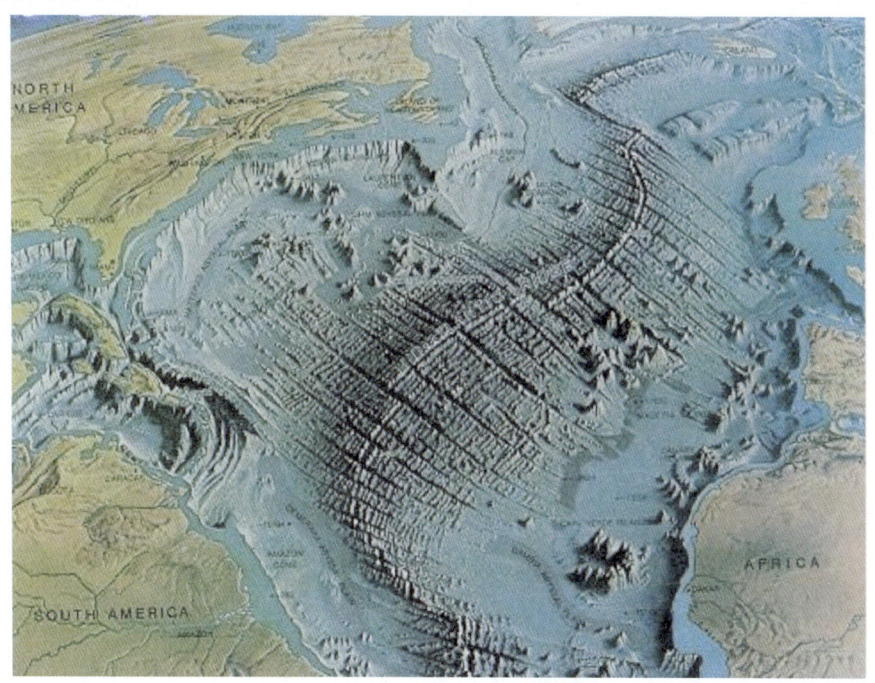

图 2-1-4　大西洋洋中脊示意图

3. 大洋盆地

大洋盆地是指介于大陆边缘与洋中脊之间的较平坦地带,又称洋盆。一般水深 4~6km,可分为洋底丘陵和洋底平原两个次级地形单元。

(1) 洋底丘陵。一般分布于靠近洋中脊的部位,由高出海底几十米到几百米的圆形火山丘组成。

(2) 洋底平原。洋底大面积平坦的区域,坡度一般小于1‰,是主要靠近大陆边缘方向分布的平缓地形。洋底平原中范围不大、地形比较突出的相对高度超过500m的孤立高地,称为海山。

学习任务二　认识地球的圈层构造

已获得的大量资料充分证明,地球不是一个均质体,而是由不同状态和不同物质成分的同心圈层所组成的球体,地面以上的圈层称为外部圈层,地面以下的圈层称为内部圈层。

一、地球的外部圈层

地球的外部圈层包括大气圈、水圈和生物圈。

1. 大气圈

大气圈是由包围地球的大气层所构成。水中、土壤中及一些岩石中也含有少量空气,但其深度一般不超过4km。大气圈没有明显的上界,在赤道上空4000km以上仍有大气存在的痕迹。

大气的密度由于受地球引力作用影响,随高度的增加而减小,越向上空气越稀薄,并逐渐过渡为宇宙空间。

大气圈的物质成分主要有氮(约占78%)、氧(约占21%),其他是氩、二氧化碳、水蒸气和微尘等,约占1%。

根据大气温度、密度等物理特征,一般把大气圈自下而上分为对流层、平流层、中间层、电离层和扩散层。70%~75%的大气集中在对流层内,与人类生活密切相关的风、雨、雷、电等天气现象都发生在这一层;这里的氧是生命的保证,氮是制造蛋白质的原料,二氧化碳对地表起保温作用。大气对流是一种重要的地质营力,时刻改变着地球的外貌。

2. 水圈

水是生命的源泉,是生命得以生存和繁衍的基础。由海洋、湖泊、河流、冰川、沼泽及地下水等包围着地球,形成一个连续但不规则的封闭圈层,称为水圈。水圈中的总水量

为 $1.38×10^9 km^3$，地球表面约占 3/4 的区域被水覆盖。水在地表的分布很不均匀，海洋水占总体积的 97.1%，陆地水不到 3%。人类较易开采的江河、淡水湖泊、浅层地下淡水等，仅占总水量的 0.3%，所以合理利用和保护水资源至关重要。

水圈中的水，主要在太阳能和重力的作用下，不断地进行着循环。陆地水绝大部分流入海洋，一部分陆地水和海洋水被蒸发进入大气圈，由大气环流带到各处，以雨、雪等形式返回地表。水圈的这种循环蕴藏着巨大动力，不间断地对岩石圈、大气圈和生物圈产生着影响。

3. 生物圈

生物圈是生物及其生命活动的地带所构成的圈层。生物生存的范围可以从海平面以上 10km 高空到地表以下数千米深处的岩石中，几乎包括整个水圈。所以，生物圈与大气圈、水圈，以及后面要讲到的岩石圈是互相渗透的，很难划分其严格的界线。

大约在 38 亿年以前，地球上有了最原始的生命纪录，约 6 亿年前才进入生命演化的飞跃阶段。生物的生长、活动和死亡，使大气、水、岩石、土壤之间产生复杂的物质和能量的交换、转化，从而改变着周围的环境。例如植物不断从大气中吸收 CO_2 并放出 O_2，改变着大气的成分，同时将碳固定下来，一部分被埋藏在地壳中，形成大量的地壳能源。

二、地球的内部圈层

地球的内部圈层是指从地面往下直到地心的各个圈层，包括地壳、地幔和地核。地球的平均半径约为 6371km，目前世界上深井纪录为 12 262m（俄罗斯，1994 年），所以地球内部状况是靠间接方法了解的，通常采用地球物理的方法，主要是利用地震波的传播变化来分析。地震波分为纵波（P）和横波（S）。纵波可以通过固体和流体，速度较快；横波只能通过固体，速度较慢。

通过地震波的测量数据与实验室的各种不同物质的测量数据相比较，可以分析地球内部的物质状态。大量测量数据表明，地球内部地震波传播速度随着深度而变化。并且有些地方还发生突然变化，可见地球内部物质是有差别的，而且还存在许多界面。

地震波在地下若干深度处，传播速度发生剧烈变化的面，称为不连续面。其中有两个变化最显著的不连续面（表 2-2-1），一个在地下（自海平面算起）平均 33km 处（指大陆部分），是由克罗地亚地球物理学家、地震学家莫霍洛维奇于 1909 年首先发现的，因而以他的名字命名，简称莫霍面（M）。在莫霍面的上下，地震波纵波波速由 6.8km/s 陡升至 8.1km/s，而横波波速则由 4.2km/s 升至 4.4km/s。另一个在 2900km 处，是由美国地震学家古登堡于 1914 年发现的，称为古登堡面。在古登堡面的上下，地震波纵波波速由 13.72km/s 陡降至 8.06km/s，横波波速从 7.30km/s 到突然消失，表明该面之上为固态岩石，该面以下为液态物质。

表 2-2-1　地球内部圈层和物理性质参数（据宋春青等，2005）

圈层名称	代号	不连续面	深度/km	纵波速度/(km·s⁻¹)	横波速度/(km·s⁻¹)	密度/(g·cm⁻³)	压力/10¹¹Pa	温度/℃	附注
地壳	A	A′	0	5.6	3.4	2.6	0	14	岩石圈
				6.0	3.6	2.7			
		——康拉德面——	10				0.003	188～300	
		A″		6.6	3.8	2.9			
				6.8	4.2	3.0			
		══莫霍面══	33				0.01	400～1000	
地幔	上地幔 B	B′		8.1	4.4	3.32			
				8.2	4.6	3.34	0.019	500～1100	
			60						
		B″	100	7.8	4.2	3.4	0.031	700～1300	软流圈
		古登堡低速区	150	7.7	4.0	3.5	0.050	800～1400	
			250	8.2	4.55	3.6	0.069	1000～1600	
		——拜尔勒面——	400						
	C	C′	650	9.0	4.98	3.85	0.14	1200～2000	
		C″		10.2	5.65	4.1	0.218	1300～2250	
		——雷波蒂面——	1000						
	下地幔 D	D′	2000	11.43	6.35	4.6	0.40	1850～3000	
			2752	12.8	6.92	5.1	0.88	2500～3900	
		D″		13.63	7.31	5.6	1.34	2800～4300	
				13.72	7.30	5.7			
		══古登堡面══	2900				1.5	2850～4400	
地核	外核 E		3500	8.06	—	9.7			液态
				8.9	—	10.4	1.95	3700～4700	
			4640						
	过滤层 F		4900			12.0	3.01	4500～5500	
				10.4	2.07	12.5	3.23	4700～5700	
				11.2	1.24	12.7	3.33	2720～5720	
			5155						
	内核 G		5200	9.6	3.6	12.9	3.54	4900～5900	
			6371	11.3	3.7	13.0	3.65	5000～6000	

══════一级不连续面　　──────次一级不连续面

根据这两个不连续界面，将地球内部划分为 3 个圈层：地壳、地幔和地核（表 2-2-1，图 2-2-1）。

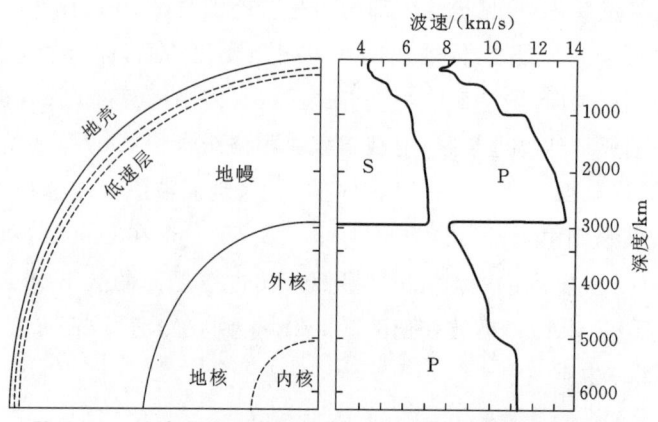

图 2-2-1　地球内部地震波纵波(P)和横波(S)传播速度曲线

1. 地壳

地壳是由岩石组成的地球外壳,是地球最外层的薄壳。其厚度变化大,各地不一(图2-2-2)。洋壳很薄,平均厚约 8km,最薄处仅 3km 左右。陆壳平均厚约 33km,在我国的喜马拉雅山地区,厚度可达 70km 以上。地壳的体积占地球总体积的 0.5%,质量占地球质量的 0.45%,地壳的平均密度为 2.8g/cm³。

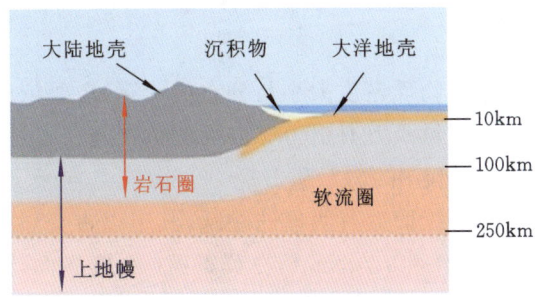

图 2-2-2 地壳构造示意图

2. 地幔

位于莫霍面与古登堡面之间的圈层称为地幔。其体积占地球体积的 82%,质量占 67.99%,密度大约从 3.2g/cm³ 递增到 5.7g/cm³。由于地下 1000km 深处地震波速间断面甚为显著,故而以此间断面将地幔作为上、下地幔的分界面。

上地幔地震波数值和在橄榄岩中实验所得数值相似,所以也称橄榄岩层。莫霍面以下至 60km,是上地幔的盖层,为固态,它与莫霍面以上的地壳共同组成了地球的坚硬外壳,称为岩石圈。深度 60～400km,地震波速明显下降,横波在局部不能通过,推测部分物质可能呈熔融态,具有可塑性,故称为软流圈。一般认为软流圈是岩浆的发源地,也是构造运动的动力源。

下地幔是位于深度 1000～2900km 的圈层。平均密度 5.1g/cm³,物质成分推测为堆积紧密的氧化物矿物组成,也有人认为,其与陨石中的铁陨石接近。

3. 地核

古登堡面以下直至地心部分,称为地核。它的体积占地球体积的 17.5%,质量占 31.56%,密度从 9.7g/cm³ 递增到 13.0g/cm³。根据地震波速高低,可分为外核、过渡层和内核。

外核为深 2900～4640km 的圈层,为液态。密度由 9.7g/cm³ 增至 10.4g/cm³。

过渡层为深 4640～5155km 的圈层,推测为液态向固态过渡,平均密度增至 12.0g/cm³。

内核为 5155km 至地心部分,推测为固态,其密度为 12.7～13.0g/cm³。

地核的物质,一般认为主要是铁,特别是内核,可能基本由纯铁组成。

学习任务三　认知地球的物理性质

地球的物理性质主要包括密度、重力、压力、温度、磁性、弹性和塑性等。

一、密度

目前,对地球内部各圈层物质密度大小与分布的计算,主要依靠地球的平均密度、地震波传播速度、地球的转动惯量及万有引力等方面的数据与公式综合求解而得出的。计算结果表明,地球内部的密度由表层的 2.7～2.8g/cm³ 向下逐渐增加到地心处的 12.51g/cm³,并且在一些不连续面处有明显的跳跃,其中以古登堡面(核-幔界面)处的跳跃幅度最大,从 5.7g/cm³ 剧增到 9.7g/cm³,在莫霍面(壳-幔界面)处密度从 3.0g/cm³ 左右突然增至 3.32g/cm³。各圈层物质密度的大小及变化见表 2-2-1。

二、地球的重力

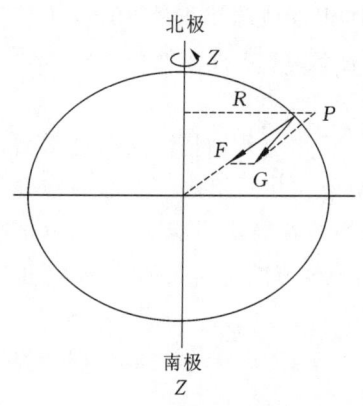

图 2-3-1　地球的惯性离心力、引力和重力示意图

地球对表面物体具有的吸引力称为重力,重力加速度是度量地球重力大小的物理量。按照万有引力定律,地球各处的重力加速度应该相等,但是由于地球的自转和地球形状的不规则,造成各处的重力加速度略有差异,与海拔、纬度以及地壳成分、地壳密度密切相关(图 2-3-1)。

如果把地球当作一个表面平坦的均质体,理论上,地球表面上各点的重力值可以运用牛顿万有引力定律及惯性离心力公式计算出来,其所得重力值称为正常重力值或理论值,以 g 表示。

1980 年,根据卫星轨道研究与天文大地测量结果,将正常重力值公式定为:

$$g = 9.780\,318(1 + 0.005\,302\,4\sin^2\varphi - 0.000\,005\,8\sin^2 2\varphi)$$

式中:φ 为纬度,重力单位为 m/s²。

从公式中可见,正常重力值只与计算点的纬度有关,沿经度没有变化,其最大值和最小值分别位于两极和赤道部位。

但是,由于地球表面并不平坦,内部各处密度也不均匀,实际测量的重力值常与理论值不符,这种现象称为重力异常。实际值经过高度和密度校正后,大于理论值的为正异常,表示地下物质密度较大;反之,为负异常,表示地下物质密度较小。利用这个原理,可以寻找地下矿产资源和研究地质构造,这种方法称为重力勘探。

三、地球内部的压力

地球内部的压力是上覆物质质量所产生的静压力。它的大小取决于深度、上覆物质的平均密度和平均重力,并与三者之间呈正相关(图2-3-2)。

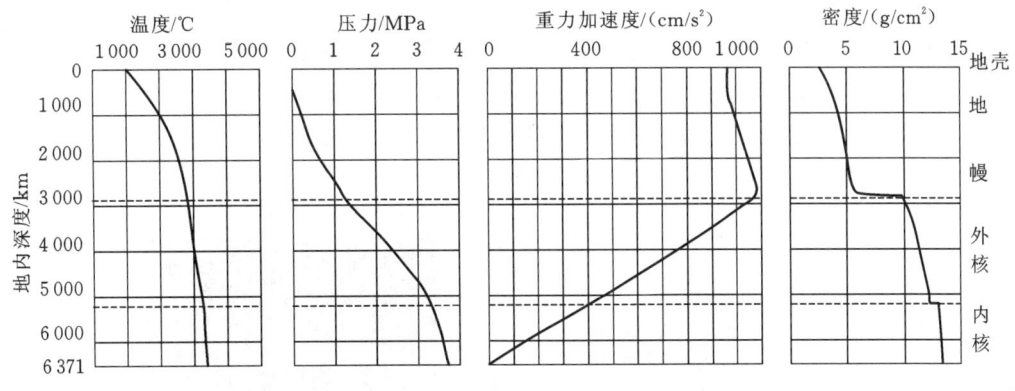

图 2-3-2 地球内部物理性质垂直分布图

根据计算,从地表到地下24km,压力从$1×10^5$Pa增加到约$6×10^8$Pa;到670km,压力增加到$24×10^9$Pa;到2981km,压力增加到$136×10^9$Pa;到6371km(地心),压力增加到$364×10^9$Pa。

四、地球内部的温度

世界各处的火山活动、喷涌的温泉、深矿井的增温等现象,表明地球内部有着巨大的热能,这就是常说的地热。这些热能的来源目前一般认为主要来自放射性元素衰变所释放出来的热,此外还有重力分异热、潮汐摩擦热、化学反应热、地球旋转能转换的热等。

地球表面向下,由于地热影响而增温的现象十分普遍,地表以下的温度分布可分为3层。

1. 变温层

地壳表层受太阳辐射热影响明显,其温度随着季节、昼夜的变化而变化。影响的深度,日变化为1~1.5m,年变化20~30m。

2. 恒温层(常温层)

温度常年保持不变,这里太阳影响为零,温度与当地年平均气温相当。其深度20~40m。一般情况赤道和两极较浅,中纬度及内陆区较深。

3. 增温层

恒温层之下,地温随深度的增加而增加。深度每增加100m所升高的温度,称地热增温率或地温梯度,其单位为℃/100m。地温梯度在不同地区表现不同,例如在我国华北平原为2~3℃/100m,在安徽庐江则为4℃/100m。

地温梯度只适用于地下20km深的范围内。再向下由于压力、密度的影响,温度的增加将越来越缓慢,更深处温度是通过间接方法测算获得的。地下100km处的温度约1300℃;1000km处约2000℃;2900km处约2700℃;地心处温度高于3200℃,甚至可能达4000~5000℃。

五、地球的磁性

地球就像一个磁性化球体。地磁力线在空间上是闭合的曲线,其分布的空间称为地磁场,地磁两极与地理两极并不重合(图2-3-3)。而且地磁极的位置是不固定的,它逐年发生一定变化。在1900年,磁北极位于加拿大北部帕里群岛附近(北纬76°,西经101°),磁南极则在南极圈附近(南纬66°,东经140°)。

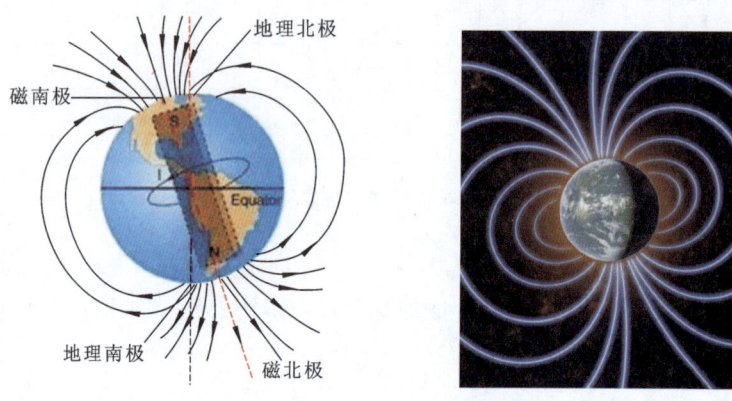

图 2-3-3 地磁两极与地理两极

1. 磁偏角

在某地由磁针(磁力线)指示的磁南北,为磁子午线方向,它与该地地理子午线之间存在一个夹角,称为磁偏角。磁偏角在地理子午线以东叫东偏,在地理子午线以西叫西偏。我们平时用罗盘测定的方位是磁方位,为获取地理方位,必须进行磁偏角的校正。如某地磁偏角为西偏5°,需将罗盘的数字盘向顺时针方向转5°(即正北的刻度指向5°);若某地磁偏角为东偏5°,需将罗盘的数字盘向逆时针方向转5°(即正北的刻度指向355°)(即东偏西拨,西偏东拨)。

2. 磁倾角

磁针(磁力线)在地磁赤道上呈水平状态,由此向南或向北磁针都会倾斜,其与水平面的夹角称为磁倾角。磁倾角的大小随纬度增加而加大,在磁南极或磁北极,磁针则竖立起来。

各地磁倾角不一致,为了使磁针保持水平,需在地质罗盘磁针的某一端捆绑细铜丝,我国处于北半球,指北针下倾,因此,在磁针南端捆绑细铜丝,以校正磁倾角的影响;南半球则相反。

3. 磁场强度

磁力作用的强弱称为磁场强度。

磁偏角、磁倾角、磁场强度统称为地磁要素(图2-3-4)。

世界各地均有经测算得到的基本地磁要素数据,称为该地区地磁场的正常值或背景值。但在实际工作中,存在所得数据与正常值不一致的现象,称为地磁异常。实测值大于正常值者称正异常,一般是地下赋存有高磁性物质所致;若小于正常值则称负异常,多是地下赋存有石油、天然气、煤矿、盐矿、花岗岩等低磁性或反磁性物质引起的。利用地磁异常来寻找地下矿产资源和了解地质构造情况的方法,称为磁法勘探。

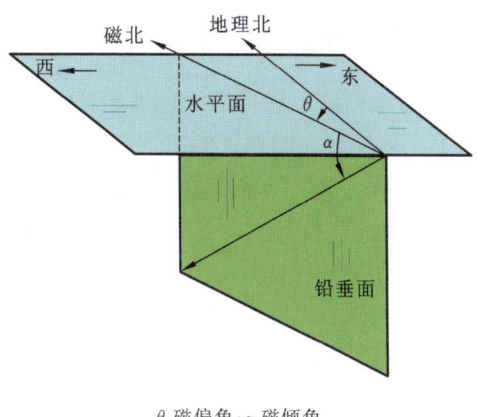

θ.磁偏角;α.磁倾角。
图 2-3-4　地磁场要素示意图

六、地球的弹性和塑性

地震波在地球内部传播,表明地球具有弹性。像地表海水在日月引力作用下发生潮汐现象一样,地球固体表层在日月引力作用下也有潮汐现象,可以引起地壳升降7~15cm,称为固体潮,说明固体地球具有弹性。

地球是一个旋转椭球体,表明地球在一定条件下具有一定的塑性。地壳岩石中大量存在着褶皱变形而没有完全断开,这也是地壳岩石的塑性表现。

地球的弹性和塑性特点都是相对的,在不同的条件下有不同的表现。在施力速度快、作用时间短的条件下,地球表现为弹性体,岩层会产生弹性变形或破裂;在施力缓慢、持续作用时间漫长的条件下,地球则可表现出明显的塑性特征,如形成复杂的褶皱。

学习任务四　认识地球的物质组成

地球中含量大于10%的元素有Fe、O、Si、Mg;含量为1%~10%的元素有Ni、S、Ca、Al;含量为0.1%~1%的元素有Na、Cr、Co、P、Mn。以上13个元素的总量已超过99%,但在地球的不同圈层,元素的分布是不均匀的。

一、地壳的物质组成

地壳是人类活动最为接近的部分,是当代地质学研究的主要对象。

地壳由各类形成条件和成分相异的岩石所组成,岩石是矿物的集合体,就是说由一定搭配的矿物所构成,而矿物又是由化学元素的原子所构成的。为了解地壳的结构,需要了解地壳化学组成、造岩矿物和岩石。

(一)地壳的化学成分

大陆地壳的上层提供了最确切的化学组成资料,因为这一部分可以进行直接的观察和分析(深16~20km)。美国学者克拉克经过近10年的努力,于1889年公布了地壳这一部分的第一批化学组成数据,他的依据是当时掌握的6000余个各类岩石的化学分析数据的算术平均值,此后这些数据又精确化了。但为了纪念克拉克在这方面所做的贡献,费尔斯曼建议将地壳中每种元素的平均含量(也称为元素丰度),称为该元素的克拉克值(表2-4-1)。

表 2-4-1　地壳中主要元素的含量　　　　　　　　　　　　　　　单位:%

元素	据克拉克和华盛顿(1924)	据费尔斯曼(1933—1939)	据维诺格拉多夫(1962)	据泰勒(1964)
O	49.52	49.13	47.00	46.40
Si	25.75	26.00	29.50	28.15
Al	7.15	7.45	8.05	8.23
Fe	4.70	4.20	4.65	4.63
Ca	3.39	3.25	2.96	4.15
Na	2.64	2.40	2.50	2.36
K	2.43	2.35	2.50	2.09
Mg	1.94	2.35	1.87	2.33
H	0.88	1.00	—	—
Ti	0.58	0.61	0.45	0.57
P	0.12	0.12	0.093	0.105
C	0.087	0.35	0.023	0.02
Mn	0.08	0.10	0.10	0.095

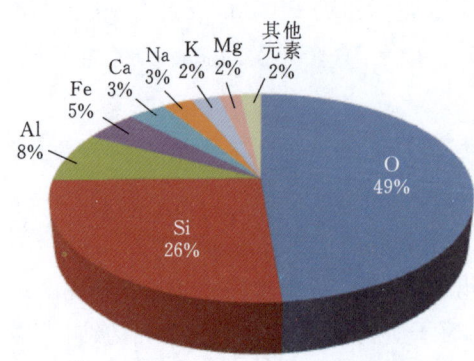

图 2-4-1　地壳元素含量百分比

地壳中各元素的丰度相差极为悬殊。O、Si、Al、Fe、Ca、Na、K、Mg 等 8 种元素约占地壳物质总量的 98%(图 2-4-1),这 8 种元素是地壳中各类岩石的基本成分,通称为造岩元素,其余几十种元素加起来不足 1%。不论元素丰度如何,在一定条件下通过各种地质作用,它们可以迁移和富集。在地壳局部其含量大大超过该元素的克拉克值,如果在质和量方面达到工业要求时,就能成为有经济价值的矿床。

(二) 矿物

地壳中的元素并非孤立存在,大多数情况下是相关元素化合形成的各种可见物体——矿物。

矿物由地质作用所形成的天然单质或化合物。具有相对固定的化学组成,呈固态者还具有确定的内部结构;在一定的物理化学条件范围内稳定,是组成岩石和矿石的基本单元,也是人类生存的必需品。

自然界中大多数矿物是由两种以上的元素组成的化合物,如石英(SiO_2)、方解石($CaCO_3$)、磁铁矿(Fe_3O_4)等;少数是由一种元素组成的单质矿物,如自然金(Au)、自然硫(S)、金刚石(C)等。在通常状况下,绝大多数矿物是固体,只有极少数是液体,如自然汞(Hg)等。

地壳中存在的自然化合物和少数自然元素,具有特定的化学成分和结晶构造,都是固态的(自然汞常温液态除外)无机物。水、气体不是晶体,也不是矿物,冰则是矿物;煤和石油不是无机物,故不属于矿物。在实验室条件下制造的人工化合物(如人造金刚石、人造水晶等)称为人造矿物,不属于地质学中矿物的范畴。

世界上已知矿物约 6000 种,但地壳中最常见的主要矿物不过 10 多种,其中前 10 种是地表各类岩石的基本物质组成,地质学上称为造岩矿物(表 2-4-2)。

表 2-4-2　地壳中的主要矿物含量(据罗诺夫,1969 年改编)

矿物	含量/%	矿物	含量/%	矿物	含量/%
斜长石	39	角闪石	5	方解石	1.5
钾长石	12	云母	5	白云石	0.9
石英	12	黏土矿物	4.6	磁铁矿	1.5
辉石	11	橄榄石	3	其他矿物	4.5

(三) 岩石

岩石就是石头,它是由矿物或类似矿物的物质(如有机质、玻璃、非晶质等)组成的固体集合体。多数岩石是由不同矿物组成的,单矿物组成的岩石相对较少。自然界的岩石按成因分为三大类:岩浆岩、沉积岩和变质岩。矿石为经济上可供利用的特殊岩石,煤和含油岩石也是特殊的岩石。

1. 沉积岩

沉积岩占地壳体积的 7.9%,但在地壳表层分布则甚广,约占陆地面积的 75%,而海底几乎全部为沉积物所覆盖。沉积岩最显著的特征是成层性,在山区常常可以看到一层层的岩石,这就是沉积岩。组成沉积岩的物质来自陆地上已生成的各类岩石,它们称为沉积岩的母岩(或源岩)。除以上母岩外,火山喷出物、生物物质、水体中的化学沉淀物也是沉积岩的组成部分,在一定条件下,沉积岩中还有宇宙物质加入。沉积岩完整的形成过程通常包括前期的搬运—沉积过程、后续的深埋压实和脱水固化过程。

2. 岩浆岩

岩浆岩是由岩浆上升冷凝后结晶而成的岩石。岩浆岩占地壳岩石总体积的 64.7%,约占陆地面积的 17.6%。它可以分为两个成因系列:侵入岩和喷出岩。侵入岩和喷出岩的本质区别在于它们产出的地质构造位置和结晶环境,两者间除可以通过结晶程度进行鉴别外,侵入岩侵入于早先形成的岩石中时,"最省力"的方式是沿裂隙侵入并使其横截面有相对较小的尺寸,主体沿侵入方向延伸。虽形态多样,但多为近圆柱状,大侵入体常呈圆锥状,其边缘或上部可有枝状或脉状延伸部分,与周围岩石的产状不协调。喷出岩是岩浆喷出地表,在大气圈和水圈中冷却结晶形成的,当岩浆沿裂隙喷发时,喷出岩的形态一般与地表形态比较协调,呈被状或层状。

3. 变质岩

在地球演化历史中,地壳内早先形成的岩石(岩浆岩、沉积岩、变质岩)为适应新的地质环境和物理化学条件,在固态下发生矿物组成、化学成分和结构构造的变化,统称为变质作用。经历变质作用后形成的岩石称为变质岩。变质岩占地壳岩石总体积的 27.4%,约占陆地面积的 7.4%。变质岩形成后还可经历新的变质作用过程,有的变质岩是多次变质作用的产物。

4. 三大岩的相互转化过程

沉积岩和岩浆岩可以通过变质作用成为变质岩;在地球表面,岩浆岩、变质岩又可以通过风化→搬运→沉积再转变成沉积岩;当变质岩、沉积岩进入地下深处,在一定的温度压力条件下被熔融成岩浆,再经历冷却结晶作用又可生成岩浆岩。因此,在地壳—地幔范围内,三大岩石处于不断地循环演化过程中(图 2-4-2)。

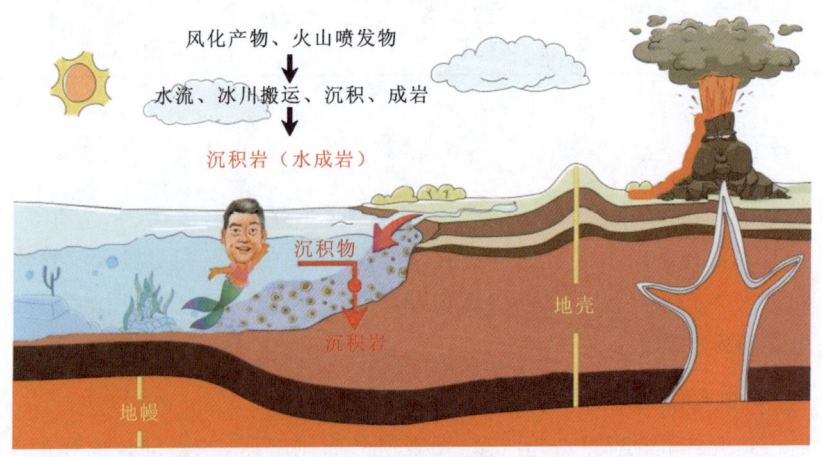

图 2-4-2 三大岩石的循环演化过程

(四) 地壳的结构特征

地壳由产于莫霍面以上不同类型的岩石——沉积岩、岩浆岩和变质岩构成，依据物质组成的差异，可进一步划分出不同类型的地壳(图 2-4-3)。

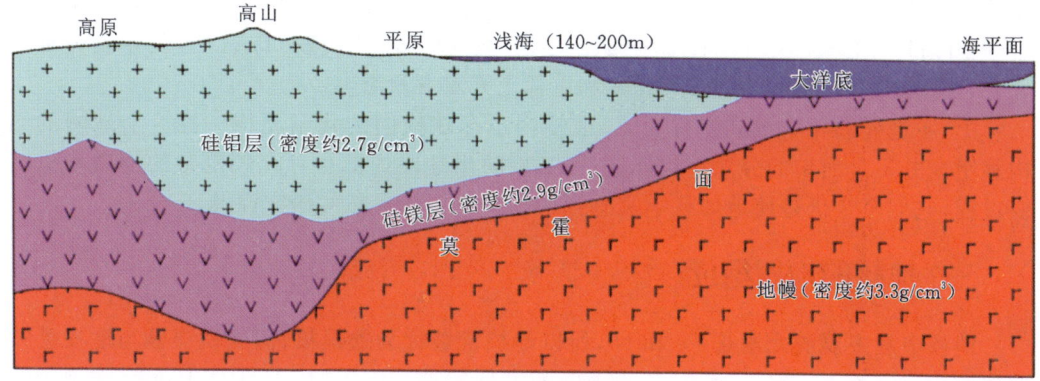

图 2-4-3 地壳的构成

1. 大陆型地壳

大陆型地壳各地的厚度不同，在大陆的平原区厚度 35～40km，在年轻的造山区为 55～70km，最大的厚度可达 70～75km，在喜马拉雅山和安第斯山区即达到此厚度。在大陆型地壳中有两个主要构成部分。

陆壳的中部较普遍存在一个次一级不连续面，称为康拉德面，将地壳分为上地壳和下地壳。上地壳平均厚度 15km，平均密度 2.6～2.7g/cm³，由沉积岩、变质岩和岩浆岩等物质组成，因其化学成分与花岗岩相似，一般称为花岗岩质层或硅铝层。下地壳平均厚度 18km，平均密度 2.9～3.0g/cm³，其物质组成类似玄武岩，故称为玄武岩质层或硅镁层。

2. 大洋型地壳

大洋型地壳发育在大洋地区，其厚度和组成明显区别于大陆型地壳，其中缺失花岗岩质层或硅铝层。大洋型地壳的厚度变化在 5～12km 之间，平均 6～7km，由玄武岩质层或硅镁层构成，其表面有大洋松散沉积层，厚度几百米到 1km。

许多地震学家对大陆型地壳的二层模型(即分出花岗岩层和玄武岩层，其间为康拉德界面)产生疑问。近年地球物理研究的结果认为，康拉德面的地位完全是不确定的。科拉半岛的超深钻结果也有利于这样的认识，根据地震资料预测，玄武岩层应该在该钻孔达到 7km 时被揭露，但未达到预期的结果，纵波速率 $V_P=6.5～6.6km/s$ 的界面被认为是康拉德界面，但钻孔却在单一的变质岩层(花岗片麻岩、角闪岩)中穿过。看来预测的地震波速界面不与岩石成分变化相联系，而是与应力场增强所引起的强烈变形和多期变质作用有关，也不排除与流体的影响有关。

综上所述，地壳的构成复杂而多样，这与它不同的形成历史和发生在其中的不同地质过程有关，许多问题地震学家还不甚了解，特别是对大陆型地壳下层的物质组成知道得更少。

二、地幔的物质组成

地幔体积约占地球体积的 82.26%，地幔的质量约占地球总质量的 67.0%，在很大程度上影响了地球物质的总组成。据安德森（Andernom，1983）的研究结果，地幔化学成分相对于地壳有以下变化：①Si、Na、K、Al、Ca、Ti 含量降低；②Mg、Fe 含量增高；③微量元素中 Li、Ti、V、Cu、Rb、Sr、Zr、Nb、Ag、Sn、Cs、Ba、Hf、Au、Pb、Bi、Th、U 等元素及轻稀土元素含量降低，Cr、Mn、Co、Ni 等元素和重稀土元素含量增高。

上、下地幔的化学组成亦有变化，地幔内也存在横向的化学不均一性。上地幔的结构和组成并不是简单的分层结构能概括的，反映出地幔内部也存在较复杂的物质能量转变过程，它们至今仍是使地球科学家感到困惑且又兴趣盎然的研究课题。

三、地核的物质组成

地核中最主要的元素是 Fe 和 Ni，所以地核常被称为铁镍核，但纯铁镍核与地核已知的地球物理资料不一致，它有太高的密度和太低的地震波速，因此地核中可能掺杂了较轻的元素。

内、外地核间有明显的地球物理边界，但该边界是否为地球化学边界目前还很难确定。一般推测外地核可能由液态铁组成，其中镍含量可能达 10%，并有大约 15% 较轻的元素，如硫、硅、氧、钾、氢等。内地核应由刚性很高的、在极高压（$3.3 \times 10^{11} \sim 3.6 \times 10^{11}$ Pa）下结晶的固体铁镍合金组成。

学习任务五　认识地球的年龄和地质年代

地球的年龄曾经是一个存在长期争论的重要科学问题。在 18 世纪，人们根据大洋盐度及其增长率，推断出大洋年龄为 80Ma，并认为地球年龄应大于此数；在均变论中，莱伊尔通过研究沉积速率来推算地层年龄，如认为志留系年龄可能为 2.4 亿年。当人们发现天然的放射性同位素后，这为确定地球年龄提供了可靠的依据。

地质学是一门历史性学科，它的主要任务之一是恢复地球发展历史，即确定地球形成的时间、发展的顺序和所有地质事件的阶段性。

地质年代有两层含义：一是地质体形成或地质事件发生的先后顺序，称为相对年代，地质学中各种事件的时间往往只有大致的说法，如更老一些、更年轻一些，即时间的相对关系；二是地质体形成或事件发生距今的年龄，称为绝对年代。在描述地质体或地质事件的年代时，两者都是不可缺少的。

一、相对年代的确定

（一）地层层序律

1. 岩层

具有层状构造的岩石统称为岩层，是由两个平行或近于平行的界面所限制的、岩性基本一致的层状岩体,包括火山岩和由沉积岩及火山岩变质而成的浅变质岩。

由沉积作用形成的岩层,称为沉积岩层。岩层的上、下界面称为层面,上层面又称顶面,下层面又称底面。两个岩层的接触面,既是上覆岩层的底面,又是下伏岩层的顶面。同一岩层的成分、结构和颜色大体上是一致的,并由两个相当清楚的界面将其与上覆岩层和下伏岩层分隔开。但在同一岩层内,沿垂直层面方向的剖面仔细观察,还会发现有颗粒粗细、颜色深浅甚至含有其他物质多少的变化。根据这些变化,岩层内还可以细分为若干更小的层。所以,层又是岩层的基本组成单位,一个岩层可以由一个或几个层组成。

2. 地层

地层是指地质历史上某一时代形成的一套岩层,具有一定的层位和时间概念;地层是大陆演化的史书,地层可以是固结的岩石,也可以是没有固结的沉积物。各地层之间可以由明显层面或沉积间断面分开,也可以由岩性、所含化石、矿物成分或化学成分、物理性质等不十分明显的特征界限分开。

地层形成时的状态是水平的或近于水平的,呈二维延展直至变薄、尖灭。先形成者伏于较下部位,后形成者覆于较上部位。简而言之,原始产出的地层具有下老上新的规律,这就是地层层序律或地层叠置律。它是意大利学者斯丹诺在1669年提出的。地层层序律是确定地层相对年代的基本方法(图 2-5-1a)。如果地层因后期构造运动变倾斜,则顺倾斜方向的地层新,反倾斜方向的地层老(图 2-5-1b)。

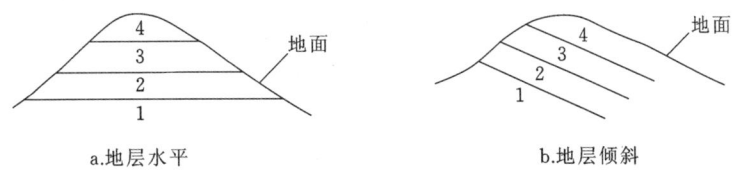

a. 地层水平　　　　　　　b. 地层倾斜

数字 1、2、3、4 表示从老到新的地层

图 2-5-1　地层相对年代的确定(地层层序正常时)

构造运动可以使地层层序倒转,即上下关系颠倒,此时,必须利用沉积岩的沉积构造(泥裂、波痕、粒序层、交错层等)来判断岩层的顶面和底面,恢复其原始层序,以确定新老关系(图 2-5-2)。

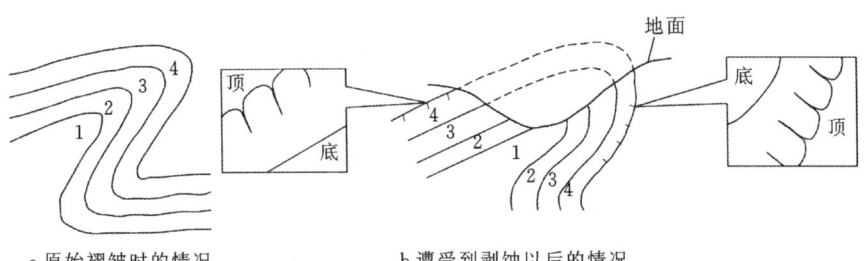

a. 原始褶皱时的情况　　　　　　　b. 遭受到剥蚀以后的情况

数字 1、2、3、4 表示从老到新之地层

图 2-5-2　地层相对年代的确定(地层层序颠倒时)

(二)生物层序律

埋藏在地层中的古代生物遗体或遗迹,称为化石。动物的骨骼、甲壳、蛋、足迹以及植物的根、茎、叶或其痕迹均可成为化石。保存为化石的生物实体,一般都遭受过地质作用的改造。如被某种矿物质(如碳酸钙、二氧化硅、黄铁矿等)充填或交代而石化,或生物遗体中所含不稳定成分挥发逸去,仅留下碳质薄膜等。尽管如此,生物遗体的结构可以保持不变。

生物的演变是从简单到复杂、从低级到高级不断发展的。一般来说,年代越老的地层所含生物越原始、越简单、越低级;年代越新的地层所含生物越进步、越复杂、越高级。此外,不同时期的地层中含有不同类型的化石及其组合,而在相同时期且在相同地理环境下所形成的地层,只要原先的海洋或陆地相通,都会有相同的化石及其组合,这就是生物层序律。这是被誉为英国地质之父的史密斯在1816年提出来的。

综合地层层序律与生物层序律并加以运用,成为系统划分和对比不同地区的地层,恢复地层形成顺序的基本方法,从而为研究生物演化阶段和全过程奠定了基础。图2-5-3表示了根据岩性、化石和地层层序等特征,划分和对比甲、乙、丙三地区地层的情况,以及在地层划分和对比的基地上,通过恢复该三地区完整的地层形成顺序而建立起来的综合地层柱状图。

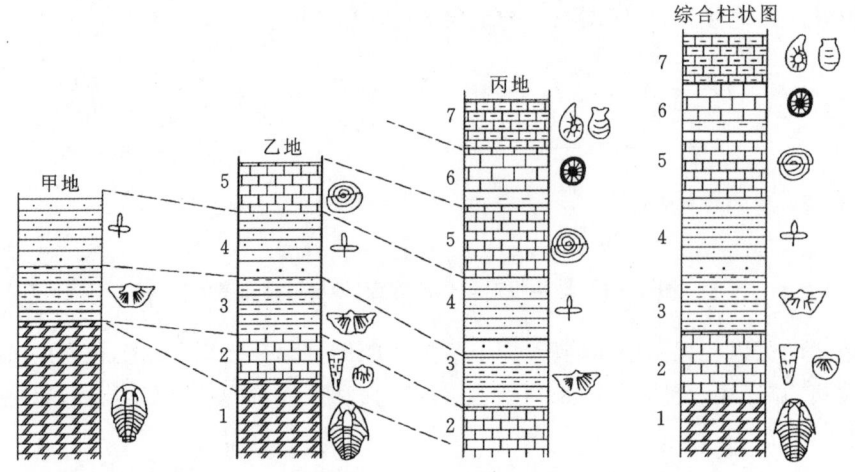

柱状图中的不同岩性花纹代表不同时代地层;每图右侧的符号代表不同的化石及其组合;同一年代的地层用虚线相连

图 2-5-3　地层划分与对比及综合地层柱状图

保存有最连续、最完善的沉积岩石和生物化石记录的露头点,代表着地球上穿越这一地质时代单元的起点,该露头点称为剖面点。包含这个时间点的地层剖面,全球各地均以此为标准,称为全球界线层型剖面,俗称"金钉子"剖面。我国地质学家经过多年努力,在浙江省常山县建立了我国第一枚"金钉子"剖面——奥陶纪达瑞威尔阶界线层型剖面。目前,我国境内已确立了11颗国际"金钉子"剖面。

应该指出,有些生物对环境变化的适应能力很强,虽经过漫长的地质历史,它们的特征仍没有明显变化。如舌形贝5亿多年前就已在海洋中出现,至今仍然存在。因而这种化石对于确定地层年代意义不大。对于确定地层年代有决定意义的化石,应该是在地质历史中具有演化快、延续时间短、特征显著、数量多、分布广等特点,这种化石称为标准化石。

(三)切割律或穿插关系

就侵入岩与围岩的关系来说,总是侵入者年代新,被侵入者年代老,这就是切割律。这一原理还可被用来确定有交切关系或包裹关系的任何两地质体或地质界面的新老关系(图2-5-4),即切割者新,被切割者老;包裹者新,被包裹者老。如侵入岩中捕虏体的形成年代比侵入体的老;砾岩中砾石本身形成的年代比砾岩的老;被断层切割的地层或岩浆岩体形成的年代比断层形成的年代老。

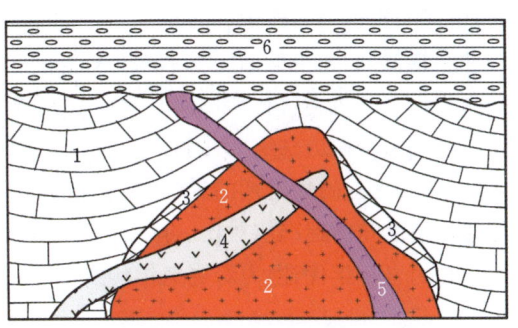

1.石灰岩,形成最早;2.花岗岩,形成晚于石灰岩;3.矽卡岩,形成时代同花岗岩;4.闪长岩,形成晚于花岗岩;5.辉绿岩,形成晚于闪长岩;6.砾岩,形成最晚。

图 2-5-4 利用切割律确定各种岩石形成顺序示意图

二、绝对地质年代的确定

绝对地质年代是以通常的绝对天文单位——"年"表达地质时间量度的方法。绝对地质年代确定所有地质事件发生、结束的时间和延续的长短。

人们很早就在探索测定地质体年代的方法,然而直到20世纪30年代发现了元素的放射性以后,科学的测年方法才得以诞生。其原理是基于放射性元素都具有固定的衰变常数,利用放射性元素所得到的地质体年龄即为绝对年代。

放射性元素种类很多,但能够用来测定地质年代的必须具备以下条件:

(1)具有较长的半衰期,那些在几天或几年内就衰变殆尽的同位素是不能使用的。

(2)该同位素在岩石中有足够的含量,可以分离出来并加以测定。

(3)其子体同位素易于富集并保存下来。

通常用来测定地质年代的放射性同位素见表2-5-1。

表 2-5-1 用于测定地质年代的放射性同位素及其半衰期

母体同位素	子体同位素	半衰期	母体同位素	子体同位素	半衰期
^{238}U	^{206}Pb	45亿年	^{87}Rb	^{87}Sr	490亿年
^{235}U	^{207}Pb	7.13亿年	^{40}K	^{40}Ar	13亿年
^{232}U	^{208}Pb	141亿年	^{14}C	^{14}N	5730年

在上述放射性同位素中,钾-氩(K-Ar)法、铷-锶(Rb-Sr)法、铀-铅(U-Pb)法等,主要用以测定较古老岩石的年龄;而^{14}C的半衰期短,主要用于测定最新的地质事件和大部分考古材料的年龄(中国科学院地球化学研究所,1980)。

同位素年龄测定方法的原理是科学的,但是在运用中存在若干问题。如母体同位素含量与子体同位素含量有时不易精确测定,因为子体同位素可以因后来的地质作用而部分丢失,母体同位素也可能因各种地质作用而被混杂。另外,在一般矿物中上述放射性同位素的含量很低,对测定的精度要求很高,故测定难度大,测量时可能产生人为的误差。此外,有些沉积岩不含有与沉积作用同时形成的放射性同位素,因而这种方法无法加以运用。

利用古地磁方法测年是新近发展起来的技术。地质历史中地磁场的南北极是不断变换的,而且每一磁性时期的延续时间不同。因此,测定岩石的极性,确定该极性的延续时间,并通过与已知的标准值对比,可以推算该岩石的形成年代。这一方法目前只限于测定中生代以来的岩石年代,因为对更老年代的岩石测定尚未建立起可资对比的"标准"。

三、地球的年龄

地球上最古老的岩石是研究地球年龄的直接证据。在格陵兰依苏阿沉积岩中,人们获得锆石 U-Pb 年龄为 38 亿年,这曾被认为是地球上最古老的岩石;在加拿大 Slaye 河地区 Acasts 片麻岩中,锆石年龄表明其原岩结晶于 39 亿年,这两个例子说明,世界最古老的大陆岩石可能主要形成于距今 38 亿～40 亿年。我国地质学家在华北鞍山地区发现了年龄为 38 亿年的变石英闪长岩,使得华北克拉通成为全球著名的古老大陆之一。随着测试方法手段的不断完善,人们获得了更多的古老岩石年龄。2014 年,美国地质学家在澳大利亚西部杰克峰(Jsck Hill)的沉积岩中发现了形成于 44 亿年前的锆石颗粒,这是地球上最古老的晶体,表明在地壳形成初期,地球上已经出现了岩石及一定规模的大陆。

与此同时,人们还详细研究了陨石年龄,有意义的年龄范围为 40 亿～48 亿年。其中,46 亿年左右是陨石形成的重要时期。一般认为,陨石与地球可能属于同一来源、同一时期形成的天体,因此,地球年龄应与陨石年龄相当。自美国阿波罗 11 号首次实现人类登月(1969)之后,人们对月球岩石、土壤样品进行了年龄测定,发现月球岩石的最大形成年龄为 46 亿年。由于地-月系统具有统一性,地球、月球和太阳系其他成员(如陨石等)形成时期相接近,即地球的年龄为 46 亿年(4600Ma)。

四、地质年代表

为了便于研究地球演化和生命演化历史,人们将地球从诞生到现代划分为一系列的时间单位,这就是地质年代。地质年代是地球发展历史的时间量度。

1. 地质年代表的建立

按年代先后把地质历史进行系统性编年列表,称为地质年代表(表 2-5-2)。其中的绝大部分时代界线都建立有"金钉子"剖面。内容包括各个地质年代单位、名称和同位素年龄值等。反映了地壳中无机界(矿物、岩石)与有机界(动、植物)演化的顺序、过程和阶段。

表 2-5-2 地质年代表

相对地质年代					绝对年龄/Ma	生物开始出现时间	
宙(宇)	代(界)	纪(系)	世(统)	代号		植物	动物
显生宙(宇) PH	新生代(界) Cz	第四纪(系) Q	全新世(统) 更新世(统)	Qh Qp	2.58		←现代人
		新近纪(系) N	上新世(统) 中新世(统)	N_2 N_1	23.03		←古猿
		古近纪(系) E	渐新世(统) 始新世(统) 古新世(统)	E_3 E_2 E_1	66.0	←被子植物	
	中生代(界) Mz	白垩纪(系) K	晚(上)白垩世(统) 早(下)白垩世(统)	K_2 K_1	145.0		←灵长类
		侏罗纪(系) J	晚(上)侏罗世(统) 中侏罗世(统) 早(下)侏罗世(统)	J_3 J_2 J_1	201.4±0.2		←恐龙、鸟类 ←哺乳类
		三叠纪(系) T	晚(上)三叠世(统) 中三叠世(统) 早(下)三叠世(统)	T_3 T_2 T_1	251.9	←裸子植物	
	古生代(界) Pz	晚古生代(界) Pz_2	二叠纪(系) P	乐平世(统) 瓜德鲁普世(统) 乌拉尔世(统)	P_3 P_2 P_1	298.9±0.0	←爬行类
			石炭纪(系) C	宾夕尼亚亚纪(亚统) 密西西比亚纪(亚统)	C_2 C_1	358.9±0.2	←蕨类植物	←两栖类
			泥盆纪(系) D	晚(上)泥盆世(统) 中泥盆世(统) 早(下)泥盆世(统)	D_3 D_2 D_1	419.2±0.4	←裸蕨类植物	←鱼类
		早古生代(界) Pz_1	志留纪(系) S	普里道利世(统) 罗德洛世(统) 温洛克世(统) 兰多维列世(统)	S_4 S_3 S_2 S_1	443.8±1.5		←无脊椎动物 ←无颌类
			奥陶纪(系) O	晚(上)奥陶世(统) 中奥陶世(统) 早(下)奥陶世(统)	O_3 O_2 O_1	485.4±1.9		
			寒武纪(系) ∈	芙蓉世(统) 苗岭世(统) 第二世(统) 纽芬兰世(统)	$∈_4$ $∈_3$ $∈_2$ $∈_1$	538.8		←无脊椎动物
元古宙(宇) Pt	新元古代(界) Pt_3	震旦纪(系) Z	晚(上)震旦世(统) 早(下)震旦世(统)	Z_2 Z_1	±0.2 635	←海生藻类植物	
		南华纪(系) Nh	晚(上)南华世(统) 中南华世(统) 早(下)南华世(统)	Nh_3 Nh_2 Nh_1	780		
		青白口纪(系) Qb			1000		
	中元古代(界) Pt_2	蓟县纪(系) Jx			1600		
		长城纪(系) Ch			1800		
	古元古代(界) Pt_1	滹沱纪(系) Ht			2300	←原始菌藻类植物	
		未名			2500		
太古宙(宇) Ar	新太古代(界) Ar_4				2800	生命现象开始出现	
	中太古代(界) Ar_3				3200		
	古太古代(界) Ar_2				3600		
	始太古代(界) Ar_1				4000		
冥古代(界)					4567		

(国际地层委员会,2023 年 6 月;全国地层委员会,2014 年)

地质年代表的建立,是对世界各地的地层进行系统划分对比的结果。

地质年代表中具有不同级别的地质年代单位。最大一级的地质年代单位为"宙",次一级单位为"代",第三级单位为"纪",第四级单位为"世",第五级单位为"期"。与地质年代单位相对应的年代地层单位为宇、界、系、统、阶,它们代表各级地质年代单位内形成的地层。

两者的级别和对应关系如下:

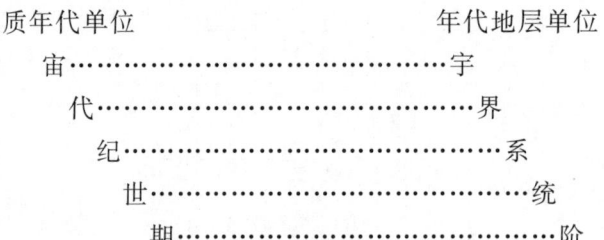

地质年代单位　　　　　　　　　年代地层单位
宙 …………………………………… 宇
代 …………………………………… 界
纪 …………………………………… 系
世 …………………………………… 统
期 …………………………………… 阶

我国前寒武纪晚期地层极其发育,剖面好,研究程度高。2014年全国地层委员会召开的全国地层学会议将我国晚前寒武纪地层进行了部分划分。

2. 地质年代名称的来源与含义

了解地质年代表中各地质时代名称的来源和含义,对于深刻理解地质年代表的性质是有益的。

太古宙　最古老的地质年代,仅有原始的菌藻生物。

元古宙　为古老的地质年代,生物主要为菌藻类。

显生宙　是开始出现大量较高等动物以来的阶段,包括古生代、中生代和新生代。

古生代　意为"古老生物"的时代。它标志着生物已开始大量发育,主要为原始海生无脊椎动物、原始的鱼类、两栖类等动物;蕨类等孢子植物。

中生代　意为"中期生物"的时代,以陆地上爬行动物繁盛为特征。

新生代　意为"近代生物"的时代,哺乳动物和被子植物非常繁盛。在新近纪后期,非洲(或亚洲)等地出现了原始人类。

年代名称来源。

震旦纪——很早以前,在我国(特别在北方)就发现在古老变质岩系(即前震旦亚界)之上,含有丰富化石的寒武系之下,发育了一套巨厚的完整的没有变质的或变质程度很低的沉积岩系,其中除含有大量藻类化石外,很少发现其他生物遗迹,当初就把这套地层命名为震旦系,其时代称震旦纪。震旦是我国的古称。我国是震旦系发育最好的国家,地层完整,剖面清楚,分布广泛。因此,我国很早就把震旦系列入我国地质年代表中。

寒武纪——因英国的寒武山脉(今译坎布连山脉)而得名。

奥陶纪和志留纪——根据英国威尔士一个古代民族居住的地方名称和古代民族名称命名。

泥盆纪——因英国西南部泥盆州(现译为得文郡)海相岩系而得名。

石炭纪——因英格兰的高山灰岩及其含煤层而得名。

二叠纪——最初得名于乌拉尔山西坡的彼尔姆州,"二叠"则因该时代德国南部地层可以分为上下两套而得名。

三叠纪——当初按德国南部地层的三分性特点而命名。

侏罗纪——按法瑞交界地方侏罗山(现译为汝拉山)地层研究而命名。

白垩纪——按英吉利海峡两岸主要由白垩土地层构成而命名。

新生代各纪的名称来源很有意思,最早的地层表分成4个纪:第一、第二(中)、第三和第四纪,后来前两个名称不用了;第三纪分成了两部分:老第三纪和新第三纪,后来老第三纪改称古近纪,新第三纪改称新近纪。

科学家认为,人类的活动已经彻底改变了地球,不仅仅是地表,而且连地质年代都改变了。从地质年代上看,目前所处的年代属于"全新世",大约已有11 000年的历史。但是,许多证据都表明,自1950年以后的几十年中,地球的一些地质特征发生了明显变化。科学家说,人类活动很可能引发了一个新的地质年代——人类世(Anthropocene)。2000年,为了强调人类在地质和生态中的核心作用,诺贝尔化学奖得主保罗·克鲁岑提出了人类世的概念。克鲁岑指出:自18世纪晚期的英国工业革命开始,人与自然的相互作用加剧,人类成为影响环境演化的重要力量,尤其在过去的一个世纪,城市化的速度增加了10倍。更为可怕的是,几代人正把几百万年形成的化石燃料消耗殆尽。

2019年5月21日,据英国著名科学杂志《自然》杂志报道,一组科学家投票选出了一个新的地质时代——人类世。

我国著名地球科学家、国家最高科学技术奖获得者刘东生指出,"人类世"虽然是地质学上的名词,但却提供了人与自然关系研究的新视角,并认为这个概念的提出可能是地质学上又一次飞跃,其意义可以与板块构造学说相提并论。虽然"人类世"只是一个尚未得到公认的地质学概念,然而它的影响却不会仅仅局限在地质学内部,因为它涉及了现实的人与自然的关系。

国际地质年代表中没有年代地层的代号。为了使用方便,我国对地质年代表采用了代号表示。其中,代(界)、纪(系)的代号取自其英文名称的第一个字母或第一个加上后面的某一个字母,仅寒武纪用∈、白垩纪用K,比较特殊,这是为了与石炭纪代号C相区别。此外,世的代号是在该世所属纪的代号右下角注以1、2、3、4或1、2、3或1、2,分别代表其在该时代中的位置,如中侏罗世以J_2表示。

3. 岩石地层单位

根据地层的岩性特征在垂直方向上的差异,将地层分层,建立起地层系统和层序。这样划分出来的地层单位,称为岩石地层单位,它可分为群、组、段、层4级,属于地方性地层单位。同一时代地层的岩石组合在不同地方可以不同,故岩石地层名称往往是不同的。

群是岩石地层的最大单位。它包括厚度大、成分不尽相同但总体外貌一致的一套岩层,群的命名采用地名+"群"来表示,如青白口群、昆阳群等。

组是岩石地层的基本单位。它由一种岩石组成,也可以由两种或更多种的岩石互层组成,组的命名也是采用地名+"组"来表示,如筇竹寺组、阳新组等。

段是组内次一级的岩石地层单位。它代表组内岩性相当均一的一段地层,段的命名可用地名+"段"来表示,如筇竹寺组包含八道湾段和玉案山段;也可采用岩石名称+"段"来表示,如灰岩段、砂岩段等。

层是最小的岩石地层单位。指组内或段内的一个明显的特殊岩层、化石层或矿层等,如碳质层、磷矿层、笔石层等,常起到标准层的作用。

应该指出,岩石地层单位的划分,不是以化石为依据,它与年代地层单位之间,没有对应的关系。只有在岩石地层单位中找到了可以确定时代的化石时,岩石地层单位的年代才可以确定。

本学习单元小结

(1) 宇宙是物质世界。"宇"是空间概念,是无边无际;"宙"是时间概念,是无始无终。因此,宇宙即为无限空间与无限时间的统一。

(2) 地球并不是一个正球体,而是一个两极稍扁、赤道略鼓的旋转椭球体;平均半径约 6371km,赤道周长约 40 075km;但相对于整个地球而言,这些高低起伏变化是非常微小的,地球仍可被视为一个规则球体。

(3) 地球的表面高低不平,以海平面为界,划分为陆地和海洋两大地理单元。陆地占地球表面积的 29.2%;海洋占地球表面积的 70.8%。马里亚纳海沟是世界上最深的海沟,深度达 11 040.41m;珠穆朗玛峰是世界第一高峰,高度为 8 848.86m。

(4) 陆地地形按高程和地面起伏程度,可划分为山地、丘陵、平原、高原和盆地等类型。海底地形可划分为大陆边缘、大洋盆地和大洋中脊 3 个单元。

(5) 地球的外部圈层包括大气圈、水圈和生物圈;地球的内部圈层包括地壳、地幔和地核。

(6) 地球的主要物理性质主要包括密度、压力、重力、温度、磁性及弹塑性等。

(7) 克拉克值是地壳元素的丰度,其用质量分数来表示,常量元素的单位一般用%表示,微量元素单位用 g/t(克/吨)或 10^{-6} 表示。

(8) 地壳中各元素的丰度相差极为悬殊。O、Si、Al、Fe、Ca、Na、K、Mg 等 8 种元素约占地壳物质总量的 98%,被称为造岩元素。

(9) 矿物是在各种地质作用中形成的,在一定地质和物理化学条件相对稳定的自然元素的单质或化合物。矿物的成分、结构比较均一,具有一定的形态、物理性质和化学性质。

(10) 地壳中最常见的主要矿物不过 10 多种,其中橄榄石、辉石、角闪石、云母、斜长石、钾长石、石英、方解石、白云石、黏土矿物 10 种矿物是地表各类岩石的基本物质组成,地质学上称为造岩矿物。

(11) 岩石是由各种地质作用形成的,在一定地质和物理化学条件下相对稳定存在,由一种或两种以上矿物所组成的固体集合体,按成因分为岩浆岩、沉积岩和变质岩三大类。

(12) 地质年代有两层含义：一是地质体形成或地质事件发生的先后顺序，称为相对年代；二是地质体形成或事件发生距今的年龄，称为绝对年代。

(13) 原始产出的地层具有下老上新的规律，这就是地层层序律或地层叠置律。

(14) 生物层序律的基本思想是根据化石来判断地层的新老关系。不同年代的地层含有不同种类的化石，同一年代的地层含有相同种类的化石。同时，生物的进化是有规律的，地层年代越新，其中含有的生物越高级。

(15) 对相互交切的地质体或地质界线而言，被切割者老于切割者；对具有包裹关系的两地质体而言，被包裹者老于包裹者，这是切割律的基本内容。

(16) 地质年代表是依据对全球地层进行系统的划分与对比所建立起来的地质历史的编年。它简明地反映了地球上无机界与有机界的演化。

• **重要术语**

大陆、大陆边缘、洋中脊、大洋盆地、重力、重力异常、地磁、地磁要素、磁异常、地热、变温层、恒温层、增温层、地温梯度、地热异常、地震波、莫霍面、古登堡面、地壳、地幔、地核、硅铝层（花岗质层）、硅镁层（玄武质层）、岩石圈、软流圈、克拉克值、矿物、岩石、宇宙、相对年代、绝对年代、同位素年龄、地层层序律、生物层序律、切割律、化石、标准化石、地质年代表、宙、代、纪、世、宇、界、系、统、群、组、段、层。

• **思考题**

(1) 地球表面形态有哪些主要类型？

(2) 地球的内外部圈层是如何划分的？地球外部有哪些圈层？地球外部各圈层对人类都有哪些作用？

(3) 地球内部有哪些圈层？内部圈层划分的依据是什么？

(4) 何为地壳、岩石圈？如何理解岩石圈与地壳的关系？

(5) 地球的物理性质主要有哪些？何为重力勘探、磁法勘探？

(6) 何为克拉克值、元素丰度？地壳的物质组成有哪些类型？

(7) 组成地壳的岩石类型有哪些？

(8) 何为相对地质年代、绝对地质年代？确定相对地质年代的方法有哪些？

(9) 何为岩层、地层？岩层与地层的地质意义有什么不同？

(10) 何为地质年代？熟记地质年代单位、年代地层单位。

(11) 何为岩石地层单位？熟记岩石地层单位。

学习情境三　认识矿物

●**学习目标**　了解矿物的概念及识别矿物的一般方法,并根据其主要特征,初步认识几种最常见的矿物。

●**知识目标**　了解矿物的化学组成及分类方法;掌握矿物的形态、物理性质、化学性质等基本特征;认识最常见的矿物,如橄榄石、普通辉石、普通角闪石、钾长石、斜长石、云母、高岭石、石英、方解石、磁铁矿、赤铁矿、褐铁矿、黄铁矿等。

●**思政目标**　引导学生领会矿物形成及其在人们生产生活中的重要作用,树立正确的自然观、科学观,涵养热爱自然、珍惜资源、合理利用自然资源的思想意识。

地壳是地质学最直接的研究对象。地壳由岩石组成,岩石由矿物组成,矿物由元素组成。元素是构成矿物的基本物质单元。截至2007年,总共有118种元素被发现。有不少是极短寿命元素,有94种元素稳定存在于地球上,但最常见的仅10余种元素。

学习任务一　认识矿物的形态

自然界的矿物绝大部分是晶体,少部分为非晶质体,多以一定的形态产出。矿物形态反映了其内部结构和化学成分,在矿物鉴定和成因分析上极为重要。

固体矿物按其内部质点的结构不同可分为晶体、非晶体和准晶体三大类。

一、晶体

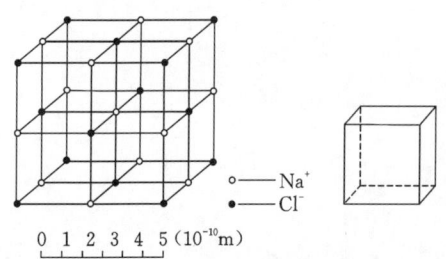

图3-1-1　石盐的内部构造和晶体

晶体是由大量微观物质单位(原子、离子、分子)按一定规则有序排列的固体物质。如石盐(NaCl)内部的Na^+和Cl^-在任一方向上都是按一定间隔重复出现并组成网格状(图3-1-1)。

晶体内部结构中的质点(原子、离子、分子、原子团)有规则地在三维空间呈周期性重复排列,组成一定形式的晶格,外形上表现为一定形状的几何多面体。组成某种几何多面体的平面称为晶面,由于生长的条件不同,晶体在外形上可能有些歪斜,但同种晶体的晶面间夹角

(晶面角)是一定的,称为晶面角不变原理。

晶体的大小不等,小的可以是几微米到几毫米,大的可以达几十厘米甚至几米以上。晶质矿物的各种特征不仅与它的化学成分相关,而且在很大程度上受到它内部质点的晶体结构的控制。即使是化学成分相同的物质,在不同的温度、压力等地质条件下仍可以形成不同的晶体结构,从而成为不同的矿物,这种现象称为同质多象。如碳原子在不同的地质条件下可分别形成金刚石和石墨,它们的内部晶体结构不同,特点也大不一样;金刚石是无色透明的最硬的矿物,而石墨是黑色不透明的极软矿物(图 3-1-2)。

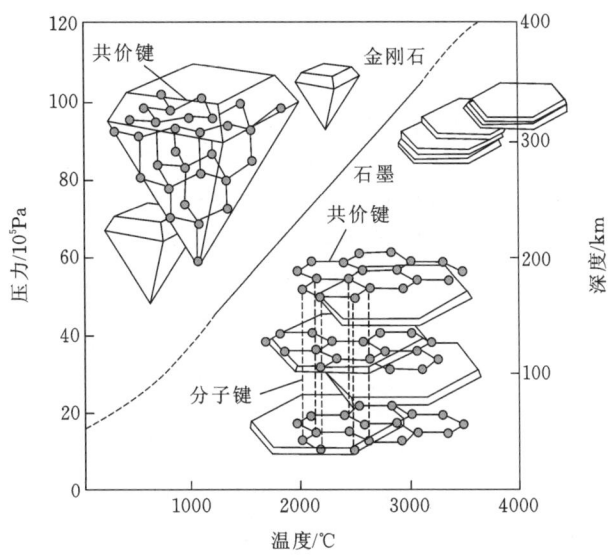

图 3-1-2　金刚石和石墨的晶体结构示意图

由于受到自由生长空间的限制,多数晶体晶面发育不完整,或完全没有晶面,从而形成外形不规则的晶粒(晶体)。晶粒大小不一,较粗的用肉眼或放大镜可看出来者,称为显晶质;若晶粒非常细小,要通过显微镜才能加以分辨者,称为隐晶质。

二、非晶体

非晶体是内部质点呈无序排列的固体,颇类似于液体,可以说是硬化了的液体,它在外形上常表现为均一的、无颗粒的不定形凝固体面貌。如火山玻璃及一些胶体凝固矿物属于非晶体矿物,而且非晶体矿物随时间增长可自发转变为晶体矿物。自然界中绝大多数固体矿物是晶体矿物,只有少数矿物为非晶体矿物。

三、准晶体

准晶体是一种介于晶体和非晶体之间的固体。准晶体具有完全有序的结构,然而又不具有晶体所应有的平移对称性,因而可以具有晶体所不允许的宏观对称性。准晶体的发现,是 20 世纪 80 年代晶体学研究中的一次突破。

学习任务二　认识矿物的鉴定特征

不同矿物的化学成分与内部结构不同,决定了其具有不同的外部形态与物理性质,这种特定的矿物形态与物理性质是鉴定矿物的重要依据。

一、矿物的形态

1. 矿物单体的形态

晶质矿物在有利的条件下形成的单个完整晶体(称单体)往往具有特殊的几何形态。这种单体的形态多种多样,但归纳起来,可分为3种类型(图3-2-1):

一向延长型,呈柱状或针状的晶形,如石英、辉锑矿、角闪石等(a、b、c)。

二向延长型,呈片状或板状的晶形,如云母、长石等(d、e)。

三向等长型,呈粒状或等轴状晶形,如黄铁矿、石榴石、磁铁矿等(f、g)。

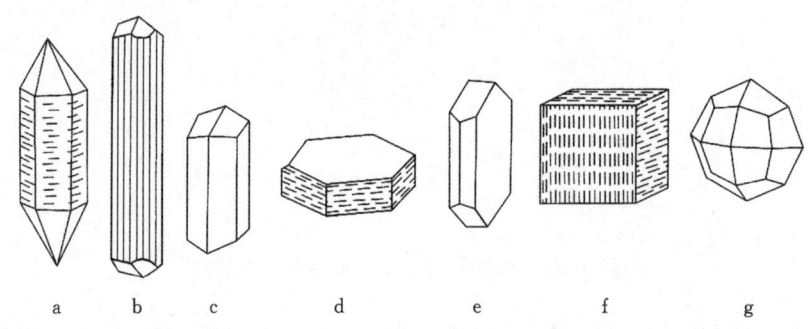

a.石英;b.辉锑矿;c.角闪石;d.云母;e.长石;f.黄铁矿;g.石榴子石。

图 3-2-1　几种矿物的晶体形态

2. 矿物集合体的形态

由同种矿物的多个单体或颗粒聚合在一起时称为矿物集合体。矿物集合体也常具有某种习惯性的形态,它们多取决于矿物单体形态及集合方式。一向延长型单体常集合成晶簇状、纤维状、放射状等集合体形态;二向延长型单体常集合成片状、鳞片状等集合体形态;三向等长型单体常集合成粒状等集合体形态。由胶体凝聚而成的非晶质及隐晶质矿物集合体常呈鲕状、肾状和钟乳状等集合体形态(图3-2-2)。

二、矿物的物理性质

矿物的物理性质中重要的是矿物的光学性质和力学性质。

1. 矿物的光学性质

矿物的光学性质是指矿物对可见光的吸收、透射和反射等的程度不同所引起的各种性质。它包括颜色、条痕、透明度和光泽等。

a.粒状;b.片状;c.晶簇;d.钟乳状;e.鲕状。
图 3-2-2　矿物集合体的几种形态

（1）颜色。是指矿物吸收可见光后所呈现的色调。如矿物对可见光中各种波长的光波均匀吸收，则随吸收程度的由小变大而呈白色、灰色、黑色；如对各种波长的光波选择性吸收，则呈现红、橙、黄、绿、青、蓝、紫各种鲜艳的颜色。矿物有时因混有不同杂质或其他原因使本身的颜色发生一定的变化。

（2）条痕。是指矿物粉末的颜色，通常用矿物在毛瓷板上刻画来观察。由于条痕色消除或减少了矿物中杂质或其他原因对矿物颜色的影响，突出了矿物本身的颜色，因而更稳定、更具有鉴定意义。

（3）透明度。是指可见光透射矿物的程度。随透射程度的由大变小可分为透明、半透明和不透明3个等级。透明度由强变弱通常与矿物颜色由浅变深呈对应关系。

（4）光泽。是指矿物表面反射光波的能力。按反射光的由强到弱分为3级：金属光泽、半金属光泽和非金属光泽。非金属光泽有金刚光泽和玻璃光泽，最常见的是玻璃光泽。此外尚见有一些特殊光泽，如油脂光泽、丝绢光泽、珍珠光泽、蜡状光泽、土状光泽等。矿物的光泽与其颜色和透明度具反相关关系，即透明度强、颜色浅则偏向非金属光泽，反之则偏向金属光泽。

2. 矿物的力学性质

矿物的力学性质是指矿物受外力作用（敲打、刻画、研磨等）后所表现出的性质，包括硬度、解理与断口等。

（1）硬度。是指矿物抵抗外力刻划或研磨的能力。测定矿物硬度的绝对值需用特殊装置。为了应用方便，德国矿物学家弗里德里克·摩斯选择了10种软硬不同的矿物作为10个等级标准，组成相对硬度系列，称为摩氏硬度计（表3-2-1）。摩氏硬度计中硬度等级高的矿物可刻动硬度等级低的矿物，但各等级之间的绝对硬度值并不成倍数或等差关系。

表3-2-1　摩氏硬度计

硬度等级	1	2	3	4	5	6	7	8	9	10
代表矿物	滑石	石膏	方解石	萤石	磷灰石	正长石	石英	黄玉	刚玉	金刚石

在鉴定矿物的相对硬度时，可将所测矿物与摩氏硬度计中的标准矿物相互刻画来确定。如某种矿物能刻动正长石，又被石英刻动，则其硬度介于6～7之间。在野外时，常用小刀（硬度5.5）和指甲（硬度2.5）进行简易鉴定。

（2）解理与断口。矿物受力后沿一定方向规则裂开的性质称为解理。裂开的面称为解理面。如菱面体的方解石被打碎后仍呈菱面体（图3-2-3），云母可揭成一页一页的薄片。矿物中具同一方向的解理面算一组解理，如方解石有三组解理，云母只有一组解理。各种矿物解理发育程度不一样，解理面的完整性也不相同，按解理裂开的难易程度及解理面的完好程度一般分为极完全解理、完全解理、中等解理、不完全解理和极不完全解理5个等级。如果矿物受敲击后沿任意方向裂开成凹凸不平的断面，则称为断口。断口与解理是互为消长的。常见的断口形态有贝壳状（如石英，图3-2-4）、参差状（如黄铁矿）、锯齿状（如自然铜）、土状（如高岭石）等。

图3-2-3　方解石的3组菱面体解理

图3-2-4　石英的贝壳状断口

3. 矿物的其他物理性质

矿物除力学、光学性质外,还有相对密度、磁性、压电性等物理性质。这些物理性质有时在鉴定矿物时具有特殊的作用,如方铅矿(PbS)相对密度大(7.6)、磁铁矿具磁性、纯净的石英(水晶)具压电性等。此外,某些矿物的化学性质对鉴定矿物也特别有利,如碳酸盐类的方解石加稀盐酸(5%)会剧烈起泡等。所以,在鉴定矿物时往往要综合各方面的特点进行分析。

学习任务三 认识常见矿物

目前,已知矿物约有6000种,但绝大多数不常见,最常见的不过200多种,重要矿产资源的矿物也就数十种。地壳中常见的造岩矿物只有10余种,其中氧化物矿物石英、硅酸盐矿物长石、云母等的种类占92%,而石英和长石含量高达63%。

随着现代研究手段的不断改进,逐年不断有新矿物被发现,近些年来平均每年发现的新矿物有四五十种。

一、矿物的分类

按矿物的化学成分与化学性质,通常将矿物分为五大类。本教材具体分类如下。

1. 自然元素矿物

自然界中呈元素单质状态产出的矿物。已知的该类矿物超过50种,约占地壳质量的0.1%。如自然金、自然铜、自然硫、金刚石和石墨等。

2. 硫化物矿物

硫化物矿物主要由阴离子硫与一些金属阳离子相结合而形成的矿物。已知的硫化物矿物有350种以上,约占地壳质量的0.25%。如黄铁矿、黄铜矿、方铅矿、闪锌矿、辉锑矿等,它们多是有色金属及部分稀有金属的主要矿物原料。

3. 卤化物矿物

卤族元素(F、Cl、Br、I)与K、Na、Ca、Mg等元素化合而成的矿物。该类矿物有100余种,在地壳中的含量较低。如石盐、钾盐、光卤石、萤石等,它们都是工业上重要的矿产原料。

4. 氧化物及氢氧化物矿物

由一系列金属阳离子及非金属阳离子与O^{2-}或OH^-相结合而成的化合物。最常见的阳离子是Si、Fe、Al、Mn、Ti等。已知此类矿物有200余种,占地壳质量的17%。其中硅的氧化物分布最多,占地壳质量的12.6%;铁的氧化物和氢氧化物分布亦较广泛,占地壳质量的3%~4%(图3-3-1);此外,铝土矿、软锰矿、硬锰矿等也常见。这类矿物是工业上金属矿产的主要来源。

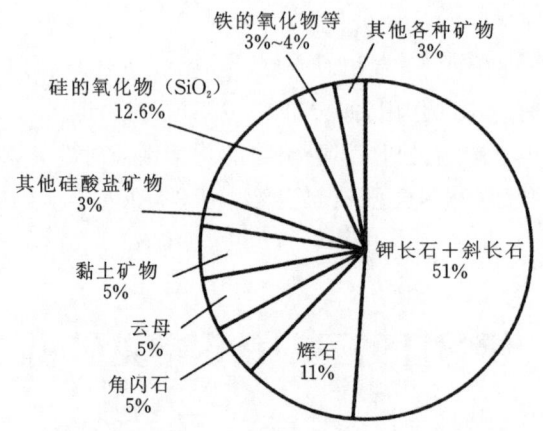

图 3-3-1　地壳中矿物含量（据 Stanleyetal，2007）

5. 含氧盐矿物

各种含氧酸根（如$[SiO_4]^{4-}$、$[CO_3]^{2-}$、$[SO_4]^{2-}$、$[PO_4]^{3-}$、$[WO_4]^{2-}$等）与金属阳离子结合而成的化合物。根据含氧酸根可进一步分为硅酸盐、碳酸盐、硫酸盐、磷酸盐、硼酸盐、钨酸盐等盐类矿物。这类矿物种类繁多，分布广泛，是地壳中最主要的矿物组分，约占地壳质量的82.5%，其中最主要的是硅酸盐类矿物。

硅酸盐类矿物已知达1000种以上，是组成地壳的最主要矿物，其总量估计占地壳质量的80%（图3-3-1）。硅酸盐矿物的晶体结构复杂多样，但其基本结构单位均是硅氧四面体（$[SiO_4]^{4-}$），即由4个氧离子包围1个硅离子构成锥形（图3-3-2）。这种硅氧四面体与不同的阳离子相结合，从而形成了繁多的硅酸盐矿物种类。硅酸盐矿物中最常见、分布最广的主要有长石（包括钾长石、斜长石等，约占地壳质量的51%）、普通辉石、普通角闪石、橄榄石、云母（包括黑云母、白云母等），较常见的矿物有绿泥石、高岭石、石榴石、红柱石、蓝晶石、矽线石、绿帘石、蛇纹石、滑石等。

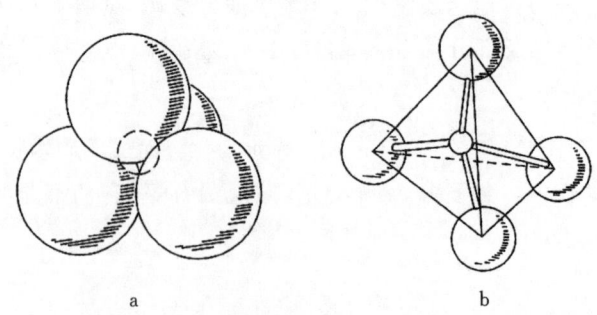

图中小球示硅，大球示氧。

图 3-3-2　放大的硅氧四面体(a)及其结构模型(b)

除硅酸盐类矿物以外，其他各含氧盐矿物的总数已知达1000种以上，但绝大多数并不常见。碳酸盐类矿物分布最广的是方解石和白云石，约占地壳质量的2%；硫酸盐类矿物常见的有石膏、重晶石等;磷酸盐矿物以磷灰石为常见;硼酸盐矿物以硼砂为常见;钨酸盐矿物以黑钨矿及白钨矿为常见。

二、常见矿物

根据上述分类,选择最主要的造岩矿物、矿产资源矿物进行介绍。

(一) 自然元素矿物

石墨(C):常为鳞片状、片状或块状。铁黑色或钢灰色,条痕黑灰色,晶体良好者具强金属光泽,块状体光泽暗淡,不透明。有一组极完全解理,硬度1～2,薄片具挠性。相对密度2.09～2.23,具滑腻感,高度导电性,耐高温(熔点高)。化学性质稳定,不溶于酸。

(二) 硫化物矿物

(1) 方铅矿(PbS):晶体常为六面体或六面体与八面体的聚形;一般呈致密块状或粒状集合体;铅灰色,条痕黑灰色,金属光泽,不透明;硬度2.5～2.75,三组立方体完全解理,性脆;相对密度7.4～7.6。

(2) 闪锌矿(ZnS):多为致密块状或粒状集合体。浅黄色、黄褐色到铁黑色(视含Fe多少而定),条痕较矿物色浅,呈浅黄色或浅褐色。金刚光泽(新鲜解理面)、半金属光泽(深色闪锌矿)或稍具松脂光泽(浅色闪锌矿);半透明(浅色者)到不透明(深色者);硬度3.5～4;六组完全解理,性脆;相对密度3.9～4.1。

(3) 黄铁矿(FeS_2):晶体发育良好,有六面体、八面体、五角十二面体及其聚形,有时呈块状、粒状集合体或结核体。六面体晶面上有与棱平行的条纹,各晶面上的条纹互相垂直;浅黄(黄铜)色,条痕黑色(带微绿),强金属光泽,不透明;硬度6～6.5(硫化物中硬度最大的一种),无解理,性脆;相对密度4.9～5.2。在地表环境下易风化为褐铁矿。

(4) 黄铜矿($CuFeS_2$):完好晶体较少见,多呈致密块状或分散粒状。金黄色(表面常有锈色),条痕黑色(带微绿),金属光泽,不透明;硬度3.5～4,解理不发育,性脆;相对密度4.1～4.3。

(三) 氧化物和氢氧化物矿物

(1) 赤铁矿(Fe_2O_3):赤铁矿包括两类:一类是镜铁矿,晶体多为板状、叶片状、鳞片状及块状集合体;钢灰色至铁黑色,条痕樱红色,金属光泽,不透明;硬度2.5～6.5,性脆;相对密度5.0～5.3;无磁性。另一类是沉积型赤铁矿,常呈鲕状、肾状、块状或粉末状;暗红色,条痕樱红色,半金属或暗淡光泽,硬度较小。

(2) 磁铁矿(Fe_3O_4 或 $FeO \cdot Fe_2O_3$):晶体常呈八面体,有时为菱形十二面体,通常呈粒状或块状集合体。铁黑色,条痕黑色,金属或半金属光泽,不透明;硬度5.5～6;解理不发育,性脆;相对密度4.9～5.2;具有强磁性。

(3) 褐铁矿($Fe_2O_3 \cdot nH_2O$):成分复杂,常混有二氧化硅、黏土等混入物。通常呈土状、钟乳状、葡萄状、致密或疏松块状等;黄褐色或深褐色,条痕黄褐色,不透明,光泽暗淡;硬度1~4(视其形态和成分不同而异,富含硅的致密块状者,硬度可达 5.5;而富含泥质的土状者,硬度可下降至1);相对密度3.3~4.0;褐铁矿是含铁矿物经过氧化和分解而形成的,尤其是金属硫化物矿床的地表部分,矿石遭受氧化后,常形成褐铁矿(即铁帽)。

(4) 石英(SiO_2):石英有多种同质多象变体。最常见的石英晶体多为六方柱及菱面体的聚形,柱面上有明显的横纹;在岩石中石英常为无晶形的粒状,在晶洞中常形成晶簇,在石英脉中常为致密块状;无色透明的晶体称为水晶,另外还有含杂质而带颜色的紫水晶(含锰)、烟水晶(含有机质)、蔷薇石英(又叫芙蓉石,含铁锰)等;油脂光泽,透明至半透明;硬度7,无解理,贝壳状断口,性硬;相对密度2.5~2.8;是主要的造岩矿物。

另外,还有二氧化硅胶体沉淀而成的隐晶质矿物,白色、灰白色者称为玉髓(也称石髓、髓玉);白色、灰色、红色等不同颜色组成的同心层状或平行条带状者称为玛瑙;不纯净,红绿各色者称为碧玉;黑、灰各色者称为燧石;具有油脂或蜡状光泽,半透明;贝壳状断口。

(5) 蛋白石($SiO_2 \cdot nH_2O$):非晶质体,通常呈致密块状,有时呈钟乳状。蛋白色,常混入杂质而呈现各种色彩,玻璃光泽,多孔块状者呈蜡状光泽;硬度5~5.5,断口贝壳状;相对密度1.9~2.5;蛋白石主要由二氧化硅胶体沉淀而成,或由硅质生物骨骼堆积而成(硅藻土)。

(6) 铝土矿($Al_2O_3 \cdot nH_2O$):由各种铝的氢氧化物,以及高岭石、蛋白石、褐铁矿等多种矿物所组成的混合体。通常呈致密块状、豆状、鲕状等集合体;颜色变化大,有灰白色、黄色、褐色、红色等,土状光泽;硬度1~3,无解理;相对密度2.5~3.5;有黏土味;铝土矿主要由富含铝质的岩石风化而成,或在浅海湖泊中由胶体沉淀而成。

(四) 卤化物矿物

(1) 石盐(NaCl):晶体呈立方体,通常呈粒状或块状集合体。纯净者无色透明,但因含杂质而成各种颜色,玻璃光泽,潮解表面呈油脂光泽;硬度2.5,三组立方体完全解理;相对密度2.1~2.2;易溶于水,味咸,烧之呈蓝色火焰。

(2) 萤石(CaF_2):常呈块状、粒状集合体,或立方体及八面体单晶。颜色多样,有绿色、紫色、黄色、蓝色等;透明,玻璃光泽,硬度4,具有4个方向的完全解理,易沿解理面破裂成八面体小块。

(五) 含氧盐矿物

1. 硅酸盐矿物

(1) 橄榄石($(Mg,Fe)_2[SiO_4]$):晶体呈扁柱状,在岩石中呈分散颗粒或粒状集合体。橄榄绿色,玻璃光泽,透明至半透明;硬度6.5~7,解理不发育,性脆;相对密度3.3~3.5。

(2) 黄玉($Al_2[SiO_4](F,OH)_2$):晶体呈柱状,柱面有纵纹,常呈块状、柱状、不规则粒状集合体。无色透明,有时带黄色、浅绿色等,玻璃光泽;硬度8,一组完全解理;相对密度 3.52～3.57。

(3) 普通辉石（$(Ca,Na)(Mg,Fe,Al)[(Si,Al)_2O_6]$）：晶体呈短柱状，横剖面近八边形；在岩石中常呈分散粒状或粒状集合体。绿黑色至黑色，条痕浅灰绿色，玻璃光泽（风化面暗淡），半透明；硬度 5～6，两组平行柱面中等解理，夹角 87°或 93°；相对密度 3.23～3.52。

(4) 普通角闪石（$Ca_2Na(Mg,Fe)_4(Al,Fe)[(Si,Al)_4O_{11}]_2(OH)_2$）：晶体多呈长柱状，横剖面近六边菱形；在岩石中常呈分散柱状、粒状及粒状集合体。绿黑色至黑色，条痕灰绿色，玻璃光泽（风化面暗淡），半透明；硬度 5～6，两组平行柱面中等解理，夹角 56°或 124°；相对密度 3.11～3.42。

(5) 黑云母（$K(Mg,Fe)_3(Al,Fe)[AlSi_3O_{10}](OH)_2$）：晶体常呈假六方柱状或板状；通常呈片状或鳞片状集合体。黑褐色至黑色，玻璃光泽；硬度 2.5～3，底面一组极完全解理，解理面上呈珍珠光泽，薄片具有弹性；相对密度 3.02～3.12；较白云母易风化分解。

(6) 白云母（$KAl_2[AlSi_3O_{10}](OH)_2$）：晶体常呈假六方柱状或板状；通常呈片状或鳞片状集合体。薄片无色透明，因含杂质而常呈浅黄、浅绿等色，玻璃光泽；硬度 2.5～3，底面一组极完全解理，解理面上呈珍珠光泽，薄片具有弹性；相对密度 2.76～3.10；呈细小鳞片状，具丝绢光泽者称为绢云母。

(7) 斜长石（$(100-n)Na[AlSi_3O_8]-nCa[Al_2Si_2O_8]$）：由钠长石分子 $Na[AlSi_3O_8]$ 和钙长石分子 $Ca[Al_2Si_2O_8]$ 两种组分组成的类质同象系列矿物的总称。斜长石并没有特定的化学成分，而是由钠长石（Ab）和钙长石（An）按不同比例形成的固溶体系列。

在斜长石中，钠原子和钙原子可以在晶格中相互替代，按这两种原子的比例可将斜长石划分成钠长石（$An_{0～10}Ab_{100～90}$）、更长石（$An_{10～30}Ab_{90～70}$）、中长石（$An_{30～50}Ab_{70～50}$）、拉长石（$An_{50～70}Ab_{50～30}$）、培长石（$An_{70～90}Ab_{30～10}$）和钙长石（$An_{90～100}Ab_{10～0}$）的不同子类。岩石学中将前二者统称为酸性斜长石，中长石为中性斜长石，而将后三者统称为基性斜长石。最常见的斜长石是更长石，最少见的是培长石。

斜长石是一种在地球上很常见且非常重要的硅酸盐矿物。晶体常呈板状、扁柱状，常见聚片双晶，在晶面或解理面上可见到细而平行的双晶纹；多呈粒状或块状集合体；白色或灰白色，有时带浅蓝色、浅绿色调，偶为肉红色，玻璃光泽；硬度 6～6.5；两组完全解理（一组完全、一组中等），解理交角约 94°、86°；相对密度 2.61～2.76。

(8) 正长石（$K[AlSi_3O_{10}]$）：是钾长石的一种，常含有一定量的钠长石 $Na[AlSi_3O_8]$。晶体常呈厚板状或短柱状，常见有卡斯巴双晶或接触双晶；有粒状或块状集合体。肉红色、黄褐色、灰白色等，玻璃光泽；硬度 6～6.5，两组完全解理，解理交角 90°（即相互垂直）；相对密度 2.57。

(9) 高岭石（$Al_4[Si_4O_{10}](OH)_8$）：多呈隐晶质、粉末状、土状。白色或浅灰色、浅绿色、浅红色等，条痕白色，土状光泽；硬度 1～2.5；相对密度 2.6～2.63；具吸水性（可黏舌），遇水有可塑性；高岭石是主要黏土矿物之一，是富铝硅酸盐矿物特别是长石的风化产物。

(10) 石榴子石（$X_3Y_2[SiO_4]_3$）：化学式中的 X 代表二价阳离子，如 Ca^{2+}、Mg^{2+}、

Mn^{2+}、Fe^{2+}等；Y代表三价阳离子，如Al^{3+}、Fe^{3+}、Cr^{3+}等。阳离子为铁、铝者称为铁铝榴石，钙、铝者称为钙铝榴石，钙、铁者称为钙铁榴石。尽管它们的化学成分有某种变化，但基本结构相同，特征近似。

石榴石常形成等轴状单晶体，集合体呈粒状和块状。常见为紫红色，随成分而有较大的变化（浅黄白色、红色、绿色、深褐色到黑色），玻璃光泽；硬度6～7.5，无解理，断口为次贝壳状或参差状。

(11) 红柱石($Al_2[SiO_4]O$)：单晶体为柱状，横切面近于正方形，集合体呈放射状，俗称菊花石。常为灰白色及肉红色，玻璃光泽，硬度6.5～7.5，有平行柱状方向的中等解理。

(12) 蓝晶石($Al_2[SiO_4]O$)：单晶体常呈板状或刀片状。常为蓝灰色，玻璃光泽，解理面上有时呈珍珠光泽，有平行晶体延长方向的两组解理，硬度5.5～7，平行晶体延长方向的硬度小，垂直晶体延长方向的硬度大。

(13) 矽线石($Al_2[SiO_4]O$)：通常为针状及纤维状集合体，常为灰白色，玻璃光泽，硬度7，有平行晶体延长方向的解理。

(14) 绿帘石($Ca_2(Al,Fe)_3[Al_2O_7][SiO_4]O(OH)$)：单晶体为柱状，集合体为粒状或块状，绿色，色调随铁含量增加而变深。玻璃光泽，硬度6～6.5，有平行柱状方向的解理。

(15) 绿泥石($(Mg,Fe)_6[(Si,Al)_4O_{10}](OH)_8$)：常呈鳞片状集合体，绿色，颜色的深浅与铁的含量有关。解理面上为珍珠光泽，有平行片状方向的极完全解理，硬度2～3。

(16) 滑石($Mg_3[Si_4O_{10}](OH)_2$)：单晶体为片状，通常为鳞片状、纤维状、块状等集合体。无色或白色，解理面上为珍珠光泽，硬度1，有平行片状方向的完全解理，有滑感。

(17) 蛇纹石($Mg_6[Si_4O_{10}](OH)_8$)：一般为细鳞片状、显微鳞片状以及致密块状集合体，呈纤维状集合体称为蛇纹石石棉，黄绿色，或深或浅。块状者常具油脂光泽，纤维状者为丝绢光泽。

2. 碳酸盐矿物

(1) 方解石($CaCO_3$)：晶体常呈菱面体、六方柱以及它们的聚形，通常呈晶簇状、致密块状、粒状、鲕状、钟乳状或泉华状等集合体形态。无色透明者称为冰洲石。无色或白色，含杂质时可呈灰色、黄色、浅红色、蓝色等，玻璃光泽；硬度3；三组菱面体完全解理；相对密度2.6～2.8；遇冷稀盐酸(5%)剧烈起泡。

(2) 白云石($CaMg[CO_3]_2$)：晶体常呈菱面体，晶面常弯曲成马鞍形，多呈粒状或块状集合体。白色、灰白色，因含杂质可呈肉红色、黄褐色、淡红色等，玻璃光泽；硬度3.5～4；三组菱面体完全解理；相对密度2.8～2.9。

(3) 孔雀石($Cu_2[CO_3](OH)_2$)：常为放射状、钟乳状、块状集合体，或呈薄膜附于其他矿物表面。深绿色或鲜绿色，条痕为淡绿色；晶面呈玻璃光泽；硬度3.5～4，遇盐酸剧烈起泡。

3. 硫酸盐矿物

(1) 石膏($Ca[SO_4]\cdot 2H_2O$)：晶体常呈板状，少数呈柱状；常见燕尾双晶；通常呈致密块状或纤维状,呈纤维状者称为纤维石膏。晶体无色透明者称为透石膏。白色,常因混入杂质而染成灰色、红色、褐色等,玻璃光泽,透石膏解理面上呈珍珠光泽,纤维石膏呈丝绢光泽;硬度2,一组完全解理,两组中等解理,薄片具挠性;相对密度2.3;加热失水后变为硬石膏。

(2) 重晶石($BaSO_4$):晶体常呈板状,有时呈柱状,多呈粒状、板状、致密块状等集合体。纯净者无色透明,因含杂质被染成灰色、红色、黄褐色、暗灰色或黑色,玻璃光泽,解理面呈珍珠光泽;硬度3~3.5;一组平行底面完全解理,两组平行菱面柱中等解理;相对密度4.3~4.5。

4. 磷酸盐矿物

磷灰石($Ca_5[PO_4]_3(F,Cl,OH)$):常为六方柱状单晶,集合体为块状、粒状、肾状及结核状等。纯净磷灰石为无色或白色,但少见,一般呈棕色—黄绿色,也可出现蓝色、紫色及玫瑰红色等;玻璃光泽,硬度5,参差状断口,断面呈油脂光泽;用含钼酸铵的硝酸溶液滴在磷灰石上,有黄色沉积(磷钼酸铵)析出,是鉴别磷灰石的重要方法。

在上述矿物中,硅酸盐矿物橄榄石、辉石、角闪石、斜长石、钾长石、云母(包括黑云母和白云母)、高岭石(含其他黏土矿物),氧化矿物石英,碳酸盐矿物方解石、白云石,是地壳岩石中最主要的造岩矿物,占地壳中矿物含量的94%。

学习任务四 认识矿物的用途

矿物的用途主要有:一是作为工业原料,从中提取有用组分,或者直接用于生产其他产品;二是利用矿物的某些特殊性能直接作为材料使用;三是有些矿物具有药用价值;四是有些矿物具有环境示踪作用。

一、工业原料

可以作为工业原料的矿物可分金属矿物和非金属矿物两类。

(1) 金属矿物:常见的金属矿物主要有自然金、自然银和富含铂族元素矿物。常见的金属原料矿物主要有磁铁矿、赤铁矿、黄铜矿、方铅矿、闪锌矿、黑钨矿、白钨矿、软锰矿、硬锰矿、锡石、铝土矿等。

(2) 非金属矿物:主要用作建筑材料、高新尖技术材料、日用品材料等,如玻璃原料、水泥原料、冶金熔剂、耐火材料、陶瓷与釉用材料等。常见的非金属矿物主要有方解石、白云石、石英、萤石、高岭石、石膏、石盐、磷灰石、自然硫等。

二、矿物材料

矿物材料类型较多,主要包括以下几种。

(1) 光学矿物材料:如水晶、冰洲石、电气石。

(2) 绝缘和传导矿物材料：如石墨、金刚石、石棉、白云母。

(3) 添加剂矿物材料：如高岭石、石墨。

(4) 高硬度矿物材料：如金刚石、刚玉、黄玉、玛瑙。

(5) 色彩颜料：有些矿物具有特别的颜色，可用来做成颜料，如蓝色的蓝铜矿、绿色的孔雀石、红色的辰砂。

(6) 功能矿物材料：即对光、电、磁、声、热、应力等，具有感受、转换、传输、显示、存储等功能的矿物材料。如压电材料的水晶、电气石，热释电材料的电气石，声电、声光材料的石英、电气石，激光材料的红宝石、蓝宝石，磁记录材料的磁铁矿等。

(7) 宝玉石矿物材料：一些色泽艳丽、折射率高、晶莹剔透、硬度高、化学性质稳定、自然中稀少的矿物，可作为宝玉石。如金刚石、翡翠(硬玉的代表，主要组分为辉石族钠铝硅酸盐矿物)、祖母绿、鸡血石(叶蜡石变种)、和田玉(软玉类宝石的代表，主要组分为透闪石)、红宝石(刚玉变种，含 Cr)、蓝宝石(刚玉变种，含 Ti)、海蓝宝石(绿柱石变种)、碧玺(电气石变种)、紫水晶等。名贵的宝玉石，其衡量单位用克拉表示(即 1ct=0.2g)。极品宝玉石可价值连城乃至无价。如现藏于台北"故宫博物院"的翡翠"白菜"，乃无价之宝。现藏于山东平邑县地质博物馆的祖母绿，极为珍稀。2006 年，一块产于浙江昌化的鸡血石原石(长 55cm、高 30cm、重 41.5kg)，在东莞估价高达 8888 万元。

(8) 观赏矿物原料：如各色萤石、艳丽的方解石、金红色的重晶石，以及晶体粗大、晶形完美的辉锑矿、菊花石(红柱石)等。此类矿物多具有形奇特、色艳丽、质晶莹、意雅趣等特点；其形多来自天然，其意则来自文化。故观赏石是具有文化意义的天然石头。其等级主要取决于天然的多寡、色泽、透明程度、形态、硬度以及观赏者的审美情趣、意境和文化底蕴。

三、药用矿物

在历史医药典籍收录的 2600 余种药物中，地质药物有 413 种(占 15.9%)，包括矿物药物、岩石药物、古生物药物 3 类。矿物药物由天然矿物构成，例如朱砂(辰砂)、雄黄、雌黄、大青盐(石盐)、磁石(磁铁矿)、方解石、石膏、黄铜矿、黄铁矿、赭石(赤铁矿)、白石英(石英)、萤石等。岩石药物是由岩石构成，例如钟乳石(钙化)、花蕊石(含蛇纹石大理岩)、海浮石(多孔状喷出岩石)等。古生物药物由化石构成，例如哺乳动物(象、三趾马、羚羊等)的骨骼化石。中药的质量和品级取决于产地，即强调其产出的地质环境。历代药典均指出"用药必择土所宜，则药用之有据"，在特定地质环境中产出的中药材称地道药材。例如地道的朱砂产于湖南辰州(今沅陵县境内)，故称辰砂；大青盐以青海盐湖所产为佳品，故称大青盐等。产于不同地质环境中的同种地质药物，其中微量元素成分及含量可以相差甚远，其药物效果优劣不一。

内服药用矿物如石膏、方解石、云母、滑石粉、磁铁矿、黄铁矿、黄铜矿等，药理作用各不相同，可清热、利尿、安神、止泻等。外用药用矿物如雄黄、紫色石盐、砷华、铅丹、菱锌矿、硼砂、生(熟)石灰、绿矾、胆矾和硫黄等，它们常具有消肿解毒、收敛止血、化腐生肌、排脓止痛等功效。保健药用矿物如麦饭石、沸石、海绿石、文石、膨润土、硅藻土等,它们具有吸附水和食用饮料中的有毒有害元素与杂质等功效,可起到净化水质的作用。

四、环境示踪矿物

石膏和石盐指示干旱炎热的形成环境,沉积岩中原生的黄铁矿指示水下还原沉积环境,蓝闪石则指示高压低温的构造环境,而柯石英和金刚石则指示超高压变质环境(压力10^9Pa),柯石英还是陨石超高压冲击变质作用的常见产物。

本学习单元小结

(1) 晶体是由大量微观物质单位(原子、离子、分子)按一定规则有序排列的固体物质。除个别特例以外,矿物绝大部分是晶体。

(2) 相同化学成分的物质在不同的环境条件(温度、压力等)下可以形成不同的晶体结构,从而成为不同的矿物,此现象称为同质多象。

(3) 矿物单体与集合体都可以形成特征性的形态。矿物形态是识别矿物的标志之一。

(4) 按透过光线的能力,矿物可分为透明、半透明和不透明3个等级。

(5) 按矿物对可见光的反射能力,可分为金属光泽、半金属光泽和非金属光泽3类。前两类是不透明矿物的特征,后一类是透明矿物的特征。

(6) 矿物的颜色是鉴定矿物的重要特征。

(7) 条痕是矿物粉末的颜色。对鉴定不透明矿物具有重要意义。

(8) 摩氏硬度计由10种矿物组成,利用摩氏硬度计可以测定矿物的相对硬度。

(9) 解理面是矿物受打击后沿一定的结晶方向分裂而成的平面。断口是矿物受打击后所形成的、不沿固定结晶方向的破裂面,它总是不平坦的。

(10) 硅氧四面体是一切硅酸盐矿物都具有的基本结构单位。其特点是每一个硅的周围有4个氧。

(11) 石英、钾长石、斜长石、云母、角闪石、辉石、橄榄石是自然界出露最广泛的矿物,在造岩矿物中占有极其重要的地位。

(12) 按矿物的化学成分及化学性质,可划分为自然元素矿物、硫化物、卤化物矿物、氧化物和氢氧化物矿物、含氧盐矿物等类型。其中,含氧盐矿物可细分为碳酸盐类、硫酸盐类、钨酸盐类、磷酸盐类、砷酸盐类、硅酸盐类等。

(13) 硅酸盐类矿物种类多,含量高,分布广,占地壳总质量的75%。

(14) 矿物用途一是作为原料,用来提取有用的成分,或者直接用以生产其他产品;二是利用矿物的某种特殊性能直接作为材料使用。

•重要术语

晶体、非晶体、同质多象、矿物集合体、透明度、光泽、颜色、条痕、硬度、摩氏硬度计、解理、断口、硅氧四面体、硅酸盐矿物。

• 思 考 题

(1) 何为晶体、非晶体、准晶体？它们之间有什么区别？
(2) 何为矿物的单体形态？单体形态有哪些类型？
(3) 何为矿物的集合体形态？集合体形态有哪些类型？
(4) 何为矿物的光学性质？矿物主要光学性质有哪些类型？
(5) 何为矿物的力学性质？矿物主要力学性质有哪些类型？
(6) 矿物的类型有哪些？矿物类型划分的依据是什么？
(7) 简述矿物的用途。

学习情境四　认知外动力地质作用及其产物

学习任务一　认知风化作用

• 学习目标　了解风化作用及其结果和风化壳的特征;熟悉影响风化作用的因素;掌握风化作用的基本原理。

• 知识目标　领会风化作用的原理及其影响因素;掌握风化作用的类型及其产物;掌握风化作用产物特征。

• 思政目标　引导学生领会"柔弱胜刚强"的中国古典哲学思维,以及土壤的形成及其在人们生活中的重要作用,树立正确的自然观、科学观,涵养热爱自然、珍惜资源、合理利用自然资源的思想意识和锲而不舍的品质。

一、概述

组成地壳的固结而坚硬的岩石称为基岩。它通常形成于地下深处,长期处于较高的温度和压力环境,以及相对稳定的化学环境。由于构造运动或不断剥蚀等原因造成这些基岩进入地表环境,即处于常温常压并与大气圈、水圈和生物圈不断接触的环境时,固体岩石会发生破裂、崩落和化学成分的分解与置换,产生一些新的矿物堆积在原地,以致面目全非。

在地表或近地表的环境中,由于温度、大气、水及生物等的作用使岩石或矿物在原地遭受分解和破坏的过程,称为风化作用。自地面向下一定深度内基岩受到明显风化的地段称为风化带。

风化作用不仅发生在陆地上,也可发生在湖底和一定深度的海底。风化作用将坚硬的基岩破碎成碎块、碎屑、粉末,为各种外动力的剥蚀、搬运创造了有利条件,而不断被搬运则促使新鲜的基岩不断地遭受风化。

风化本身不发生碎屑物的明显位移,侵蚀则产生显著移位。因风化和侵蚀,高山可变成平地,地貌被不断改观。若无风化和侵蚀,则地球表面形态就不可想象,不可能有千姿百态的壮丽河山。因此,风化作用常为各种外动力地质作用的先导,在外动力地质作用中占有特殊的地位。

二、风化作用的类型

风化作用按其作用的性质和方式,可分为物理风化作用、化学风化作用和生物风化作用3种类型。

(一) 物理风化作用

地表(或近地表)基岩在原地发生机械破碎而不改变岩石化学成分,也不形成新矿物的作用,称为物理风化作用,也称机械风化作用。是温度、水、生物等自然因素反复机械作用的结果,最终使岩石产生许多裂隙并逐步崩解成碎块。物理风化作用主要有以下几种方式。

1. 温差风化

温差风化是指由于气温反复的显著变化,使岩石内部发生不均匀的热胀冷缩而导致岩石发生崩解的作用。

岩石是热的不良导体,在昼夜及季节温差变化的条件下,其表层和内部不能同步发生增温膨胀和失热收缩,导致内外出现应力差。由于传热慢,白天(高温),外部岩石体积膨胀量大,内部岩石体积膨胀量小,于是岩石内外膨胀量的差异,在岩石内外之间出现与表面平行的风化裂隙;到了夜晚(低温),岩石表面却迅速散热降温、体积收缩,而内部岩石还处于膨胀状态,从而产生了表面收缩、内部膨胀的不协调情况,此时就会出现垂直于岩石表面的风化裂隙。久而久之,这种膨胀—收缩过程就不断向岩石内部发展,最终,整块岩石完全崩解形成碎屑(图 4-1-1)。岩石的层状剥离常使岩石表面呈弧形,故被称为"球形风化"或"球状风化"(图 4-1-2)。

图 4-1-1 温差风化示意图

图 4-1-2 球形风化

球形风化现象的地理位置分布极广,发育的岩石类型众多。从发育的地理位置和气候上讲,不论是寒带、温带、热带,还是干旱、潮湿的气候都可看到。从发育的岩性上讲,像花岗岩、玄武岩、片麻岩、安山岩、砂岩、辉长岩,以及其他一些类型的岩石中均有发现。并且球形风化多发育于风化作用活跃的厚层裂隙发育地带。

球形风化现象在自然界分布广泛,对其成因仍存在很多争议。在国内,主流认识认为岩石在地表接受风化时,棱角处受3个方向的风化,棱边处受两个方向的风化,而面上只受一个方向的风化,由于风化速度的不同,最终形成球形。国外主要认识有 Liesegang 现象、卸载、体积膨胀、微裂缝、恒定体积变化、应力作用和后期风化作用等观点。通过对比国内外相关研究,认为用一种单一的模式试图解决所有球形风化的成因并不现实,应该通过辨证分类、系统分析的方法找出不同类型球形风化的成因才是一种可行的科学态度。

2. 冰劈作用

基岩表面总会发育深浅不同、长短不一的空隙(或裂缝),充填于岩石空隙中的水,当温度下降到0℃以下时,空隙上部的水先结冰并把裂口封严;温度继续下降时空隙下部的水也结冰。水结冰时,体积膨胀近9%,从而对空隙两壁岩石产生约100MPa的挤压力,促使岩石空隙扩大。如果冻结和融化反复进行,空隙就会不断扩大,达到一定限度后岩石就会崩解,这就是冰劈作用(图4-1-3)。冰劈作用主要发生在高寒地区和温带地区的严冬季节里。

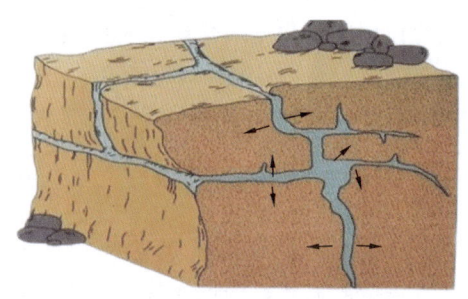

图 4-1-3 冰劈作用示意图

早在古代,人们就把冰劈作用的原理应用在采石中。采石前在岩石上凿槽,并往槽中注水,待其冻结,冻结可产生显著的冰劈力量。冻、融反复发生,便能把岩石撑裂。此外,在不少寒湿地区,冰劈作用也会对公路与城市建设造成很大的破坏。

3. 盐类结晶和潮解作用

气候干旱地区岩石空隙中的盐类,在夜间因吸收大气中的水分而潮解,所生成的溶液向下沿空隙渗入并继续溶解沿途所遇到的盐类;在白天,因烈日照射,水分蒸发,盐类结晶,其体积膨胀并对空隙两壁产生挤压力。空隙充填的溶液反复结晶与潮解,会造成空隙的扩大,使岩石结构疏松,整体性遭到破坏。如用砂岩等块石砌筑的墙体表面呈粉状剥落现象,即是盐类结晶与潮解作用的结果。

(二)化学风化作用

地表或近地表的矿物或岩石,在大气、水和有机质的作用下发生化学反应,使矿物发生分解和置换,导致岩石受到破坏、破碎,并产生新矿物的作用,称为化学风化作用。通常有以下几种方式。

1. 溶解作用

水溶液溶解岩石的某些易溶成分（即矿物），使其松软、破碎、崩解的作用，称为溶解作用。

常见矿物在水中的溶解度由大到小的顺序为石盐、石膏、方解石、橄榄石、辉石、角闪石、钾长石、黑云母、白云母、石英等。许多岩石因含有方解石、石膏、石盐等溶解度大的矿物而容易被溶解。易溶物质的流失将导致岩石孔隙加大，岩石的坚硬程度降低，直至完全解体，最终只残留一部分难溶矿物。全世界的河流挟带到海里的溶解物质每年多达39亿t。

影响溶解度的因素主要是温度、压力、pH值。温度升高则矿物的溶解度增大，故热带地区岩石的风化速度较快。

2. 氧化作用

矿物、岩石与大气或水中的游离氧起化学反应形成氧化物使岩石破碎的作用，称为氧化作用。氧化作用是地壳表层最常见的化学风化作用之一，如铁生锈就是氧化作用的结果。

自然界中一些多价态的金属元素，在氧化作用下很容易由低价态转变成高价态，如 $Fe^{2+} \rightarrow Fe^{3+}$，$Mn^{2+} \rightarrow Mn^{4+}$，$Cu \rightarrow Cu^{2+}$ 等。岩石和矿床中常见的黄铁矿（FeS_2）的氧化最为典型。

$$4FeS_2（黄铁矿）+ mH_2O + 5O_2 \rightarrow 2Fe_2O_3 \cdot nH_2O（褐铁矿）+ 8H_2SO_4$$

黄铁矿氧化成褐铁矿后，在颜色、成分、结构上都发生了变化，矿物变得松软多孔。一些含铁金属硫化物矿床的露头经风化后形成红褐色或黑褐色的外表，其成分主要为褐铁矿，俗称"铁帽"。"铁帽"指示其下埋藏有金属硫化物矿床，是寻找原生硫化物矿床的重要标志。

3. 水解作用

水离解出的 H^+ 和 OH^- 离子与矿物在水中离解的阳离子相互置换的化学反应，称为水解作用。如钾长石发生水解时，析出的 K^+ 与水中的 OH^- 结合，形成的 KOH 呈真溶液随水迁移，析出的 SiO_2 呈胶体溶液流失，铝硅酸根与一部分 OH^- 结合形成高岭石残留原地，反应式如下：

$$4K(AlSi_3O_8)（钾长石）+ 6H_2O \rightarrow 4KOH + Al_4(Si_4O_{10})(OH)_8（高岭石）+ 8SiO_2$$

在湿热气候条件下，高岭石会进一步水解，形成铝土矿，反应式如下：

$$Al_4(Si_4O_{10})(OH)_8（高岭石）+ nH_2O \rightarrow 2Al_2O_3 \cdot nH_2O（铝土矿）+ 4SiO_2 + 4H_2O$$

如 SiO_2 被水带走，铝土矿可富集成矿。

4. 碳酸化作用

溶解于水中时 CO_2 形成 CO_3^{2-} 和 HCO_3^- 离子，它们与矿物中的阳离子（K^+、Na^+、Ca^{2+}）结合形成易溶于水的碳酸盐或碳酸氢盐而随水迁移，使原有矿物分解的作用，称为碳酸化作用。如钾长石易于碳酸盐化，其反应式如下：

$$4K(AlSi_3O_8)（钾长石）+ 2CO_2 + 4H_2O \rightarrow Al_4(Si_4O_{10})(OH)_8（高岭石）+ 8SiO_2 + 2K_2CO_3$$

在这一反应中,K_2CO_3 和 SiO_2 均被水带走,高岭石残留原地。

5. 水化作用

有些矿物能够吸收一定数量的水,并使其加入到矿物晶格中去,使原矿物形成含水新矿物的作用,称为水化作用。如硬石膏经水化作用转变为石膏,其反应式如下:

$$CaSO_4(硬石膏)+2H_2O \rightarrow CaSO_4 \cdot 2H_2O(石膏)$$

硬石膏转变成石膏后,体积会膨胀约 59%,从而对周围岩石产生压力,并使其破碎。此外,石膏的硬度较硬石膏低,且溶解度更大,加快了风化作用的速度。

(三) 生物风化作用

由生物的生命活动引起地表或近地表矿物或岩石产生分解破坏的作用,称为生物风化作用。围绕在地球表层的生物圈,存在着无数的生物,它们在活动过程中必然对地球表面的物质产生作用。据目前的研究成果表明,任何一种矿物、岩石的破坏,在某种程度上或多或少都有生物作用的参与。具体地说,生物是通过物理和化学的方式对矿物或岩石进行破坏。因此,生物风化作用又可分为生物物理风化作用和生物化学风化作用,但生物化学风化作用更为普遍。

1. 生物物理风化作用

由生物活动导致矿物岩石的机械破碎作用,称为生物物理风化作用。到风景区或山区旅游时,常见到陡峭的石壁上生长着高大的树木,其根则扎在基岩的裂缝中,当生长在岩石裂隙中的植物,随着根系不断地长大,对裂隙壁产生挤压,使岩石裂隙扩大,从而引起岩石的破坏(图4-1-4)。

根劈作用是最常见的生物物理风化作用(生物机械破坏作用)。此外,穴居动物的挖掘作用,虫蚁、蚯蚓的筑巢翻土等都会造成岩石的破坏。

2. 生物化学风化作用

生物在新陈代谢过程中的分泌物(即酸类物质)和生物死亡后的遗体腐烂形成腐殖质作用于矿物岩石,使矿物岩石分解破坏的作用,称为生物化学风化作用。

值得一提的是,人类利用地质资源和改造地质环境的活动,也属于生物风化作用,例如矿山的开采、工程建设活动、工厂污水排放、城市垃圾的堆积、机动车辆的尾气排放等,也是一种不容忽视的风化因素,同样会加速岩石的破坏。

图 4-1-4 根劈作用

地表或近地表岩石经过物理风化作用和化学风化作用所形成的产物,再经生物风化作用后,不仅仅是一层单纯的无机物,还含有植物生长所需的有机质、腐殖质。这种由有机物、腐殖质、矿物质、水和空气组成的松散物称为"土壤"。土壤的主要特点是富含腐殖质,这是与其他松散堆积物的主要区别。

物理、化学和生物的风化作用,实际上并不是孤立进行的,而是一个互相影响的统一过程,只不过在一定的条件下是以某种风化方式为主导。物理风化作用使岩石逐渐崩解破碎,产生、扩大和加深岩石裂隙,并增大岩石的表面积,有利于水溶液、气体和生物代谢物渗进岩石中,为化学风化作用提供了有利条件,从而加速风化的进程。相反,由于岩石的化学分解,一方面使岩石变得松软,降低抵抗机械破坏的能力;另一方面因有些矿物经化学风化作用变为含水矿物,体积膨胀,产生很大的压力,这些都为物理风化提供了有利条件。

物理、化学风化作用虽然常同时进行,互相影响,但物理风化作用使岩石破碎到一定程度(一般小于 0.02mm)时,大多数即不再发生机械崩解;而化学风化作用却可继续使碎屑进行分解,形成真溶液或胶体被水带走,而难溶物质则残留在原地。因此,铝、铁(锰)、硅的氧化物和氢氧化物是硅酸盐矿物化学风化的终极产物。

由此可见,物理风化作用是化学风化作用的"开路先锋",而化学风化作用使物理风化作用能继续深入。在一定的自然地理条件下,常常是以某一种风化作用占主导地位,例如,在高寒和干燥地区往往以物理风化作用为主,而在潮湿炎热地区则以化学风化作用占优。

三、影响风化作用的因素

基岩风化的强弱或快慢受许多因素的影响,其中起主要作用的是岩石自身的性质和基岩所处的气候环境。

(一) 气候

气候寒冷或干燥地区,生物稀少,寒冷地区降水以固态形式为主。干旱区降水很少,以物理风化作用为主,化学和生物风化为次。岩石破碎,但很少有化学风化形成的黏土矿物,以生物风化为主形成的土壤也很薄。

气候潮湿炎热地区,降水量大,生物繁茂,生物的新陈代谢和尸体分解过程产生的大量有机酸具有较强的腐蚀能力,故化学风化和生物风化都十分强烈,形成大量的黏土,在有利的条件下可形成残积矿床。可形成较厚的土壤层。

图 4-1-5 表示了不同气候带中温度、降水量与植被之间的相互关系及其对风化作用的影响。

(二) 地形

地形影响气候,间接影响风化作用。首先是地势的高度,高山区的气候具有垂直分带现象,在不同的气候带,风化作用的方式和速度也随之不同。其次是地形的起伏程度,缓坡地下水水位高,植物生长茂盛,以化学风化和生物风化作用为主;而陡坡则以物理风化作用为主。最后是山坡的朝向,阳坡与阴坡由于日照和气温不同,植被差异,风化作用

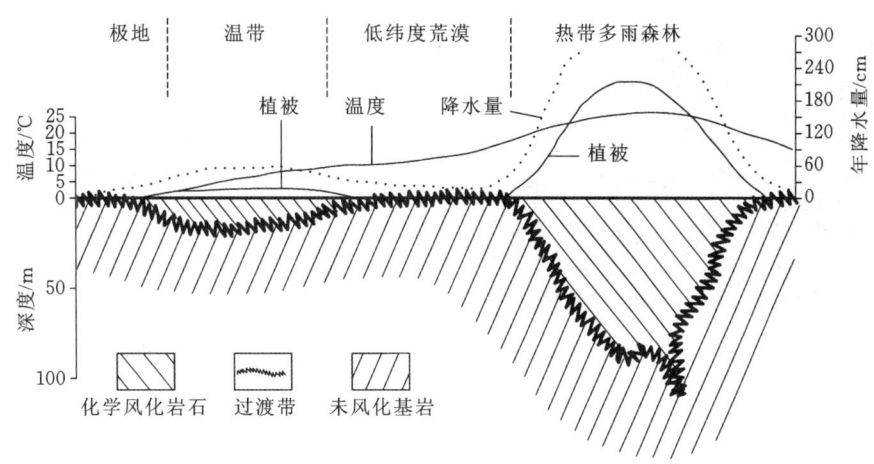

图 4-1-5　不同纬度化学风化作用的变化

(据 W. K. 汉布林,1980)

的强弱也有差异,一般是阳坡较阴坡的风化作用更强烈一些。

(三) 岩石的特征

1. 岩石成分

岩石抗风化能力的强弱与它所含矿物的成分、不同矿物的含量有密切关系。造岩矿物抗风化能力由小到大的顺序是:橄榄石、钙长石、辉石、角闪石、钠长石、黑云母、钾长石、白云母、黏土矿物、石英、铝和铁的氧化物。方解石也属于易风化矿物。

(1) 岩浆岩比变质岩和沉积岩易于风化。岩浆形成于高温高压环境,矿物质种类多(内部矿物抗风化能力差异大)。

(2) 岩浆岩中基性岩比酸性岩易于风化。一是超镁铁质和镁铁质岩石中的铁、镁元素容易与氧结合,形成新矿物;二是这些岩石中的 Fe^{2+} 进入地表富氧环境时,容易转变成 Fe^{3+} 的化合物,致使原有矿物解体。

(3) 沉积岩易溶岩石(如石膏、碳酸盐类等岩石)比其他沉积岩易于风化。

2. 岩石的结构和构造

(1) 岩石结构较疏松的易于风化。

(2) 不等粒易于风化,粒度粗者较细者易于风化。

(3) 构造破碎带易于风化,往往形成洼地或沟谷。

3. 裂隙发育程度

裂隙破坏了岩石的连续性和完整性,增加了岩石的可渗透性,是促进岩石风化的因素。岩石中裂隙密集之处往往风化强烈,尤其是在两组裂隙交会的地方,风化速度快,加之剥蚀作用的叠加,往往形成洼地或沟谷。

如果抗风化能力不一的岩石共生在一起,则抗风化能力强的岩石突出,抗风化能力弱的凹入,称为差异风化(图 4-1-6)。

图 4-1-6　差异风化

在自然界中,是各种因素共同影响风化作用的。岩石的特征属于内在因素,气候、地形等是外界条件,在相同的外界条件下,不同的岩石,其风化情况不一。如在潮湿气候条件下,花岗岩容易风化,遭受破坏,形成高岭石和松散的石英砂;而石英砂岩却难风化。在不同的外界条件下,同种岩石的风化情况也不一样。如石灰岩在湿热气候下极易化学风化,在干旱气候条件下,因缺乏足够含量的 CO_2 和 H_2O,化学风化难以发生。

四、风化作用的产物

(一) 风化产物的类型

1. 碎屑物质

碎屑物质主要是物理风化作用形成的岩石碎屑和矿物碎屑,少数是在化学风化作用过程中未完全分解的矿物碎屑(如石英及长石碎屑)。它们是碎屑沉积物的来源。

2. 溶解物质

溶解物质是化学风化作用和生物风化作用的产物。主要包括两部分:一部分是以真溶液形式被水搬运的各种易溶盐类矿物,如 K^+、Na^+、Ca^{2+}、Mg^{2+} 等的碳酸盐、硫酸盐、氯化物以及为数较少的 Mn、P 的氧化物;另一部分是 SiO_2、Fe_2O_3、Al_2O_3 等以胶体溶液形式随水搬运的物质。它们是化学沉积物的主要来源。

3. 难溶物质

岩石中较为活泼的元素及其化合物被流水带走后,相对不活泼的 Fe、Al、Si 等的氧化物或氢氧化物残留在原地,形成褐铁矿、铝土矿、黏土矿物等。

(二) 残积物

岩石经风化后残留在原地的各种松散堆积物质,称为残积物。包括物理风化产生的碎屑物、化学风化产生的残余矿物和新生矿物。残积物多分布在分水岭,顶面较平坦,而底界起伏不平,与基岩呈过渡关系。残积物的厚度因地而异。

残积物常具有垂直分带性:底部风化微弱,中部显著,上部强烈。因此,残积物常具假层理现象。

残积物中抗风化能力强的重矿物如金、锡石、铝、锰、铁等可富集形成残积矿床。

(三) 土壤

残积物上部的细碎屑和黏土等被生物改造,形成富含腐殖质的疏松土层,称为土壤。

土壤由腐殖质、矿物质、水分、空气以及微生物组成。腐殖质是动植物、微生物遗体在风化产物中不断聚集腐烂后形成的,它的存在是土壤区别于其他松散堆积物的主要标志,也是土壤肥力的重要体现。

土壤的厚度一般不足 2m,最厚可达 10 余米。土壤在垂直方向上具有分层性,根据其成分、颜色和结构特点,可分为 4 层(图 4-1-7)。

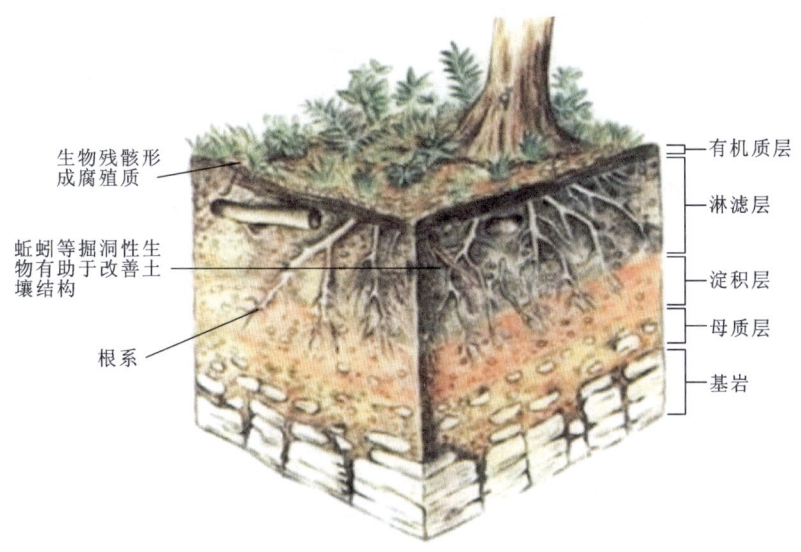

图 4-1-7　土壤与风化壳剖面示意图

有机质层:多呈黑灰色、浅灰色,由各种细粒矿物质、腐殖质和凋落物组成,是植物赖以生长的场所。

淋滤层:水溶性组分和部分黏粒被水溶液淋滤带走后,残留的难溶组分以砂和粉砂为主,呈浅色调。

淀积层:因淀积了上层被淋滤下来的物质,是淋滤物质的主要聚集部位,色较深。

母质层:又称为母岩层,为各种成因的细碎屑物,含有一部分未被风化的原生矿物和经风化作用后形成的新矿物。母质层向下逐渐过渡到未风化的基岩。

土壤是一切生命的基础,是一个国家最重要的自然资源。

土壤发育程度受母岩性质、气候、植被、地形和人类活动等因素控制,以气候的影响最为重要。如我国北方地区气温低,降雨量少,风化淋滤作用弱,土壤中储存的养分较丰富;相反,南方地区气温高,降雨量大,风化淋滤作用强,土壤中养分含量较低。气候还控制了土壤中新生矿物的成分和数量,对土壤吸收养分的能力和土壤的结构有重大的影响。如我国南方的红壤和黄壤中主要的新生矿物是高岭石,它对养分的吸收能力较弱;西北及东北的黑土和栗钙土则以蒙脱石为主,吸收养分的能力强。因而两地区土壤的肥力有所不同。

古土壤是地质历史中形成的、已经固化且被上覆地层叠置的土壤。它的识别和研究对探索古气候变化及大气中 O_2 与 CO_2 的含量变化具有重要意义。

(四) 风化壳

在大陆地壳表层由残积物和土壤堆积而成的厚薄不连续的地质体,称为风化壳。其厚度因地形不同而异,一般为数厘米至数十米,局部地方可大于百米,显示了横向展布的不稳定。

风化壳的基本结构:上部为土壤层,中间为残积层,下部为半风化岩石层(母质层),往下为未风化的基岩。剖面由上往下具有层次但无明显界线。

风化壳形成后,被较新岩层覆盖而保存下来的风化壳,称为古风化壳。通过研究古风化壳可以了解发育风化壳的地质历史时期的古气候和古地理环境,并能对该区域的地壳发展历史作出概略的判断。如我国华北许多地区中奥陶统与其上覆的石炭系之间,都发育了数厘米到数米厚的富含Fe、Al质的古风化壳,表明华北地区4.4亿年前发生了构造运动,使华北地区上升为陆地,遭受风化,直到3.5亿年前才陆续下降被海水淹没,接受新的沉积。在这1亿年的地质时期中该区经历了以缓慢上升为主的升降运动;地形相对较平缓,近于准平原;长期以湿热雨林气候为主。

风化壳中往往还可以寻找到高岭土、铝土矿、铁和锰的氧化物以及某些重金属等风化壳型矿床。据统计,与风化作用有关的铝土矿占世界总储量的85%,风化作用还可形成一些找矿标志,如"铁帽"等。

本学习单元小结

(1) 在地表或近地表的环境中,由于温度、大气、水及生物等的作用使岩石或矿物在原地遭受分解和破坏的过程,称为风化作用。

(2) 物理风化作用包括温差风化、冰劈作用、盐类结晶和潮解作用等。

(3) 化学风化作用包括溶解作用、氧化作用、水解作用、碳酸化作用和水化作用等。

(4) 生物风化作用包括根劈作用、生物分泌的酸类物质对岩石的破坏等。

(5) 物理、化学和生物的风化作用,实际上并不是孤立进行的,而是一个互相影响的统一过程,只不过在一定的条件下以某种风化方式为主导。

(6) 气温及降水量所代表的气候因素对岩石风化的特征有决定性影响。寒冷及干旱地区以物理风化为主,湿热地区以化学风化占绝对优势。

(7) 地势的高度、起伏程度以及山坡的朝向等地形条件极大地影响风化作用方式及风化速度。

(8) 生物界面貌受到气候及地势的制约。在不同气候及地势条件下,生物风化作用的重要性并不相同。

(9) 岩石的矿物成分、结构与构造特征是影响风化作用方式及风化速度的内因。不同岩石在同种风化环境和条件下,具有不同的风化速度和风化方式;同种岩石在不同的风化环境和条件下,风化速度和风化方式也大相径庭。

(10) 差异风化是抗风化能力不同的岩石产出在一起,经风化后,形成的地貌上显著差异的现象。

(11) 由风化作用形成的碎屑物质是碎屑沉积物的重要来源;由风化作用形成的溶解物质是化学沉积物的重要来源。

(12) 土壤是富含腐殖质的细粒而松散的风化产物。其性质和特征受母岩与风化作用特征所控制。

(13) 风化壳包括土壤和残积物两部分。风化壳的特点与该地风化作用特征及岩石的性质相关。

●重要术语

风化作用、物理风化作用、化学风化作用、生物风化作用、冰劈作用、根劈作用、水解作用、碳酸化作用、氧化作用、差异风化、土壤、风化壳、残积物。

●思考题

(1) 何为风化作用?风化作用按其作用的性质和方式不同可分为哪几类?

(2) 何为物理风化作用?物理风化作用的方式有哪些?物理风化作用的产物及其特征是什么?

(3) 何为化学风化作用?化学风化作用的方式有哪些?化学风化作用的产物及其特征是什么?

(4) 何为生物风化作用?生物风化作用的方式有哪些?生物风化作用的产物及其特征是什么?

(5) 简述影响风化作用的因素。

(6) 试述土壤的形成过程。

(7) 结合生活实际,谈谈对合理利用土地资源的认识。

学习任务二　认知地面流水的地质作用

●**学习目标**　了解地面流水的概念、类型及流水的地质作用的动能及其基本原理;熟悉河流阶地的形成原理和分类;掌握流水地质作用类型及其产物特征。

●**知识目标**　领会河流地质作用对地表形态的塑造;领会河流地质作用产物类型及其特征;领会河流阶地的形成及其地质意义。

●**思政目标**　引导学生巩固水的"柔弱胜刚强"的中国古典哲学思维,以及地面流水对地表景观的塑造及其在人们生产生活中的作用和影响,树立正确的自然观、地质观,涵养热爱自然、珍惜资源、合理利用自然资源的思想意识和锲而不舍的品质。

水是不可替代的资源。它包括地表水(河流水、海洋水、湖泊水等)和地下水两大部分。河流是地面流水的主要类型,它与人类社会的发展关系极为密切。由河流形成的肥沃冲积平原,正是人类文明的发祥地,今天大的江河流域仍然是人口密度最大的地区,也是经济最发达的地区;河流是最广泛、最重要的外动力,它塑造陆地地形,改变地球的外貌,并将大量的风化剥蚀产物输入湖泊和海洋中。河流泛滥引发的洪灾在全球自然灾害的破坏程度排序中,位居前列,严重地影响着人类的社会生活。

一、地面流水概述

(一) 地面流水的来源和种类

陆地表面上流动着的液态水称为地面流水。它们在重力作用下,顺地面最大倾斜方向流动。地面流水主要来自大气降水,其次是冰雪融水和地下水。此外,湖水也可成为地面流水的来源。

地面流水分为面流、洪流和河流三大类。面流和洪流是在降雨或降雨后的一段时间内才有的暂时性流水,河流是常年流水。

无数股无固定流路的细小水流,顺斜坡呈片状流动的地面流水称为面流,又称为片流。片流遇到凹凸不平的地面时,水便集中到低洼的沟中流动,形成洪流。洪流不仅水量集中,而且还有相对固定的流道。片流、洪流流到低洼沟谷中获得地下水补给,汇合成经常性流水,即河流。

河流是在重力作用下沿流水自身侵蚀形成的长条状槽形洼地流动的水流。河流有相对固定的河道,并有经常性流水,它的水源往往是多方面的,雨水、冰雪融水和地下水甚至湖水都可以成为水源。

(二) 流水的运动特点

根据牵引流的运动状态,流体内部水质点的运动轨迹,可分为层流、紊流和环流等水动力结构。它们直接影响地面流水地质作用的特征。

1. 层流

水流流动时,水质点做流束状或层状运动,各质点的迹线不相交错的一种流动状态称为层流。水质点的运动速度和方向是恒定的,水质点的运动轨迹——流线在无障碍时是彼此平行的,当存在圆柱状或球状的障碍物时则流线随边界弯曲。根据在实验室的玻璃管内水流状态的观察,水流只在很低的速度时,保持相互平行的层状,均匀地向前移动,水质点的位置不发生相互调换,因而水层之间不相混合(图 4-2-1a、b)。

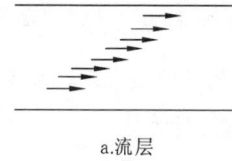

a.流层

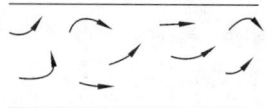

b.通过圆柱体或球体的流层　　c.紊流(或湍流、涡流)

图 4-2-1　水的流动状态

(据 Friedmar and Sanders,1978)

2. 紊流

水流高速流动时,流线呈波状起伏,各运动质点的迹线具有复杂的形态,并且相互交错的一种流态称为紊流或称湍流、涡流。水质点的运动速度和方向随时会发生任意的改变,其运动轨迹是不规则的(图4-2-1c)。实验证明,只要水流速度增大,或者界面略有粗糙不平,水流就会呈现紊流状态。紊流中存在漩涡产生的水流紊动作用,由于漩涡的大小、方向和转速不同,因此紊流的任一质点的流速的方向是随时间变化的——称紊流运动的脉动现象。

3. 环流

当线状水流进入弯曲河段时,主流线偏向凹岸(外侧),表流向凹岸壅水,底流则从凹岸流向凸岸,形成水质点绕水流方向轴线作螺旋状有规律地运动的环状水流,也称单向横向环流(图4-2-2)。环流普遍存在于河湾处,是由流水的惯性离心力的作用产生。环流是造成河流凹岸侵蚀,凸岸堆积的主要原因。

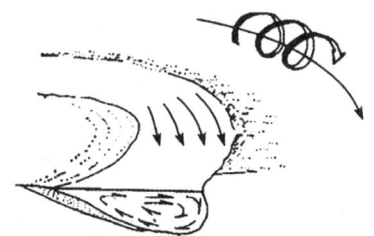

图 4-2-2 水的流动状态

(据张宝政,1983)

二、地面暂时性流水的地质作用

(一) 面流的地质作用

面流是雨水或冰雪融化水直接在地表形成的薄层片流和细流,出现的时间很短。雨水在坡地上聚成薄薄的水层,在运动过程中由于受地表微小起伏的影响,使水流分离,形成许多细流。细流在流动过程中时分时合,没有固定流路,因而坡面侵蚀是坡面流水对地表进行面状的、均匀的冲刷。能比较均匀地冲刷地表松散物质,被冲刷下来的物质成为江河泥沙的主要来源。面流的侵蚀强度主要受降水量、降水强度、地形坡度、坡面组成物质和植被等的影响。在一定的地形条件下,如果地表物质疏松,植被稀疏,降水量大且强度大,面流的侵蚀就强烈。地形坡度的陡缓直接影响到面流的速度,坡度变陡流速加快,洗刷作用加强;但是如果坡度过陡,受水面积减小,使水量减少,反而使洗刷作用减弱。据实地观察,当坡度达到40°左右,面流的洗刷作用最为强烈。

面流对斜坡的均匀破坏作用称为**洗刷作用**。它受坡度、水流速度和水量的制约。当雨量大时洗刷作用强度就大,坡度陡,水流速度大,洗刷作用强度也大,反之强度就小。

通常在斜坡顶部,坡度较小,水流速度小,汇集的水量也小,洗刷作用的强度也小。因而,在坡顶,只有被雨水冲击而溅起或分离的细小砂泥在水流中呈悬浮状态,缓慢地沿斜坡向下运动。

斜坡中上部,坡度逐渐变陡,汇集的水量逐渐增加,流速加快,面流的洗刷强度逐渐加大,可以洗刷斜坡上大量风化的松散物质,将斜坡切割成深浅不等的沟槽,甚至使基岩裸露。面流从斜坡上部洗刷下来的碎屑物在斜坡下部和坡麓堆积(图4-2-3)。

随着面流洗刷作用的反复进行,斜坡上部不断遭受破坏而削低,下部和坡麓不断堆

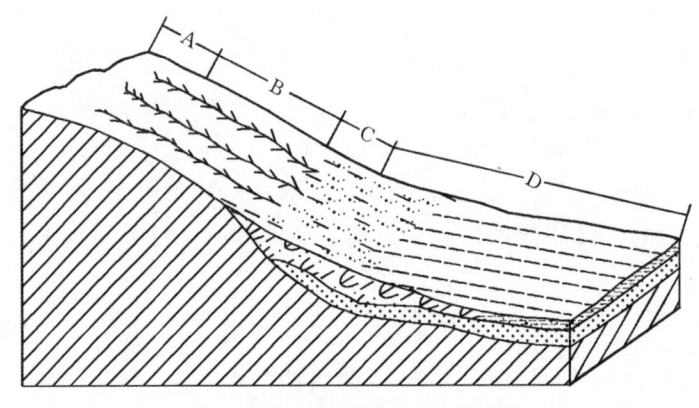

A.弱冲刷带；B.强冲刷带；C、D.堆积带

图 4-2-3　斜坡上得冲刷作用强度带

积而加高，从而使斜坡地形趋于平缓。当面流的活力因斜坡变平而降低，最后其活力与负载达到平衡，面流的侵蚀作用和堆积作用终止。

面流挟带的碎屑物质在斜坡下部平缓部位和坡麓堆积的沉积物称为**坡积物**。坡积物沿坡麓分布如裙状，故将这种坡积物组成的地貌称为**坡积裙**。

坡积物的特征：坡积物的岩石成分与组成斜坡的基岩成分一致。其粒径大小取决于基岩特征、坡度和面流的流速流量，通常为细砂、粉砂和黏土。当坡度陡、流速流量大、基岩节理发育或易破碎时可以夹杂石块。坡积物通常未经长距离搬运，因此其磨圆度、分选性差。

（二）洪流的地质作用

面流在斜坡的洼处汇集成侵蚀能力更强的水流，冲刷斜坡洼地，使之形成沟槽，这种沟槽中的线状水流称为洪流。洪流夹杂着砂泥、石块冲向沟口，具有更强的冲蚀力。

1. 冲沟的形成

当面流在斜坡的洼处汇集成股流流动时，其侵蚀能力大大提高，形成细沟。细沟的出现，导致汇集的水流越来越多，从而形成洪流。由暂时性流水在地表冲刷形成的沟槽称为冲沟（图 4-2-4），其形态特征是沟底深窄，沟壁陡。冲沟不断向沟头方向伸长扩宽，并发展支沟，支沟两侧再生小支沟。冲沟向沟头发展可达分水岭附近。

2. 洪流的冲蚀作用

洪流以巨大的机械力猛烈冲刷沟底及沟壁岩石的侵蚀过程称为冲蚀作用。洪流的侵蚀是一种线状侵蚀，表现为下蚀（下切）、旁蚀（侧蚀）和溯源（向源）侵蚀 3 种作用。

下蚀作用是指流水及其挟带的砂砾等对沟（谷）底的侵蚀，其结果使沟（谷）底加深。旁蚀作用是对沟（谷）底两侧的侵蚀，导致沟壁不断发生崩塌，其结果是使沟壁（或谷坡）后退，沟（谷）底拓宽。溯源侵蚀作用是指向源头的侵蚀，其结果使冲沟向上伸长。

下蚀、旁蚀和溯源侵蚀作用是相互联系、同时进行的。随着这种作用的进行，聚集的

图 4-2-4 冲沟的形成与发展

雨水越来越多,侵蚀作用也越来越强。冲沟向源头的侵蚀常常出现较大的落差,即顶部跌水。这时整个冲沟的横剖面呈"V"字形,纵剖面很陡,沟底不平坦,出口呈悬挂状,下蚀作用依然十分强烈。若下切到含水层,沟内由地下水补给,则可形成河流。随着下蚀作用的进行,冲沟纵剖面逐渐变得平缓,其横剖面从"V"字形渐变为"U"字形。随着冲沟逐渐变缓变宽,洪流的垂向侵蚀减弱,其顶部峭壁变缓,两侧岸壁塌落,最后达到稳定的自然坡度角(边坡稳定角),侵蚀作用停止,成为死冲沟。

3. 洪流的沉积作用

洪流在沟谷中一般不发生沉积作用,只有从两侧岸壁塌落的巨大石块,洪流不能带动,才有可能留置在沟谷内。其余侵蚀的碎屑物质在洪流的挟带下被带出山口。雨季当沟谷水流挟带大量碎屑物质冲出山口时,流速骤然降低,大量碎屑物堆积下来,这种沉积物称为**洪积物**。由洪积物构成的地貌称为**洪积扇**(图 4-2-5)。洪积扇是由间歇性洪流挟带的物质不断地堆积而成的。其特点是分选较差,磨圆度不好,有不规则的层理。洪积扇在干旱或半干旱地区分布很广,其他地区也有发育。

图 4-2-5 洪积扇

洪积扇自山口向外呈同心圆带状分布,可有一定程度的分选和磨圆,按其特征可以分为3个带。

上带:洪流沿地表呈散流状放射形散发,主要沉积大漂砾、砾石、砂砾和粗砂。从山口向外粒度逐渐变小,磨圆度逐渐变好。

中带:由于洪流随雨量大小周期性变化,因而洪积扇在这一带上下往复移动,沉积物由砂砾、泥组成,垂向上粗细相间。当洪流漫过沟槽时,洪积扇表面常被洪泛作用带来的亚砂质和亚黏土质沉积物覆盖。

边缘带:主要由洪泛作用的沉积物——亚黏土质、亚砂土组成。在洼地还可形成暂时的小湖泊和沼泽(盐沼)。

影响洪流地质作用的因素很多,如气候、地形、植被、岩石、地质构造、人类的经济活动等。气候干旱雨量集中、植被稀薄或岩土裸露、地形陡峭、节理发育、岩石破碎、大量砍伐树木等,都将加强洪流的侵蚀作用和冲沟的发育程度,洪流的侵蚀作用也是导致水土流失的主要动力。在新构造运动强烈抬升的地区,对冲沟的发育具有决定性的影响。

三、河流的地质作用

河流普遍分布于不同的自然地理带,是改造地表的主要地质营力之一。河流的地质作用主要分为侵蚀作用、搬运作用和沉积作用。

(一) 河流概述

1. 流域与水系

由降水或由地下涌出地表的水,汇集在地面低洼处,在重力作用下经常地或周期地沿水流本身造成的沟谷流动,称为河流。

地面流水直接流入同一条河流的区域,称为流域。流域之间的高地称为分水岭。分水岭两坡的降雨和冰雪融水,分别流入不同的河流。

流域内大大小小的河流汇集成的水网称为水系,水系由一条主流(干流)和若干支流组成。支流分为一级、二级、三级等,流域亦有大小之分,大流域内包含许多小流域,如长江流域内有赣江流域、湘江流域、嘉陵江流域、金沙江流域等。

2. 河谷要素

由河流开凿和改造的线状谷地称为河谷。河谷内包括了各种类型的河谷地貌。

经常有流水的凹槽部分,称为河床;河床两旁的平缓部分,称为谷底;平原地区谷底多发育河漫滩;河谷两侧的岸坡,称为谷坡;谷坡与谷底的交接处,称为坡麓;谷坡上部的转折处,称为谷肩(图 4-2-6)。

河谷形态受河流流经地段岩性、地形坡度、地质构造及构造运动等因素的影响,往往可以反映河流的发展阶段。

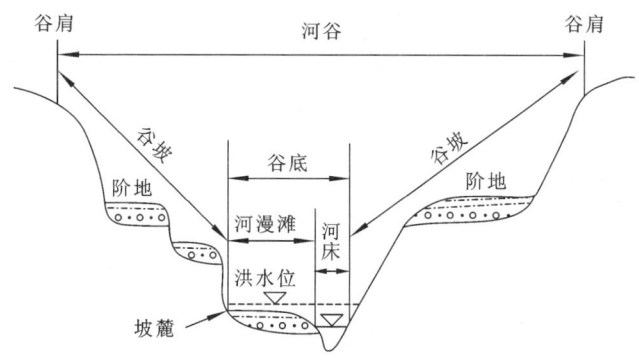

图 4-2-6　河谷横剖面及河谷要素

3. 河流分段

上游河谷狭窄多瀑布；中游展宽，发育河漫滩、阶地；下游河床坡度较小，多形成曲流和汊河，河口形成三角洲或三角湾。

河流在流动过程中形成侵蚀地貌。初期，侵蚀作用以向河流下游为主，河谷不断加深和延长。等河道冲平后（"V"字形剖面），河流侵蚀凹进去的河岸，在凸岸堆积，使河流更加弯曲。最后形成蜿蜒的河道。

（二）河流的侵蚀作用

河流的侵蚀作用是指河水及其所挟带的碎屑物在运动的过程中对河谷进行破坏的作用。现对河流侵蚀作用的方式和方向进行介绍。

1. 河流侵蚀的方式

1) 冲蚀作用

河水的机械冲击力导致岩石和沉积物遭受破坏。山区的石质疏松，河流流水冲入岩石裂隙并产生强大压力，促使河床岩石崩裂，河道破坏，改变河谷的形态。由松散沉积物构成的河岸，常因洪水的冲击而崩溃。

2) 磨蚀作用

流水以其挟带的砂泥和砾石，对河床进行磨蚀破坏。在石灰质河床和软弱岩石的河床磨蚀作用较为显著。河水中的砾、砂随河水流动过程中相互碰撞与摩擦，不断变细、变圆。

3) 溶蚀作用

河水将岩石中的易溶矿物成分溶解，促使岩石被侵蚀，河道被破坏。溶蚀作用主要见于由碳酸盐岩及其他易溶性岩石组成地区。

2. 河流侵蚀的方向

河流对河谷的侵蚀，按其侵蚀作用的方向可分为下蚀作用、侧蚀作用、向源侵蚀。

1) 下蚀作用

河流垂直向下侵蚀，使河谷加深、加长的作用称为下蚀作用或称底蚀作用。

入海的河流,其下蚀深度达到海平面时,河流的比降消失,河流停止下切侵蚀,因此,海平面高度是入海河流下蚀深度的极限。海平面及由海平面向大陆方向引伸的假想平面,称为侵蚀基准面(图4-2-7)。不直接入海的河流,以其所注入的水体表面为其侵蚀基准面,称为局部侵蚀基准面,如湖水水面、主河流的水面等。

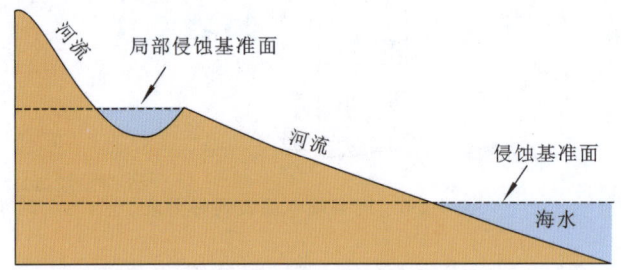

图 4-2-7　侵蚀基准面与局部侵蚀基准面

侵蚀基准面的高度并非长期固定不变。地壳的升降,或全球性气候冷暖变化,均可导致海平面上升或下降,改变侵蚀基准面的高度,强化或弱化河流下蚀的能力,并使侵蚀与沉积的关系发生转换。

河流下蚀作用过程中,由于不同河段的河床岩性不同,使其产生差异侵蚀,结果,常在不同岩石组成的河段形成急流和瀑布(图4-2-8)。急流是由于河床坡度较大,岩石坚硬不平的河段河水湍急而形成。

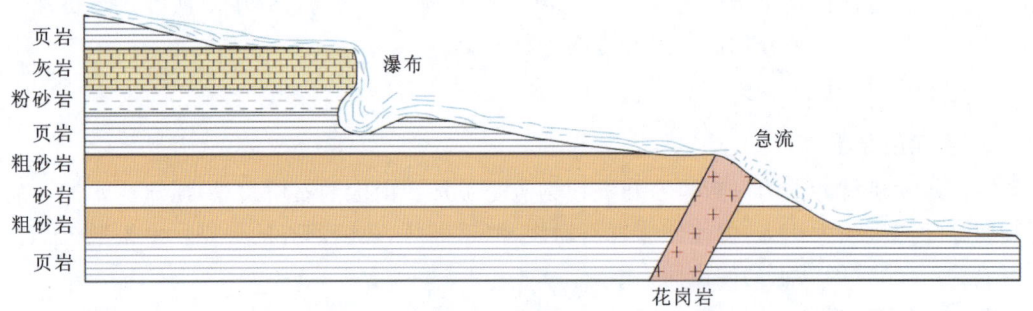

图 4-2-8　软硬岩层相间形成的急流与瀑布

一条河流的不同地段,岩性软硬有所差别,当河流从坚硬稳固的岩石流过松软岩石时,容易形成跌水的陡坎,水流具有一定落差,称为**瀑布**。瀑布一旦形成,在瀑布跌落处下蚀作用更强,可以形成深潭。在水流的冲击下,深潭内可形成复杂的回转旋涡,旋涡不断掏蚀瀑布陡壁下部的软岩层,使上面突出的硬岩层失去支撑而崩落,导致瀑布向上游后退,最后消失。如尼亚加拉瀑布(图4-2-9),从57m的高处泻下,该瀑布形成的原因是由于有高陡坎,其表层有厚约25m坚硬的白云岩,在白云岩之下有易冲刷的页岩。据1842—1927年观测记录,瀑布平均每年后退约1.02m,落差也在逐渐减小,照此下去,再过5万年左右,瀑布将完全消失。

图 4-2-9 尼亚加拉瀑布

2）侧蚀作用

河水冲刷河床两侧或谷坡，使河床左右摆动，谷坡后退，河床及谷底加宽的作用，称为侧蚀作用，或旁蚀作用。

（1）侧蚀作用的原因。

① 弯道离心力：流水通过弯道时，因惯性作用而产生离心力。在河流的弯道部位，水体涌向凹岸，不但导致最大流速向凹岸偏移，而且使凹岸水面抬高，凸岸水面降低，产生横比降，引起底层水流由凹岸向凸岸流动。如图 4-2-10 所示，在弯道流水断面的垂线上，水质点的流速随深度而逐渐减小，故垂线上各点的离心力在表层最大，向下逐渐减小。在水体上层，离心力大于横向力，合力向左，水质点向左移动（图 4-2-10a，左岸）；在水体下层，离心力小于横向力，水质点向右运动。横向力和离心力只是在中偏下的水体部分达到平衡。这样便出现弯道环流（图 4-2-10a）。在平面上，河流的主流线偏向凹岸（图 4-2-10b），水体呈螺旋式前进，使凹岸侵蚀，侵蚀下来的物质向凸岸搬运；在凸岸，随着底流流向表层，能量逐渐减弱，所挟带的物质便在凸岸沉积。

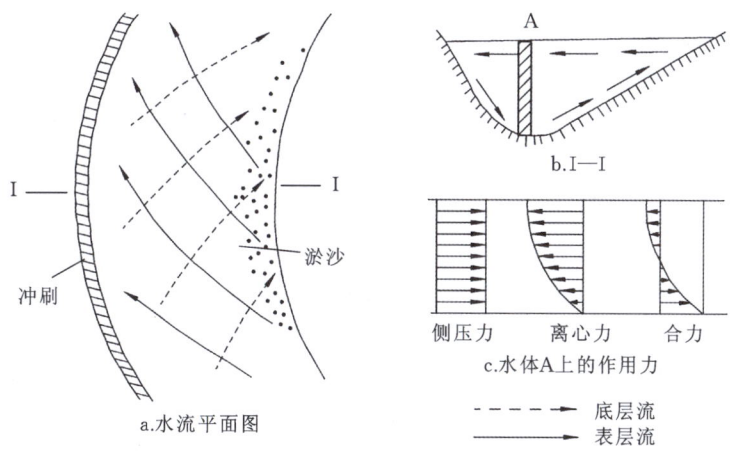

图 4-2-10 弯道环流形成示意图

② 科里奥利力：在科里奥利力（简称科氏力）的作用下，水体运动的方向在北半球恒偏向前进方向的右侧，在南半球恒偏向前进方向的左侧。在河流弯道处，离心力（P）与科氏力（F）同时作用。如图4-2-11a所示，河道左弯，离心力（P）与科氏力（F）二力方向一致，对凹岸的侵蚀力增强；如河道右弯（图4-2-11b），则离心力与科氏力方向不完全一致，二力相互作用、抵消部分作用力，对凹岸的侵蚀力减弱。

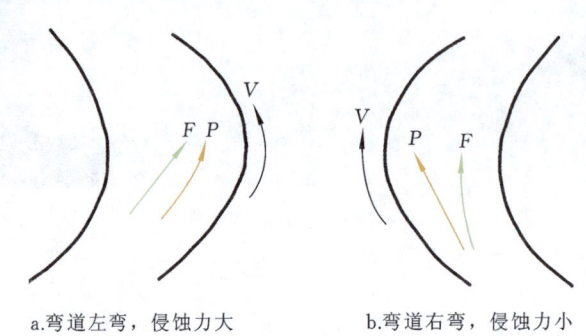

a.弯道左弯，侵蚀力大　　　b.弯道右弯，侵蚀力小

F.科氏力；P.弯道离心力；V.流向。

图4-2-11　弯道离心力、科里奥利力与侧蚀作用的关系（北半球河流）

此外，凹岸的最大侵蚀点和凸岸的最大堆积点并不是在水流触岸的部位，而是偏于下游。这样，随着弯道环流作用，不仅弯道幅度会逐渐增大，而且弯道位置也将朝下游方向迁移。

（2）河床的变化。

由于旁蚀作用，河床将发生下列变化。

① 弯道凹岸的河底发生加深扩展，尤其在弯道的下游前缘表现最为强烈。

② 凹岸因其下部被掏蚀，上部崩塌，可形成悬崖，凸岸则变成平缓的堆积滩，故弯道横剖面形态不对称。

③ 由于凹岸不断加深扩展，并向下游方向移动，凸岸的堆积滩也将不断增大并向下游方向移动，故河流弯道在三度空间上的变化是垂直下蚀、横向侧蚀、弯道向下游迁移。其结果是使河床呈弯曲状不断向下游方向迁移。

河床的上述变化改造着河谷的形态。早期河谷狭窄，横剖面呈"V"字形，下蚀强烈，弯道不发育，河谷两侧有连续的山嘴；中晚期，弯道显著并随着弯道的发展，谷坡不断后退，山嘴被削去，形成平坦而宽阔的槽状谷底，凸岸堆积体逐渐扩大并连成一片，河谷的横剖面变成"U"字形；晚期，河谷会演变成槽形。此时，谷底就会朝冲积平原转变。认识河床弯道演化的历程，对于规划沿河的码头、桥梁、道路以及工程建设具有重要意义。码头不宜建在河流凸岸，道路、桥梁不宜建在河流凹岸。

（3）蛇曲河。

由于河曲不断向下游移动，河谷的凸出地形不断被削直，其结果使河谷变得越来越宽和越来越直。最后，河床只在宽阔的谷底上迁徙摆动（达不到谷坡），形态变得极度弯曲，这种河流称为蛇曲河或自由河曲（图4-2-12）。蛇曲的发育，使河流（床）的长度不断增长，河床的纵坡降渐渐减小，河流的侵蚀作用逐渐削弱。

随着河床的摆动,蛇曲河床相邻两个河湾的距离不断靠近。当在洪水期,由于水量迅猛增加,冲击力加大,河水冲溃两河湾之间的河岸,河水从上一个河湾直接流入相邻的下一个河湾,这种现象称为河道的**截弯取直**。被遗弃的弯曲河道的两个河口被堵塞成湖,称为**牛轭湖**。

3) 向源侵蚀作用

使河流向源头方向加长的侵蚀作用称为向源侵蚀或溯源侵蚀,终极位置是分水岭。

图 4-2-12 蛇曲河

若分水岭一侧水系的侵蚀基准面较另一侧水系低,或坡度较另一侧陡,或流域内岩性较另一侧易于侵蚀时,则其向源侵蚀速度必然较另一侧大,因而可以抢先到达分水岭,进而在风化、片流洗刷等外力作用的共同破坏下,切割分水岭,迫使分水岭向另一侧移动。最后,侵蚀能力较强的水系,可以把另一侧侵蚀能力较弱水系的上游支流劫夺过来,这种现象称为**河流袭夺**,又称**河流抢水**(图 4-2-13)。被夺河流的上游或支流会流入另一个水系,因而被夺河流会水量大减,甚至出现干涸的河段。在河流袭夺处,常常出现河流流向急转弯,称为**夺河弯**。河流袭夺后,夺水的河流称为**袭夺河**;被夺水的河流称为**被夺河**,被夺河的下游因上游被截,源头截断,称为**断头河**。

我国河流袭夺的实例很多,如我国的金沙江,先是顺着横断山脉向南东方向流动,至云南省丽江市石鼓镇附近突然掉头向北北东方向流去,与原流向形成了一个 120°的急转弯,形成著名的大拐弯:长江第一弯,其海拔 1850m(图 4-2-14)。许多学者认为这是河流袭夺的结果,也有学者认为那里并无河流袭夺的更翔实证据,认为此大拐弯可能是断裂作用的结果。

图 4-2-13 河流袭夺示意图

图 4-2-14 丽江石鼓的长江第一弯

河流的下蚀作用、侧蚀作用和向源侵蚀几乎贯穿于整条河流中。但由于河水流速、河床的纵坡降、岩性、构造运动等因素不同,不同侵蚀作用的强弱也不同。有的地段表现出以下蚀作用为主,而有的却以侧蚀作用为主。一般来说,在河流的上游常以下蚀作用、向源侵蚀作用为主,使河谷加长加深,河谷横剖面形成"V"字形(图 4-2-15 左图);在下游则以侧蚀作用为主,塑造成谷底宽平、横剖面为"U"字形的河谷(图 4-2-15 右图)。

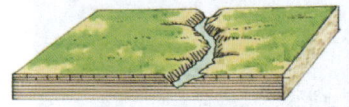

图 4-2-15　河谷的演变过程

(三) 河流的搬运作用

河流搬运物质的方式分为机械搬运、化学搬运两类。河流对碎屑物质的机械搬运能力和方式主要与流速及碎屑颗粒的大小、形状、相对密度等有关。在同样的流速条件下,不同粒径、相对密度和形状的颗粒,可以不同的方式进行搬运。河流对可溶性物质的化学搬运,则与流速无关,而和区域气候条件及可溶性物质的溶解度和在河水中的存在状态等有关。

1. 机械搬运作用

机械搬运作用归纳起来可分为推运、跃运、悬运 3 种方式。

1) 推运

河床中的砾与砂等较粗物质,以滚动、滑动、拖移等方式沿河床底部的搬运,称为推运。

只有当水流对颗粒的推力大于颗粒的重力在水流方向的分力,碎屑颗粒才会在河底发生运动。粗碎屑在河流中的搬运多为推运。

2) 跃运

河床中的碎屑物质沿床底呈跳跃方式向前搬运的方式称为跃运。当碎屑颗粒受到垂直上举力达到或超过其在河水中的有效重力时,碎屑颗粒会从床底上跃起,并在推力作用下向前移动。当颗粒上升到一定高度时,上举力就会大大减小,在重力作用下,颗粒再次落到床底。水流的上举力经常变化不定,致使一些碎屑颗粒时起时落,呈跳跃式移动。一般来说,细砂、粉砂的搬运方式以跃运为主。

3) 悬运

当碎屑颗粒重力小于水流产生的上举力时,颗粒便可在河水中呈悬浮状态。

实验证明:当颗粒的沉降速度小于水流的平均流速 8 倍时,颗粒可以在流水中呈自由悬浮态。也就是说,水流平均速度必须大于颗粒沉降速度 12 倍以上,颗粒才能保持悬浮状态。因此,决定碎屑颗粒是否呈悬浮状态的主要因素是颗粒大小、形状、相对密度和水流速度。粉砂和泥的搬运方式以悬运为主。

2. 化学搬运作用

化学搬运是指矿物和岩石经化学风化分解的产物(溶解物质)呈真溶液或胶体溶液

的形式被搬运的过程。Ca、Mg、Na、K 等元素所组成的易溶性盐类物质,常呈真溶液搬运;Al、Fe、Mn、Si 等的氧化物难溶于水,常呈胶体溶液搬运。

1) 真溶液搬运

矿物和岩石风化、剥蚀产物中,Ca、Mg、Na、K、Cl 等成分多呈离子状态溶解于水中,即呈真溶液状态被搬运。可溶物质能否溶解、搬运或者沉淀,与其溶解度有关。可溶物质的搬运或沉淀还与水介质的酸碱度（pH 值）、氧化-还原电位（E_h 值）、温度、压力以及 CO_2 含量等一系列因素有关。

2) 胶体溶液搬运

胶体质点介于悬浮液和真溶液之间,其粒径极小,在流水中受重力影响甚微,可作长距离、长时间的搬运,低溶解度的金属氧化物、氢氧化物和硫化物,常呈胶体溶液被搬运。胶体质点带电荷,如 Al、Cr、Ti、Er、Ca 等氢氧化物带正电荷;Pb、Cu、Cd、As 等的硫化物,SiO_2、MnO_2、S、黏土质、腐殖质等带负电荷。同种胶体具有相同的电荷,因相互排斥而悬浮于水中,有利于搬运。在淡水中负胶体比正胶体搬运要远些,但某些正胶体（如氧化亚铁）在腐殖酸的保护下也可以搬运很远。

当河流挟带的胶体与海水或湖泊水相遇时,由于化学环境发生变化,尤其是海水中含有大量的电解质,导致胶体凝聚沉积。因此,在三角洲和海岸沉积物中常可见到大量黏土和氧化铁等胶体沉积物,有时可聚集成铁、铝、锰等特大型沉积矿床。

3. 河流的搬运能力和搬运量

1) 河流的搬运能力

河流能够搬运碎屑物质最大颗粒的能力,称为搬运能力。搬运力决定于流速,当流速小于 18cm/s 时,细小的微粒也难以移动;当流速达 70cm/s 时,直径数厘米的颗粒也能搬运。一般来说,山区河流纵比降大,河水流速大,故搬运能力大,能搬运巨大的岩块,常有粒径 2~3m、重 11~40t 的巨砾被搬运到山口,而搬运粒径 1m 左右、重约 3t 的砾石十分普遍。河流下游（平原区河流）流速相对较小,所搬运的颗粒一般小于 10cm。

2) 河流的搬运量

河流能够搬运碎屑物质的最大量,称为河流的搬运量。全世界的河流,每年能将约 200 亿 t 的碎屑物运入海洋。河流的搬运量决定于流速和流量,尤其是流量。另外,河流的机械搬运量还与流域内自然条件有关,岩石松散、颗粒细小、气候干燥、地面缺少植被的地区,机械搬运量大。如我国的长江与黄河就是鲜明的对比,黄河在流经黄土地区之前,其机械搬运量不大,而进入黄土地区后,含砂量猛增。黄河最大含砂量为 42.29%,其支流无定河的最大含砂量竟达 78%,故有"黄河斗水七升砂"之说。长江流域因植被覆盖较好,输砂量比黄河小得多。

（四）河流的沉积作用

河流中溶运物很难达到其饱和溶解度,河水中电解质稀少,胶体被絮凝的不多,因此,河流基本上不发生化学沉积作用。所以,河流主要以机械沉积作用为主,并广泛发生在河流各部位。

由河流侵蚀搬运而沉积的物质,称为**冲积物**。

1. 河流沉积的原因

流速降低、流量减少和河流超负荷是导致河流沉积的原因。河流在不同部位其水流速度发生改变,如河道由狭窄突变为开阔的地段,河流弯道的凸岸,支流与主流的交汇处,河流的泛滥平原,河流的入湖、入海处等,流速均明显降低。气候或季节的变化,如在枯水期,河流流量减小,搬运能力降低,引起沉积。搬运物增加,负荷过重,如因山崩、滑坡以及洪水注入等均可使河流超负荷,河水的能量不足以搬运较粗大的碎屑物。

2. 冲积物的特征

冲积物是在河流流水中以机械方式沉积的碎屑物,因而具有下列主要特征。

1) 分选性较好

河流搬运能力的变化规律是:近源区者,河道较窄,沉积物大小混杂;远源区者,沉积物经过长距离搬运,其大小趋于一致,分选性良好。

2) 磨圆度较好

较粗的碎屑物质,在搬运过程中,相互摩擦和碰撞,碎屑物与河底之间不断摩擦,促使其外形变圆滑,如河床中的卵石。

3) 成层性明显

河流的沉积作用具有规律性变化。如在河床侧向迁移过程中,河谷同一地点在不同时期所处的部位是不断发生变化的,接受沉积物的特征也不一样。就同一地点而言,洪水期沉积物粗且量大,枯水期沉积物细而量少;沉积物颜色夏季较淡、冬季较深,等等。因而在沉积物垂直剖面上表现出明显的成层现象。

4) 韵律性

特征类似的两种或两种以上的沉积物在剖面上有规律地交替重复出现,称为韵律性或旋回性,每一次重复形成一个韵律。典型的河流沉积韵律包括下部的河床沉积(砂砾、粗砂)、中部的河漫滩沉积(粉砂)、上部的牛轭湖沉积(泥)。它们是河床在一次侧向摆动时逐次沉积的产物,如河床反复进行侧向摆动,则可以形成若干个韵律。

5) 具有流水成因的沉积构造

河流沉积物中常见波痕、交错层理等特征性原生构造,波痕多为非对称形态,交错层理主要呈单向倾斜。构成交错层理的物质以砂为主,可出现砾石,即由扁平、长条状的砾石呈单向倾斜排列而显示交错层理。

3. 河流沉积类型

1) 边滩与河漫滩

沉积在河床两侧与河岸相连,水位下降后露出水面的碎屑物堆积体,称为边滩或浅滩。

在洪水泛滥时可被淹没的河床两侧的谷底部分,称为河漫滩。它是边滩变宽、加高且面积增大的结果。在丘陵和平原区，因河床底部开阔，多形成宽阔的河漫滩，其宽度由数米到数万米不等，可以大大超过河流本身的宽度。我国黄河、长江下游有极宽阔的河漫滩，黄河下游，常因洪水在河漫滩上漫溢成灾。洪水漫溢时，水流分散，流速降低，加上滩面生长的植物阻碍着洪水的流动，泥质和粉砂等较细物质便在河漫滩上沉积下来，形成河漫滩沉积物。

河漫滩沉积剖面具有二元结构（图4-2-16），通常其下部为砾石、砂等粗碎屑沉积物，上部为洪水越岸形成的沉积物，一般由粉砂、黏土组成。这种结构是丘陵及平原地区河流沉积物具有的普遍特征。

由于河床往复摆动，河漫滩不断扩大，相邻的河漫滩最终将连成一片，从而形成广阔的冲积平原，即主要由冲积物所组成的平原。世界上绝大多数平原均属于冲积平原。

图 4-2-16　河漫滩二元结构

2）心滩

由河床中部的沉积物构成的堆积地貌称为心滩，形成于河流从狭窄段流入开阔段的部位。

心滩的形成与复式环流有关。由于河床横断面形态的不规则，水流往往被河床地貌分离成两股或数股主流线，水流呈对称双向环流（图4-2-17a）。表层水流从中部分别流向两岸，底层水流从两侧流向中间，在河底两股相向的底流作用的地段，被流水挟带的碎屑物堆积下来，逐渐形成心滩（图4-2-17b下部）。心滩在洪水期可被淹没，在枯水期露出。如心滩因大量沉积物堆积而高出水面，则成为江心洲（图4-2-17c），如湘江长沙段的橘子洲即为江心洲，江心洲仅在特大洪水时才被淹没。一般来说，洲头不断侵蚀，洲尾不断沉积，江心洲缓慢向下游移动扩展。在移动过程中，几个小洲可能合并成一个大洲；江心洲也可能向岸靠拢与河漫滩相连接。

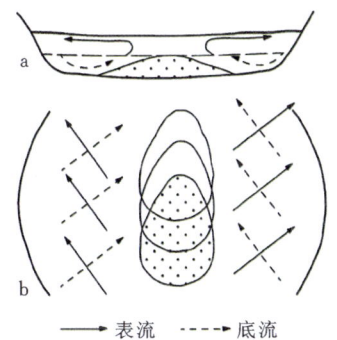

a.剖面图示双向环流；b.平面图示心滩沉积；c.江心洲。

图 4-2-17　心滩沉积

因此,心滩的沉积物常常是水流难以带走的粗粒滞留沉积物,心滩顶部则是洪水期的细粒堆积物。

3）三角洲

图 4-2-18　尼罗河三角洲

三角洲是河流流入海洋、湖泊或其他河流时,因流速降低,所挟带泥沙大量沉积,逐渐发展成的冲积平原,因其外形类似希腊字母"Δ"而得名。三角洲又称河口平原,顶部指向上游,底边为其外缘。典型的三角洲见于尼罗河口(图 4-2-18)。

（1）三角洲的形成。

随着河流进入河口地区,河床纵坡降减缓,河道展宽,水流分散,加上海水或湖水的顶托作用,使河水流速大减,大量的碎屑物在河口进行堆积。当河流挟带到河口区的碎屑物质数量超过河流和海洋或湖泊在河口区冲刷转移碎屑的数量时,河流首先在河口附近堆积,形成水下浅滩。浅滩进一步增长和加高,形成河口坝,河口坝迫使河流在此分流。两个分流河口又形成两个新的浅滩,浅滩可以进一步发展成新的河口坝(图 4-2-19),使河流再一次发生分流,如此反复,河口区便不断向海(湖)推进,使水下堆积体不断淤高并发展成陆上沙洲。最后在河口区形成一个顶端向陆弧形朝海的巨大三角形堆积体,一般称为三角洲。三角洲形成后,在三

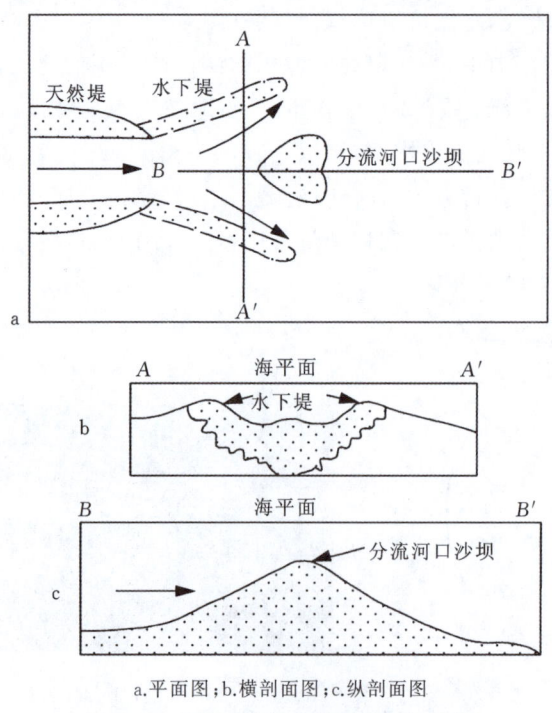

a.平面图；b.横剖面图；c.纵剖面图

图 4-2-19　河口沙坝与河道分汊示意图

角洲平原上河网密集的河道,称为网状河。河道频繁地发生冲裂作用和改道,因而在三角洲平原上可以看到大量的废弃河道。

海成三角洲不是所有入海口都能发育。如我国的钱塘江口并未形成三角洲,因为钱塘江口位于海湾区,潮汐作用十分强烈,大量的泥沙物质均被冲刷带走,无法在河口堆积,而是形成三角湾(或三角港)。

(2)三角洲分带。

三角洲可分为3个带(图4-2-20)。

① 三角洲平原带。

此带为三角洲的陆上沉积部分,由分流河道和洪水泛滥作用的沉积物组成。三角洲平原上的沉积环境和沉积类型多种多样,主要有以砂质为主的分流河道沉积,较中、上游河床沉积要细,发育大量交错层理;比河道沉积更细的天然堤和泛滥盆地沉积,天然堤以粉砂和泥为主,近河一侧较厚较粗,远河一

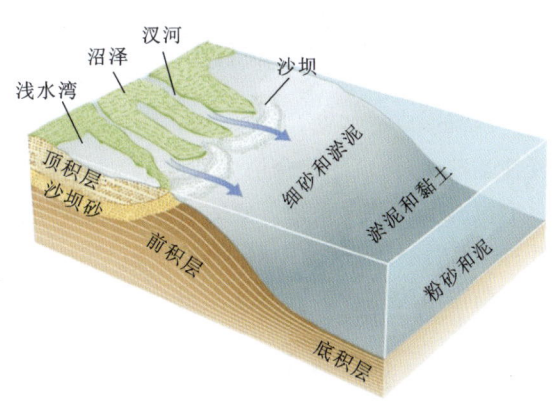

图 4-2-20 三角洲沉积分带示意图

侧较薄较细;决口扇沉积——洪水期间,河水越过或冲决天然堤,在近岸形成舌形或扇形的越岸扇或决口扇砂层沉积,在远岸的河间低地,形成大片席状粉砂和泥质薄层的泛滥盆地沉积。在三角洲平原上还有许多废弃河道和洼地形成的湖泊与沼泽沉积,初为泥质,之后就长满植物(泥炭沼泽)。

② 三角洲前缘带。

此带呈环状分布。由于这里地处海(湖)岸带,河流带来的沉积物经过海洋(湖泊)的作用,形成分选好、成分纯净的砂质沉积物集中带。其中可分为两类:分流河口沙坝——河流带来的砂质物质在河口处因流速降低堆积而成的河口沙坝,砂粒主要集中在沙坝顶部;三角洲前缘席状砂——分布在三角洲前缘的边缘部分,是河口沙坝受海水作用重新分布的结果。

③ 前三角洲带。

此带是正常浅海(湖)沉积与洪水期河流带入的粉砂和泥的加厚带,沉积物为富含有机质的泥质物质,呈暗色,具细纹理,含水量高达80%,是良好的生油层。它是由河流搬运来的黏土悬浮物质和胶体溶液在海(湖)底沉积而成。

在三角洲纵剖面上,各种沉积的分布也很明显,三角洲从上到下由顶积层、前积层和底积层组成(图4-2-21)。顶积层以河床沉积的砂和粉砂为主;由于三角洲平原上的河流多为分叉的网状河,河道间常发育着牛轭湖和沼泽,因此顶积层中常夹有牛轭湖和沼泽环境生成的沉积物。前积层是三角洲前缘斜坡的堆

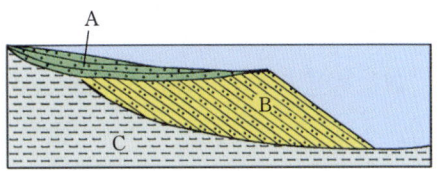

A.顶积层;B.前积层;C.底积层。

图 4-2-21 三角洲沉积结构的剖面示意图

积物,沉积作用发生在海(湖)平面以下,以细砂和粉砂质黏土为主,具大型斜层理。底积层是远离河口的水底平坦部位的沉积物,多为河流携带来的悬浮物质,以黏土为主,底积层中一般含有大量的海洋(湖泊)生物遗体。

河流在入海处形成三角洲需要两个条件:①河流机械搬运量大;②入海处无强大波浪和潮流。

四、影响河流地质作用的因素

河流形成的初期,下蚀作用较强,当河流的下蚀深度达到或接近侵蚀基准面或局部侵蚀基准面,河流的比降消失,河流停止下切侵蚀,河流以侧蚀和沉积作用为主。然而,影响河流下蚀的因素是可变的,如陆地上升或海平面下降,使河床抬高或侵蚀基准面降低;或气候由干燥转为潮湿,河流流量增加等,河流的下蚀作用又会复活,河流由以侧蚀和沉积作用为主转为以下蚀作用为主。

(一) 气候与地理因素对河流的影响

湿润地区河网密集,径流充沛,而干燥地区河网稀疏,径流贫乏,说明河流的地理分布受着气候的严格控制。实际上,河流的水文特征,包括水源的补给形式及其比例、水位、流量及其季节变化、结冰与否、结冰期长短等,无一不受气候条件制约。例如,降水量多寡决定着径流补给来源的丰缺,蒸发量大小反映着径流损耗的多少,降水的时空分布、降水强度、降水中心位置及其移动方向影响着径流过程和洪峰流量,气温、风和温差,也对降水、蒸发有影响而对径流间接起作用。因此可以说,河流是气候的镜子。

气候变迁主要引起河流水量与含沙量的变化,从而影响到河流的侵蚀与堆积过程。在挽近地质时代中,世界不同地区有过干旱与湿润、寒冷与温暖(冰期与间冰期)的多次气候更替。当气候变得干旱时,河流水量减少、搬运能力减弱,同时由于植被减少、物理风化增强,易于冲刷,从而增加了河流的流域来沙量,使河流产生大量堆积。当气候转为湿润时,河流水量增大,同时,流域内植物繁茂,含沙量相对降低,河流下蚀作用加强。

各种基本的自然地理要素也对径流产生影响。如流域海拔高度、坡度和切割密度直接影响着径流汇集条件;地表物质组成决定着径流下渗状况;植被则通过对降水的截留影响径流量;等等。

(二) 构造运动及海平面变化对河流的影响

新构造运动和海平面的阶段性变化造成侵蚀基准面的升降,使河流的下蚀作用重新复活。

1. 地貌回春与深切河曲

由于地壳隆起或海面下降,使区域侵蚀基准面降低,降水量增大,河水流量增加等,引起一个地区侵蚀作用加强,地面切割加深的现象,称为地貌侵蚀回春。我国华北的海岸和山地都可以见到明显的地形侵蚀回春现象。

河曲形成后,地壳重新抬升或侵蚀基准面下降,河流下切速度与地面的抬升速度基本协调时,河曲保持原来弯曲的形式,但逐步下切到基岩之后,形成平面上河道极度弯曲、剖面上呈"V"形深谷的奇特景观,称为深切河曲(图4-2-22)。深切河曲具有山地峡谷的特点,如四川嘉陵江、河北永定河及滹沱河穿越山区地段,都发育典型的深切曲流。

图 4-2-22　深切河曲

2. 河流阶地

地壳上升,河流下切侵蚀(简称下蚀),使原先的河谷底部(河漫滩或河床)高出一般洪水位,成为分布在河谷谷坡的阶梯状地形,称为**河流阶地**(图 4-2-23)。阶地由阶地面、阶地陡坎(或阶地斜坡)、阶地前缘、阶地后缘组成。阶地按上下层次分级,级数按自下而上顺序确定,愈向高处年代愈老。

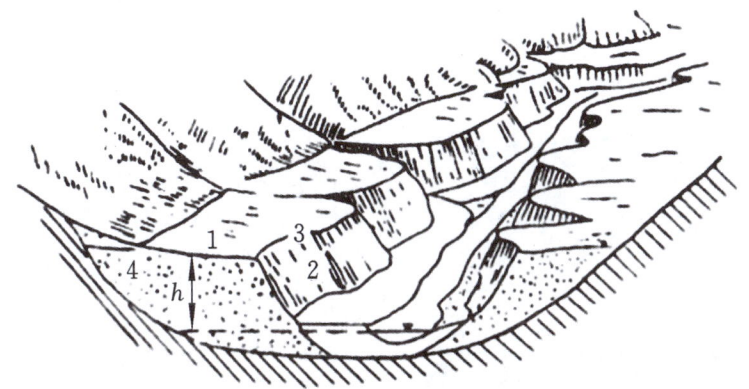

1.阶地面;2.阶地陡坎;3.阶地前缘;4.阶地后缘;h.阶地高度。

图 4-2-23　河流阶地

河流阶地按组成物质及其结构分为以下3类(图4-2-24)。

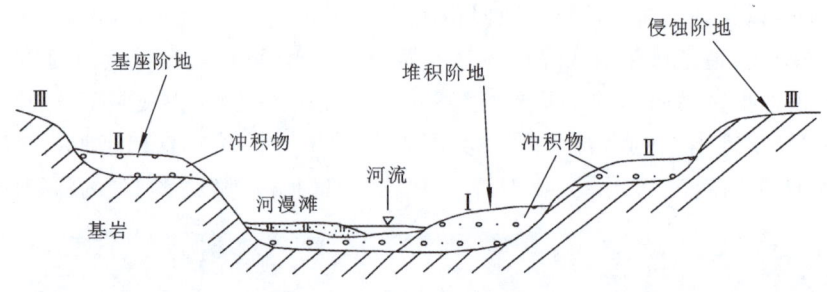

图 4-2-24　河流阶地类型示意图

(1) 堆积阶地。距河床近，阶地面和阶地陡坎全由粗细不一的河流冲积物组成，无基岩暴露，在河流中下游最为常见。

(2) 基座阶地。阶地面上堆积有河流沉积物，阶地陡坎的下部为基岩。表明后期河流下蚀深度超过了原冲积层的厚度，切至基岩的内部。

(3) 侵蚀阶地。距河床远，多由基岩构成，没有或很少有冲积物覆盖，所以又称石质阶地。侵蚀阶地多发育在山区河谷中，由于水流流速快，侵蚀力强，所以很少沉积。

从堆积阶地到侵蚀阶地，指示了河流下蚀作用逐步加强，也间接反映出构造运动有所强化的趋势。

3. 冲积平原

在构造运动处于相对稳定的阶段，河流的发展将趋近于侵蚀→搬运→沉积（冲积）的平衡状态。在这一时期，河流的中下游会因为河流的不断摆动和拓宽，逐渐形成地势开阔平缓的冲积平原。

基本上任何河流在下游都会有沉积现象，尤其以一些较长的河流为甚。世界上最大的冲积平原是亚马逊平原，是由亚马逊河所挟带的泥沙冲积而成的。我国的长江中下游平原是由长江及其支流所挟带的泥沙冲积而成。华北平原由黄河、淮河、海河等河流共同冲积而成。

4. 准平原与夷平面

图 4-2-25　准平原

构造运动处于长时间稳定阶段，高地被蚀低，河谷变宽、变浅，最终整个地面变成仅有微小起伏的平原地形，即为**准平原**（图 4-2-25）。在准平原上堆积物很薄，常分布有由坚硬岩石组成的岛状残丘、孤山。如我国徐州地区的淮北准平原、辽东半岛南部准平原等。

20 世纪早期，戴维斯（Davis）将河流地貌发展过程划分为幼年期、壮年期、老年期 3 个阶段。在幼年期，河流深切，河谷呈狭窄的"V"形，具有高山深谷地貌；在壮年期，河谷加宽，谷坡后退，河谷坡度变缓，分水岭的高度降低,且呈浑圆状态;在老年期,地面变得平缓,仅有微弱的波状起伏,残存一些由抗风化能力强的岩石构成的孤山。老年期的地形大部分地区被较薄的松散沉积物所覆盖,这种老年期地貌称为准平原。

流水作用对准平原的形成具有十分重要的贡献,而海洋与湖泊的侵蚀作用以及其他外动力对准平原的形成也有一定的影响。准平原可以因后来的地壳运动而抬高,再受流水侵蚀切割而成为山地,在山地的顶可以残留准平原的遗迹,表现为一个相当平坦的顶面,平坦顶面上可以见到砂砾等松散沉积物;同时,一系列相邻的平坦山顶大致位于同一高度。它们代表地质时期中准平原的表面,称为**夷平面**。

根据夷平面上松散沉积物的年代,可以判断该夷平面形成的年代;根据夷平面的高度可以判断该地区自准平原形成以来地壳上升的幅度。

本学习单元小结

(1) 地表流水分为面流、洪流与河流。前两类是由大气降水引起的暂时性水流,后者除大气降水外还能得到地下水、冰雪水、湖水等水源的经常性补给。

(2) 面流即坡面流水,是山坡上无固定沟道的面状水流。它洗刷山坡上的风化物质,使其在山坡的低凹处或在坡脚处作为坡积物堆积下来。

(3) 洪流是有固定沟道的水流。水流冲刷沟谷使其加深、加宽、加长,形成冲沟。由其搬运和堆积的沉积物称为洪积物;在冲沟沟口形成的堆积体称为洪积扇。

(4) 流域是一条河流及其支流所构成的总区域,是流域内所有河流构成的统一系统。分隔不同流域或水系的山地是分水岭。

(5) 河流的流速、河床的坡度、河床横剖面形态、粗糙度以及流量是决定河流侵蚀与沉积状况的因素。下蚀作用使河谷加深,其极限是侵蚀基准面。

(6) 弯道离心力及科里奥利力是使河流发生旁蚀的基本原因。在旁蚀作用下,河流凹岸被侵蚀,凸岸堆积,导致弯道发展,河谷变宽,河谷横剖面由"V"形变为"U"形直至碟形。

(7) 随着河流弯道的充分发展,河曲颈部变细,最终发生裁弯取直而形成牛轭湖。

(8) 溯源侵蚀作用是使河流由小变大,由短变长,由各个单一的河流连接而成统一水系的基本因素。

(9) 碎屑物质的过量补给或河流流量的减少,都可以引起河流的沉积作用。沉积的物质抬高河床,可形成多岔道的辫状河。

(10) 河流冲积地貌的主要类型有心滩、边滩、河漫滩及三角洲等。河漫滩具有二元结构,其下层为河床沉积,上层为河漫滩沉积。三角洲具有底积层、前积层和顶积层三部分。

(11) 河流均夷化趋势表现为其下蚀能力变弱,发生旁蚀和沉积。然而,因气候变化而流量增大,或因构造运动抬高河床或降低侵蚀基准面等,可导致河流的去均夷化,形成深切曲流及河流阶地。

(12) 以河流的地质作用为主，以其他外力地质作用为辅，可以使一个地区由山地演变成准平原。准平原形成以后，可以因构造运动抬高而再次下蚀，然后再接受剥蚀而变为夷平面。在山区可以见到多级夷平面，它记录着挽近时期构造运动的历史。

●重要术语

面流、洪流、残积物、坡积物、洪积物、冲积扇、冲沟、河谷、河床、侵蚀基准面、下蚀、旁蚀、溯源侵蚀、牛轭湖、河流袭夺、紊流、悬运、辫状河、心滩、边滩、河漫滩二元结构、三角洲、河流阶地、准平原、夷平面。

●思考题

(1) 何为地面流水？地面流水的类型有哪些？地面流水的主要来源有哪些类型？

(2) 什么是坡面流水？坡面流水的作用方式是什么？坡面流水作用的产物有哪些类型？什么是坡积物？坡积物有什么主要特征？

(3) 什么是洪流？洪流的作用方式是什么？洪流作用的产物有哪些类型？什么是洪积物？洪积物有什么主要特征？

(4) 什么是河流？河流的作用方式是什么？河流作用的产物有哪些类型？什么是冲积物？冲积物有什么主要特征？

(5) 河流底蚀作用（下蚀作用）的结果是什么？举例说明。

(6) 河流侧蚀作用的结果是什么？举例说明。

(7) 河流沉积作用的类型有哪些？各有什么主要特征？

(8) 什么是河流侵蚀基准面？如何确定河流侵蚀基准面？

(9) 画图示意河漫滩二元结构。

(10) 什么是河流阶地？河流阶地的类型有哪些？河流阶地的地质意义是什么？

学习任务三　认知地下水的地质作用

●学习目标　了解地下水、泉的概念；熟悉地下水赋存条件和类型；掌握地下水的潜蚀作用、沉积作用的基本类型与特征，并能初步认识和分析地下水地质作用所产生的现象。

●知识目标　领会地下水的溶蚀作用和溶蚀现象，以及地下水的化学沉积作用及地貌现象；领会地下水地质作用产物类型及其特征；领会地下水的溶蚀与沉积过程；领会多层溶洞的形成及其地质意义。

●思政目标　引导学生巩固水的"柔弱胜刚强"的中国古典哲学思维，领悟地下水对可溶性岩石区景观的塑造及其在人们生产生活中的作用和影响，树立正确的自然观、地质观，涵养热爱自然、珍惜资源、合理利用自然资源的思想意识和默默奉献的精神。

地下水是存在于地表以下松散堆积物或基岩空隙中的水,是水资源的重要组成部分。地下水中的淡水量占全球淡水总量的14%,超过河湖总水量约26倍,在水资源中占有极为突出的地位。地下水也是改造地球外貌的重要外力因素,在湿热气候地区具有特别重要的意义。

一、地下水概述

(一) 地下水的赋存条件

1. 岩土的空隙

地壳浅表若干千米深度内,岩土或多或少存在空隙,为地下水赋存提供了必要前提。

岩土空隙是地下水的储容空间和传输通道。空隙的特征(多少、大小、形状、方向性、连通程度及其空间变化等)决定着岩土储容、滞留、释出以及传输水的性能。未固结的松散岩层中,存在孔隙;固结岩中层存在裂隙;可溶性岩层,除了裂隙,还存在溶穴。

空隙包括孔隙、裂隙和洞穴(图4-3-1)。

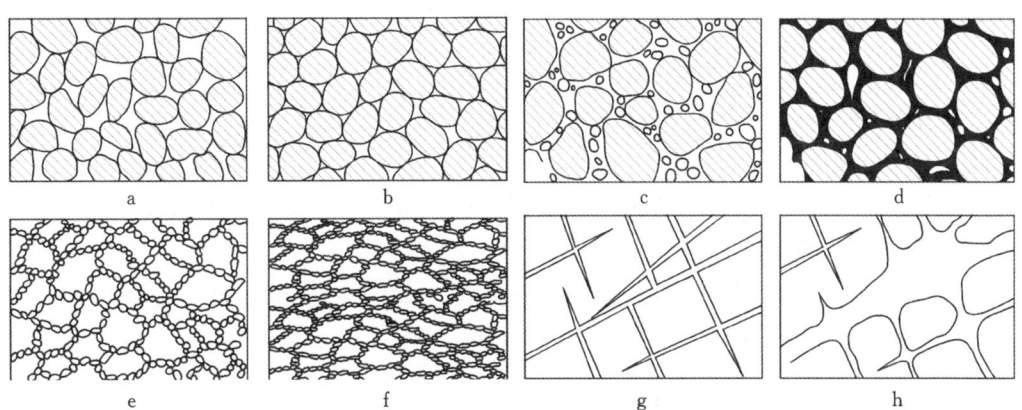

a.分选良好、排列疏松的砂;b.分选良好、排列紧密的砂;c.分选不良、含泥砂的砾石;d.部分胶结的砂;
e.具有结构孔隙的黏土;f.经过压密的黏土;g.发育裂隙的基岩;h.发育溶隙及溶穴的可溶岩

图 4-3-1 岩土的各种空隙

1) 孔隙

松散(半松散)岩层由大小不等的颗粒组成。颗粒及颗粒集合体之间的空隙,称为孔隙。孔隙的多少,决定岩土储水的能力,在一定条件下,还控制岩土储容、滞留、释出和传输水的性能。岩土孔隙多少用孔隙度表示。孔隙度是指单位体积的岩土(包括孔隙在内)中孔隙体积所占的比例。

$$n = \frac{V_n}{V} \text{ 或 } n = \frac{V_n}{V} \times 100\%$$

式中:n 表示岩土孔隙度;V 表示包括孔隙在内的岩土总体积;V_n 表示岩土中孔隙体积。

孔隙度是一个比值,通常用百分比表示,也可以用小数表示。岩土孔隙度常见参考值见表 4-3-1。

表 4-3-1　岩土孔隙度常见参考值　　　　　　　　　　　　　　单位:%

岩土	岩浆岩、变质岩	石灰岩或大理岩	砂岩	砾石	砂	粉砂	黏土	泥炭
孔隙度	>1	1~8	10~15	25~35	25~50	35~50	40~70	80

决定孔隙度大小的主要因素包括:①颗粒的粗细:粗者(如砾石)孔隙度低,细者(如细砂)孔隙度高;②分选程度:分选好者高,分选差者低,如颗粒均匀的砾石、砂的孔隙度为30%~35%,而砾石与砂的混合物孔隙度为15%~20%;③颗粒的形状:近球形者高,不规则形状低;④胶结程度:胶结程度差者高,胶结程度好者低。

2) 裂隙

岩石的裂缝即为裂隙,固结岩石发育裂隙,裂隙是岩石在各种应力作用下破裂变形而成。按照裂隙的成因,可分为成岩裂隙、构造裂隙、风化裂隙及卸荷裂隙。

岩石中裂隙的发育程度用裂隙率表示,它是岩石中裂隙的总体积和岩石总体积之比。

3) 洞穴(溶穴)

可溶性岩石,如岩盐、石膏、石灰岩、白云岩等,原有的裂隙或孔隙,经地下水溶蚀,可扩大成洞穴(溶洞)。洞穴的规模相差悬殊,从几毫米的空洞,直到几百千米长的地下暗河。

岩石中洞穴的发育程度则用喀斯特率度量,它是溶洞总体积和岩石总体积之比。

2. 岩土的透水性

井、泉的出水量差别很大。有的一天出水几千吨,有的出水量很低,有的几乎不出水。出水量主要取决于岩土的透水能力,即透水性。透水性强的岩土,出水量大,反之则小。岩土的透水性首先取决于其空隙大小和空隙连通程度,其次是空隙多少。如果岩土空隙连通程度高,但空隙细微,其孔隙数量虽多,如淤泥和黏土,水却难以甚至无法透过,这种岩土被称为**不透水层**或**隔水层**。如果岩土空隙粗大并相互连通,如砾、砂层或砾岩、砂岩,水就容易自由透过,这种岩层称为**透水层**。透水层中如饱含地下水,则称其为**含水层**。

(二) 地下水的化学成分

地下水通常无色无味,含有多种元素。含量较高的是克拉克值高且在水中有较大溶解度的 O、Ca、Mg、Na、K,以及克拉克值不高但溶解度大的元素,如 Cl 等。各种元素在地下水中主要以离子形式存在,如 Cl^-、SO_4^{2-}、HCO_3^-、Na^+、K^+、Ca^{2+}、Mg^{2+} 等,它们决定了地下水化学成分的基本类型。

(三) 地下水的补给和排泄

地下水是流动的,一方面在流失排泄,另一方面在补充补给。

含水层从外界获得水量的过程,称为**补给**;含水层失去水量的过程,称为**排泄**。大气降水是地下水最重要的补给来源。然而,包气带的岩石性质和厚度往往影响着大气降水对地下水的补给力度。水位高于地下水面的河流与湖泊也是地下水的重要补给来源(图4-3-2a)。相反,如果河流与湖泊的水位低于地下水面,地下水反而会向河湖流动排泄(图4-3-2b)。土壤孔隙中水汽冷凝形成的凝结水对干旱沙漠区的地下水有一定的补给意义。农田灌溉用水和来自其他含水层中的水也能起补给作用。地下水排泄的途径主要是泉、蒸发以及人工排泄与开采。

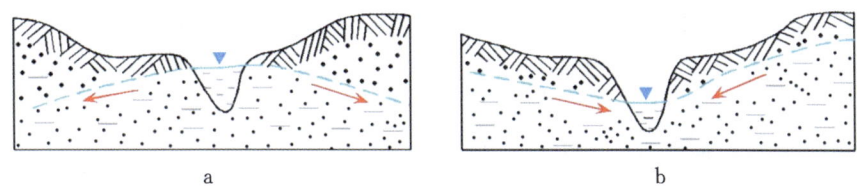

图 4-3-2　地下水的补给与排泄(图中虚线为地下水水位)

泉是地下水的天然露头,常见于山区及丘陵区的沟谷、山麓以及冲积扇的边缘,平原区泉少得多。具有压力而向上运动的泉,称为上升泉,如喷泉。不具有压力、仅受重力驱使而向下运动的泉,称为下降泉。

泉水的形成有多种途径,如含水层被侵蚀(图 4-3-3a、b、c、i)、地下水在流动中遇到透水性弱的岩石或隔水层的阻拦(图 4-3-3d、e、f、g)、断层充当隔水层阻挡地下水流(图 4-3-3h)、地下水沿导水断层上升(图 5-3j)等。

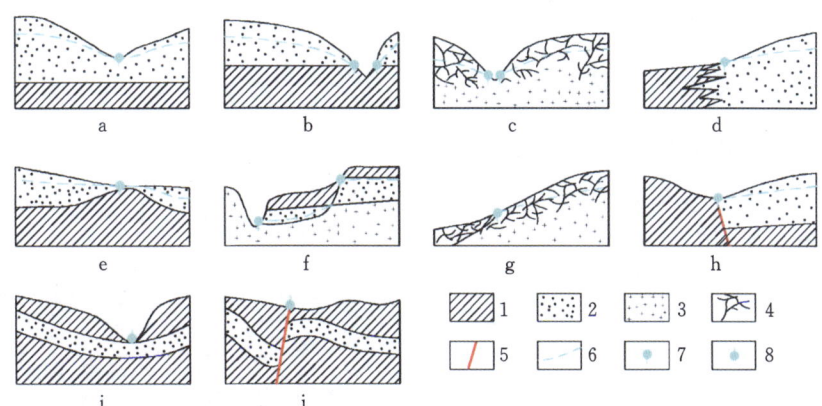

1.隔水岩层;2.透水岩层;3.致密基岩;4.有裂隙的基岩;5.断层;6.地下水面;7.下降泉;8.上升泉

图 4-3-3　泉形成的各种条件

从补给区向排泄区流动的地下水称为**地下径流**。地下水在岩石的有限空隙中流动时,因摩擦阻力大导致流速变缓,且愈向深部愈慢。这是因为随着深度的增加,岩石透水性减弱,到达一定深度,水流运动就停息了。

二、地下水的类型

(一) 按起源划分

可将地下水分为渗入水、凝结水、初生水和埋藏水。

渗入水:降水渗入地下形成渗入水。

凝结水:水汽凝结形成的地下水称为凝结水。当地面的温度低于空气的温度时,空气中的水汽便进入土壤和岩石的空隙中,在颗粒和岩石表面凝结形成地下水。

初生水:既不是降水渗入,也不是水汽凝结形成的,而是由岩浆中分离出来的气体冷凝形成,这种水是岩浆作用的结果,称为初生水。

埋藏水:与沉积物同时生成或海水渗入到原生沉积物的孔隙中而形成的地下水称为埋藏水。

(二) 按矿化程度划分

地下水所含各种元素的离子、分子和化合物的含量,称为**矿化度**,常用单位为 g/L。根据其大小,可分为 5 种类型的水:矿化度小于 1g/L 的为淡水;1~3g/L 的为弱咸水;3~10g/L 的为咸水;10~50g/L 的为盐水;大于 50g/L 的为卤水。矿化度的大小与地下水中所含离子成分关系密切,如矿化度低的以含 HCO_3^-、Ca^{2+}、Mg^{2+} 为主;矿化度中等的以含 SO_4^{2-}、Na^+、Ca^{2+} 为主;矿化度高的以含 Cl^-、Na^+ 为主。Ca^{2+}、Mg^{2+} 盐类含量高的水称硬水,煮沸时会出现较多的沉淀物(即水垢)。

(三) 根据埋藏条件划分

地表以下一定深度,岩土的空隙才能被液态水所充满,形成地下水面。地表到地下水面之间液态水不饱和,称为**包气带**,或非饱和带。地下水面以下的岩土其空隙充满水,称为**饱水带**。地下水面是饱水带的顶面(图 4-3-4)。

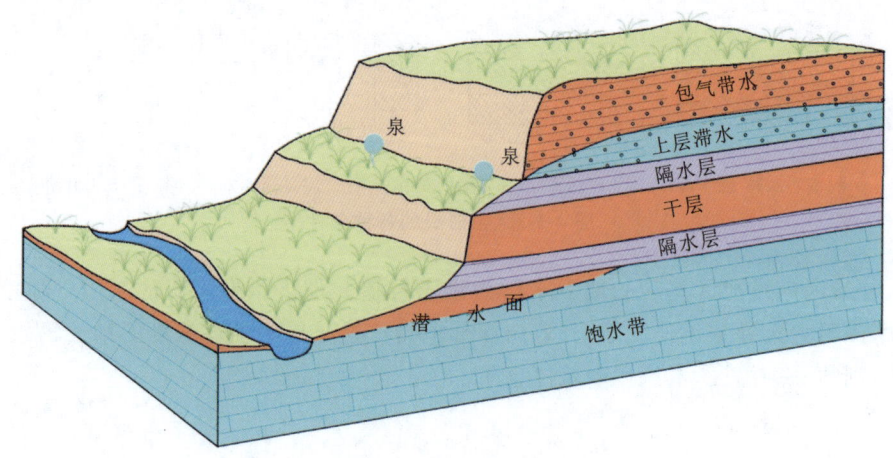

图 4-3-4 地下水埋藏分类

1. 包气带水

包气带是介于地面与地下水面之间的地带。包气带中的水是以气体状态存在的气态水,或是因静电引力而吸附于颗粒、裂痕、溶洞表面的结合水,或是因毛细管作用而存在的毛细管水,以及过路重力水。过路重力水出现于雨后不久,这时下渗水的重力效应大于固体质点表面对水的引力,因而水向下运动。包气带水影响着植物生长与土壤的物理性质,但不能被开采取用。

包气带中如有局部隔水层存在,隔水层以上的透水层便可局部蓄水。这种水,称为**上层滞水**。它能自由流动,可以为人们所取用,但其水量不大,并有季节性变化;在降水充沛的季节水量大,在干旱季节水量小,甚至消失。

2. 潜水

饱水带中第一个具有自由表面且有一定规模的含水层中的液态水,称为**潜水**。它的上面没有稳定的隔水层,主要是通过包气带和大气相通。潜水层的顶面,称为**潜水面**,即地下水面(图 4-3-5)。

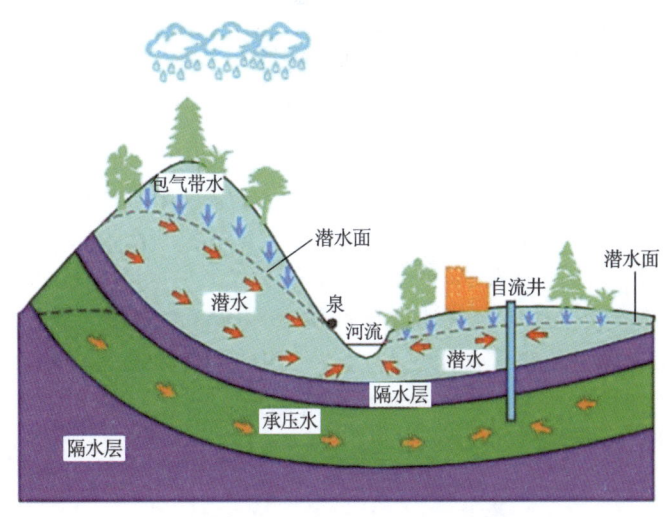

图 4-3-5 潜水示意图

潜水面和下伏隔水层顶板之间的距离称为潜水层厚度;潜水面到地面的距离称为潜水的埋藏深度。

潜水面随地形的起伏而起伏,水沿着潜水面的倾斜方向从高处向低处流动,流动的速度很慢,每天仅数厘米或每年若干米。流速取决于潜水面的坡度和岩土空隙的大小。正是因为潜水运动的速度慢,具有一种堆积效应,以致潜水面的高度是在高地者高,低地者低。

深部的水因受上覆岩层的强大压力,也可以运动,流向压力小的河、湖之中。

潜水存在于孔隙、裂隙或洞穴中,分布广泛。潜水的埋藏特征取决于自然地理环境和地质条件。山区由于地形切割强烈,潜水埋藏深度可达 10 余米、几十米或更深;平原区地形平坦,切割微弱,潜水埋藏一般在几米以内。同一地区潜水的埋藏深度具季节性变化:雨季或多雨年份补给充分,潜水面上升,埋藏深度变浅,且水量丰富;干旱季节或干旱年份出现相反情况,水井可以变成干井。与此相应的是:在雨量丰富及地形切割强烈的地区,潜水的循环和更新较快;在干旱气候地区潜水因蒸发而浓缩,其矿化度较高。潜水由于埋藏浅,分布范围广,是常用的水源,一般民用井都是取用潜水。

3. 承压水

充满于上、下两个稳定隔水层间的含水层中的地下水,称为**承压水**。因其被围限在两个隔水层之间,承受着静水压力,如钻孔打穿隔水层顶板,水便能沿着钻孔上升,甚至喷出地表,成为自流井(图 4-3-6)。如地形条件不利,承压水只能上升到含水层顶板以上的某一高度。

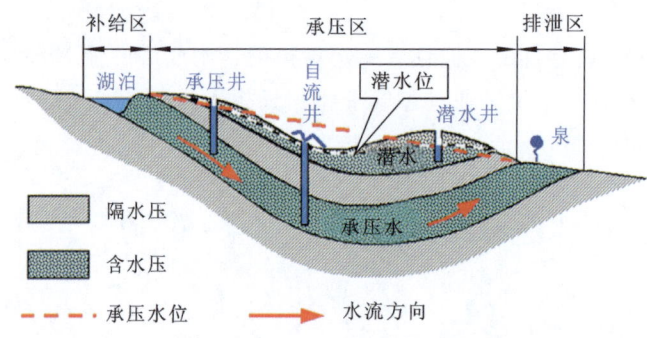

图 4-3-6 基岩自流盆地中的承压水

承压水是在岩性、地质构造、地形等条件相互配合下形成的,其中地质构造有决定性意义。最适宜的地质构造是向斜盆地或单斜盆地。向斜盆地的含水层中心部分埋没于隔水层之下,两端出露于地表。含水层从高位一侧的补给区获得补给,向低位一侧的排泄区排泄,中间是承压区。在补给区和承压区之间地下水有水位差,产生水头压力,故在排泄区形成上升泉。

从总体上看,承压水因含水层的面积较大、水量较丰富、排泄范围有限、水的循环好,因而是比较理想的地下水源。

承压水的矿化度不一。如补给、径流及排泄条件好,水的循环快而充分,则水的矿化度就低,水质就接近于下渗补给的大气降水和地表水;反之,水的矿化度就高。

如承压水的补给条件不佳,一旦被迅速而大量开采,就会出现水位持续下降,直至枯竭现象;如承压水位于很深部位,则水的矿化度往往较高。因此,不能认为压力高的承压含水层是最好的含水层,更不能认为这种水源可以"取之不尽,用之不竭"。

(四) 根据含水层空隙性质划分

1. 孔隙水

孔隙水多呈均匀而连续的层状体分布,构成具有统一水力联系的含水层。孔隙水广泛见于第四纪松散沉积物及一部分基岩的孔隙中。

2. 裂隙水

裂隙水存在于岩石裂隙中。裂隙的规模、密集程度、张开程度、连通程度各处不同,故而裂隙水的分布不均匀,且水力联系较差。此外,裂隙水的流动多受裂隙方向及其连通程度的制约,并受补给条件的影响,因而裂隙水在不同部位的富水程度相差悬殊。有的部位裂隙发育密集、均匀且相互连通,则水的分布相对均匀,可彼此连接,有统一的水位,称为层状裂隙水;有的部位裂隙稀疏、分布不均匀、彼此隔绝或仅局部连通,地下水呈脉状分布,故缺乏统一的水位,称为脉状裂隙水。裂隙水埋藏深浅不同,可能承压或不承压,视埋藏条件而定。

3. 喀斯特水

喀斯特水存在于可溶性岩石的溶蚀裂隙、洞穴、暗河中。其分布具有地区性和局部性,但相对集中且流动迅速,可能承压或不承压。因其水量丰富,故可作为大型供水水源,但也会成为采矿和隧道等工程施工的主要障碍。

实际应用中,地下水类型往往综合命名,如孔隙潜水、孔隙承压水、裂隙潜水、裂隙承压水等。

三、地下水的地质作用

(一) 地下水的剥蚀作用

1. 剥蚀作用

地下水在运动过程中对周围岩石的破坏作用称为地下水的剥蚀作用(又称潜蚀作用)。包括机械潜蚀作用和化学溶蚀作用两种方式。

(1) 机械潜蚀作用:由于地下水流分散,流速缓慢,冲刷力微弱,机械潜蚀作用不强。但是,长时间的冲刷,也可造成大型空洞并引起地表塌陷。洞隙规模增大的地下水流速较快,冲刷力较强。黄土主要由粉砂组成,颗粒细小,结构松散,且含有碳酸盐类矿物,因而最易被地下水冲刷和破坏。疏松的钙质砂岩也容易受冲刷。因而,地下水的机械潜蚀作用也常会酿成滑坡、地面塌陷、黄土沉陷等地质灾害。

(2) 化学溶蚀作用:地下水中含有CO_2,对石灰岩及含碳酸盐类矿物的岩石能起溶蚀作用。其反应式如下:

$$CaCO_3 + CO_2 + H_2O \rightleftharpoons Ca^{2+} + 2HCO_3^-$$

分解而成的Ca^{2+}和HCO_3^-随水流失。由于地下水是在岩石空隙中运动,流速缓慢,水与岩石的接触面较大,因而其溶蚀作用十分显著。

在湿热气候条件下,溶蚀是可溶性岩石遭受破坏的主要原因,并因此而形成一种特殊的地貌——喀斯特地貌。

2. 喀斯特地貌

喀斯特即岩溶,是水对可溶性岩石(碳酸盐岩、石膏、岩盐等)进行以化学溶蚀作用为主,流水的冲蚀、潜蚀和崩塌等机械作用为辅的地质作用,以及由这些作用所产生的现象的总称。由喀斯特作用所造成地貌,称喀斯特地貌(岩溶地貌)。喀斯特原是南斯拉夫西北部伊斯特拉半岛上的石灰岩高原的地名,那里有发育典型的岩溶地貌。

喀斯特地貌主要形成于碳酸盐岩分布地区,喀斯特可划分许多不同的类型。按出露条件分为裸露型喀斯特、覆盖型喀斯特、埋藏型喀斯特。按气候带分为热带喀斯特、亚热带喀斯特、温带喀斯特、寒带喀斯特、干旱区喀斯特。按岩性分为石灰岩喀斯特、白云岩喀斯特、石膏喀斯特、盐喀斯特。此外,还有按海拔、发育程度、水文特征、形成时期等不同的划分。由其他不同成因而产生形态上类似喀斯特的现象,统称为假喀斯特,包括碎屑喀斯特、黄土和黏土喀斯特、热融喀斯特和火山岩区的熔岩喀斯特等。它们不是由可溶性岩石所构成,在本质上不同于喀斯特。

喀斯特作用形成的地貌奇特而优美。"桂林山水甲天下,阳朔山水甲桂林"是对这种地貌景观的美好赞颂。

1) 溶沟和石芽

溶沟是石灰岩表面上的沟槽。沟槽的宽度和深度一般由数厘米到数米,形态各异。沟槽之间的脊称为石芽(图 4-3-7),其高度一般不超过 3m。有裸露的,也有埋藏的。其形成是由于地表水流沿可溶性岩石表面进行溶蚀和冲刷所致。形体高大,沟坡近于直立、发育成群者,称为石林(图 4-3-7),常见于湿热带地区。我国云南石林县的石芽最高达 30m 以上,峭壁林立,十分壮观。

图 4-3-7 溶沟和石芽

2) 落水洞

地表水沿近垂直的裂隙向下溶蚀,形成直立或陡倾斜的洞穴,下接地下河或溶洞,是地表水转入地下河或溶洞的通道,这种洞穴称为落水洞。落水洞一般深 10 余米至数十米,最深可达 100m 以上。

3) 溶斗

溶斗又称漏斗。上大下小,平面呈圆形或椭圆形,直径一般由数十米到数百米,深度常为数米或数十米,最深达 400 多米。纵剖面形态有碟状、锥状和井状等。底部常有洞,引导地表水向下排泄。

地表水流沿垂直裂隙向下渗漏、溶蚀时,先在松散沉积物之下的基岩中形成隐伏的小洞,随后空洞发展扩大,导致上部堆积体和基岩崩落、塌陷,形成溶斗。溶斗被坍塌物堵塞后,可积水成湖,称为喀斯特湖。

4) 干谷和盲谷

发育在河床中的落水洞,吸收河水,使其转入地下,河流因之被截断。落水洞上游有水流的河谷段继续遭受河水侵蚀,河床降低;而落水洞下游的河谷段因断水遂转变成干谷,干谷谷底相对高起。有水的河谷段与高起的干谷相接,河谷好像进入了死胡同,这种向前没有通路的河谷称为盲谷。

5) 峰丛、峰林和孤峰

峰顶尖锐或呈圆锥状凸出,而基部相连,宏观上似簇状者称为峰丛。它是喀斯特地貌发展较早阶段的地貌特征。峰体上部挺立高大,基部仅稍许相连者,称为峰林。耸立于岩溶平原上的孤立山峰称为孤峰。它是峰林进一步发展的结果,其相对高度一般为50~100m,较峰林为低,为岩溶发育晚期的产物。

在喀斯特山地中,通常峰丛位于山地中部,峰林位于山地边缘,而孤峰则耸立于平原之上(图4-3-8)。桂林市区的秀峰、独秀峰就是秀丽迷人的孤峰。

图 4-3-8　峰丛(左)、峰林(中)和孤峰(右)

6) 溶洞

地下水沿可溶性岩层的构造面(层面、节理面、断裂面等)活动,使其剥蚀、崩塌而形成地下洞穴(图4-3-9)。初期,裂隙通道小,地下水运动缓慢,以溶蚀为主。随后,空洞扩大,互相串通,以致水流量大,动能增大,引起冲刷。在陡立构造带发育的溶洞多为直立或陡倾斜狭长状;在平缓构造带发育者多呈水平状横向伸展。沿潜水面发育的溶洞常迂回曲折、时宽时窄,形成规模较大的水平溶洞系统。美国肯塔基州的猛犸洞长达240km,为世界之冠。一些延伸较长的溶洞,是地下暗河和暗湖的所在处。

如地壳上升,潜水面下降,沿地下水面发育的溶洞可被抬高而成为干洞。随后,如地壳在较长时间内保持稳定状态,在新的潜水面附近又可发育另一溶洞系统。如果地壳多次间歇性上升,可造成多级溶洞。如昆明九乡溶洞群自上而下可划分为4层。第1层分布于海拔1900m左右,形态主要有溶蚀漏斗、落水洞及规模较小的水平溶洞;第2层分布于海拔1700~1800m,高出现代河床50余米,洞内无积水,但有少量淌水,形态复杂多样,有沿层理发育的扁平状倾斜大厅,沿垂直节理发育的窄高峡谷形甬道和沿交叉裂隙

图 4-3-9　溶洞的形成与演化

发育而成的宽大深邃的复合大厅,以及由它们组成的交织溶洞;第 3 层高出现河床 10～30m,形态以水平溶洞为主,亦有倾斜式或台阶式溶洞;第 4 层分布大体与现代河床高程一致或略高于河床。

7) 溶蚀谷与天生桥

溶洞或地下暗河因其洞顶塌陷而暴露于地表,成为两壁陡峭的谷地,称为溶蚀谷,如云南昆明九乡溶洞的荫翠峡。地下河洞顶如有局部残留就构成天生桥。

8) 喀斯特洼地与喀斯特平原

溶斗扩大,相邻溶斗连接合并,形成统一的盆状洼地,称为喀斯特洼地。面积常达数平方千米至数十平方千米。洼地内常有漏斗或落水洞,洼地底部较平坦,有残积-冲积土层。广西的喀斯特洼地很多,直径由数百米到 1～2km,底部常有厚 2～3m 的红土,表层为耕地。

如地壳长期保持稳定,侧向溶蚀作用就能充分进行,喀斯特洼地可进一步发展成为高度低、面积大(可达数百平方千米)的广阔平原,称为喀斯特平原。我国南方喀斯特地貌面积广大,种类齐全,世界罕见,形态优美,山水交融,是世界闻名的旅游胜地。

3. 影响喀斯特发育的因素

1) 气候

雨量及气温关系到水的冲刷以及溶蚀的速度和强度。气候潮湿、降雨量大以及常年气温较高是岩溶发育的有利因素。因而,我国广西、云南、贵州、广东、四川等地喀斯特地貌普遍发育;我国西部和北方由于气候干燥寒冷、降雨量小,喀斯特地貌发育缓慢。

2) 岩石性质

喀斯特地貌发育的物质基础是具有可溶性岩石。包括:一是卤族盐类岩石,如盐岩、钾盐岩等;二是硫酸盐类岩石,如石膏盐岩、芒硝盐岩等;三是碳酸盐类岩石,如石灰岩、白云岩及富含碳酸盐成分的碎屑沉积岩。这 3 类岩石中,卤族盐类及硫酸盐类岩石最易溶解,但分布面积有限。碳酸盐类岩石,虽然溶解度相对较小,但分布广泛,是喀斯特地貌发育最为重要的岩石。

在碳酸盐类岩石中,最有利于喀斯特发育的是较纯的石灰岩,而白云岩与含泥质、硅质等杂质的石灰岩,喀斯特发育程度减弱。岩石结构对喀斯特发育也有影响。一般来说,粗、中粒晶质结构的岩石因其溶解度较大,故比细微晶粒者更易发生溶蚀。

3) 地质构造

断裂破碎带有利于岩溶发育。如果断裂延伸远,且张裂程度大,则更有利。在两组断层相交的地段,溶斗、溶洞极易形成。向地下深处,裂隙逐渐消失,岩石透水性降低,岩溶趋向于消失。

岩层产状对岩溶发育也有影响。岩层水平时,岩溶可沿水平方向充分发展;岩层陡立时,岩溶向下发展,但规模不大;岩层缓倾时,水的运动和扩展面较大,岩溶发育较好。

4) 水的作用

水的作用包括水的溶蚀能力和水的流动性。水的溶蚀能力主要取决于水中 CO_2 的含量,它因发生溶解作用而消耗,又通过大气的扩散而得到补充。但扩散补充过程一般很慢,若气温高则可加速这一过程。热带石灰岩的溶解速度比寒带的快,除了因气温高、溶解反应速度较快以外,CO_2 能得到较快补充,也是一个重要原因。

地表水和地下水的流动性,涉及流速、流量和交替循环的强度等方面,它们都影响到水对岩石的破坏能力。而水的流动性又受到岩石的透水性、排水条件、地下水的排泄和补给情况等因素的制约。

5) 构造运动

构造运动的稳定性决定了喀斯特地貌演化的进程。在地壳处于相对稳定的条件下,如果气候因素无重大变化,喀斯特地貌的形成和发展可按以下阶段进行:早期,地表水沿着岩层表面的裂隙向下流动,形成大量溶沟和石芽、少量落水洞和溶斗,出现地下河道。中期,溶斗和落水洞扩大,地表密布着规模不等的岩溶洼地、干谷。除主要河道外,地表水流大都进入地下河道,形成完整的地下水系统。晚期,溶洞进一步扩大,地下河及溶洞的顶部不断坍塌,地面破碎,许多地下暗河变成明流,形成溶蚀谷、天生桥、岩溶洼地以及峰林。末期,溶洞顶部进一步坍塌,地下暗河均转变为地表水系,地面高程降低,残留少数孤峰或残丘,出现岩溶平原。

(二) 地下水的搬运作用

除溶洞水能有较强的机械搬运能力外,其他地下水主要以真溶液及胶体溶液两种方式进行搬运,搬运力微弱。搬运物以重碳酸盐为主,有时也有氯化物、硫酸盐、氢氧化物、二氧化硅、磷酸盐、氧化锰以及氧化铁等化合物。

(三) 地下水的沉积作用

(1) 按沉积的方式,沉积作用可分为机械沉积和化学沉积两种类型。

① 机械沉积。当地下暗河流到开阔地段时,因流速降低,便将其挟带的碎屑物如细砾、砂和黏土等堆积下来。它们略有分选和磨圆,总体量少,有时混有某些有用矿物。对这些矿物进行研究,能帮助确定地下水的补给源地,甚至指导寻找盲矿体。

② 化学沉积。以化学方式搬运的物质所发生的堆积作用称为化学沉积。引起化学沉积的主要原因如下:当地下水上升,流出地表,或者在洞穴开阔处,水中所含 CO_2 因压力降低而逸出,导致水中 $Ca(HCO_3)_2$ 分解成 $CaCO_3$ 而沉淀;水温降低,尤其是温泉水流出地表时水温剧降,在泉口附近发生沉淀;水分蒸发,使溶液的浓度增加而产生沉淀。此外,以胶溶体搬运的物质则是通过胶凝作用发生沉淀。

(2) 按化学沉积的场所,沉积作用可分为洞穴沉积、泉华沉积、裂隙和孔隙沉积 3 种类型。

① 溶洞沉积物。富含 $Ca(HCO_3)_2$ 的地下水,沿着孔隙、裂隙渗入空旷的溶洞,由于温度与压力改变,CO_2 逸出,加之部分水分蒸发,出现过饱和的 $Ca(HCO_3)_2$ 溶液,在渗出口附近 $CaCO_3$ 不断沉淀,形成形态各异的钟乳石(图 4-3-10)。

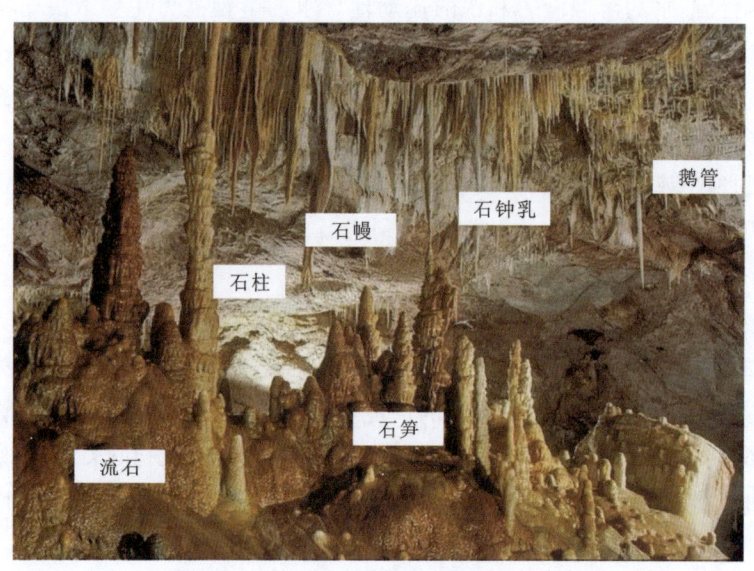

图 4-3-10 钟乳石

如水自洞顶下滴,边滴边沉淀,可逐步形成自洞顶向下垂直生长的锥状 $CaCO_3$ 沉淀,称为**石钟乳**。石钟乳横切面具有同心环带构造,柱心部分常常是空的;如渗水滴落洞底,则 $CaCO_3$ 可在洞底逐次沉淀,并自下而上生长形成**石笋**。石笋外形一般为圆锥状、塔状,横切面具同心环带构造,是实心的。石钟乳与石笋不断长大连成一体后,称为**石柱**。石钟乳、石笋、石柱合称为**钟乳石**(图 4-3-11)。此外,如果水沿着洞壁渗出,在洞壁上可形成**石帘**、**石帷幕**、**石瀑布**和**石幔**等形态各异的沉积层。

由于石笋是从洞底逐渐向上生长的,洞内的温度特征可在石笋的同心纹上留下敏感的记录。测定各自同心纹的 $CaCO_3$ 所含的 ^{18}O 与 ^{16}O 的比值,可判定洞内气温的变化进程。这是研究第四纪全球气温变化的重要途径。

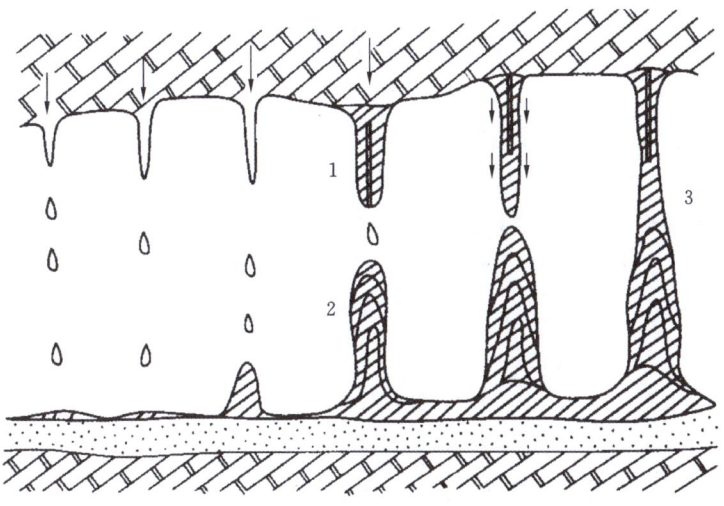

图 4-3-11 石钟乳(1)、石笋(2)、石柱(3)的形成过程

② 泉华沉积物。当泉水流出地表时,因压力降低、温度升高,地下水中的矿物质发生沉淀,沉淀在泉口的疏松多孔物质叫泉华。泉华的成分以 $CaCO_3$ 为主时,称为钙华或石灰华;以 SiO_2 为主时,称为硅华。由于泉华物质成分、沉淀数量及泉口地形的差异,泉华在形态上多为大片分布的台阶状(图 4-3-12)或孤立出露的锥状。

图 4-3-12 泉华

③ 裂隙和孔隙沉积。在岩石的裂隙中沉积,可形成脉状沉积体,如方解石脉、石英脉等。

松散沉积物孔隙中的沉积,如 $CaCO_3$、$Fe(OH)_3$、SiO_2 等,对松散沉积物起胶结作用。如果孔隙沉积围绕某一矿物颗粒发生,可形成结核,如黄土中的钙质结核与铁锰结核。

本学习单元小结

（1）岩土中的空隙包括孔隙、溶洞和裂隙3种。它们是地下水赋存和运动的通道，空隙数量多少决定了岩石的可能含水量。一般来说，颗粒细、分选好、胶结差的岩石比颗粒粗、分选差、胶结程度好的岩石孔隙度高。

（2）空隙的大小决定着岩土透水的能力。空隙大，水能自由透过的岩土层称为透水层。空隙细微，含水，但难以透过水的岩土层称为隔水层。饱含地下水的透水层称为含水层。

（3）地下水面或潜水面是饱水带的顶面。此面以上为包气带。包气带中充填有空气，液态水不饱和，不能自由流动。

（4）地下水中各种元素的离子、分子或化合物的含量称为矿化度。

（5）含水层如在地表高处暴露，便接受大气降水的补给。如在低洼处暴露，便排泄地下水。地下水可以接受河、湖水的补给，也可补给河湖水。

（6）泉是地下水的天然排泄口。其中水流具有向上运动能力者为上升泉，如喷泉；水流仅受重力驱使而向下运动者为下降泉。

（7）包气带中含有的水称包气带水，包括气态水、因静电吸附在空隙表面的水、毛细管水，以及"过路"重力水。它们能为植物所吸收，但不能被人们取用。

（8）包气带中如有局部性隔水层存在，其上覆透水层中可以蓄有局部性饱和水，这种水称为上层滞水，是局部性水源。

（9）地面以下第一个稳定隔水层上面的饱和水称为潜水。潜水面呈高低起伏。一般，地下水受重力作用由高处向低处流动。而深层地下水因受到上覆岩层的静压力，可以沿裂隙向上流动，也可以向河、湖等低压处流动。地下水的运动路线比较复杂，运动速度缓慢，每天约数厘米。

（10）位于上下两个稳定隔水层之间的含水层中的水称为承压水，它具有向上运动的能力。向斜盆地或单斜盆地是形成承压水的有利地质构造。

（11）孔隙水广泛分布在松散沉积物中，构成连续的含水层，是重要的地下水源。部分基岩也可能蕴藏有孔隙水，并能为人们取用。

（12）裂隙水存在于任何富含裂缝或节理的岩石中。研究裂缝发育的规律，是寻找裂隙水的基本途径。

（13）喀斯特作用的不同阶段可形成不同的喀斯特地貌组合。有利于喀斯特作用充分发育的条件是：①温湿的气候；②易溶的岩石；③岩石中的断裂破碎带及岩层平缓的部位；④水的作用；⑤构造活动性微弱，地壳长期处于稳定状态。

（14）碎屑沉积岩中各种成分的胶结质、岩石裂隙中充填的方解石脉与石英脉、溶洞内生长的钟乳石以及在泉口堆积的石灰华与硅华等，都是地下水的化学沉积物。

• 重要术语

透水层、含水层、隔水层、地下水面或潜水层、上升泉、下降泉、潜水、上层滞水、承压水、孔隙水、裂隙水、喀斯特水或溶洞水、钟乳石、泉华。

• 思考题

（1）什么是地下水？地下水的主要来源有哪些？

（2）什么是透水层、含水层、隔水层、弱透水层？它们分别是由什么岩层组成的？

（3）什么是泉？根据泉水流运动方向分为哪些类型？

（4）地下水按埋藏条件可分为哪些类型？地下水按富水空隙不同分为哪些类型？

（5）简述影响岩溶发育程度的条件。

学习任务四　认知冰川的地质作用

• 学习目标　了解冰期与间冰期；熟悉冰川的形成、运动和类型，以及冰碛物的特点；掌握冰蚀地貌与冰碛地貌，以及冰川作用的特点。

• 知识目标　领会冰蚀地貌与冰碛地貌的形成及其类型；掌握冰碛物的主要特点。

• 思政目标　引导学生领会水的"积小成巨"的哲学思想，以及冰川对地表景观的塑造及其在人们生产生活中的作用和影响，树立正确的自然观、地质观，涵养热爱自然、珍惜资源、保护环境的思想意识和"团结就是力量"的团队精神。

冰川是陆地上多年积雪形成的缓慢移动着的巨大冰体。它是水圈的组成部分，冰川封冻了全球水圈水量的1.9%，占地球上淡水量的80%。它是许多名川大江的发源地，有"固体水库"之美称。

现代冰川覆盖着全球陆地面积的10%。绝大部分冰川分布在高纬度地区的南极和北极，少部分冰川分布在中低纬度的高山区。运动着的巨大冰体的地质作用雕塑了特有的冰川地貌，是改造地表的重要地质营力之一。

冰川对气候的变化反映十分敏感。近几十年来，地球因温室效应，平均气温上升，全球气候的变化导致了冰川的加剧分解。据报道，科学家2010年8月6日宣布，一块巨大的浮冰5日从格陵兰彼得曼冰川上崩离，形成一座260 km^2 的巨大冰山。如果南极、北极的冰川融化，会使海平面升高多达68m。海平面上升将影响沿海所有国家和地区的经济发展，危及当地人的生存。

我国西部拥有世界上最高的山地与高原，在3500m以上的山区，如喜马拉雅山、念青唐古拉山、昆仑山、天山、祁连山、贡嘎山等都有现代冰川分布。据不完全统计，我国冰川和永久积雪区的总面积约 $4.4 \times 10^4 km^2$，年融水量约 $563 \times 10^8 m^3$。

一、冰川的形成、类型与运动

(一) 冰川的形成

冰川的形成主要取决于气候条件,其次是地形条件。

1. 雪线

地球上气温最低的是两极地区,其次是中低纬度的高山区,这些地区终年积雪,被称为**雪源区**。在高纬度和高山地区常年积雪区的下部界线,称为**雪线**(图 4-4-1),即年降雪量与年消融量相等的**平衡线**,雪线以上年降雪量大于年消融量,不断积雪,为冰川的形成创造了条件;雪线以下年降雪量小于年消融量,只能季节性积雪。雪线是一种气候标志线,其分布高度主要决定于气温、降雪量和地形条件。

图 4-4-1 雪线

(1) 气温:雪线高度从低纬度向高纬度地区降低,反映了气温的影响。例如,雪线高度在赤道附近的非洲为 5700~6000m,在阿尔卑斯山为 2400~3200m,在挪威为 1540m,至极地降低到接近海平面。

(2) 降雪量:在气温相同的条件下,雪线高度取决于年降雪量的多少。雪线高度随降雪量的增加而下降,随降雪量的减少而上升。在青藏高原,雪线附近的年降水量为 500~800mm,雪线高 5500~6000m;阿尔卑斯山脉雪线附近的年降水量达 2000mm,雪线高度仅 2700m 左右。祁连山东段的年降水量大于西段,雪线由东(4600~4700m)向西(5000m)升高。

(3) 地形:通过影响气温和降水而间接影响雪线高度。雪在陡坡上较之在缓坡与平坦地带更难积累和保存,故雪线位置是陡坡处高,缓坡与平坦处低。另外,不同坡向的气温和降雪量不同,也影响雪线位置。通常,山的南坡与东坡日照较强,其雪线位置较北坡和西坡要高。然而,珠穆朗玛峰北坡雪线位置反而较南坡高,北坡平均为 6000m,南坡平均为 5500m,相差 500m;这是由于高大的山脉起了屏障作用,使南坡接受较多的印度洋水汽,降雪量大于北坡。

2. 冰川冰的形成

在雪线以上的常年积雪区,积雪不断转变成冰。降落的雪花呈典型的六边形,当降雪积累到一定厚度时,上部雪层的压力使下部雪层中松散的六边形雪花从尖部开始融化,在融雪水的参与下,再结晶成椭圆形的小冰粒,称为粒雪。粒雪呈白色,颗粒间充填空气,其相对密度常在 0.2~0.4 之间。随着积雪增厚,压力增大,部分空气被排出,粒雪逐渐被压实。与此同时,上层的融雪水会部分渗透到粒雪颗粒之间的空隙中,使之发生冻结,加强冰的重结晶作用,使冰晶长大,充填在粒雪空隙中的气体进一步被排挤出来,粒雪便转变为粒状冰。粒状冰进一步重结晶、增粗、连接、变致密,最后成为冰川冰。

冰川冰的密度为 $0.83 \sim 0.92 \text{g/cm}^3$,结晶较粗,透明度较高,浅蓝与乳白色相间成层。

冰川冰沿斜坡流动便成为冰川。冰川在雪线以上的部分称为冰川的**累积区**,在雪线以下的部分称为冰川的**消融区**,又称**冰舌**。如降雪量超过冰舌的融化量和蒸发量,冰舌就会向下方延伸;如冰川的累积量小于其消融量,冰舌就会向上方退缩;如冰川的累积量和消融量相等,冰川的前缘就处于稳定状态。这种累积和消融的关系称为冰川的物质平衡。

近1万年来地球气温大致波动了 $3 \sim 6 ℃$,没有出现过两极和中低纬度高山区冰川完全消融的迹象。冰川的扩大与缩小,对地球气候变冷与变暖,有自然的调节作用。

(二) 冰川的类型

冰川按其形态、规模和所处的地形条件,可分为大陆冰川和山岳冰川两大类。

1. 大陆冰川

大陆冰川又称冰盖。分布在极地和高纬度地区,呈面状展布。全球大陆冰川面积为 $1.55 \times 10^7 \text{km}^2$,占全球冰川面积的 98.1%。大陆冰川的轮廓与陆地轮廓基本一致,中间的冰层厚数千米,其巨大的压力使冰川从中央向周边流动,甚至翻越山体。全球最大的冰川是南极冰川,其次是格陵兰冰川。

南极冰川面积达 $1.39 \times 10^7 \text{km}^2$,约占南极洲大陆面积的 90%。冰层最厚达 4200m。冰盖的中央部分高,顶部宽阔而圆滑。冰层之下有山脉和谷地,最低洼处低于海平面约 2000m。中央部分有若干山峰裸露。冰川自中央向四周流入海洋,成为南极洲大陆周围海洋中冰山的来源。

格陵兰岛除其边缘外,80% 面积(约 $1.74 \times 10^6 \text{km}^2$)的地区皆为冰川覆盖。中部冰层的最大厚度达 3400m,它产生的巨大压力使格陵兰岛的中央地面下陷,低于海平面达 300m。冰体由中央向四周流动,呈舌状注入大西洋,成为大西洋北部冰山的来源。

2. 山岳冰川

山岳冰川又称高山冰川,分布在中低纬度高山区(图4-4-2)。面积 $3.0 \times 10^5 \text{km}^2$,仅占冰川总面积的 1.9%。冰川长度不等,长者可达数万米。我国现代冰川均属于这种类型,共计 46 298 条,冰川面积 59 406 km^2,冰储量 5590 km^3,主要分布在青藏高原、帕米尔高原及周围的高山上,如天山、昆仑山、喜马拉雅山等,其中,珠穆朗玛峰地区发育的山岳冰川,其面积在 20km^2 以上的大型冰川有 15 条。

位于云南省德钦县梅里雪山卡瓦格博峰之下的明永冰川,是世界上少有的低纬度低海拔的现代冰川。明永冰川从海拔 6740m 的梅里雪山往下呈弧形一直铺展到海拔 2800m 的地带,从高高的雪峰一直延伸到山下,直扑澜沧江边,离澜沧江面仅 800 多米,绵延 11.7km,平均宽度 500m,冰面形态千变万化,冰川景观壮美迷人。

图 4-4-2　山岳冰川

山岳冰川按其发育规模及形态可分为冰斗冰川、山谷冰川、平顶冰川、悬冰川 4 种类型。

1) 冰斗冰川

分布在雪线附近,位于三面峭壁,一面开口,呈半圆形状或圆椅状洼地中的冰川,称为冰斗冰川(图 4-4-3)。前缘开口处有时地势稍高,可阻止冰体流出。如果冰斗冰川的补给量增大,冰斗冰川扩大外溢,冰舌伸出流入山谷形成山谷冰川。

2) 山谷冰川

冰斗冰川进一步扩大,注入山谷,即成为山谷冰川,其长度可达数十千米,是山岳冰川的重要类型,有单式的,亦有多支汇合成复式的(图 4-4-4)。

图 4-4-3　冰斗冰川

图 4-4-4　复式山谷冰川

3) 平顶冰川

又称高原冰川或冰帽。发育在雪线以上平缓山顶的冰川,基本上呈面状。平顶冰川自中心向外扩大时,四周冰川溢出,与冰斗冰川、山谷冰川相连时,称为山地冰帽。

4) 悬冰川

呈小型冰舌悬挂在峭壁上的冰川。易发生崩塌,随气候变暖而消失。悬冰川增大也可发展成山谷冰川。

3. 山麓冰川

山麓冰川为大陆冰川和山岳冰川的过渡类型(图4-4-5黄线圈闭部分)。当山谷冰川从山地流出,在山麓地带扩展或汇合成一片广阔的冰原,称为山麓冰川。山麓冰川运动速度很慢,分布亦不受下伏地形限制。阿拉斯加在太平洋沿岸有许多山麓冰川,最著名的是马拉斯平冰川,目前处于退缩阶段,冰面多冰碛,生长着云杉和白桦。

图 4-4-5　山麓冰川

(三) 冰川的运动

最早人们发现的是山岳冰川末端(冰舌)有伸缩现象,认为冰川是运动的。实际上冰舌的伸缩是气候变化造成的。当降雪量增大,冰川的积累量大于消融量时,冰川上游冰体加厚,冰川向下流动速度加快,冰舌向前伸展,称为冰进;当降雪量减少,冰川积累量小于消融量时,冰舌就会向后退缩,称为冰退,冰进与冰退是气候变化的反映。

大陆冰川运动的原因是冰盖中间厚,四周薄,冰川在重力作用下由中间的高点向下及向四周流动(图4-4-6),冰盖中冰川的这种流动称为挤压流;山岳冰川源头粒雪盆地或冰斗中冰川冰积累到一定厚度后,在重力作用下由高向低处流动,称为重力流。

一般说来,冰川运动的速度相当缓慢。冰川运动速度受气候、冰川规模(主要是冰层厚度)和冰川运动方式等因素的影响。冰川的边缘运动速度慢,中间运动速度快。南极冰体流动200km的距离用了8000年。从南极大陆中部运移到海岸的冰山,年龄已达10万年。

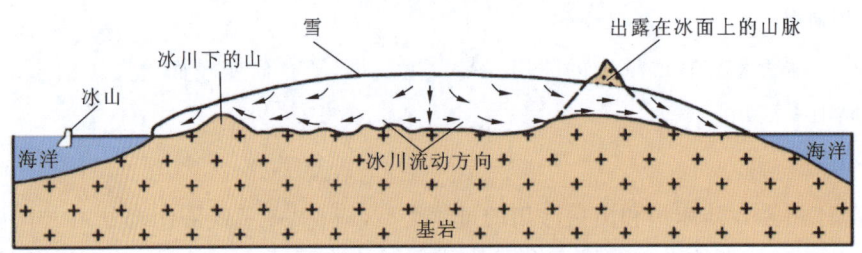

图 4-4-6 冰盖中冰川流动方向示意图

冰川运动主要有塑性流动和基底滑动两种方式。

（1）塑性流动：冰川的下部冰层因在上部冰层压力下呈塑性状态，冰盖中部冰层厚度大在重力作用下由厚向薄、由上向下发生塑性流动。山岳冰川也因下部冰层呈塑性，并由于地形存在坡度的情况下由高向低发生塑性流动。

（2）基底滑动：冰川底部当有融雪水渗入时，水起润滑作用，减小冰与冰床基岩的摩擦力，使冰川产生滑动，冰川滑动会使冰川运动速度加快。当冰川底部存在被冰川压碎的岩石碎屑时，岩屑被融雪水浸润，因黏度小更易变形而滑行。

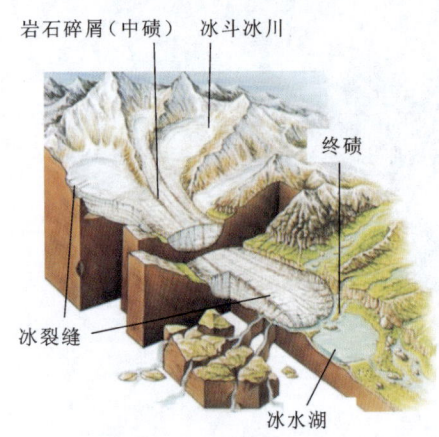

图 4-4-7 岩石碎屑与冰川

冰川运动过程中因上部冰层呈刚性，所以当冰川流动遇冰床地形凹凸不平和弯曲时，冰川上部冰层易产生冰裂隙，在地形突出处和弯曲的外侧都会产生张性的冰裂隙；此外因冰川各部分流速不同，上部脆性冰层也会出现裂隙，张开的裂隙是冰川表面的岩石碎屑进入冰川内部的通道（图 4-4-7）。

二、冰川地质作用

（一）冰川的剥蚀作用

1. 冰川的刨蚀作用

冰川及其所挟带的岩石碎屑对冰床的破坏作用，称为刨蚀作用，是一种机械破坏作用。其作用方式有挖掘作用和磨蚀作用两种（图 4-4-8）。

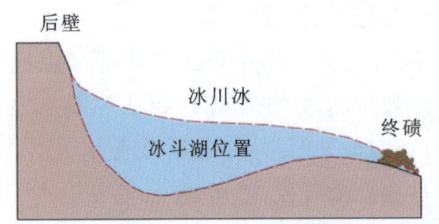

图 4-4-8 冰川刨蚀作用示意图

1) 挖掘作用

运动的冰川如同巨大的推土机,可以压碎冰床底部及两侧边坡的岩石,并将破碎物掘起带走。其动力除冰川的压力(如冰层厚 100m 时,其压力达 9×10^5 Pa)外,还有渗入到岩石裂隙中冰融水的冻结膨胀力。崩裂的岩块被冻结在冰川底部或边侧,随冰体一块运移。这种作用在岩石裂隙发育和冰劈作用频繁的地区尤为明显。它削平冰谷边坡的山嘴和冰床基岩上的凸起部分,使冰谷变直,冰床加深。

2) 磨蚀作用

冻结在冰川底部或边部的岩块在冰川的运动过程中,像锉刀一样不断研磨和刮削着谷底及两侧的基岩,其本身也同时被磨蚀。

2. 冰蚀地貌

山岳冰川在刨蚀作用中常形成一些特殊的地貌,如冰斗、刃脊、角峰、冰蚀谷等(图 4-4-9)。

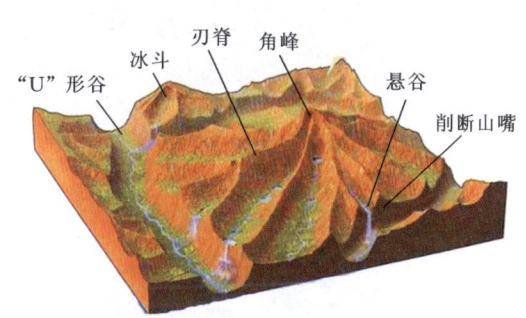

图 4-4-9 冰蚀地貌

1) 冰斗

冰斗是分布在雪线附近呈围椅状的半圆形洼地。它之所以发育在雪线附近是因为这一带冰冻风化作用极为盛行。崩解的岩块被冰川搬走,洼地的周壁便逐渐后退、拓宽,底部相应被蚀深,积雪洼地便发展成为冰斗。

根据冰斗的形成与雪线的关联性,人们有理由认为,古冰斗的高度标志着古雪线的高度。喜马拉雅山区有一些古冰斗,其位置高居于现代雪线之上,这显然是山体近期上升的证据。

2) 刃脊与角峰

冰川作用之初,冰斗规模较小,相邻冰斗的间距较大。随着发展,冰斗扩大,斗壁后退,相邻冰斗靠拢,两冰斗之间的分水岭变得愈来愈窄,形成像刀刃一样的山脊,称为**刃脊**。如果同一山头有 3 个以上冰斗同时侵蚀后退,几个冰斗交汇处就可形成山峰,称为**角峰**。

3) 冰蚀谷

冰蚀谷是由山谷冰川剥蚀而形成的谷地。谷地宽阔、平直,横剖面呈"U"形。一般起源于冰期前的河谷(或沟谷)。由于冰川的刨蚀作用,河谷中的山嘴被削掉,河谷变直并加深、加宽、谷壁变陡、谷底变平,横剖面由原来的"V"形转变为"U"形。在谷底或谷坡的基岩上可以留有冰川擦痕或磨光面。因为谷底岩性、断层、节理等因素的影响,可出现差异剥蚀,导致冰蚀谷谷底沿纵剖面方向呈阶梯状展布。谷底洼地可积水成湖。

复式山谷冰川可分出主谷和次谷。主谷冰川冰量大,刨蚀能力强,谷底侵蚀快而深;支谷冰川冰量小,刨蚀能力弱,谷底加深慢。主、支谷谷底一般不在一个高度上。在两者交汇处,支谷高悬于主冰川谷底之上,成为悬谷。悬谷谷底可高出主谷谷底数十米至300m。悬谷中的流水可形成景色壮观的瀑布。

4) 羊背石

凸起于冰床上的坚硬基岩遭受刨蚀后,变成低缓的椭圆形小丘,其长轴方向与冰川流动方向一致,且迎冰川流动方向一侧的坡较平缓,面上有冰川擦痕或磨光面,背流向一侧的坡陡。羊背石可以指示冰川的运动方向:从缓坡朝陡坡方向运动(图 4-4-10)。

图 4-4-10　羊背石

(二) 冰川的搬运作用

冰川将刨蚀的产物以及坠落冰面的岩块一并冻结在冰体中向前搬运,称为冰川的搬运作用。冰川的搬运物都是碎屑物,在冰川中呈固着状态。冰川搬运和沉积的岩石碎屑统称为**冰碛**或**冰碛物**。

除因冰体不同部分的运动速度有所差异,使某些粗大碎屑物之间发生局部摩擦,以及位于冰川底部和边侧的碎屑物与冰床发生摩擦外,大多数搬运物在冰体内不能自由转动和位移,不能相互作用。因此,在搬运过程中其碎屑物不会发生形态的改造。这是冰川搬运的一个重要特征。

冰川可以将直径达数十米的巨大石块搬运很长的距离。例如,大陆冰川以冰山的形式将大量粗大的碎屑物带入高纬度地区的海洋后,发生消融沉积,并与海水中的细粒碎屑物或溶运物共生,在海底形成分选与磨圆均差的冰川堆积体。

搬运物因在冰体中所处的部位不同而冠以不同的名称。如分布在冰川表面者称为**表碛**,分布在冰体内部者称为**内碛**,分布在冰体底部者称为**底碛**,分布在冰体两侧者称为侧碛。如果两条冰川汇合后,相邻两个侧碛就合而为一,夹于冰川中部,称其为**中碛**(图 4-4-11)。

图 4-4-11　各种位置的冰碛物

(三) 冰川的沉积作用

冰川沉积作用主要是机械沉积作用。引起冰碛物堆积的主要原因是气候变暖,导致冰川消退和融化。此外,冰川搬运物数量增加,冰川的塑性降低,搬运能力减弱,搬运物质也就堆积下来。

1. 冰碛物特点

(1) 分选性差,大小混杂。大者为直径大于 1m 的漂砾,小者以粉砂为主,两者混合在一起。

(2) 磨圆度差。一般为尖棱角—棱角状。

(3) 无成层现象。

(4) 碎屑成分取决于冰川发育区的基岩成分。

(5) 有的岩块表面具有磨光面和冰擦痕。擦痕长短不一,大的长数十厘米以上,小的细如发丝。冰擦痕形状多样,有的呈钉子形,一端粗而深,另一端细而浅。具有擦痕的冰碛砾石,称为条痕石。有的砾石因长期受冰川压力作用而弯曲。

2. 冰碛地貌

不同的沉积原因,在冰川不同部位可形成终碛堤(垅)、侧碛堤(垅)、底碛平原或底碛丘陵和鼓丘等各种冰碛地形(图 4-4-12)。

1) 终碛堤(垅)

位于山岳冰川末端前方或冰盖边缘外侧的垅岗状地形。是在气候稳定情况下冰川流动到末端或边缘消融后堆积形成的。山岳冰川的终碛堤一般短而高,随冰舌形态外

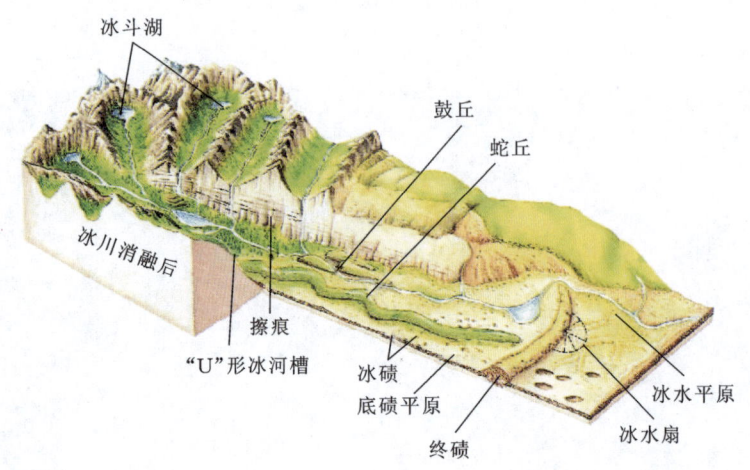

图 4-4-12 冰碛地貌示意图

凸,高度最高可达 100~300m,冰盖的终碛堤一般长而矮,高度一般 30~50m,且断续分布。终碛堤一般都是内侧缓,外侧陡;随冰川退缩可出现多道终碛堤。终碛堤内侧因其阻挡也可积水形成冰湖。

2) 侧碛堤

气候转暖,山谷冰川两侧侧碛在冰川消融后堆积形成的垄岗状地形。侧碛沿冰蚀谷两侧分布。

3) 底碛平原和冰碛丘陵

冰川在退却过程中,由于冰体融化,原来的表碛、内碛和中碛都沉落在底碛之上,形成较平坦的冰碛地形,称为底碛平原。若冰碛物分布不均匀,如有较多中碛,则堆积形成底碛丘陵。

4) 鼓丘

分布在底碛平原上,由冰碛物组成的流线型丘陵地形,称为鼓丘。其长轴与冰川流动方向一致,迎流坡缓,背流坡陡,高度由几米到几十米,长几百米。有的鼓丘内有一个基岩核心。鼓丘在山岳冰川作用区很少见,但在大陆冰川区则往往成群的分布于终碛堤内不远的地方。

三、冰水地质作用

冰雪融化形成的水体称为冰水。由冰水搬运和堆积的沉积物(主要源于冰碛物)称为**冰水沉积物**。冰水沉积物常构成如下地貌类型。

(一) 纹泥

冰水挟带的碎屑物注入湖泊后形成的纹层状沉积物称为纹泥。由淡色的细砂、粉砂层与深色的细粉砂、黏土层交互而成,层理细薄。它反映明显的季节变化,故又称季候泥。夏季,冰融较快,冰水量较大,搬运力较强,带来较多且较粗的碎屑,成层略厚,并因氧化较强,颜色呈浅色,比如红色;冬季,冰融停止,只有悬浮的极细物质缓慢沉积,成层极薄,且因氧化程度弱,颜色呈深色,比如灰绿色、黑色。纹理就像树木的年轮一样,记载着沉积物形成的年龄。

(二)冰水扇与冰水冲积平原

终碛前缘所挟带的大量泥沙和砾石等碎屑物,被冰融水沿山谷搬运到山麓洼地或山前平原,呈扇形分布的冰水沉积物,称为**冰水扇**。冰水扇扩大或多个冰水扇相连则形成**冰水冲积平原**。

(三)蛇丘

冰川消融后隆起在冰床上,似蛇状蜿蜒延伸的堤状地形称为蛇丘。蛇丘顶较平,两侧斜坡陡,高几十米,长度几十米到数十千米。由砾石和粗砂构成,蛇丘总的延伸方向与冰川运动方向一致。

四、冰期与间冰期

地球历史中气候的冷暖变化是频繁发生的,气候寒冷时期,冰川大规模发生,冰雪覆盖面积迅速扩大的时期称为**冰期**;两次冰期之间称为**间冰期**,气候转暖,冰川范围缩小。

地质学家在研究地壳演化历史过程中,用将今论古的思维方法,推测地质历史时期全球曾发生过3次大冰期(即冰川面积扩大时期)。它们是6亿~5亿年前的震旦纪冰期,2.8亿年前的石炭纪—二叠纪冰期和3700万年以来的晚新生代大冰期。冰期地球表面的平均气温比现在低7~8℃。一次大冰期过程还可由若干小冰期及间冰期组成。例如据研究,晚新生代大冰期发生的3700万年来至少出现过7次小冰期。青藏高原最近的一次冰期称为白玉冰期,白玉冰期出现在距今7万~1万年之间,1万年前地球又进入了间冰期,科学家们估计,现代的间冰期还将持续1万年,然后又进入新的冰期。冰期到来冰川面积扩大,但不是全球陆地都被冰川覆盖。例如石炭纪—二叠纪冰期,冰川只覆盖了南半球的陆地,北半球当时气候温暖、潮湿,森林茂密,是成煤期;3700万年前开始晚新生代冰期,冰川覆盖了全球面积的32%,北美、南美及欧亚大部分地区曾被冰盖覆盖过。大约在15 000年前,最后一次冰期海平面比目前降低约125m,陆地扩大、滨海位置明显变化,入海河流延伸至现代大陆架上,冰川面积扩大引起了众多外力地质作用的变化。

本学习单元小结

(1) 冰川是由雪源向外缓慢移动的冰体。冰体的形成经过了雪、粒雪与冰川冰的演化。属于雪的不断重结晶过程。

(2) 按形态、规模和所处的地形条件,冰川可分为大陆冰川与山岳冰川。山岳冰川则可分为冰斗冰川、山谷冰川、平顶冰川和山麓冰川等。

(3) 冰川形成于雪线以上。雪线的高度因地而异,在极地近于海平面,在低纬度地区可高达6000m以上。

(4) 冰川的运动速度很慢。山岳冰川由高处向低处运动。大陆冰川由冰体的中央部位向四周运动,可以翻越局部的高地最终注入海洋。

(5) 冰川的运动是绝对的,而冰川的前端位置是可变的。如降雪补给量大于消融量,则冰川前端前移;如降雪补给量小于消融量,则冰川前端后退;如降雪补给量等于消融量,则冰川前端位置基本不变。

(6) 冰川在运动中刨蚀冰床。刨蚀而成的巨大岩块和细微泥体,均被冻结在冰川的底部和两侧,可以被搬运很远。

(7) 冰斗、角峰、刃脊、冰蚀谷、冰川悬谷、羊背石、冰碛岩上的磨光面及冰川擦痕等,都是冰川刨蚀作用的重要遗迹。古冰斗的位置代表古雪线的高度。

(8) 冰川沉积物称为冰碛物。它具有一系列特点,如碎屑物的大小不等,缺乏分选性、成层性、定向性,可含有易于风化的矿物碎屑,有的岩块表面具有冰川擦痕。

(9) 季候泥是在冰水湖泊中形成的纹层状沉积物。夏季形成的纹层色浅、粒粗(为细砂和粉砂),冬季形成的纹层色深质细(为泥质和粉砂)。两者交替,一年一对。

(10) 冰川大规模发生,冰雪覆盖面积迅速扩大的时期称为冰期;气候变暖,冰川面积大大缩小的时期称为间冰期。地球历史中发生的3次大冰期是震旦纪(前寒武纪)、石炭纪—二叠纪、晚新生代冰期。

•重要术语

雪线、大陆冰川、山岳冰川、冰斗冰川、山谷冰川、山麓冰川、刨蚀作用、冰蚀谷、冰斗、羊背石、冰川擦痕、冰碛岩、冰川漂砾、季候泥、冰川作用、冰期、间冰期。

•思考题

(1) 什么是冰川?冰川按形态、规模和所处的地形条件可以分为哪几类?

(2) 冰川的剥蚀地貌有哪些类型?冰川的堆积地貌有哪些类型?

(3) 什么是冰碛物?冰碛物主要特征有哪些?

(4) 什么是冰水沉积物?冰水沉积物形成的地貌类型有哪些?

学习任务五　认知风的地质作用

●学习目标　了解风的剥蚀、搬运、沉积作用以及荒漠的类型；熟悉雅丹地貌的类型及其特点。

●知识目标　领会雅丹地貌的形成、类型及其特点；掌握风积物的特点；领会风积物堆积地貌类型及其特点。

●思政目标　引导学生领会风的"柔弱胜刚强"的中国古典哲学思想，以及风对地表景观的塑造，感受"大漠孤烟直，长河落日圆"的壮阔景观，体会风在人们生产生活中的作用和影响，树立正确的自然观、地质观，涵养热爱自然、珍惜资源、保护环境的"人与自然和谐共生"的思想意识和"锲而不舍"的奋斗精神。

一、概述

风是以水平运动为主的空气运动。风一般用风向、风速和风力来描述。风的运动方向是空气从高气压区向低气压区流动，因而既可以作水平运动，也可以从高处向低处或从低处向高处的垂直运动。

风的地质作用是指风对地表岩石和松散堆积物进行机械的破坏、搬运和沉积的作用。地面上生长着茂密植物的潮湿地区，被巨厚冰层覆盖地区或未风化的坚硬基岩区，即使风力很强，风的地质作用也不明显。在干旱和半干旱的荒漠区和无植被的海滩、河滩、湖岸以及泥沙质地面，强风的地质作用相当显著。

然而强风在大陆上不是各处都有的，它的出现有一定的规律性。赤道带的空气因受到太阳强烈辐射而膨胀，从而上升。气流在其上空一分为二，分别向南北两个方向运动，然后在南北纬30°左右的中纬度区形成高气压区，气流向下流动形成下降带，称为副热带高压带。副热带高压带空气在近地面处分别向南北两侧的低气压区流动，形成信风带。由于地球自西向东旋转和科里奥利效应，气流方向发生偏转。终年寒冻的极地为高气压区，从该区流向低气压区的信风方向同样发生偏转，北半球右偏，南半球左偏。于是，60°～90°的高纬区为东风带（北半球为东北风，南半球为东南风）；30°～60°的

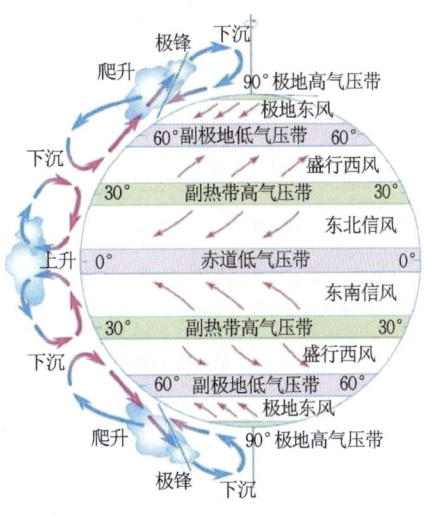

图 4-5-1　大气环流示意图

中纬区为西风带(北半球为西南风,南半球为西北风);0°～30°的低纬区为东风带(北半球为东北风,南半球为东南风)(图 4-5-1)。

　　副热带高压带下沉,使空气增温,变得干燥,相对湿度减小,难以发生降雨,导致在南北纬 30°地区形成两个主要沙漠带,如北非的撒哈拉沙漠、西亚的阿拉伯沙漠和澳大利亚沙漠均在这个地带上。与南北纬 30°地区的情况相反,赤道带的空气易上升变冷,使空气中的水汽饱和,进而发生降雨,形成沿赤道的多雨地带。

　　然而,并非所有荒漠皆沿 30°纬度带分布。地形上的巨大起伏对空气的运动产生重要的影响。湿润气流遇到山脉等高地阻挡时被迫抬升而气温降低形成的降水,称为**地形雨**。形成降雨的山坡正好是迎风的一面,称为**迎风坡**。另一侧处于暖湿气流被地形阻挡的背面,降雨较少,称为**背风坡**。如位于喜马拉雅山迎风坡的印度乞拉朋齐年降水量 11 418mm,而处于背风坡的青藏高原,年降水量却只有 200～400mm。在中亚和东亚,由于伊朗高原、帕米尔高原、青藏高原的阻挡,迫使从印度洋吹向大陆的潮湿空气爬升和转向,大量水汽在高原南坡凝聚成雨降落,到达高原内部及其北缘的空气已成干冷气流,使沙漠的发展移向北侧,分布在 37°～46°地区。

二、风的剥蚀与搬运作用

(一) 风的剥蚀作用

　　风的剥蚀作用简称风蚀,是风力吹毁、磨损地表基岩和松散堆积物的作用。它包括吹蚀和磨蚀两种方式。

　　1. 吹蚀作用

　　风力使地面岩石遭到剥蚀、破坏,并将地表砂粒和尘土扬起吹走的作用,称为**吹蚀作用**。因为空气的流动与水体的流动一样,在达到一定速度或者速度发生改变的情况下都会出现紊流及涡流作用,产生上举力,从而引起吹蚀。吹蚀作用在风速大、地表干燥、植被稀少及松散物覆盖区尤其强烈,因而主要见于沙漠及海滩等地。

　　每年春季,我国北方包括北京在内的很多地区均遭受沙尘暴影响,持续时间可达一个多月到两个月;高峰时刻,沙尘滚滚,遮天蔽日,尘土倾泻。

　　2. 磨蚀作用

　　风挟带的碎屑物对地表产生的冲击和摩擦以及碎屑物颗粒间的相互冲撞和摩擦作用,称为**磨蚀作用**。风速大,则扬起的碎屑物多且颗粒大,磨蚀能力强。一般来说,在距地面 0.5～1.5m 高度范围内,由风力扬起的粗碎屑物最多,因而磨蚀最强烈。沙漠地区建筑物的墙脚和电线杆基部被磨蚀得特别严重就是这一原因。

　　应该指出,由于空气的黏滞性弱,风力扬起的砂粒能相互自由地碰撞而圆化,即使是粒径为 0.03～0.04mm 的细小颗粒也能圆化(水搬运的砂粒粒径大于 0.15mm 者才能圆化)。同时,砂粒表面容易发生毛化,形成糙面。

3. 风蚀作用的产物

1) 荒漠

荒漠指的是气候干燥、降雨稀少、年蒸发量远大于年降雨量、干旱缺水、土地贫瘠、植被贫乏的地区。这些地区风力强劲,河流罕见,物理风化很强,其主要植物是耐盐碱和富根系的品种。全世界荒漠面积约占陆地面积的30%,我国荒漠约占总面积的11%。在荒漠地区,如基岩裸露,或基岩上仅覆盖一层很薄的岩石碎屑,称为**岩漠**;如地表被砾石广泛覆盖,地面平坦,称为**砾漠**或**戈壁**(图4-5-2左);如荒漠是由黏土物质组成,称为**泥漠**,常分布在干旱区的低洼地带,盐渍化普遍;如地表被砂、粉砂等广泛覆盖,称为**沙漠**(图4-5-2右),沙漠是荒漠的主体。

图4-5-2 戈壁(左)与沙漠(右)

风沙流经过戈壁滩时,坚硬砾石被磨蚀成具有多个磨光面、边角清晰圆滑、表面多具沙漠漆的风棱石。其形成是因强风对裸露石块的定向吹扬,使石块表面遭受磨蚀,形成光滑面,随后因风向改变,石块滚动,其另一部分接受磨蚀,形成另一光滑面,如此反复进行的结果。

2) 风蚀地貌或雅丹地貌

"雅丹"原是我国维吾尔族语,意为陡峭的土丘。雅丹地貌是指未固结的、松散的、土状的堆积物在风力作用下形成的一种典型的风蚀地貌,又称风蚀垄槽,或称为**风蚀脊**。19世纪末至20世纪初,瑞典人斯文赫定和英国人斯坦因在关于罗布泊考察的论文中,最早用雅丹来称呼风蚀地貌,沿用至今。

(1) 风蚀洼地。

由松散物质组成的地面,经风吹蚀,形成了宽广而轮廓不太明显的、成群分布的洼地,称为**风蚀洼地**。其外形多呈椭圆形,成行分布,并沿主要风向伸展。背风坡一侧的坡度较陡,迎风坡一侧较缓。风蚀洼地在我国柴达木盆地西北部广泛发育。风蚀洼地底面如达到地下水面,地下水就会出露地表,可以形成沙漠中的沼泽或湖泊,发展演化成为沙漠中的绿洲,如甘肃敦煌的月牙泉(图4-5-3)。埃及西北部沙漠中的盖塔拉洼地面积1.8

万 km²，深 200～300m，是一个规模很大的风蚀盆地。

图 4-5-3　甘肃敦煌月牙泉

（2）风蚀谷。

干燥区的短暂暴雨，将已经强烈风化的地面在短时期内冲刷和侵蚀成沟谷，然后风力继续对这些谷地进行吹蚀，使之加深扩大，逐渐形成外形宽窄不一，底部崎岖不平的谷地，称为**风蚀谷**（图 4-5-4）。是物理风化、暴雨洪流、风力吹蚀和坡地重力共同作用的产物。

（3）风蚀残丘。

风蚀谷经长期风蚀，不断扩展，使相邻的风蚀谷相互联结，地面仅残留若干岛状高地或孤立小丘，称为**风蚀残丘**（图 4-5-5）。它常成群或呈带状分布，丘顶呈尖峰状或平顶状，但以平顶状居多。水平岩层常构成平顶丘，单斜岩层常形成单面山，其高度一般 10～30m。我国青海柴达木盆地风蚀残丘分布面积达 2.2 万 km²，是我国最大的风蚀地貌分布区。

图 4-5-4　风蚀谷　　　　　　　　图 4-5-5　风蚀残丘

(4) 风蚀城堡。

在产状平缓、软硬岩层相间、垂直节理发育的基岩裸露区,经风力长期吹蚀,使其被塑造成层叠状、顶平壁陡的残丘,远远望去,好似废毁的古老城堡,称为**风蚀城堡**(图 4-5-6)。大部分见于岩性软硬相间的近似水平状的沉积岩,主要是砂岩和页岩相间分布的地区。它们是在风力侵蚀的基础上发育起来的。由于岩性软硬不一从而导致风力侵蚀的差异性,结果形成了许多层状墩台,相对高度多为 10~30m,墩台的顶部都很平坦。我国新疆西部,以准噶尔盆地西北部乌尔禾的"风城"最为典型。

图 4-5-6 风蚀城堡

(5) 风蚀蘑菇与风蚀柱。

上大下小的蘑菇状地形称为**风蚀蘑菇**(图 4-5-7 左)。其形成是因气流在近地面部分所含的砂粒较多,一些突出地面上的孤立岩石,下部受风蚀作用较强所致。如果下部岩石比上部的软,因受到差异风蚀,更易形成风蚀蘑菇。如岩石垂直节理发育,风蚀后呈柱状者,称为**风蚀柱**(图 4-5-7 右)。

图 4-5-7 风蚀蘑菇(左)与风蚀柱(右)

(6) 蜂窝石。

蜂窝石又称石窝或风蚀壁龛,陡峭石壁上大小不等、形状各异的洞穴和凹坑,似蜂窝状。

(二) 风的搬运作用

风力将碎屑物以机械方式从原地迁移的过程称为风的搬运作用。风的搬运方式有悬移、跃移和推移3种(图4-5-8)。

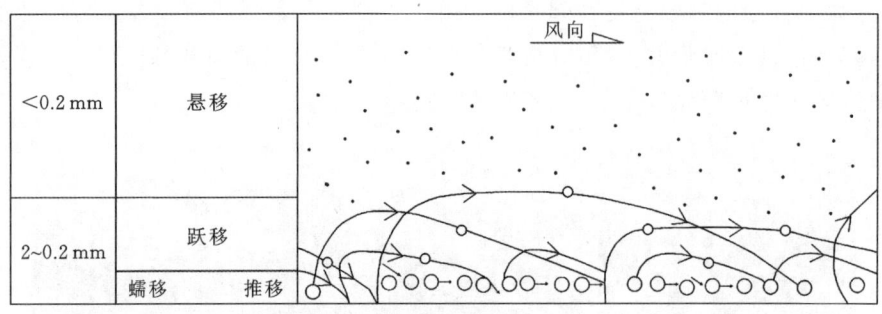

图 4-5-8　风的搬运的3种方式

1. 悬移

在紊流及涡流的上举力作用下,细而轻的砂粒悬浮于气流中前进。风速达5m/s时,能使粒径小于0.2mm的砂粒悬移。但是,粒径小于0.05mm的粉砂颗粒因沉降速度很慢,一旦进入悬浮状态就不易降落而长期随风飘扬。

2. 跃移

砂粒在气流中以跳跃方式前进。跃移物往往是粒径0.2~0.5mm的中、细粒砂。粗砂颗粒的跳跃通常是由飞跃的颗粒降落时碰撞地面而产生的弹力所引起,其初始能量则来源于受到其他颗粒的撞击。这是风力搬运所特有的现象。当风速达到某一临界速度时,砂粒开始以滚动或滑动方式移动,移动的砂粒相互撞击,两个碰撞颗粒或其中之一粒在冲击力与弹力的作用下跃入空中,并在重力作用下以与地面成10°~16°交角的平缓轨道下落。如果地面岩石硬,则砂粒撞击地面后会跳回空中,继续向前移动;如果地面是松散的沙地,则下落砂粒的撞击力会消减,下落砂粒和地面散砂就会紧靠地面向前移动。通过这种形式,一个个跳跃着的砂粒带动整个地表的松散沉积物向前移动。

3. 推移

推移是指大砂粒和细砾石受到飞跃砂粒撞击后,沿地面滑动或滚动的过程。飞跃砂粒的撞击所产生的动能,可以使直径为其6倍的地面砂粒向前蠕动。风速>8m/s时可以推移0.5mm的粗砂,风速>17m/s时可以推移2mm的细砾石,12级大风(风速>32.5m/s)可以推移5mm的细砾石,形成沙漠中"飞沙走石"的特大风沙流。

在3种搬运方式中,以跃移搬运为主,其搬运量为总搬运量的70%~80%;推移量次之,占20%;悬移量最小,一般不超过10%。占搬运量90%的跃移和推移的物质主要是0.2~2mm的碎屑,它们主要富集在离地面高度30cm以下,尤其是在10cm以下,紧贴着地面运行,故搬运距离较近。悬移的物质主要是小于0.2mm的碎屑,虽然悬移质的搬运量小,但其搬运距离远,且颗粒愈细则搬运愈远,搬运距离可超过1000km。如我国内蒙古沙漠、塔里木沙漠的粉砂、黏土能被吹送到西北的黄土高原;西北的尘土可被搬运到长江中下游;美国西部的尘土竟远扬超过3200km到达美国东部。

此外,随着风速多变,风的搬运能力,即风运物粒度大小也会改变。表4-5-1说明了这一关系。但是,就一定地区和一定时期而言,总存在一种占主导地位的风速。

表4-5-1 风力与搬运砂粒大小的关系

风级	风的名称	风速/(m/s)	搬运砂粒粒径/mm
3	微风	4.5~6.7	0.25
4	和风	6.7~8.4	0.50
5	劲风	8.4~11.4	1.00
6	强风	11.4~13.0	1.50

三、风的沉积作用

当风速降低到紊流的上举力低于被运移砂粒所受的重力时,砂粒便顺次降落到地面上堆积,称为风的沉积作用,由风的沉积作用形成的堆积物,称为**风积物**。风速降低的原因主要有气压梯度减小、遇大规模障碍物(如山脉)、与地面摩擦、两股气流相交等。

(一) 风积物的特点

(1) 良好的分选性。分选性较冲积物的高,这是由风力搬运的高度选择性所决定的。

(2) 圆度较好、糙度高。即使是很细的粉砂颗粒,也具有较高的圆度,但糙度高,糙面明显。

(3) 碎屑矿物成分复杂。除以石英为主外,还可以有铁镁质及其他化学性质不稳定的矿物。如辉石、角闪石、黑云母、方解石,甚至来自干盐湖的石膏、来自碳酸盐海滩的碳酸盐鲕粒及生物骨屑等。

(4) 具有大型的交错层理。是由于风积物做大规模移动的结果,规模可达数十米。

(5) 颜色多样。占优势的是红色和黄色色调,而绿色、黑色、白色者很少。

(二) 风成沙的堆积形态

沙漠是风成沙的最主要的沉积场所,风成沙的堆积形态在沙漠区最多,规模也最大。沙量较丰富的海滩、河滩和湖岸上也有风成沙的堆积体,但规模比沙漠区小得多。

1. 沙堆

风沙流遇到较宽大的地面障碍物时风可以翻越和绕道前进,但被推移和大量跃移的砂粒受阻而在障碍物背风面堆积,堆积体积不断扩大而形成沙堆。若障碍为灌木、草丛或不大的岩块,风沙流可绕道前进,但因其背风区风速减小,部分砂粒在该处沉积形成小沙堆。当其增长到一定规模时,小障碍物与小沙堆的迎风面也会有推移和跃移的砂粒堆积,直到构成一个将小障碍物包围在中间的大沙堆,这种沙堆平面上近圆形,高几米至30m。在供沙量不大且风力不强的海滩、河滩和湖岸上多见这种沙堆,沙漠边缘也见这种沙堆。

2. 沙丘

是松散砂粒堆积而成的突起。它是从沙堆演化而来的,形成于沙漠、海岸、河边或湖边等多沙的地区。沙丘的规模不一,高度由几米到200m,宽度大的可达1km。我国塔克拉玛干沙漠和巴丹吉林沙漠中广泛发育。沙丘如独立,形状如月,称为新月形沙丘;新月丘增加,在风的垂直方向延续则成链状沙丘。

1) 新月形沙丘

是流动沙丘中最基本的形态。沙丘的平面形如新月,丘体两侧有顺风向延伸的两个翼,两翼展开的程度取决于当地主导风的强弱,主导风风速愈强,交角角度愈小。丘体两坡不对称,迎风坡凸出而平缓,坡度5°~20°,背风坡凹入而较陡,倾角28°~34°,两坡交接成弧形的脊(图4-5-9)。沙丘高度都不大,一般1~5m,宽度可达100~300m。新月形沙丘是在单一方向的风或两种相反方向的风的作用下形成的,大部分出现在沙漠的边缘地带。

图 4-5-9 新月形沙丘

2) 链状沙丘

也称横向沙垄。其延长方向与盛行风向直交(图4-5-10)。多形成于砂粒供应丰富且风向基本固定的地区,其邻近地区多有砂土暴露,可以提供充足的砂源。

沙丘长可达10~20km,高50~100m,最高可达数百米,两相邻沙丘链之间较开阔,

图 4-5-10 链状沙丘

距离达 1.5～3.0km。多呈波浪形,顺风坡缓,背风坡陡,并具有弯曲的沙脊。在沿沙脊走向的剖面中,层理与剖面交线近于水平;在垂直于沙脊走向的剖面中,交错层理发育,顺着风向倾斜,倾角 30°～34°。链状沙丘覆盖面积往往很大,像是波涛汹涌的海洋,所以又称为沙海。

当新月形沙丘不断扩大或因不同大小的沙丘移动速度有差别时,两个以上的新月形沙丘可以连接起来,也可构成链状沙丘(图 4-5-11)。

图 4-5-11 抛物线形链状沙丘

平面形态呈弧形,迎风坡凹进,背风坡凸出,两个翼角指向迎风方向,平面轮廓呈抛物线状称为抛物线形沙丘,是一种固定或半固定的沙丘。常发育在水分和植被条件较好的荒漠边缘,或者海岸带。

3) 星状沙丘

又称金字塔沙丘。在多风向作用下形成的风积地貌。有一个高尖的峰顶,从尖顶向不同方向延伸出 3 个或更多沙脊(棱),各脊间是发育良好的三角形滑动面(棱面)(图 4-5-12),坡度一般 25°～30°。丘体较高大,简单型的也在 50m 以上。可单个孤立或成群散布,也可彼此互相连接组成不规则的垄岗形(岗长至数千米),垄岗间分布有沙垄或其他沙丘形态。在阿尔及利亚,近圆形的复合型星状沙丘彼此孤立成群分布,直径平均 0.9km,高 100~200m。在我国巴丹吉林沙漠多为数个串连成巨大的垄岗,高达 200~300m,长达 5~10km,称为线形复合型星状沙丘。

图 4-5-12　星状沙丘

图 4-5-13　黄土

(三) 风成黄土沉积

黄土是指在干燥气候条件下形成的多孔性具有柱状节理的黄色粉性土(图 4-5-13)。黄土主要分布于大陆比较干燥的中纬度地带。黄土在世界上分布相当广泛,占全球陆地面积的 10%,呈东西向带状断续地分布在南北半球中纬度的森林草原、草原和荒漠草原地带。

我国西北的黄土高原是世界上规模最大的黄土高原,华北平原是世界上规模最大的黄土平原。黄土是一种很肥沃的土层,对农业生产极为重要,但植被稀少,水土流失严重,给农业生产和工程建设都造成严重的危害。

1. 黄土的一般特征

被风沙流悬运的粉砂和微尘(黏粒)在高空长期飘浮,按粒级和相对密度大小徐徐降落在沙源区外很远的地带,形成黄土沉积。风成黄土具有以下特点。

(1) 分布区不受地形限制。可以覆盖在山地、沟谷和平地上。若无后期其他外动力作用改造,相邻地区黄土厚度差异不大。

(2) 一般呈灰黄色、棕黄色,不显层理,岩性上下一致,垂直节理发育。

(3) 分选较好,粒径主要为 0.005~0.1mm。

(4) 大颗粒磨圆度较好,细微粒呈半棱角至棱角状,粒间互相粘连,孔隙率高达 44%~55%。

(5)黄土矿物成分较为一致,石英和长石占矿物总量的90%,相对密度大于2.9的矿物如绿帘石、磁铁矿、黝帘石、角闪石等占4%~10%,不稳定矿物如黑云母、辉石等极少。化学成分以 SiO_2 和 Al_2O_3 为主,CaO 也较多(表4-5-2)。

表 4-5-2　我国晚更新世黄土的化学成分

成分	SiO_2	Al_2O_3	CaO	Fe_2O_3	K_2O	MgO	FeO	Na_2O	H_2O	TiO_2	P_2O_5	MnO	有机质
含量/%	59.2	9.56	7.77	3.31	2.55	2.44	2.03	1.80	1.06	0.65	0.22	0.15	5.32

(6)透水性较强。由于黄土具有多孔性以及垂直节理发育等结构特征,导致黄土的透水性极强。

(7)湿陷性。粉末性是黄土颗粒组成的最大特征之一。粉末性表明黄土粉末颗粒间的相互结合是不够紧密的,每当土层浸湿时或在重力作用的影响下,黄土层本身已失去了它的固结性能,常常引起强烈的沉陷和变形。

2. 黄土地貌

在以流水侵蚀为主导的外力作用下,可形成各种具有特征性的黄土地貌,俗称黄土高坡,按形态特征主要有黄土塬、黄土梁和黄土峁等地貌。

黄土塬是指地形较平坦的大面积黄土分布区,地面上有不密集的深切沟谷和深切河谷。黄土塬在地质历史上曾是较低的平原区,后期地壳抬升,流水下切而成现今地貌(图4-5-14)。

黄土梁是指两条大致平行的沟谷夹持的长条状高地,谷坡上还可发育小的冲沟,但尚未切穿长梁(图4-5-15)。

黄土峁是指具有近圆形平顶的孤立山丘,状如馒头,其边坡较陡,已被小冲沟切割(图4-5-16)。

图 4-5-14　黄土塬

图 4-5-15　被冲沟切割的黄土梁

图 4-5-16　黄土峁

通过演化,黄土塬可变成黄土梁,黄土梁也可变成黄土峁。

3. 黄土的成因

典型的黄土是风成的。其标志是:①黄土的矿物成分与其下伏的基岩成分无关,而且含有在水中不稳定的矿物;②它不仅分布在低平地区,也能见于2000~3000m的高山之顶;③黄土的厚度从沙漠边缘向外逐渐减薄;④组成黄土的颗粒由物源区向外逐渐变细。

现在认为,沙漠是黄土物质(粉砂和尘土)的物源地,强大的反气旋劲风把它们从沙漠的腹地吹到边缘和内陆,堆积形成黄土。

此外,有一些类似于黄土的沉积物,称黄土状沉积物,其成因可能是原生黄土经过流水冲刷、搬运后再堆积而成的。如我国长江中下游地区有许多黄土状沉积物堆积在河流的二、三级阶地上,它们很可能是通过河流再沉积而成的,属于次生黄土,是南方砖瓦产业的重要材料。

本学习单元小结

(1) 荒漠指的是气候干燥、降雨稀少、年蒸发量远大于年降雨量、干旱缺水、土地贫瘠、植被贫乏的地区。

(2) 荒漠既能形成于炎热或温暖地区,又能形成于寒冷的极地。

(3) 风蚀作用有吹扬和磨蚀两种方式,可形成风蚀洼地、风蚀谷、风蚀残丘、风蚀城堡、风蚀蘑菇、风蚀柱等地貌以及风棱石、蜂窝石等产物。

(4) 风力搬运包括悬浮、跳跃、蠕动3种方式。风力搬运的方式与风力大小及碎屑物的粒径大小相关。

(5) 风积物具有良好的分选性与圆度、矿物成分复杂、大规模交错层以及颜色多样等特征。

(6) 沙丘分为链状沙丘、新月形沙丘、星状沙丘等。

(7) 黄土是以粉砂为主的沉积物,典型黄土是风成的。

• **重要术语**

荒漠、沙漠、沙尘暴、吹扬、磨蚀、雅丹地貌、风棱石、风积物、沙丘、黄土。

• **思 考 题**

(1) 什么是荒漠化?荒漠化是怎样形成的?

(2) 风蚀作用的方式有哪些类型?风蚀作用形成了哪些地貌类型?

(3) 什么是风积物?风积物的主要特征有哪些?

(4) 风积地貌有哪些类型?

学习任务六 认知海洋的地质作用

●**学习目标**　了解海底地形、海水的化学成分、物理性质及海洋生物;熟悉海洋环境分带、海蚀地貌;掌握海洋的剥蚀、搬运、沉积作用的基本特征。

●**知识目标**　领会海水对海岸的塑造作用;掌握海洋的沉积环境类型及其沉积特征;掌握海水的运动类型,领会海水的运动特征对海洋地质作用的影响。

●**思政目标**　引导学生领会海洋"有容乃大"的哲学思想,以及海洋对海岸景观的塑造及其在人们生产生活中的作用和影响,树立正确的自然观、地质观,涵养热爱自然、珍惜资源、保护环境、合理利用自然资源的思想意识和"博大胸怀"的品质。

现今海洋面积占地球表面积的70.8%,约为陆地面积的2.4倍,海洋平均水深约3795m。海洋中含有13.5亿 km^3 的水,约占地球上总水量的97%,而可用于人类饮用的淡水仅占2%。

在地质历史中,海陆变迁,沧海桑田,大陆内部的岩石中留下了已消亡海洋的大量遗迹,海洋的地质作用对地壳的演变起着极为重要的作用。

一、海洋概况

(一) 海与洋

地球表面被各大陆地分隔为彼此相通的广大水域称为海洋,海洋的中心部分称为洋,边缘部分称为海,彼此沟通组成统一的水体。

洋,是海洋的中心部分,是海洋的主体。世界大洋的总面积,约占海洋面积的89%。大洋的水深,一般在3000m以上,最深处可达1万多米。大洋离陆地遥远,不受陆地的影响。它的水温和盐度的变化不大。每个大洋都有自己独特的洋流和潮汐系统。大洋的水色蔚蓝,透明度很大,水中的杂质很少,世界共有4个大洋:太平洋、印度洋、大西洋、北冰洋。

海,在洋的边缘,是大洋的附属部分。海的面积约占海洋的11%,海的水深比较浅,平均深度从几米到2~3km。海临近大陆,受大陆、河流、气候和季节的影响,海水的温度、盐度、颜色和透明度,都受陆地影响,有明显的变化。夏季,海水变暖,冬季水温降低;有的海域,海水还要结冰。在大河入海的地方,或多雨的季节,海水会变淡。由于受陆地影响,河流挟带着泥沙入海,近岸海水混浊不清,海水的透明度差。海没有自己独立的潮汐与海流。海可以分为边缘海、内陆海和地中海。边缘海既是海洋的边缘,又是临近大陆前沿;这类海与大洋联系广泛,一般由一群海岛把它与大洋分开。我国的东海、南海就是太平洋的边缘海。内陆海，即位于大陆内部的海，如欧洲的波罗的海等。地中海是几个大陆之间的海，水深一般比内陆海深些。世界主要的大海接近50个，太平洋最多，大西洋次之，印度洋和北冰洋相差不多。

（二）海水的化学成分

世界各大海洋的海水所含的盐分各处不同，平均约为35‰，这些溶解在海水中的无机盐，主要成分是氯化钠（即日用的食盐）、硫酸盐、碳酸盐（表4-6-1）。有些盐来自海底的火山，但大部分来自地壳的岩石。岩石受风化而崩解，释出盐类，再由河水带到海洋。

表 4-6-1　海水含盐度为 35‰ 时的离子组成

成分	Na^+	Cl^-	SO_4^{2-}	Mg^{2+}	Ca^{2+}	HCO_3^-	K^+、Br^- 等	总计
占离子总量的比例/%	38.64	45.06	4.66	8.81	1.69	0.20	0.92	100.00
海水中的含量/(g/kg)	10.759 6	19.352 9	2.712 4	1.296 5	0.411 9	0.141 2	0.501 1	35.0

海水中还溶解有多种气体。具有意义的是 O_2 和 CO_2，它们来自空气及海洋中生物的生命活动，在阳光可以透过的浅水区域，生活在海底的植物及在海洋表层漂浮生活的微体植物，通过光合作用不断制造出 O_2。因此，在深度 200m 以内的海水水体中是富含 O_2 的，并且由于海水的循环，O_2 还可以到达更深之处。然而，海中生活的动物不断地吸入 O_2，呼出 CO_2，会导致海水中的 O_2 含量减少，加之，海底有机质腐烂也要消耗 O_2。因此，在海水垂直循环不畅的较深海底，往往是缺 O_2 的。海水中 CO_2 含量随海水温度升高而减少，随压力增高和盐度增大而加大，平均达到每升 $25cm^3$，CO_2 的含量影响到海水的酸碱性质，控制 $CaCO_3$ 的沉淀，$CaCO_3$ 在碱性介质中发生沉淀，在酸性介质中发生溶解。

（三）海水的物理性质

海水的颜色通常为蓝色。但是在近大陆的海域中，海水的颜色会受到海水中的生物以及泥砂含量等因素影响而改变。如红海海水具有浑红色调，系因海水富含红色藻类，我国渤海、黄海的海水多呈黄色，原因是其含有大量泥砂。

海水的压力随深度的增加而增加。海水深度每增加 10m，其压力常加 1.03×10^5 Pa，水深 1000m 处的压力为 1.013×10^7 Pa，可以使木材的体积压缩 1/2 而下沉。水深 7600m 处的压力可以使空气获得水一样的密度。

海水温度各处不同。海水表层温度在赤道附近是 25～28℃，最高达 35℃。在南、北纬 50°附近为 10℃左右；在南、北纬 80°以上的极地，则为 0℃以下。此外，海水温度随海水深度增加而降低，但表层海水中热的传导仅限于一定深度（200～300m）以内，300m 以下海水温度变化很小，洋底水温一般在 2～3℃之间。

海水密度一般为 1.02～1.03g/m³，略大于蒸馏水。随各处温度、压力及含盐度的变化而改变，海水的密度随着纬度和深度的增加而增加。

(四) 海洋中的生物

1. 底栖生物

固定在海底生活的生物,如珊瑚、腕足类、苔藓虫等,主要生活在1~100m水深的海底。

2. 游泳生物

在海水中能主动游泳的生物,主要为鱼类。

3. 浮游生物

随水漂移的生物,如漂浮的藻类、有孔虫、放射虫等。

游泳和浮游生物主要生活在海水上层50~100m的深度范围。

绝大部分底栖生物、游泳生物及部分浮游生物的骨骼(介壳)成分为$CaCO_3$,而硅藻、放射虫及硅质海绵等生物的骨骼成分为SiO_2。

上述3类生物,在地质历史时期曾经广泛发育,其化石被大量保存在沉积岩中。

海水及海底沉积物中还生活着细菌。细菌具有极大的繁殖能力,1mL的海水中细菌达50万个以上,1mL的海底沉积物中细菌有数千万个到数亿个。大多数细菌能分解有机质,制造还原环境。

上述海水生物对于沉积物的形成、有机质的堆积以及某些矿产的形成均有重要意义。因为,一方面,生物的骨骼或有机体是海中沉积物质的一种来源;另一方面,海中生物的生命活动对海中各种沉积作用的进程起着制约作用。

(五) 海水的运动

海水的运动指海水在风、日月引力、海底地震、地球自转及海水温度、盐度等因素影响下产生的运动。海水以波浪、潮汐、浊流和洋流4种形式进行着运动,成为海洋地质作用的主要动力。

1. 波浪

波浪是海水有规律的波状运动,主要由风摩擦海水而引起,也可因潮汐、海底地震以及大气压的剧烈变化而产生。海底地震爆发时,可产生一种特殊的波浪——海啸。

波浪的大小与风力、风的持久性和海面开阔程度有关。如风速达到1.1m/s,且持续吹动,便产生波浪。在海水较深的地方,海浪的表面形态是对称的,波形沿水平方向向前传递,而水的质点基本是在原地做上下旋转运动而无实质性位移,如在风的吹动下滚滚向前的麦浪。

波浪外形有高低起伏,波形最高处,称为波峰;最低处,称为波谷;相邻两波峰(或波谷)间的距离,称为波长;波峰到波谷的垂直距离,称为波高(图4-6-1)。第一波过去,第二波来到同一地点所需时间,称为周期;波形在单位时间内前进的距离,称为波速。

波长、波高、波的周期和波速是波浪的四要素。

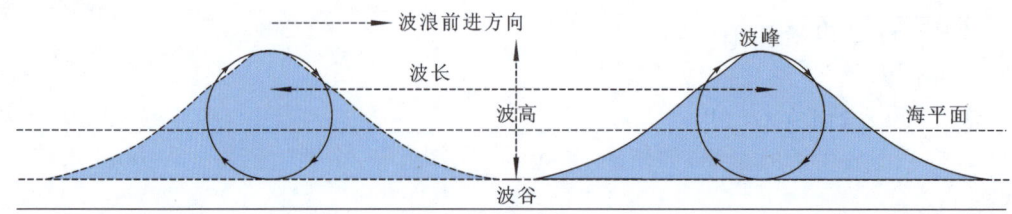

图 4-6-1 波浪的要素

一般情况下,波高不超过 4m,波长不超过数十米。在大暴风时,波长与波高可增加数倍至数十倍以上,最大波长可达 800m,波高可达 15~30m,甚至更高,具有极大的能量。由于水的内摩擦作用,水质点的圆周运动半径是随深度增加而减少乃至消失的。波浪向深部传导一般不超过波长的 1/2,在深度达 1/2 波长时,波浪运动几乎停止(图 4-6-2),这一深度界面称为**波浪基面**,或**浪基面**,或**波基面**。其所影响的深度一般为 40~60m,多数不超过 200m。

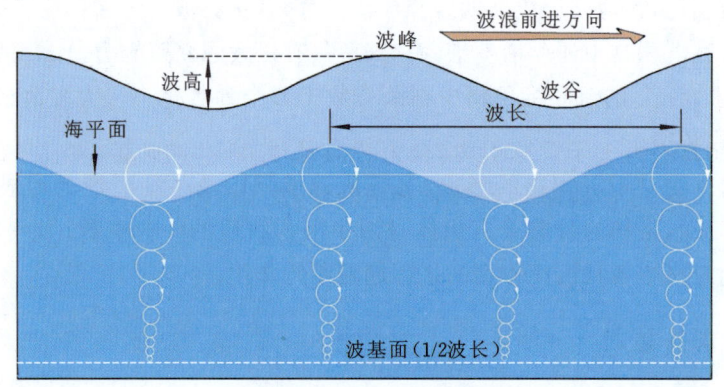

图 4-6-2 波浪运动模式

当波浪由深海区向浅水区、向岸边传播时,由于水深变浅受到海底摩擦的强烈影响,使波形和波速发生显著变化。当水深<1/2 波长时,由于受到海底的摩擦,波动流速不对称,波形上半部通过时所需的时间短,波形下半部通过时所需的时间较长,故波浪前坡变陡,后坡变平,波长缩短,波高增大。在水深大致等于波高的地带,波浪变形会加剧,波峰破裂出现白色浪花,这时的波浪称为破浪。在海底坡度较平缓的海域,近岸海面上可出现几道破浪。当波浪推进到海岸线附近时,越来越大的海底阻力迫使波浪极度变形,拍击海岸,这时的波浪称为拍岸浪或激浪(图 4-6-3)。拍岸时表层水质点呈显著地向前运动,形成一股向前的水流,称进流(往流),在底层则产生一股向海的回流,称退流(返流)。

当波浪斜向冲击海岸时,海水从海岸线返回会形成两股水流:一股沿海岸流动的称为沿岸流,其流向与海岸平行;另一股沿海底流回大海,称为底流。沿岸长期的定向风也可形成沿岸流。

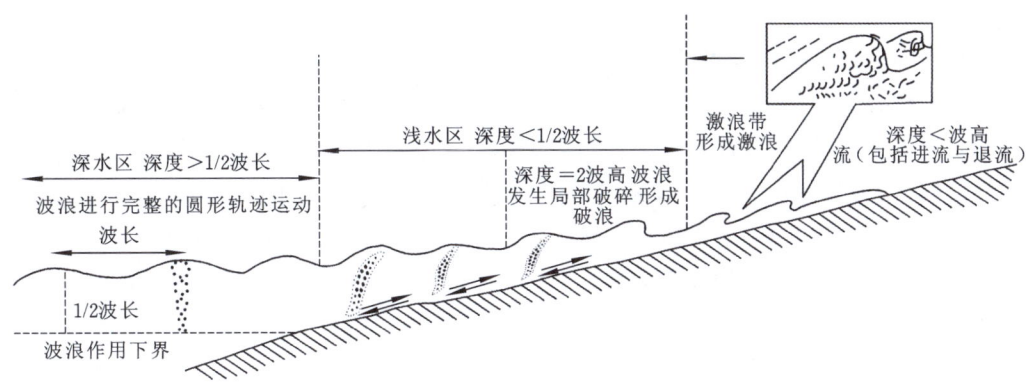

图 4-6-3　浅水区的波浪变化

2. 潮汐

在月球和太阳引力作用下形成的海水周期性涨落现象,称为潮汐。

由于地球的旋转而产生惯性离心力,地球不同位置的离心力的大小与方向不同,地球上的一切物体恒受月地引力及月地系统围绕其质量中心旋转而产生的离心力的共同作用。在地球的向月面月球的引力大于离心力,合力指向月球,海水鼓起,发生涨潮;在地球的背月面离心力大于月球引力,合力背向月球,海水也鼓起,也发生涨潮。与此同时,在距离向月点 90°的地面上,海平面相应降低,发生落潮。

新月时(农历初一之后 1~2 日),太阳和月球在地球的一侧,所以有了最大的引潮力,因此会引起"大潮";满月时(农历十五之后 1~2 日),太阳和月亮在地球的两侧,太阳和月球的引潮力你推我拉也会引起"大潮"(图 4-6-4a);在月相为上弦和下弦时(即农历的初八和二十三时),太阳引潮力和月球引潮力互相抵消了一部分,所以发生了"小潮"(图 4-6-4b),故农谚中有"初一十五涨大潮,初八二十三到处见海滩"之说。此外,其他天也有涨潮发生,由于月球每天东移 13°多,为 50 分钟左右,故每天涨潮的时刻也推迟 50 分钟左右,即每天月亮上中天时刻、下中天时刻也会发生潮水,每天一般都有两次潮水。

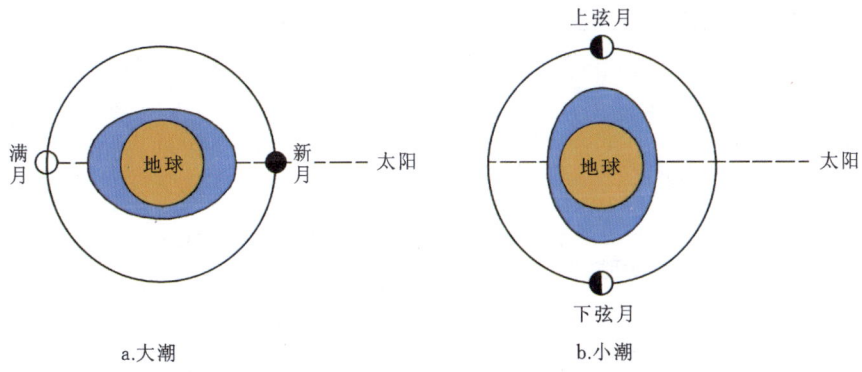

图 4-6-4　潮汐作用

由潮汐引起的海平面高度变化迫使海水做大规模水平运动,形成潮汐流。涨潮时,潮水涌向陆地,落潮时,潮水退回海中。在平坦的海岸带,潮水的涨落会影响相当宽的范围,对海岸及其岩石反复侵蚀、搬运和再沉积,影响着沉积物的性质和特征。如世界三大涌潮之一的钱塘江大潮,就是由于杭州湾喇叭口的特殊地形所造成的特大涌潮,钱塘江口外宽内窄,呈明显的喇叭状,出江口的江面有 100km 宽,越往里江面越窄到海宁盐官镇一带时江面骤然降到只有 3km 宽。潮头初临时,江面闪现出一条白线,伴之以隆隆的声响,潮头由远而近,飞驰而来,潮头推拥,鸣声如雷,顷刻间,潮峰耸起一面三四米高的水墙直立于江面,喷珠溅玉,势如万马奔腾。余亚飞诗云:"钱塘一望浪波连,顷刻狂澜横眼前;看似平常江水里,蕴藏能量可惊天。"

3. 洋流

大洋表层海水常年大规模地沿一定方向进行的较为稳定的流动,称为洋流或海流,洋流的速度一般不超过 0.5~1.5m/s。它既见于海水表层,也能形成于海水深部;既发生在近岸地带,也分布于远洋水域。洋流是地球表面热环境的主要调节者,巨大的洋流系统促进了地球高低纬度地区的能量交换,洋流与所流经区域之间,也通过能量交换改变其环境特征。

定期到达的信风是引起表层洋流的主要原因,盛行风吹拂海面,推动海水随风漂流,并且使上层海水带动下层海水流动,形成规模很大的洋流。不同水域的温度差对表层洋流的形成也有重要影响。由低纬度流向高纬度的洋流为暖流,由高纬度流向低纬度的洋流为寒流,两者构成表层海水的循环,其流动的水层厚达数百米,宽数十至数百千米,流程长达数千至数万千米。

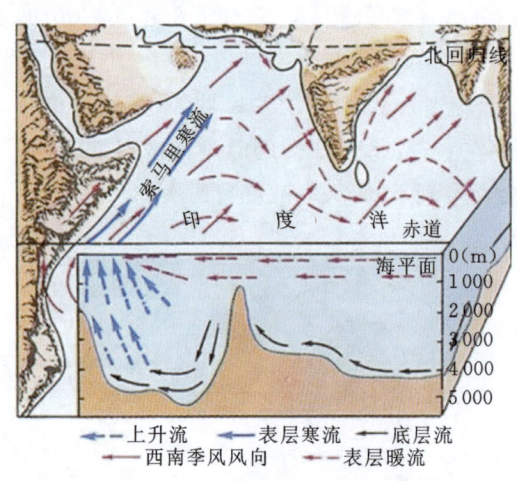

图 4-6-5　洋流运动示意图

深部洋流主要是由海水盐度和温度差引起,具水平和垂直两个方向运动(图 4-6-5)。不同海域海水温度和盐度的不同会使海水密度产生差异,从而引起海水水位的差异,在海水密度不同的两个海域之间便产生了海面的倾斜,造成海水的流动。如高纬度地区表层海水结冰,所含盐分便向下转移,从而提高下层海水的含盐度和密度,这种温度较低、密度较大的水体一边下沉一边向赤道方向流动,促使低纬度地区下层海水上升并向高纬度方向流动,遂构成大规模海水的深部循环。

洋流的运动方向还受到盛行风的方向、科里奥利力、大陆的轮廓、岛屿和海底地形等因素的影响。

4. 浊流

浊流是一种富含悬浮固体颗粒的密度高（1.2～2.0g/cm³），并以较高速度向下流动的水体。

浊流一般发源于大陆架外缘、大陆坡或河口三角洲的前缘，那里堆积的松散沉积物厚度较大。在强大的波浪搅动、地震震动、河水的冲击以及海底滑坡等因素的激发下，这些松散沉积物沿斜坡下滑，形成浊流，浊流的最大速度可达 20～28m/s，因而具有较大的侵蚀、搬运能力。其中以大规模的海底滑坡作用最为重要，而地震与河口前缘松散沉积物的过量堆积则是触发海底滑坡的诱因。

（六）海洋环境的分带

根据海水深度和海底地形特征，一般将海洋分为滨海带、浅海带、半深海带和深海带（图 4-6-6）。

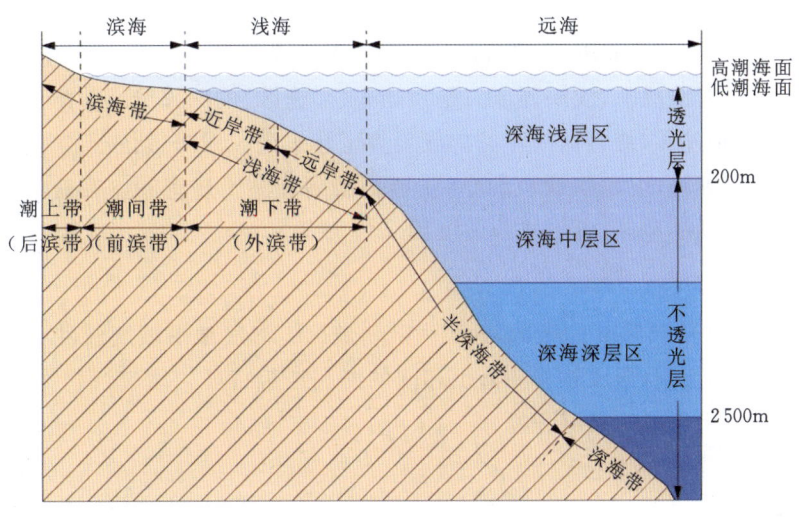

图 4-6-6　海洋环境分区

1. 滨海带（海岸带）

处于海陆分界地带。海陆的分界线称海岸线，实际上海面涨涨落落无一刻停息，所以海陆分界——滨海是狭长地带。

位于特大高潮面与平均低潮面之间，深度一般在 20m 以内，是海陆交互作用的地带。滨海地带在潮汐过程中时而被海水淹没，时而又露出水面。其宽度与地形有关，地形平缓则宽，地形陡峻则窄。根据海水涨落情况滨海又可分为前滨和后滨（图 4-6-7）。

特大高潮面与平均高潮面之间的地带，称为潮上带或后滨带，在特大潮和风暴潮时可被海水淹没，残留的海水常在此带形成沼泽地。平均高潮面与平均低潮面之间的地带，称为潮间带或前滨带，海平面则位于平均高潮面与平均低潮面之间。

滨海带水动力条件、水化学状况以及海底地形地貌都十分复杂。以河流作用为主的

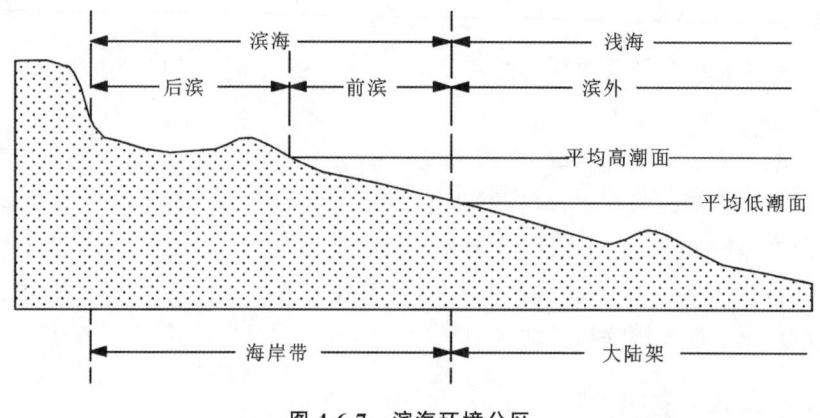

图 4-6-7　滨海环境分区

地段形成三角洲,以潮汐和波浪作用为主的地段,则形成海滩沙坝及障壁沙坝。

2．浅海带

平均低潮面到水深 200m 的浅水区域,其中,平均低潮面与波基面之间的地带称为潮下带或滨外。一般情况下,浅海环境只是大陆架(陆棚区)的一部分。浅海带底部地形平坦,坡度一般不超过 4°,缓慢向海洋方向倾斜直至转折处。浅海带位于波基面之下,通常波浪和海流作用不强,沉积物颗粒细小,主要为粉砂和黏土质沉积。在有河流、潮流、风暴流和浊流等活动的地区,可形成砂质沉积。

3．半深海带

海水水深 200~2500m 的区域,处于大陆斜坡区。海底地形坡度较陡(4°~7°),起伏较大,常被峡谷所切割,形成峡谷和海山相间的海底地貌特征。该带沉积物较细,发育浊流和滑塌堆积时可形成粗粒沉积物。

4．深海带

海水深度大于 2500m。海底地势一般比较平坦,属大洋盆地。沉积物多为黏土或深海软泥。在大陆斜坡的坡脚附近,常有海底扇或者海沟的粗碎屑沉积物。

二、海洋的剥蚀作用

(一) 海蚀作用的概念

海洋的剥蚀作用简称海蚀作用,它是由海水运动的动能、海水的溶解和海洋生物的活动等原因引起海岸及海底岩石的破坏过程。海蚀作用的方式有机械的、化学的、生物的等 3 种作用。

机械破坏是由海水运动引起的,浅水波浪、潮流、海流和浊流都可以引起海岸及海底岩石的破坏,并广泛发生在海岸及海水运动所能影响到的海底,其中以浅海波浪为主要营力,并以海岸为主要作用地点。机械破坏还可以进一步分为冲蚀和磨蚀两类,冲蚀是海水运动对岩石的冲击所引起的破坏作用;磨蚀是海水运动时水流挟带的砂砾对岩石的碰撞、摩擦所引起的破坏作用。若海水动能大则冲蚀强,若动能大且挟带大量砂砾,则磨蚀强。

海水的化学剥蚀作用称为溶蚀作用,因海水中含有较多的二氧化碳,故溶蚀作用强。生物剥蚀是由生物的生命活动所引起的剥蚀作用。

(二) 海浪的机械剥蚀作用

海浪对基岩海岸的破坏作用集中在高潮线附近,涨潮过程中所形成的波浪对海岸具有强大的破坏作用。这个过程使一些较为松软的或含有较多裂隙的岩石迅速被破坏,形成海蚀海岸。海蚀崖和海蚀平台是海蚀岸上主要的海蚀地形,海蚀穴(洞)、海蚀凹槽、海穹和海蚀柱等则是常见的海蚀地形(图4-6-8)。即便是坚硬的岩石,在海浪长期的侵蚀破坏下,海岸也逐渐地被重新塑造。

海蚀崖

海蚀柱

海蚀穴

海岬与海蚀柱

海穹

图 4-6-8　海见的海蚀地形

随着海浪作用的不断进行,海蚀穴(洞)进一步扩大,当海蚀穴(洞)上方岩石的质量超过了岩石自身的抵抗力时,这部分岩石就会坍塌。这一过程的反复进行会使海岸向大陆方向退却,并逐渐形成海蚀阶地,也称为**波切台**(图4-6-9)。

在海浪对海岸进行破坏的同时,被海浪剥蚀下来的岩块、砂砾则由底流从崖麓带走,越过波切台,堆积到水下,形成**波筑台**。

海浪对岩石海岸的剥蚀是不断进行的,但不是无止境的。由于海蚀平台宽度的增

图 4-6-9　海蚀崖与波切台

加,使浅水波浪到达崖壁的历程加大,波浪耗能增多,拍岸浪力量甚微,波浪既无力侵蚀海岸,又不能搬走崖麓岩块,于是海蚀崖便停止后退,波切台也不再展宽,于是侵蚀岸就向堆积岸转化。

在海蚀崖后退,波切台扩展的过程中,因岩性和裂隙发育程度的不同等因素引起的海蚀速度差异,可形成海穹、海蚀柱等海蚀地形。如突出的海岬两侧同遭浪击,易同时发育海蚀洞,一旦洞穴彼此相通,即可形成一座海蚀天生桥——**海穹**;当洞穴增大而使顶板塌落后,则形成孤立的拔海而起的海蚀柱。

在平缓的沙岸,海浪主要是以进流和退流或沿岸流对砂、砾进行搬运和沉积。进流沿海滩向陆地前进,进流动力耗尽后,退流在重力作用下沿斜坡向海退去。进流将砂、砾带上岸,部分较粗的停留在海浪到达的终点,部分较细的又随退流向海移动。碎屑在进流、退流往返搬运中,不断地磨圆、分选。海水动力消失时,它们就沿海岸堆积为砾滩、沙滩以及水下沙堤。沿岸流挟带的碎屑以砂为主,作大致平行海岸的纵向运动。这种纵向运动在水深 4m 左右处最为活跃。其速度取决于多种因素,通常随波浪增强和搬运物粒径减小而增大,并当波浪运动方向与海岸以 45°的角度相交时最快。沿岸流若遇海湾,流速减低,泥砂在湾口处沉积,形成一端与陆地相连的沙嘴等地形。沙嘴加高伸长,可以形成滨海带的障壁,在内侧形成与外海半隔绝的潟湖。

(三) 潮流的剥蚀作用

潮流的剥蚀作用主要出现在大陆架上一些地形狭窄并有强潮流通过的地方。潮流除了可以帮助波浪对滨海带产生剥蚀作用外,在特大潮时,也直接对高潮线附近地带产生剥蚀,并把剥蚀下来的物质带入海中。在粉砂、泥质海岸的潮间浅滩上,潮流是主要营力,往复运动的潮流可在潮间浅滩上侵蚀形成细长的潮水沟,其延伸大致与海岸垂直,它向陆的一段往往呈树枝状分叉。在滨海带濒临海的一侧,特大潮可以搅起 100m 深海底的泥沙,剥蚀出许多深浅不同的沟槽。在荷兰南部曾发现这种深五六十米的深沟;在我国的杭州湾,涨潮时,水位迅速升高,流速加快,潮水猛烈冲蚀喇叭形河口两岸。在这种情况下,潮流的剥蚀作用十分强烈。

(四) 洋流的剥蚀作用

表层洋流几乎不产生剥蚀作用。洋流的剥蚀作用主要分布在大洋底流分布区,海洋深处的底部洋流,一般流速很小,但局部地方流速可以增大。在印度尼西亚海盆1000~2000m的海槛上,曾经测得洋流的流速为0.5m/s。在某些海峡和海湾区,洋流流速会更高,美洲西岸的塞姆尔海峡洋流流速高达6~7m/s。在洋流流速较高的海区,可产生机械剥蚀作用,在海底塑造谷状地形。

(五) 浊流的剥蚀作用

浊流的剥蚀作用主要发生在海底的大陆斜坡上,在斜坡上运动可获得较大的流速,具有巨大的能量。实验证明,在3°的斜坡上能获得3m/s的流速,能够搬运30t重的巨大石块。这种饱含岩块碎屑的浊流沿斜坡向下运动,常在大陆坡上刻切出大致与海岸垂直的海底峡谷(图4-6-10)。

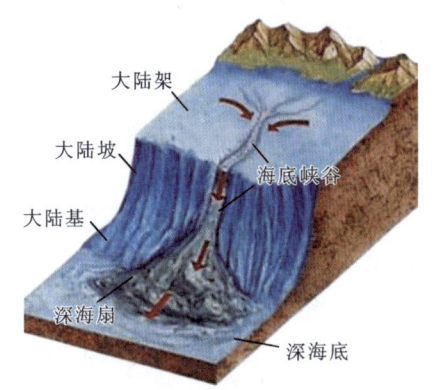

图4-6-10 海底峡谷示意图

(六) 海水的溶蚀作用和生物作用

海水中溶解的二氧化碳是海水能对固体碳酸钙进行溶蚀的主要营力。由石灰岩组成的海岸及珊瑚礁海岸上溶蚀明显可见,其实在远离海岸的深海大洋中也有溶蚀作用。浮游生物遗体的钙质碎屑在沉降过程中就被海水溶蚀,致使较深的海底缺乏钙质沉积物。

在含有二氧化碳的海水中,石灰岩以碳酸氢钙(即重碳酸钙)的形式溶解于水中。在一般情况下,较浅的海水中溶解的碳酸氢钙多已饱和,所以石灰岩海岸不可能进一步溶蚀。但因为滨海水温具有明显的日变化,在夜间,较冷的海水可以增加二氧化碳的含量;海洋植物夜间光合作用逐渐减弱甚至停止,释放出的二氧化碳,也使海水中二氧化碳的含量增加,从而溶解石灰岩。白天温度升高,生物进行光合作用吸收二氧化碳,海水中二氧化碳含量减少,使溶蚀能力减弱,导致碳酸钙的沉淀。

有孔虫和抱球虫的外壳、翼足类的壳、颗石藻等都是由碳酸钙组成的。当这些钙质浮游生物死亡后,遗体逐渐下沉,大洋表层海水的碳酸氢钙是饱和的,不具有溶蚀能力,但深部海水中二氧化碳的含量较高,是表层海水的1.5~2倍,因此,深部海水对钙质生物碎屑有较大的溶蚀能力。当钙质生物碎屑下沉到一定深度进入碳酸氢钙未饱和的水层时,溶蚀现象明显出现,这一深度称为**溶解跃面**,简称**溶跃面**,也称**碳酸钙补偿深度**,是海洋中碳酸钙(生物钙质壳的主要组分)输入海底的补给速率与溶解速率相等的深度面,是海洋中碳酸盐溶解速率随深度突然增大的水平深度的界面。根据所溶物质的成分又可分为有孔虫溶解跃面、颗石藻溶解跃面等，溶跃面之上钙质生物碎屑没有溶蚀现象，溶跃面之下的钙质生物碎屑遭到不同程度的溶蚀。溶跃面在全球海洋的深度各不相同，平均约4500m，其中大西洋最深，平均为5300m，太平洋最浅，平均只有4400m，印度洋为5000m。因此，在大洋深处是不会有钙质的沉淀。

海洋生物中的某些生物或生物遗体能产生大量的二氧化碳、硫化氢、氨、甲烷、氢等气体，这些气体会影响到海水的水化学条件，从而对海岸及海底的岩石或沉积物进行化学分解。底栖动物的钻孔穴居活动也能对岩石进行机械破坏。

三、海洋的搬运作用

海水在运动中使海水中和海底的物质产生位移，称为海洋的搬运作用。海水的搬运方式有机械搬运和化学搬运两种。机械搬运中，根据碎屑物颗粒大小不同，又呈推移、跃移和悬移3种方式；化学搬运中，又分为真溶液和胶体溶液两种方式。

（一）机械搬运作用

波浪、潮流、洋流和浊流是海洋机械搬运作用的主要动力。

1. 波浪的搬运作用

当外海传来的波浪进入水深小于1/2波长的浅水区时，波浪发生变形，不同部分水质点运动发生差异。在海底附近，水质点由原来所作圆周或曲线运动变为仅作往复的直线运动，并且向岸运动的速度快，向海运动的速度慢。这种速度上的差异，使得波浪扰动海底所挟带的碎屑物质发生移动，其中粗粒物质多以推移和跃移方式向岸搬运，细粒物质多以悬移方式向海搬运。由于波浪的瞬时速度快，能量一般较高，搬运物多以较粗的砂、砾为主。

根据碎屑颗粒被搬运的方向，波浪的搬运分为横向搬运和纵向搬运两种类型。当波浪垂直海岸作用时，碎屑物在进流作用下被推向海滩，在退流作用下移向海中，称为横向搬运；当波浪斜向冲击海岸时，碎屑物在沿岸流的作用下，做平行海岸的位移，称为纵向搬运。

波浪的往复运动，使得滨海和浅海近岸的砂砾具有良好的磨圆和分选性。一般较粗、较重的颗粒搬运的距离较近，较细、较轻的颗粒搬运的距离较远。

2. 潮流的搬运作用

主要发生在滨海和浅海区，搬运过程也具有分选和磨圆作用。在海岸带海浪搅起的泥沙主要由潮流搬运，并来回于滨海与浅海之间。大潮时，海峡中潮流流速可达6~7m/s，动力几乎与山区河流相当，具有巨大的搬运力。如钱塘江口的一次大潮，竟把防波堤上高出海面6~7m，重约1500kg的"镇海铁牛"移走20m，潮流将河口的大量泥沙搬运至较深海区，使钱塘江口不能形成三角洲，而形成喇叭状河口。

潮流在海峡、河口湾等地形束窄处以及泥滩的潮水沟中的流速较快,具有明显的搬运能力。潮流将细碎屑带走,使这些地方的底质比周围显得更粗糙,如发育于泥滩的潮水沟中没有滩面常见的那种细碎屑,而是由砂和泥砾组成的粗碎屑物质。

3. 洋流的搬运作用

主要发生在半深海和深海的广大海域中。洋流的规模大,流程远,但因其流速小,搬运能力不大,仅能以悬移方式搬运极细的黏土物质及微小生物的遗体。许多地方发现有强底流,流速 4~40cm/s,如南极附近海底 1800~5500m 存在向北流动的深海底流,这些底流搬运粉砂和黏土,且在沉积物表面留有波痕、冲刷痕等。洋流可将深海区的化学物质和有机物带向浅海,如浅海中沉积的磷质岩石,其中的磷是由洋流从深海区带来的。

4. 浊流的搬运作用

浊流发育于大陆坡上,因大陆坡坡度大,故速度快,搬运能力极大,且搬运距离可达几十千米,甚至几千千米。搬运物除泥沙外,还有大量的砾石和岩块,搬运过程中碎屑物质悬浮,粗粒的、密度大的集中在头部,细粒的、密度小的分布在尾部。搬运过程具有分选作用。

(二) 化学搬运作用

由河流带来的溶解物质及海蚀作用产生的溶解物质,它们在动荡不停的海水中逐渐扩散,补充到海水的组成中,一部分在滨海带随波浪与潮流而进退,另一部分随洋流而被搬运。

由河流带到海里的胶体溶液,由于胶体质点常带电荷,如 Al_2O_3、Fe_2O_3 的胶体带正电,SiO_2、MnO_2 的胶体带负电,与富含电解质的海水混合时可导致凝胶作用而发生沉淀。所以,这类胶体溶液不可能在海里长距离搬运,一般都在浅海的近岸带沉淀下来。

四、海洋的沉积作用

(一) 沉积物的来源

1. 陆源物质

由河流、冰川、风、地下水等从大陆搬运入海的物质以及海岸受侵蚀而成的物质。按其性质可分陆源碎屑物和陆源化学物,前者是机械搬运的砂、粉砂、泥等较细碎屑及少数砾石(块),后者是以真溶液或胶体溶液搬运的离子和化合物。

2. 生物物质

由海中生物提供的 $CaCO_3$、SiO_2 以及磷酸盐类物质,它们呈溶解状态或者以介壳或骨骼的碎屑出现。

3. 与岩浆活动有关的物质

是海底、岛屿或大陆近海区的火山喷发物,包括固体碎屑物、气液物质、熔岩及其在海水中分解而成的产物。此外,沿洋脊上升的岩浆,有可能分泌热水溶液并带来某些金属元素及其化合物。

4. 海底岩石溶滤的物质

海水沿海底岩石裂隙向下渗透而被加温,被加温的海水从岩石中溶解并淋滤出某些物质,如二氧化硅、金属硫化物等,再沿裂隙向上运动,以海底热泉的方式溢出海底。

5. 宇宙物质

主要是各种陨石和宇宙尘埃,如陨石爆炸后的残留物或漂浮在宇宙中的尘埃质点,这种物质一般数量很少。

(二) 滨海沉积

滨海区以碎屑沉积为主。水动力主要是波浪和潮汐。由于水动力条件、物质来源、所处地形位置等因素的差异,可形成海滩、沿岸沙堤和沙坝、沙嘴和连岛沙坝等沉积地形(图 4-6-11)。

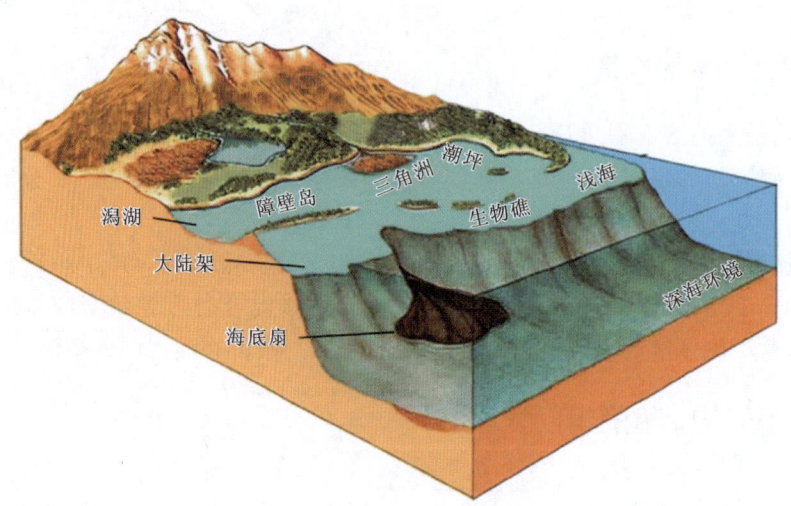

图 4-6-11 滨海沉积地形

滨海带具有十分强烈的水动力条件。除个别特殊环境下由化学作用引起化学沉积外,滨海带几乎均为机械沉积作用。在此带中生长的动物往往是厚壳动物和钻孔动物,它们死亡后与其他沉积物一起混杂堆积,极少单独存在。在强大的水动力作用下,生物遗体很难完整保存,常以碎片残存于沉积物中。

1. 海滩沉积

是滨海区最主要的沉积地形,由于组成物的粒径不同,分别形成砾滩、沙滩和泥滩。3 种海滩的分布取决于物质来源和水动力状况,不同粒径的碎屑对水动力的反应不同,便导致了砾、沙、泥的分选和分离。砾石的起动速度和沉积速度较大,起动后以滚动方式推移,当流速减少时便立即沉淀;沙的起动速度小,易起动,时浮时滚,沉速中等;泥的起动难,沉速慢,一旦起动,可长期悬浮,这就是海滩碎屑分选好,砾滩、沙滩与泥滩不相混的原因。

1) 砾滩

多数分布于基岩海岸,特别是岬角附近或山区河流河口两侧的海岸地带。分布位置不同,砾石来源不同,砾石的特点也有差异。

(1) 基岩海岸附近的砾滩。

砾石主要来自海岸崩塌,经海浪、潮汐作用磨蚀而成。砾石的成分与基岩海岸岩性一致,分选性和磨圆度随砾滩的成熟度,即砾滩形成后经历海浪和潮汐作用时间而异。砾滩形成时间越长即成熟度越高,砾石的分选性好(即大小相近),磨圆度好(圆—次圆)(图 4-6-12),砾石排列平行海岸线,且倾向于大海。

图 4-6-12 砾滩

(2) 山区河流河口两侧的砾滩。

砾石主要来自近大海的山区河流,山区河流因地形坡度大,河流流速快,动能大。海岸离河流发源地和上游比较近,所以有粗碎屑——砾石带至河口。此类砾石成分比较复杂,如位于长城起点老龙头西侧的大石河河口附近的砾石,其成分有河流中、上游流域内分布的安山岩、火山碎屑岩、石灰岩、砂岩等,砾石大小相近分选好,外形几乎均为圆状。

2) 沙滩

是海滩中分布最广的沉积地形。主要由进流和退流反复将砂粒搬运(剥蚀)和沉积而成,总体向海倾斜,坡度一般仅几度。坡度大沙滩宽度小,坡度小沙滩宽度大,即沙滩发育好,如河北省南戴河的黄金海岸,沙滩宽达数十至上百米。沙滩附近的陆地上,由于海风的作用沙丘十分发育。沙滩地形也不是完全平坦的,涨潮时,进流带来的粗粒碎屑物沉积在高潮线附近,因此沙滩上也形成有滩脊。由于高潮线位置的变化,滩脊可被破坏,也可保留有多道滩脊,沙滩滩脊之间的槽沟残留有海水。

组成沙滩的砂粒一般分选性好,成分较单一,以石英、长石为主,含生物贝壳碎粒。成熟度高的沙滩,砂粒成分以石英为主。当石英含量高达 90% 以上时,可作为石英砂矿开采。砂粒中常含有用的矿物,如金刚石、金、锆石、独居石、铂等。南非和纳米比亚的金刚石砂矿;美国阿拉斯加的砂金都是世界有名的。由于颗粒细小,以及磨蚀过程中破裂等原因,沙的磨圆度不一定总是好的,沙滩的表面常留下不对称波痕。

3) 泥滩

是以潮汐作用为主形成的。河流带入海洋的大量粉砂和黏土,在涨潮时由潮流带至平缓的前滨(潮间带)或海湾处沉积形成泥滩。海岸带(包括河口湾)以潮汐作用为主的被潮道和潮沟切割的平缓地带,统称为**潮坪**,泥滩是潮坪中的主要成员。以潮汐作用为主的沉积地形,其沉积物分布与沙滩有所不同,泥滩滩面由高向低,由黏土、粉砂为主,向海过渡为砂。

潮坪沉积物的特征往往受气候、沉积物的来源以及潮汐强度的影响。在干旱气候条件下,潮坪上可产生碳酸盐的沉积;在潮汐作用强烈时,潮水将泥、粉砂带到潮坪沉积下来,退潮时,潮水在宽阔的潮坪上切割出细小的槽沟,槽沟中水动力条件稍强,可以产生砂粒沉积,形成水平层理。在特大高潮才被淹没的潮湿地区,沉积物长时间暴露于水面之上,其生物生长繁茂,往往形成海岸沼泽,产生大量的生物沉积,在一定的地质条件下可形成煤矿。

砾滩、沙滩分布的海岸带,海浪作用强于泥滩分布的地带。如舟山群岛中的普陀岛,东侧海岸向海波能较大,以沙滩为主,基岩海岸附近有砾滩;西侧海岸向陆,波能小,长江带入海中的粉砂、黏土被潮汐作用搬运至此沉积,泥滩十分发育。

2. 沿岸沙堤、沙坝和沙嘴

主要与沙滩相伴而生,沿岸沙堤位于沙滩高处与后滨相邻;沙坝位于沙滩低处,低潮线内外。它们主要是进流和退流使泥砂横向运动形成的。

1) 沿岸沙堤

处于前滨和后滨交界处,也是海岸带平均高潮线所在地带。平行海岸分布,由进流带来的粗碎屑物沉积而成,沉积物以粗、中砂为主。当局部以砾石或贝壳为主时,可称为砾石堤或贝壳堤。组成沿岸堤的砂层可具双向交错层理。当海岸线向海推进时,高潮线位置向海移动,即会形成新的沿岸沙堤。原来的沿岸沙堤变为古沿岸沙堤,它是海岸线变迁的标志。

2) 沙坝

平行海岸断续分布,高度不大,一般退潮时露出海面。有的位于水下,称为水下沙坝。主要是底流带回海中泥沙与前进海浪相遇沉积而成。海浪向岸推进过程中若遇水下沙坝,因水浅,海浪破碎。因此在沙质海岸边,一道道白色破浪带出现的地方,可推测水下有沙坝分布。

3) 沙嘴

由沿岸流造成的砂粒以纵向运动为主堆积而成的长条形垄岗状地形,其一端与海岸相连,另一端伸入海中。它是由沿岸流流至海湾,水域开阔,流速下降,沙顺沿岸流方向沉积而成。由海岸至沙嘴尾,砂粒由粗变细。由于受海浪作用的影响,沙嘴尾部向陆弯曲。

沙坝和沙嘴的加高和延伸,常常连接起来筑成滨海带的障壁,使向陆一侧的海域与外海呈半隔绝状态,该区域称为潟湖。

3. 潟湖沉积

沙坝、沙嘴,或珊瑚礁坝,构成潟湖的障壁,对应的潟湖分为:海岸潟湖和珊瑚潟湖(图 4-6-13)。潟湖形成后由于与水体连通性的差异,导致其水体盐度出现差异,据此可分为淡化潟湖和咸化潟湖。

海岸潟湖

珊瑚潟湖

海岸潟湖

图 4-6-13　各种潟湖

海岸潟湖位于滨岸坝（由沙坝、沙嘴构成）与海岸之间，水域狭长而不规则。当地气候和陆源水系的补给对潟湖环境的影响非常大，根据影响因素和发育特征，可将潟湖分为淡化潟湖和咸化潟湖。在潮湿气候区，降雨量大于蒸发量，往往大陆上河流十分发育，大量的淡水补给使潟湖中的盐度降低，形成淡化潟湖；在干旱气候区，蒸发量大于降雨量，陆上补给潟湖的淡水少，仅靠涨潮时由海水补给，由于蒸发量大，导致潟湖水面降低，盐度增高而形成咸化潟湖。

珊瑚潟湖由环状珊瑚礁环绕或由坝状珊瑚礁相隔而成，水域呈圆形或不规则形状。珊瑚潟湖的分布局限于具备珊瑚生长条件的热带开阔海域，主要见于距赤道南北纬 25°以内。珊瑚潟湖从小环礁湖到直径 2.5～100km 的大环礁湖均有，深度很少超过 20m，有许多更浅。在珊瑚环礁潟湖中，径流很少或没有，只在潮流很大时引起海水的进出。在水温与盐度方面，珊瑚潟湖的湖水与外海上层海水相同。

潟湖区的植物取决于当地的气候与湖水盐度。热带潟湖中红树林繁盛，温带潟湖中常生长盐沼植物，植物的种属取决于植物的耐盐度和湖底条件。盐度较小的湖区发育芦苇沼泽，盐度接近外海时生长盐生植物。海岸潟湖中的动物多为生长在软泥或沙中的牡蛎等软体动物，珊瑚潟湖中的动物多为造礁动物。

(三) 浅海沉积

浅海是最重要的沉积区,是沉积作用最发育的海域。陆源的碎屑物、化学物和有机质大部分沉积在浅海中,浅海自身也生产化学及生物物质,绝大多数沉积岩都属于浅海沉积。

1. 机械沉积

被带到浅海的碎屑物质,由于海水深度增大,动能减少,碎屑颗粒按粒径大小、重轻先后依次沉积下来,这种作用称为机械沉积分异作用。由近岸到远岸,依次沉积粗砂→中砂→细砂→粉砂→黏土,表现出平行海岸的带状分布。近岸带的沉积物以砂为主,远岸带的沉积物以粉砂和黏土为主。沉积物显示出良好的分选性,碎屑颗粒磨圆度好,具有明显的层理构造。层面上发育波痕,往往在近岸带为不对称波痕,远岸带为对称波痕。沉积物中含有大量各种类型且保存完整的生物遗体。

2. 化学沉积

浅海化学沉积物主要来自海水溶蚀,以及河流、地下水从陆地上搬运来的溶解物质和胶体物质。发生沉积的原因是海水的盐度、温度、pH 值、E_h 等因素发生变化。化学物质通过过饱和沉淀、胶体电性中和产生凝聚、颗粒吸附和生物浓集等方式沉积。

经近代研究发现,浅海的化学沉积物绝大多数是由生物特别是微生物的参与形成的,严格地说,都是生物化学作用的产物。

浅海的化学沉积物主要有碳酸盐类(以 $CaCO_3$ 为主)、铁锰铝的氧化物和氢氧化物、硅质、磷质、绿泥石等沉积物。

1) 碳酸盐沉积

浅海中大量沉积的是碳酸盐,主要是 $CaCO_3$ 的沉积。在加勒比海、波斯湾、澳大利亚西海岸和我国南海等局部热带海域较发育。$CaCO_3$ 的沉积需要热带气候及大量 $CaCO_3$ 物质的来源,但更重要的因素是微生物的参与。细菌死亡后产生的 $NH_3 \cdot H_2O$ 和浅海藻类光合作用大量消耗水中 CO_2。这两者都使海水的 pH 值升高,有利于 $CaCO_3$ 的沉淀,$CaCO_3$ 沉积物成岩后即为石灰岩。

地质历史时期浅海环境形成的石灰岩广泛分布于地表,石灰岩分布的面积约占地表沉积岩的 10% 以上。石灰岩是良好的生油和储油岩,石灰岩中蕴藏着世界近 1/2 的石油。

2) 铝和铁质的沉积

铝和铁由于溶解度较小,它们往往在近岸的滨海和浅海中均可发生沉积,形成的岩石称为铝质岩和铁质岩。铝质岩是 Al_2O_3 含量多于 SiO_2 的沉积岩;铁质岩是含 Fe 不少于 15% 的沉积岩。

3. 生物沉积

浅海是生物最繁盛的区域,生物的沉积作用十分明显。当浅海中大量的生物死亡后,尸体的硬质部分可直接堆积在海底,形成生物堆积,这些硬体、骨骼以碎片或整体的形式混杂在碎屑沉积物和化学沉积物中。浅海中最主要的生物沉积物是珊瑚礁,珊瑚礁以珊瑚骨骼为主体,并与附生在礁石上的具碳酸盐介壳的藻类共同组成生物礁。

现代珊瑚礁主要分布在北纬 30°至南纬 25°之间的温暖海域。珊瑚一般生长在水深小于 60m,氧和阳光充足,水质清澈透明,水温 20℃左右,含盐度 35‰左右的浅海环境中。

根据珊瑚礁形态与分布特点,常见的有 3 种类型:岸礁、堡礁和环礁(图 4-6-14)。

图 4-6-14　堡礁(左)与环礁(右)

1) 岸礁

沿大陆或岛屿岸边生长发育,亦称裙礁或边缘礁,与海岸之间有一狭窄水道相隔,多数岸礁没于水面之下,形成一道宽阔的浅水带。现代最长的岸礁沿红海沿岸发育,绵延约 2700km 以上,分布水深约 36m;我国台湾恒春半岛和海南岛沿岸也有岸礁发育。

2) 堡礁

是离岸有一定距离的堤状礁体,又称堤礁。堡礁位于大陆架的边缘,它在大洋与大陆架的浅水之间形成了一个屏障,堡礁都有缺口,与陆地隔以潟湖。堡礁可以是因为大陆下沉由裙礁演化而成。现代规模最大的堡礁是澳大利亚昆士兰大堡礁,全长约 2000km,分布水深约 30m。

3) 环礁

大致为圆环状,中间是潟湖,有的与外海有水道相通。环礁直径在几百米至几十千米,形态多样。环礁多坐落在大洋火山锥上,孤立于汪洋大海之中,展布受洋底火山作用的控制,某些也可在大陆架上见到。环礁礁坪上常有灰砂(砾)岛或礁岩岛,统称为珊瑚岛。环礁一般是由火山岛周围的裙礁演化而成的,风化后岛屿逐渐被消磨,最后沉到水面以下,最后只剩下一个环绕着一个暗礁的环礁;海底下沉和海面上升也会形成环礁。马绍尔群岛上的夸贾林环礁和马尔代夫群岛的苏瓦迪瓦环礁,面积都在 1800km² 以上,是世界上最大的两个环礁。

(四) 半深海沉积

是从浅海向广阔深海的过渡地带,水深一般位于 200~2500m 之间,在海底地形上相当于大陆坡的位置,通常地形坡度较陡。由于远离大陆,粗粒的碎屑物一般较难搬运到大陆坡,故通常以陆源泥的沉积为主,可有少量化学沉积和生物沉积,局部可见冰川碎屑和火山碎屑。

大陆坡上分布最广的沉积物是软泥,有蓝色软泥、红色软泥和绿色软泥 3 类;其他则由珊瑚碎屑、火山碎屑、冰川碎屑和浊积物等组成。

蓝色软泥广布于大陆坡,为蓝黑、深蓝或浅蓝色,系因沉积物中存在氧化亚铁及有机质,是海底为还原环境的标志,以黏土、粉砂为主,也有少量生物成因的碳酸钙。

除红色软泥分布局限于热带、亚热带的海岸以外,为砖红色、红棕色,这种颜色并不意味着海底为氧化环境,而是因为陆源物本身为来自大陆的红土。

绿色软泥主要分布在大陆架与大陆坡接触地带,其特征是含有较多的海绿石矿物,致使软泥呈绿色,软泥中还有少量石英、云母和碳酸盐矿物。

在火山作用强烈的半深海地区,沉积物中混入大量火山灰并含有浮石、火山角砾岩,称为火山泥。在珊瑚岛附近发育珊瑚泥,由珊瑚礁的海蚀产物堆积而成。在高纬度海区分布有冰川碎屑。由浊流作用形成,堆积在大陆坡坡麓的沉积物称为浊积物。

(五) 深海沉积

深海是水深大于 2500m 的广大海域,其海底地形主要包括大陆基、大洋盆地和海沟等。由于远离大陆,沉积物主要是泥质和化学、生物物质。

1. 陆源碎屑物

有浊积物、冰川沉积物、风积物等。

1) 浊积物

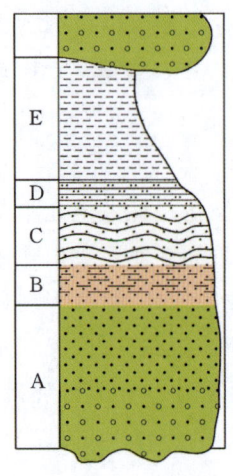

图 4-6-15　鲍马层序

分布在大陆坡海底峡谷出口外,形成扇状地形——深海扇。

浊积物由陆源碎屑物与泥质物组成的韵律交互层,碎屑以砂和粉砂为主,可含珊瑚、介壳等生物碎片及海绿石矿物,分选好、具层理。一次浊流堆积形成的堆积体呈透镜状并夹杂在生物软泥等深海沉积物中。一个完整的浊流沉积称为鲍马层序,自下而上分为 5 个层段(图 4-6-15)。

A 段:递变层理段或块状层理段,主要由砂岩组成,底部含砾,向上粒度变细,反映浊流能量逐渐减弱的过程,底面发育冲刷-充填构造。

B 段:平行层理段(下部平行纹理段),由细砂或中砂岩组成。与下伏 A 段为渐变关系。

C段：波状层理段（流水波状纹理段），由细砂岩和粉砂岩组成，以发育小型波状层理为特征，有时见有包卷层理。与下伏B段呈突变接触。

D段：水平层理段（上部平行纹理段），由泥质粉砂岩和粉砂质泥岩组成，具有清晰的水平层理。与下伏C段界线清晰。

E段：泥岩段，由块状泥岩组成，与下伏D段呈过渡关系，有时顶部分布有页岩或泥灰岩。

2）冰川沉积物

高纬度海上的冰山消融后，由所挟带的碎屑物沉积而成。其特征与大陆上冰碛物基本相同，但混有海洋生物硅藻的遗体；其堆积量随离大陆距离增大而减少，而硅藻体的数量却相对增多。

3）风积物

以泥质为主，其成分主要为石英、长石，其次是陆上生物碎片和孢子花粉。风积物的分布与气候带有关，如沙尘暴所挟带的悬浮物，随风漂移至大洋中沉积，一般量小，多与其他类型沉积混杂，但局部含量可高达30%以上。

2. 生物软泥

由有机化合物与黏土组成。有机化合物一般超过50%，不同海域生物成分不同，可分为钙质软泥和硅质软泥，其中以钙质软泥分布最广。

1）钙质软泥

生物物质含量达65%，主要是具碳酸盐介壳的抱球虫、翼足虫和颗石藻等。钙质软泥主要分布在热带、亚热带海域，水深小于5000m的海底。其中某一种含量超过30%时可称为抱球虫软泥、翼足虫软泥或颗石藻软泥等。

2）硅质软泥

生物物质主要是由硅质浮游生物放射虫和硅藻组成，其硅质含量大于30%，在其遗体下沉过程中，大部分溶于海水，少量到达深海底。根据生物构成分别称为放射虫软泥和硅藻软泥，前者主要分布在太平洋赤道一带，后者则主要分布在南极和北极高纬度带海域。

3. 深海黏土

褐色黏土，也称为红色大洋黏土或红黏土，其中50%～70%是黏土组分，其余成分较杂，有火山灰、自生铁锰氧化物和氢氧化物、宇宙尘埃。黏土主要来自陆地和海底火山喷发蚀变后的产物。大洋黏土主要分布在太平洋、印度洋东南部、大西洋西部海域。

4. 深海底多金属矿产

1）锰结核

锰结核又称多金属结核，是一种铁、锰等氧化物的集合体，以锰结核最为常见，颜色常为黑色和褐黑色，不规则球状或块状，含有30多种金属元素，其中最有价值的是锰、铜、钴、镍等。多金属结核广泛分布于2000～6000m水深海底表层。锰结核的形态多样，有球状、椭圆状、马铃薯状、葡萄状、扁平状、炉渣状等。锰结核的大小尺寸变化也比较悬殊，从几微米到几十厘米的都有，质量最大的有几十千克(图4-6-16)。

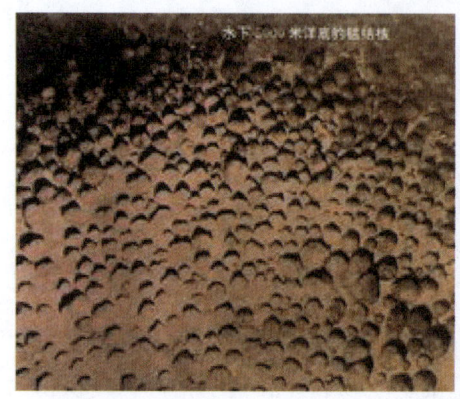 

图4-6-16　锰结核

2) 富钴结壳

是生长在海底岩石或岩屑表面的一种结壳状自生沉积物,主要由铁锰氧化物组成,富含锰、铜、铅、锌、镍、钴、铂及稀土元素,平均含钴达0.8％～1.0％。金属壳厚1～6cm,平均2cm,最厚20cm。结壳主要分布在海山、海台及海岭的顶部或上部斜坡上。

3) 多金属硫化物

在海底热液作用下形成的富含铜、锰、锌等金属的火山沉积矿床。按产状可分为两类：一类是呈土状产出的松散含金属沉积物,如红海的含金属沉积物(金属软泥)；另一类是固结的坚硬块状硫化物,与洋脊"黑烟囱"热液喷溢沉积作用有关,如东太平洋洋脊的块状硫化物。富含金属的高温热水从海底喷出,在喷口四周沉淀下多金属氧化物和硫化物,堆砌成平台、小丘或烟囱状沉积柱。世界已有70多处发现有热液多金属硫化物产出,在东海冲绳海槽已发现多处热液多金属硫化物喷出场所。

本学习单元小结

(1) 海洋的边缘为海,中心为洋。按水深,海洋可划分为浅海区、半深海区、深海区三部分。

(2) 海水中溶解有以氯化物、硫酸盐及碳酸盐为主的盐类物质,平均含盐量为35‰。

(3) 海中生物分为底栖、游泳和浮游3类。底栖生物主要分布在0～100m水深的海底,游泳及浮游生物主要生活在海水上层50～100m的深度范围内。按骨骼成分划分为钙质和硅质两大类。

(4) 波浪主要发生在近岸浅水海域,其传播深度一般不超过浪基面(即1/2波长的深度)。波浪运动可以侵蚀和破坏近岸带岩石并形成各种海蚀地形,也可以改造、搬运并沉积各种碎屑沉积物,并形成沙滩、沙坝、沙嘴等沉积地形。

(5) 潮汐作用引起海平面高度的变化,导致海水做大规模水平运动,形成潮流。潮流速度快,规模大,对海底沉积物起重要的改造、搬运和再沉积作用。在狭窄的河口带,潮流可将碎屑沉积物冲刷、带走,不形成三角洲而成为三角港。

(6) 洋流是由信风、海水温差以及含盐度差等因素引起的海水定向流动。有多种洋流,如海水表层的,海水深部的,近岸地带的,远海水域的,等等。运动方向有水平的,也有垂直的。洋流可搬运海底碎屑沉积物及溶解于海水中的金属元素。

(7) 浊流是一种含大量碎屑物质因而密度大(可达 $1.5\sim2.0g/cm^3$)并以较高速度向下流动的水体。它具有很强的动能,塑造海底峡谷,将浅水带的沉积物搬运到深海海底堆积。

(8) 海洋是沉积物的巨大储集场所。沉积物来源于陆源物质、生物成因物质、岩浆活动成因物质、从海底岩石中溶滤出来的物质,以及陨落物质等。

(9) 滨海是浪基面以上的海域。滨海分为外滨、前滨及后滨。滨海带以能够受到强烈的波浪作用为特征,形成沙滩、沙坝、沙堤、沙嘴等各种地貌。后滨带可形成沼泽。如果浅平的近岸带因有凸起的地貌而与外海隔离或半隔离,海水循环不畅,波浪作用变弱而潮汐作用占主导地位,则可出现潟湖及其周围的潮坪。潮坪平坦而宽阔,沉积有砂质或泥质物。

(10) 浅海是大陆架上的海域,其下界深度一般为200m。其上半部海水动荡,富含氧,盐度一般正常,生物丰富;其下半部生物减少。这里堆积的是各种碎屑沉积物、碳酸盐沉积物以及 Al、Fe、Mn 等氧化物。在海水温暖、阳光充足、水质清澈的海域可以形成珊瑚礁。珊瑚礁有岸礁、堡礁和环礁3类。

(11) 半深海是大陆坡上的水域,其沉积物主要源自陆地,主要是泥质与粉砂质或细砂质的混合物,少数是生物成因及火山成因的,可以含有一定数量的 $CaCO_3$。

(12) 深海是大洋底上的水域,其沉积物有:生物软泥(钙质的或硅质的)、红色黏土、浊流沉积、金属泥及锰结核等。

(13) $CaCO_3$ 能够沉积并保存的最大海水深度称为碳酸盐补偿深度。超过这一水深,碳酸盐物质就会被富含 CO_2 的海水溶解而不能沉积和保存下来。

• **重要术语**

底栖生物、游泳生物、浮游生物、波浪、潮流、浊流、波基面、沙坝、沙嘴、潟湖、外滨、前滨、后滨、珊瑚礁、碳酸盐补偿深度、生物软泥、红色黏土、浊积岩、锰结核。

• **思考题**

(1) 什么是海?什么是洋?如何区别海和洋?

(2) 海水的运动方式有哪几种?它们产生的原因各是什么?

(3) 海水的剥蚀作用方式有哪些类型?海洋的剥蚀产物有哪些类型?

(4) 什么是滨海?滨海的沉积环境分为哪几部分?滨海会形成哪些沉积类型?

(5) 什么是浅海?浅海以什么地质作用为主?

（6）简述浅海的沉积特征。

（7）什么是半深海？半深海的沉积特征是什么？

（8）什么是深海？深海的沉积特征是什么？

学习任务七　认知湖沼的地质作用

- **学习目标**　了解湖泊沼泽的基本概念；掌握湖泊及沼泽的沉积作用与特征。
- **知识目标**　领会湖泊的化学沉积作用及其类型；领会沼泽的生物沉积作用的特征。
- **思政目标**　引导学生领会湖泊、沼泽的演化过程及其在人们生产生活中的作用，树立正确的自然观、地质观，涵养热爱自然、珍惜资源、保护环境、合理利用自然资源的思想意识。

湖泊是陆地上的积水洼地，由湖盆和水体两部分组成。

湖泊遍布世界各地，总面积约占陆地面积的1.8%。它们的大小、形状和深度相差极为悬殊。世界最大的湖泊是里海，面积37.1万 km^2，储水量89.6万亿 m^3；最深的湖泊是俄罗斯的贝加尔湖，最大水深1620m；海拔最高的湖泊为我国西藏的纳木错湖，湖面海拔4718m；海拔最低的湖泊为死海，湖面海拔－395m。我国最大的湖泊是青海湖，面积4583km^2；我国最深的湖泊是长白山天池，最大水深373m；我国最大蓄水量湖泊是抚仙湖，储水量206.2亿 m^3，占全国淡水湖泊蓄水量的9.16%。我国海拔最低的湖泊是艾丁湖，海拔－154m。

湖泊中还生产人类迫切需要的盐类、石油、天然气等矿产。

一、湖泊的类型

图4-7-1　直立的滇池断陷湖

（一）湖泊的成因类型

根据湖盆的成因，湖泊分为以下几种类型。

1. 构造湖

由构造运动形成的湖盆，称为构造湖。它又可分为两种：一种是由地壳长期局部下降的凹地构成的，这类湖的面积一般较大，如世界上最大的湖泊——里海，以及我国最大的淡水湖——鄱阳湖；另一种是断陷湖，由地壳断裂形成的长条状凹地积水而成，如俄罗斯的贝加尔湖，我国云南的滇池（图4-7-1）、抚仙湖和洱海。断陷湖特点是湖形狭长、水深而清澈,湖岸陡峭,同时,还经常出现一串依构造线排列的构造湖群。

2. 火山口湖

系火山喷发口的凹地积水而成的湖泊,其形状是圆形或椭圆形,湖岸陡峭,湖水深不可测,如吉林长白山天池深达373m,为我国第一深水湖泊(图4-7-2)。

3. 冰川湖

由冰川作用所形成的大面积洼地积水而成的湖泊称为冰川湖,主要分为冰蚀湖和冰碛湖两种。冰蚀湖是由冰川挖蚀作用形成的一种冰川湖。冰蚀湖往往会呈串珠状分布(图4-7-3)。冰川前端冰碛物堵塞冰川槽谷积水而成的称为冰碛湖,如新疆天山天池。

图4-7-2 长白山天池

图4-7-3 云南老君山的冰蚀湖

4. 河成湖

湖盆由河流侵蚀与沉积而成的湖泊称为河成湖。例如,河漫滩的低洼处可积水成湖;曲流河改道后被遗弃而成的牛轭湖(图4-7-4);河流三角洲上因泥砂淤塞而形成的三角洲湖;河床因沉积而增高,阻塞支流而成的河床湖。

5. 海成湖

由于泥沙沉积使得部分海湾与海洋分割而成的湖泊称为海成湖,如杭州西湖、宁波的东钱湖。

6. 溶蚀湖与陷落湖

湖盆经溶蚀而成的湖泊称为溶蚀湖。湖盆由地面塌陷而成的湖泊称为陷落湖。我国云南东南部、贵州西部、广西西部均有密集分布的溶蚀陷落湖群,如云南的异龙洞、八仙洞。此外,地下岩盐溶解而成的盐池以及因冻土解冻,地面陷落而成的积水洼地也属陷落湖。

7. 风蚀湖

由风蚀作用使地面下凹,并切割到地下潜水面而成的湖泊称为风蚀湖,如甘肃敦煌的月牙泉(图4-7-5)。

图 4-7-4　牛轭湖

图 4-7-5　月牙泉

8. 堰塞湖

由火山喷出的岩浆、地震引起的山崩、冰川与泥石流引起的滑坡体等壅塞河床,截断水流出口,导致上游河段积水形成的湖泊称为堰塞湖,如黑龙江省黑河的五大连池、黑龙江省牡丹江的镜泊湖等。

9. 潟湖

海岸带沙坝、沙嘴相连,或是环礁使一部分海域与大海半隔绝而成的湖泊称为潟湖,涨潮时湖水与海水相连。潟湖与其他外力地质作用形成的湖泊不同的是湖水主要由海水供给。但在潮湿气候区入潟湖的淡水量多时,潟湖中的水含盐度减小,称为淡化潟湖;干旱气候区入潟湖的淡水量少时,且蒸发量大,往往含盐度比海水高,称为咸化潟湖。

10. 人工湖

由人工筑坝堵塞谷地而成的湖泊称为人工湖,水库即为典型的人工湖,如长江的三峡水库、金沙江的乌东德水库等。

(二) 湖水的来源及排泄分类

1. 泄水湖

一般位于潮湿气候区,河流中途流经的湖泊,湖泊有进水口和出水口。大气降水量多于蒸发量,这种湖水一般为淡水,如鄱阳湖、抚仙湖等。

2. 不泄水湖

主要分布在干旱气候区,湖泊没有出水口,且蒸发量大,一般为咸水湖,如青海湖。

(三) 按湖水的含盐度分类

湖水含盐量是衡量湖泊类型的重要标志。依据湖水含盐量或矿化度的多少,将湖泊划分为四种类型。

淡水湖:湖水含盐量≤1‰。

微(半)咸水湖:湖水含盐量1‰~10‰。

咸水湖:湖水含盐量10‰~35‰。

盐湖或卤水湖:湖水含盐量>35‰。

湖水中的盐类是Ca、Na、K、Mg的碳酸盐、氯化物和硫酸盐类。其含盐量随气候变化明显。世界上含盐量最高的湖泊——死海,含盐量230‰~250‰。

二、湖泊的地质作用

(一) 湖水运动的特征

湖水和海水一样,也经常处于运动之中。湖水动力也有波浪、湖流、潮汐等机械动力,但湖泊比海洋范围小,所以湖水的机械动力亦不大。

1. 湖浪

因湖面小,陆地上风力比海洋风力弱,所以湖浪的规模较海浪小。在较小的湖泊中,湖浪的波长一般只有数米。面积达 $5.9×10^4 km^2$ 的美国密歇根湖,其最大湖浪波高也不超过4.5m,波长不超过30m。我国鄱阳湖最大湖浪的波高为1.5m,波长为15m。即使是大湖,在水深20m以下的湖底也是静水环境,不受波浪的扰动。

2. 湖流

湖流是定向运动的湖水。主要由风的吹动或进湖、出湖的流水所引起,湖流常出现在河口处。小湖的湖流流速不过几厘米每秒,大湖的略大。如里海表面湖流流速为70cm/s,水深150m处的底流速度为25 cm/s。

湖水上下层的水温和密度不同,也可引起湖水上升和下沉的对流。由于湖水的对流,氧可以被带入底层,使湖底具有氧化环境,从而有利于湖底生物的繁殖并促使某些物质发生化学反应。

湖泊也有潮汐现象,但规模很小,作用力不大,如贝加尔湖为1.5cm。

(二) 湖泊的剥蚀和搬运作用

湖泊的剥蚀作用,也称湖蚀作用,其常包括机械冲蚀、磨蚀和化学溶蚀等方式。其中以机械冲蚀为主。湖蚀作用主要是由波浪运动引起,主要发生在湖岸带。大湖的湖岸在湖浪的冲击和磨蚀下可形成湖蚀洞穴、湖蚀凹槽、湖蚀崖等地形。湖蚀崖逐渐后退还可形成湖蚀平台。湖蚀的产物以及由入湖河流等各种外力带来的碎屑物质被湖流、岸流、退流等动力向湖心方向搬运,在适当部位沉积下来。

(三) 湖泊的沉积作用

湖泊可以接纳和沉积由地表水、地下水、风、冰川和火山作用带来的各种物质,以及生物残骸。

1. 机械沉积作用

较粗的砾、砂沉积在沿岸一带,形成湖滩、沙洲、沙坝及沙嘴等堆积地形;较细的粉砂及黏土等则被搬运到湖心进行堆积(图4-7-6)。

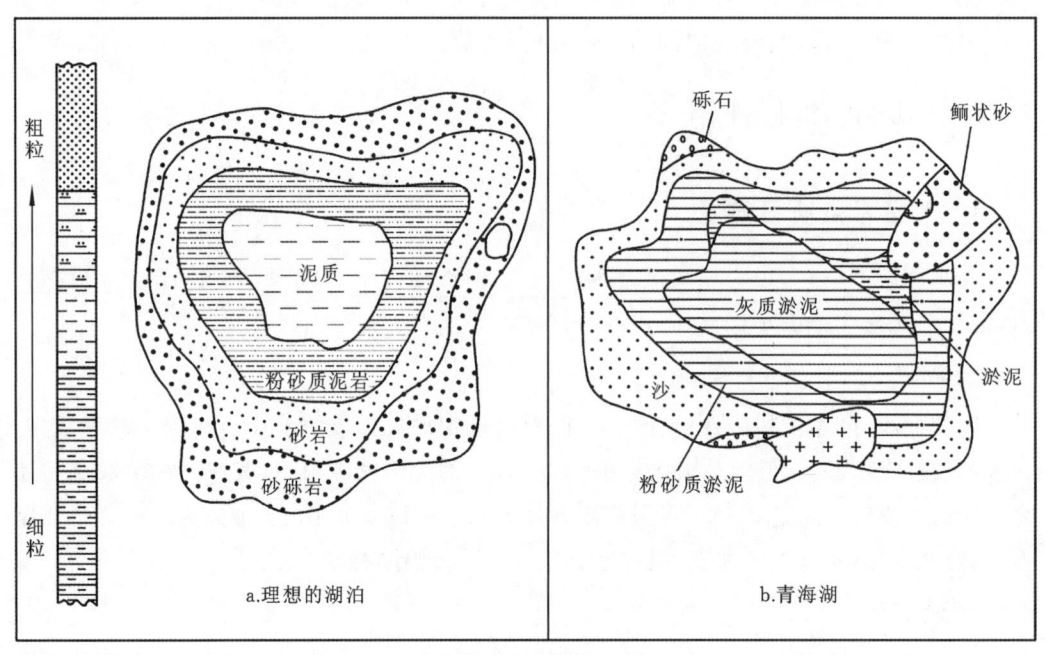

图 4-7-6 湖泊碎屑沉积物的分布

季节性的气候变化对湖泊的机械沉积作用有很大的影响。夏季河流带入的碎屑物粒径较大,数量较多;冬季河流带入的碎屑物较细、较少。此外,夏季生物的新陈代谢和有机质的腐烂分解较容易,较彻底,故沉积物的颜色较浅;冬天的情况相反。因此一年内湖泊沉积物的颗粒粗细、层的厚薄、颜色深浅都具有规律性的变化。粗的、颜色浅的、层厚的代表夏季沉积物,细的、颜色深的、层薄的代表冬季沉积物。它们交互成为纹层,其特点与冰川纹理相似。在潮湿气候区,入湖河流多、水量大,如果入湖河流携砂量高,在湖滨可形成三角洲。三角洲扩大后,湖泊被淤积变小变浅,以致消亡,出现湖积三角洲平原或沼泽。

如位于云南省昆明的滇池,自新近纪以来发育了较厚的沉积层,有的地方沉积物最大厚度达1000余米。全新世以来,古滇池四周冲积扇及河流三角洲沉积日益扩大,湖盆逐渐淤浅,水域面积缩小,形成了广阔的湖滨平原。有多条支流的盘龙江在湖盆北部入湖,形成了大规模三角洲。目前,其三角洲前缘已伸到湖心带,300年前一部分还是碧波荡漾、绿荷满池的水域,现已淤成平地。

干旱地区因入湖的河流少且水量小,入湖碎屑物有限,因而湖中机械搬运的碎屑物数量少,三角洲增长缓慢。但若湖水蒸发快,含盐度不断增加,湖泊可演变成盐湖,最后可变成盐沼或泥沼。

2. 化学沉积作用

各种元素在湖泊水中主要以离子形式存在,如 Cl^-、SO_4^{2-}、HCO_3^-、Na^+、K^+、Ca^{2+}、Mg^{2+} 等,而湖泊的化学沉积作用明显受气候的控制,潮湿气候区泄水的淡水湖与干旱气候区不泄水的咸水湖是两种完全不同类型的沉积物。

1) 潮湿气候区湖泊的化学沉积作用

潮湿气候区水量充足,生物繁盛,化学风化和生物风化作用强烈,地表易溶的 K、Na 组分最早流失,由 Ca、Mg 等组成的较易溶解的盐类和由 Fe、Mg、Al、Si、P 等组成的难溶盐类,随后也呈离子或胶体溶液搬运入湖,并在一定条件下相继发生沉积。

如由含铁岩石分解而形成的 $Fe(OH)_3$ 的胶体溶液与湖水中的电解质发生中和,或与湖水相混后因酸度降低而沉积,则可析出 $Fe(OH)_3$。此外,带入湖中的 $Fe(HCO_3)_2$ 溶液如受到湖中植物的生物化学作用,可发生分解、氧化,产生氢氧化铁沉淀,其反应式为:

$$4Fe(HCO_3)_2 + O_2 + 2H_2O \rightarrow 4Fe(OH)_3 + 8CO_2 \uparrow$$

这样形成的氢氧化铁,称为褐铁矿。它呈团块状、透镜状或不规则层状,夹杂于碎屑沉积物中,多分布在湖岸的浅水(离岸 100~300m,水深仅 1~5m)或河流入湖口处。与褐铁矿共生的可能有锰矿、铝土矿等。如江苏太湖、山西鲁平的新生代湖泊沉积物中就有铁锰矿床产出。

在生物繁盛地区,湖底的有机质腐烂分解后可析出 CO_2 及 H_2S,形成强还原环境。这种环境能使 $Fe(HCO_3)_2$ 或 $FeSO_4$ 转变成 FeS_2,形成黄铁矿。其反应式为:

$$Fe(HCO_3)_2 + 2H_2S \rightarrow FeS_2(黄铁矿) + 3H_2O + CO_2 \uparrow + CO \uparrow$$

或

$$FeSO_4 + 2H_2S \rightarrow FeS_2(黄铁矿) + 2H_2O + SO_2 \uparrow$$

如果气候冷湿,有较弱的氧化作用,在细菌的共同作用下可形成菱铁矿。其反应式为:

$$Fe(HCO_3)_2 \rightarrow FeCO_3(菱铁矿) + H_2O + CO_2 \uparrow$$

此外,在一些湖泊中常见到石灰岩及泥灰岩等,它是由 Ca、Mg 等元素经过化学作用沉积而成的。

2) 干旱气候区湖泊的化学沉积作用

干旱气候区湖水可得到河流或融雪水补给,很少外泄。由于强烈蒸发,湖水的含盐度增大,易转变成咸水。当干旱区较大的湖泊从淡水湖变成咸水湖之后,沉积作用可出现下列 4 个阶段(图 4-7-7)。

(1) 碳酸盐沉积阶段。

在湖水逐渐咸化过程中,溶解度最小的碳酸盐首先沉积。其中以钙、镁的碳酸盐,如方解石与白云石最早沉积;钠的碳酸盐,如苏打 $Na_2CO_3 \cdot 10H_2O$,天然碱 $Na_3H[CO_3]_2 \cdot H_2O$ 等次之;钾的碳酸盐最后,这一阶段可形成碱类矿床。因此,这类湖泊也称为碱湖。此外,这一阶段还可以有较多的碎屑物沉积,它们与盐类沉积混合或单独出现。这类湖泊在内蒙古以及黑龙江和吉林两省的西部分布最多。

(2) 硫酸盐沉积阶段。

如湖水进一步咸化,溶解度较高的硫酸盐也相继沉积,生成石膏($Ca[SO_4]\cdot 2H_2O$)、芒硝($Na_2[SO_4]\cdot 10H_2O$)、硫酸镁石($MgSO_4\cdot 2H_2O$)和无水芒硝($Na_2[SO_4]$)等。这些沉积物多数味甚苦,故此类湖泊常称为苦湖。在此阶段的湖泊沉积中碎屑物较少,石膏、芒硝等可成为独立的夹层。新疆、青海、吉林、内蒙古等地均有这类盐湖。

(3) 氯化物沉积阶段。

当湖水的含盐度超过24‰时,就转变为天然盐水——卤水,并析出溶解度最大的氯化物,如岩盐($NaCl$)、光卤石($KCl\cdot MgCl_2\cdot 6H_2O$)等。它们的出现标志着盐湖沉积已达到最后阶段,这时已极少有碎屑物质混入,这种湖泊称为盐湖。我国北部和西北部干旱地区盐湖很多,如内蒙古的吉兰泰盐池,青海柴达木的茶卡盐池、柯柯盐池、察尔汗盐池,新疆的罗布泊等。

此外,湖水内如含有硼酸盐,它会在氯化物沉积阶段发生沉积,形成硼砂($Na_2[B_4O_5(OH)_4]\cdot 8H_2O$)。如青藏高原西南部的郭加林湖、柴达木盆地北部的大柴旦湖等,均为我国大型内陆湖硼砂矿床的重要产地。

(4) 砂下湖阶段。

是盐湖发展的最后阶地。在这个阶地,湖泊全部为固体盐类所填满,全年都不存在地表天然盐水,而且盐层上通常被碎屑沉积物所覆盖,成为埋藏的盐矿床,盐湖已结束生命,湖泊消失。

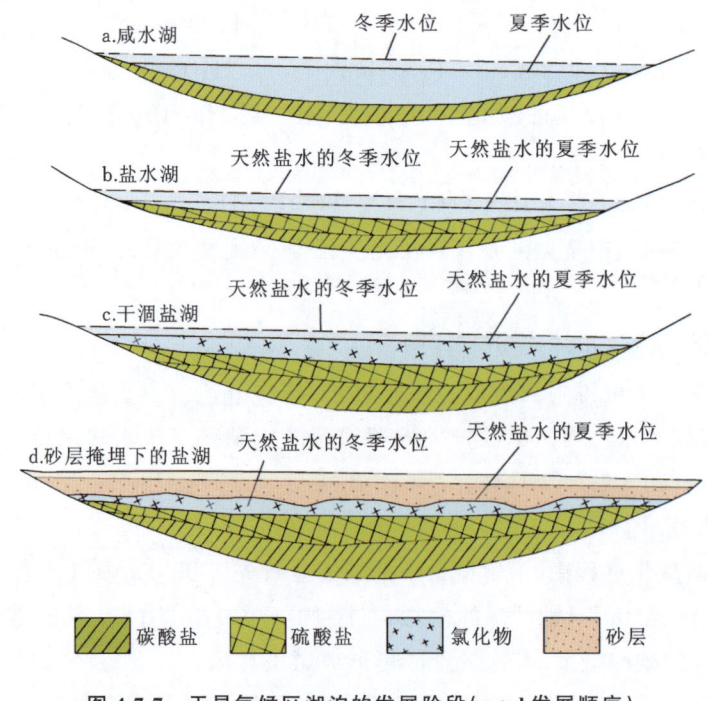

图 4-7-7　干旱气候区湖泊的发展阶段($a\to d$发展顺序)

上述盐湖的发展过程只是一个理想的过程,并不是所有的湖泊都能达到的。影响盐湖发展阶段完整性的因素很多,只有在气候条件长期不变、湖水化学成分的供给来源稳定,且含有多种成分、地壳长期以稳定的下降为主等条件都具备的情况下才能达到。

盐湖的化学沉积物不仅是化肥和工业的基本原料,由于它还含有溴、碘、锂、铷、锗等数十种微量元素,因此也是制药、冶金和尖端工业的必要原料。

3. 湖泊的生物沉积作用

湖泊的生物沉积作用主要发育在潮湿气候区。在湖岸边浅水地带长有大量沼泽植物,在较深水地带可生长浮水植物以及繁殖快速的低等菌类和藻类。这些生物死亡后,它们的遗体大量堆积下来,成为湖泊沉积物中的重要组成部分,也是煤、石油、天然气、页岩气等重要能源矿产的原始物质。在寒带或温带较冷地区的淡水湖泊中,常有大量硅藻繁殖,硅藻死亡后的躯壳可堆积成为疏松多孔的硅藻土。

三、沼泽及其地质作用

(一)沼泽的概念及其成因

1. 沼泽的概念

广义的沼泽就是湿地,湿地是陆地与水域的过渡地带。按《国际湿地公约》定义,湿地系指不论其为天然或人工、长久或暂时之沼泽地、湿原、泥炭地或水域地带,带有静止或流动、或为淡水、半咸水或咸水水体者,包括低潮时水深不超过 6m 的水域。湿地、森林、海洋并称全球三大生态系统,是人类及生物生存不可缺少的环境,在保护生物多样性、维持生态平衡、减少自然灾害、控制水质、净化空气等方面起着重要的不可缺少的作用。因此,湿地被称为"地球之肾";森林被称为"地球之肺";海洋被称为"地球之心"。

地质学上的沼泽是指陆地上异常湿润,有大量嗜湿性植物生长,并有大量泥炭堆积的地方(图 4-7-8)。所以,沼泽只是湿地中的一种土地状态。

图 4-7-8 沼泽

2. 沼泽的成因类型

沼泽的成因,归纳起来有如下几种。

1) 湖泊沼泽

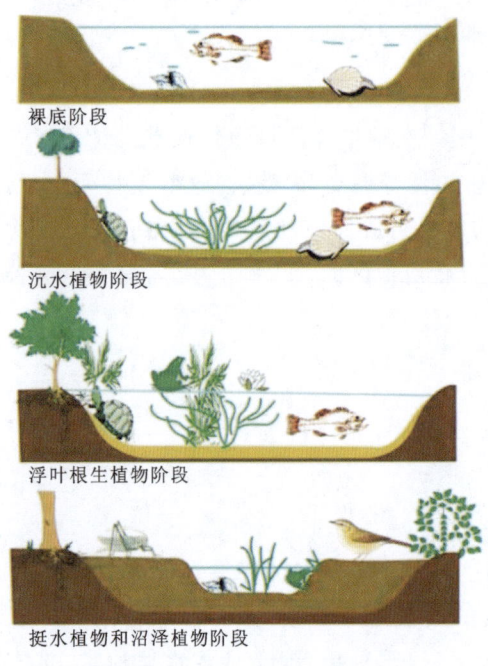

图 4-7-9　湖泊沼泽化示意图

大多数湖泊都有一个产生→扩展→收缩→消亡的过程(图 4-7-9)。消亡阶段是由于沉积作用而逐渐淤积演化为沼泽的过程。沉积作用首先在入湖河口处形成三角洲,并逐渐向湖心扩大,从而使湖底填高,水体变浅、湖泊缩小,直至变为沼泽。潮湿气候区湖泊中的植物带往往呈同心圆状分布:湖滨生长陆生植物,湖岸浅水区生长浅水植物,湖水较深处生长较深水植物,湖心生长漂浮植物。植物死亡后的遗骸都堆积在湖底,使湖泊逐渐淤浅,面积缩小,植物带逐渐从湖边向湖心移动,所以沼泽是湖泊的最终归属。古滇池水域面积约 $1000km^2$,湖水很深,比现今的湖面高约 50m,如今的滇池水域面积约 $330km^2$,平均水深 5m,最深 8m,所以,云南昆明的滇池正向沼泽化方向演化。

2) 海岸沼泽

因潟湖或海湾被淤塞,潮水浸漫到沿海的低平地区,滨海区局部地壳上升、海水积留而逐渐形成沼泽。

3) 河流泛滥地的沼泽

河漫滩或三角洲的低洼地带由于积水难以排除而形成沼泽。如黄河口天津一带的渤海湾海滨沼泽,是由黄河三角洲沼泽化而成。

此外,还有泉水涌出地形成的沼泽、积水地段形成的沼泽、森林和草地积水后形成的沼泽。

(二) 沼泽的沉积作用

沼泽中以碎屑沉积和生物沉积作用为主。生物沉积作用主要是植物死亡后遗体堆积形成泥炭,泥炭可逐渐演变为煤。

煤的形成过程分为以下两个阶段。

1. 泥炭化阶段

主要是生长在沼泽中的木本植物死亡后,遗体堆积并被掩埋(泥沙或新的生物遗体覆盖其上),在还原环境中由微生物参与,经生物化学、物理化学作用形成腐殖质。腐殖质进一步分解、化合、氢、氧含量减少,含碳量增加即形成泥炭。泥炭黄褐色或黑褐色,含碳量达59%,还含H、O和矿物质。世界泥炭储量最多的是俄罗斯,储量约占世界总量的3/4。

2. 煤化阶段

泥炭在上覆沉积物压力之下,被压实硬结形成褐煤。褐煤的含碳量比泥炭高,为67%~68%。褐煤在一定的压力和温度作用下变质形成烟煤,烟煤含碳量达75%~97%,腐殖质已完全转变为煤。烟煤用途广,可作为动力煤、民用煤和化工原料、炼焦等。烟煤进一步变质后成为无烟煤。无烟煤一般只作民用煤。

全球地质历史时期有三大成煤期,分别是石炭纪(C)—二叠纪(P)、侏罗纪(J)—白垩纪(K)、古近纪(E)—新近纪(N)。

本学习单元小结

(1) 湖水含盐量≤1‰的为淡水湖,在1‰~10‰之间的为微(半)咸水湖,在10‰~35‰之间的为咸水湖,>35‰的为盐湖或卤水湖。

(2) 湖盆的成因类型有:构造湖、火山口湖、河成湖、冰川湖、海成湖、溶蚀湖、陷落湖、人工湖、潟湖等。

(3) 湖泊机械沉积物具有如下特征:近岸粗,远岸细,在平面分布上呈现同心带状;夏季色浅、粒粗、层厚;冬季色深、粒细、层薄。气候潮湿区,入湖河流如携砂量高,可在湖口处形成三角洲。

(4) 潮湿气候区湖泊的化学沉积物有褐铁矿、石灰岩、泥灰岩等,有时还形成锰矿及铝土矿等。

(5) 干旱气候区湖泊的化学沉积随着湖水咸化程度增高,依次发展的4个沉积阶段:①碳酸盐沉积阶段;②硫酸盐沉积阶段;③氯化物沉积阶段;④砂下湖阶段。各沉积阶段都有特征性的沉积物形成。

(6) 潮湿气候区湖泊中常常有丰富的菌藻生物繁殖,因而沉积物常含有丰富的有机质。在适宜的条件下,有机质可以转变成为石油与天然气。

(7) 沼泽是指陆地上异常湿润,有大量嗜湿性植物生长,并有大量泥炭堆积的地方。湖泊沼泽化、海岸带沼泽化以及河流泛滥地沼泽化等是沼泽形成的重要途径。

(8) 泥炭是沼泽中的典型沉积物。在温度与压力不断增加的条件下,泥炭可转变成褐煤、烟煤直至无烟煤。

(9) 我国主要的成煤期是石炭纪(C)—二叠纪(P)、侏罗纪(J)—白垩纪(K)、古近纪(E)—新近纪(N)。

• **重要术语**

构造湖、火山口湖、堰塞湖、溶蚀湖、海成湖、河成湖、盐湖、褐铁矿、泥炭、沼泽。

• **思考题**

（1）什么是湖泊？按成因湖泊有哪些类型？
（2）湖泊的机械沉积物主要来源是什么？湖泊机械沉积有什么特点？
（3）湖泊化学沉积根据湖泊所处气候特征有哪几种沉积类型？各有什么特点？
（4）什么是沼泽？沼泽是怎么形成的？根据成因不同，沼泽有哪些类型？
（5）沼泽以什么地质作用为主？沼泽中通常会形成什么矿产？
（6）我国主要的成煤时期有哪些？

学习任务八　认知成岩作用及认识常见沉积岩

• **学习目标**　了解成岩作用；熟悉沉积岩的形成过程，沉积岩的矿物成分特征；能够对沉积岩进行简单分类，能够判断沉积岩的结构和构造类型。

• **知识目标**　掌握成岩作用方式及其特点；掌握沉积岩的结构和构造类型及其特点；掌握代表性沉积岩的特征。

• **思政目标**　引导学生领会外动力在沉积岩形成过程中的重要作用，以及沉积岩在人们生产生活中的作用和影响，树立正确的自然观、地质观，涵养热爱自然、珍惜资源、保护环境、合理利用自然资源的思想意识。

沉积岩是构成地球岩石圈的三大岩类之一。是在地壳表层条件下，由风化作用、生物作用、火山作用及其他地质营力改造的物质，经搬运、沉积、成岩等一系列地质作用形成的岩石。主要包括石灰岩、砂岩、页岩（泥岩）等。

沉积岩占地壳岩石总体积的7.9%，是地壳表层分布最广泛的岩石，其分布面积约占地球大陆面积的75%，是最常见的一类岩石。沉积岩还是各种地质资源的载体，如地下水、石油、天然气、煤、其他许多金属和非金属矿产，沉积岩本身也可作为矿产资源，如建筑材料。沉积岩中所含有的矿产，占世界矿产蕴藏量的80%。因此，沉积岩具有重要的经济价值。

一、固结成岩作用

松散状态的沉积物，要经过复杂的机械和物理化学过程才能形成坚硬的沉积岩。由疏松的沉积物变成固结的沉积岩的作用过程称为固结成岩作用。在成岩作用过程中，沉积物中的水分被排出，孔隙度减少，密度加大，颗粒被胶结或发生重结晶，甚至形成新矿物和其他次生变化，最后才形成固结的岩石。

固结的程度与时间有关，时间愈长，岩石愈坚硬。固结变硬的难易与沉积物性质有关，有的易于固结变硬，有的难以固结变硬。如从温泉中沉淀出的$CaCO_3$极易固结变成疏松多孔的岩石——钙华，而某些黏土虽在几千万年前甚至更早就沉积下来并被压实，但至今可能仍为塑性状态。成岩作用的主要方式有压固作用、胶结作用和重结晶作用等。

（一）压固作用

压固作用是指沉积物在上覆压力的作用下，由疏松状态转变为固结岩石的过程。随着上覆沉积物的逐渐增厚，下部沉积物所承受的压力会不断增加，附着在沉积物中的水分会逐渐被排出，孔隙度减少，颗粒间的联系力增强，便使沉积物固结变硬，形成坚硬的沉积岩。压固过程中的压力主要是静压力，一般不超过 10 132.5Pa。任何沉积物变成沉积岩都要经历压固的过程，但对黏土质沉积物的成岩影响最大。疏松状态的黏土孔隙度通常较大，可达 80% 以上，黏土质点是松散地悬浮着的，含水量相应也可达 80%～90%；但固结的页岩，孔隙度可减少为 20%，颗粒间产生分子引力，使岩石固结。

压力的加大，会使温度有所增加，并因此会使一些含水的胶体和含水矿物脱水而形成新矿物。例如石膏（$CaSO_4 \cdot 2H_2O$），在受到 $50kg/cm^2$ 的静压（相当于埋深 100m），温度约为 42℃时，便可以脱水变为石膏（$CaSO_4$），类似的情况还有由蛋白石（$SiO_2 \cdot nH_2O$）脱水变为石英（SiO_2）、褐铁矿（$Fe_2O_3 \cdot nH_2O$）变为赤铁矿（Fe_2O_3）等。但应指出，有时单纯的压固作用，并不一定能使沉积物固结，例如波罗的海海底的黏土，虽然已形成 600 万年了，但因现代的沉积物较少，虽受一定压力，但因缺少其他成岩条件，现在仍然未固结。

（二）胶结作用

填充在沉积物孔隙中的矿物质，将分散的颗粒黏结在一起，并使沉积物固结的过程称为胶结作用。胶结作用是使碎屑沉积物成岩的关键。使颗粒胶合在一起的矿物质称**胶结物**。最常见的胶结物有钙质（$CaCO_3$）、硅质（SiO_2）、铁质（Fe_2O_3）和黏土质（或称泥质）。这些胶结物的一部分是与沉积物同时形成的（如沉积物中所含的水溶液），或是由地下水带来的，也可以是在成岩过程中形成的新矿物。在重压产生的应力作用下颗粒间的接触点也可以部分溶解，并成为胶结物。胶结物可以充填于部分岩石的空隙，也可以全部填满岩石的空隙。

存在于沉积物中的水溶液的 pH 值，会对胶结作用起重要的影响。例如随着水的碱性加大，SiO_2 的可溶性可增加，但 $CaCO_3$ 的可溶性却减弱。细菌作用对成岩作用会有影响，细菌对沉积物中的有机成分发生作用，会产生 NH_3，使碱性增加。某些具硅质外壳或骨骼的生物（海绵、放射虫、硅藻）可以溶解为硅质，成为胶结物的来源。有机质的腐烂，可使 CO_2 增加，使沉积物中的部分 $CaCO_3$ 溶解，当这些 $CaCO_3$ 发生过饱和沉淀时，可部分或全部地充填在沉积物的空隙中，使颗粒胶结在一起。

能起充填和固结作用的细碎屑物称为**基质**或**填隙物**。其成分通常是细粉砂及黏土矿物，如高岭石、水云母、蒙脱石、绿泥石等。

但也有些砂质沉积物，虽然经过漫长的地质年代仍没有被胶结。例如里海以西的阿塞拜疆巴库油田，新近纪中新世（距今约 2000 万年）的砂岩，仍未固结，以至喷泉可把大量的砂粒带出。

(三) 重结晶作用

沉积物受温度、压力的影响下，可以使非晶质变成结晶质，使细粒晶体变成粗粒晶体，并会使沉积物固结成岩。沉积物由于受温度和压力的影响，一部分颗粒溶解，另一部分颗粒则因重新结晶而增大，致使沉积物固结成岩的过程称为重结晶作用。化学沉积物、生物沉积物和生物化学沉积物通常以这种方式成岩。

通过重结晶作用，可以使一些较不稳定的矿物质点，变为较稳定的质点，因而使岩石固结。常见的由重结晶作用形成的矿物晶粒有方解石、石英等。结晶粗大的一颗方解石晶粒，由于重结晶后分子体积的变小，因而较同一体积的几颗晶粒细小的方解石的集合体要紧密得多。石英质的碎屑物也可以经重结晶作用而形成石英晶体。沉积物中的胶结物发生重结晶作用后，可以形成颗粒细小的矿物，颗粒胶结得更紧，使岩石变得更坚硬。

(四) 交代成岩作用

沉积物中不稳定矿物发生溶解或发生其他化学变化，导致若干化学成分在成岩过程中重新组合变成新矿物的作用称为交代成岩作用。例如，硅质(SiO_2)形成自生的石英，磷质形成自生的磷灰石，硅、铝质形成自生的长石等。

沉积物经过成岩作用可转变为沉积岩。各种碎屑沉积物，经压固和胶结作用便形成碎屑岩，如由砾石胶结而成的砾岩等；黏土质沉积物经压固而形成的黏土岩，如页岩、泥岩等；化学沉积物和生物沉积物经压固、重结晶作用和胶结作用分别形成化学沉积岩和生物沉积岩，如石灰岩、盐岩、油页岩等。

沉积物经过成岩作用后，沉积物的层理构造和层面构造大都可以保存下来。沉积物中所含的生物的部分遗体骨骼、贝壳等也可以经过石化作用而形成化石，保存在沉积岩中。

二、沉积岩的特征

沉积岩具有两大显著的特征，一是具有层理构造，二是常含有化石。

(一) 沉积物的来源

沉积物绝大部分来自出露于地表的沉积岩、岩浆岩和变质岩的风化产物，其次来自于动物的骨骼和植物的碎片(化石)、火山喷发物质以及地下热卤水物质，还有少量宇宙物质如陨石、宇宙尘等。根据碎屑物的来源可分为陆源碎屑和内源碎屑(内碎屑)，陆源碎屑是陆源区母岩经物理风化或机械破坏而形成的碎屑物质，陆源碎屑物质经机械搬运、沉积、压实和胶结而形成的岩石称为陆源沉积岩。内源碎屑是沉积盆地内弱固结的化学作用沉积物或生物化学作用沉积物，经岸流、潮汐及波浪等作用剥蚀破碎再沉积的碎屑物质；在沉积盆地中，内源碎屑经生物沉积作用和化学沉积作用形成的岩石称为内源沉积岩。

(二) 沉积岩的物质组成

1. 沉积岩的化学组成

沉积岩的材料来源于各种先形成岩石的风化产物及次生矿物,归根结底来源于原生的岩浆岩,因此沉积岩的化学成分与岩浆岩基本相似,由 SiO_2、TiO_2、Al_2O_3、Fe_2O_3、FeO、CaO、K_2O、Na_2O、P_2O_5、CO_2、H_2O 等 10 多种氧化物所组成。但由于沉积岩形成的环境和过程不同,所以化学成分上仍有其特殊性。

(1) 沉积岩中 Fe_2O_3 的含量多于 FeO,岩浆岩中则相反。这是因为沉积岩形成于地表或近地表环境中,氧气充足,大部分铁元素被氧化成高价铁。

(2) 沉积岩中 K_2O 的含量多于 Na_2O,而岩浆岩中则相反。这是因为黏土中的胶体质点能吸附钾离子,以及含钾的白云母等矿物在地表条件十分稳定的原因。

(3) 沉积岩中富含 H_2O、CO_2 和有机质,而这些物质在岩浆岩中很少或没有。

2. 沉积岩的矿物组成

组成沉积岩的最常见矿物有石英、钾长石、酸性斜长石、方解石、白云石、黏土矿物、白云母,其次是石膏、硬石膏、赤铁矿、褐铁矿、玉髓、蛋白石、铝土矿、磷矿物、锰矿物等。其中石英、钾长石、酸性斜长石、白云母也是岩浆岩的常见矿物,因而它们是岩浆岩与沉积岩共有的矿物。岩浆岩中常见的橄榄石、辉石、角闪石、黑云母、中性及基性斜长石在沉积岩中很少见,而岩浆岩中一般难以出现或不存在的矿物,如方解石、白云石、黏土矿物、石膏、硬石膏等,在沉积岩中相当普遍。

引起这一差别的原因在于,沉积岩是在常温、常压条件下由外动力地质作用形成的。那些只能形成于高—中温条件下的矿物,如橄榄石、辉石、角闪石、黑云母、中性及基性斜长石等,在外动力地质作用下不能生成;同时,构成这些矿物的钙、镁、铁离子因化学活动性强,容易发生化学变化,因此,经风化剥蚀迁移到水体中的这些硅酸盐类矿物,难以抵抗化学分解和溶解作用,很难长期在水介质中存在。相反,石英、钾长石、酸性斜长石及白云母等矿物具有适应温度变化的能力,且化学性质较稳定,不易溶解流失,故在地表条件下能够作为碎屑物而稳定存在;而黏土矿物、石膏、硬石膏、方解石以及白云石等,则基本上是在地表条件下形成的特征性沉积矿物。

(三) 沉积岩的颜色

沉积岩具有各种各样的颜色,这主要决定于它的化学成分和矿物成分,以及沉积岩形成环境。按成因可分为原生色和次生色,原生色又可分为继承色和自生色。继承色取决于碎屑物质的颜色,为碎屑岩所具有,如长石砂岩的红色来自钾长石碎屑的红色。自生色取决于自生矿物及原生混入物的颜色,如含海绿石的岩石为绿色;石灰岩为灰白色,若混入有机质则呈灰黑色。自生色为大部分黏土岩、化学岩和部分碎屑岩所具有。次生色是后生作用阶段或风化过程中,原生色经次生变化而成的颜色;次生色分布多不均匀,常呈斑点状沿裂隙和破碎带分布。

沉积岩的原生色一般能反映岩石的特有组分和沉积环境。例如,灰色及黑色是由于含有机质或分散状的硫化物;呈红色、褐红色、黄棕色是由于含 Fe^{3+} 的氧化物或氢氧化物,多代表岩石形成于氧化环境,是炎热气候环境的产物;绿色岩石与含 Fe^{2+} 的硅酸盐矿物(海绿石等)有关,代表弱氧化或弱还原的环境。

(四)沉积岩的结构

结构是指组成岩石的矿物颗粒的特征,包括颗粒的大小、形态及相互关系(充填、胶结)等。沉积岩的结构大体可划分为碎屑结构、晶粒结构、生物结构和泥质结构4种类型。

1. 陆源沉积岩的结构

陆源沉积岩结构包括碎屑结构和泥质结构两种类型。其中,碎屑结构是陆源沉积岩最主要的结构,它包括碎屑颗粒的结构、填隙物(胶结物或基质)的结构、胶结类型及孔隙的结构等方面的内容。

1)碎屑颗粒的结构

包括碎屑颗粒的大小、分选性、形态和表面特征等。

(1)碎屑颗粒的大小。

碎屑颗粒的大小称为粒径,是以颗粒的直径来度量。按自然粒级标准划分为:>2mm,砾;2~0.06mm,砂;0.06~0.004mm,粉砂;<0.004mm,黏土。

(2)碎屑颗粒的分选性。

碎屑颗粒的均匀程度称为分选性,一般粗略地分为好、中、差三级(图4-8-1)。当某一粒级的碎屑含量>75%时,称为分选好;含量50%~75%,称为分选中等;若各不同粒径的碎屑含量均<50%,称为分选差。

分选程度与碎屑物质被搬运的距离和沉积介质的性质有关。

a.分选好　　　　　　b.分选中等　　　　　　c.分选差

图 4-8-1　碎屑颗粒分选性目估等级

(据姜尧发等,2014)

(3)颗粒的形状。

主要是指颗粒的形态和圆度。

圆度：指碎屑颗粒被磨蚀圆化的程度。在肉眼观察中一般可分为浑圆、圆状、次圆状、次棱角状和棱角状等几级。也可粗略地合并成好、中等、差3个级别（图4-8-2）。

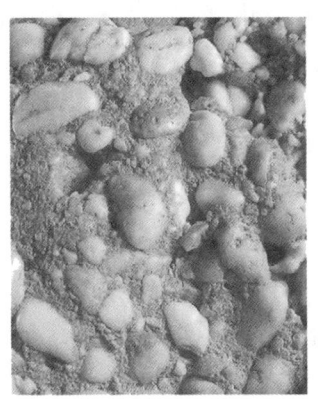
a.圆度好

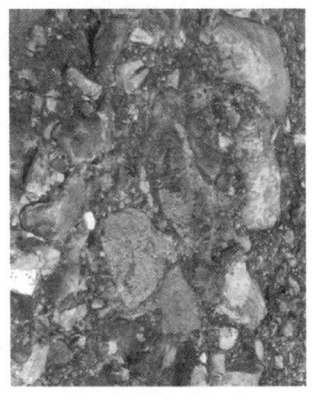
b.圆度中等

c.圆度差

图 4-8-2　碎屑颗粒圆度的目估分级

（据姜尧发等，2014）

2) 杂基和胶结物的结构

碎屑岩中与砂、砾一起机械沉积下来的起填隙作用的粒径小于0.03mm的物质，称为杂基（图4-8-3）。杂基的支撑类型有两种：杂基少，碎屑颗粒彼此接触，称为颗粒支撑；杂基多，碎屑颗粒基本上互不接触，碎屑之间充填着杂基，称为杂基支撑。

碎屑间或粒屑间孔隙内的起胶结作用的各种化学沉淀物质，称为胶结物。常见的胶结物有碳酸盐质的、硅质的、铁质的、泥质的等。常见的胶结类型有以下4种（图4-8-4）。

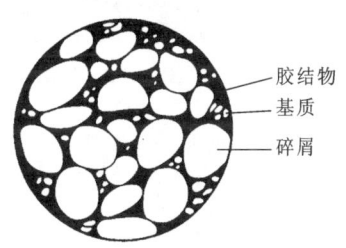

图 4-8-3　杂基与胶结物

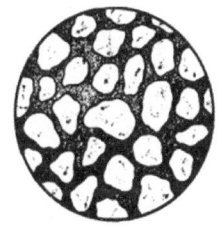
a.基底式胶结

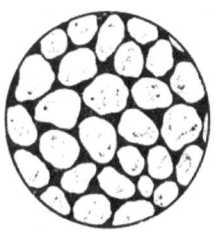
b.孔隙式胶结

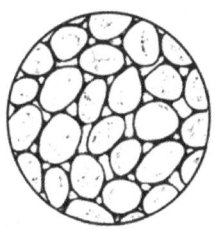
c.接触式胶结

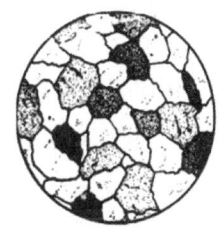
d.镶嵌式胶结

图 4-8-4　胶结类型

基底式胶结：基质或胶结物的含量多，碎屑颗粒孤立地散布于胶结物或基质中，彼此不相接触或很少接触，基质和碎屑物是同时沉积的。

孔隙式胶结：碎屑颗粒紧密相接，胶结物充填于粒间孔隙中，胶结物含量少。

接触式胶结:胶结物含量极少,碎屑颗粒互相接触,胶结物仅存在于颗粒的接触处,粒间孔隙内大部分地方无胶结物充填。

镶嵌式胶结:这种胶结类型只出现在砂级陆源碎屑沉积物中,颗粒之间因压溶而成面接触形式,胶结物很少,其成分与颗粒成分(石英)一致。

2. 内源沉积岩的结构

根据成岩方式的不同可分为:粒屑结构、晶粒结构、生物骨架结构和交代残余结构 4 种类型。

1) 粒屑结构

沉积盆地内由化学、生物化学、生物作用及波浪、岸流、潮汐作用形成的粒状集合体,在盆地内就地沉积或经短距离搬运再沉积的内碎屑、生物屑、鲕粒、团粒、团块的总称(图4-8-5)。

图 4-8-5　碎屑类型(左图为内碎屑;中图为生物碎屑;右图为鲕粒)

在形成过程中,有机械作用参与的灰岩和白云岩具有粒屑结构。与碎屑岩的碎屑结构相似,碳酸盐岩的粒屑结构由颗粒、泥晶基质、亮晶胶结物和孔隙 4 部分组成。与碎屑岩不同的是,碳酸盐岩中的颗粒尽管相当于砂岩的砂粒,但它不是外来碎屑,而是沉积盆地内产生的,称为内源碎屑。泥晶基质相当于砂岩中的杂基,也是在盆地内形成的灰泥;亮晶胶结物相当于砂岩中的化学胶结物,在颗粒沉淀之后沉淀在颗粒间孔隙之内,其成分为碳酸盐矿物。

沉积盆地内沉积不久的,已固结或弱固结的碳酸盐岩石(或沉积物),经波浪或水流作用被破碎,再搬运、磨蚀、沉积而形成的碎屑称为内碎屑。内碎屑大多呈次棱角状、次圆状,少数呈棱角状或圆状,固结程度差的内碎屑有时呈不规则的塑性变形。

根据粒径大小,内碎屑可划分为砾屑($>$2mm)、砂屑(2~0.06mm)、粉屑(0.06~0.004mm)、泥屑($<$0.004mm)。

生物碎屑:是指经过不同程度搬运和磨蚀的生物硬体(骨骼或外壳)。

包粒:是具核心和特殊内部结构(同心纹层或放射状结构)的碳酸盐岩颗粒,常呈球形、椭球形。粒径$\geqslant$2mm 称为豆粒,粒径$<$2mm 称为鲕粒。鲕粒是典型的包粒,鲕粒的核心可以是陆源粉砂或小的内碎屑、生物碎屑等。鲕粒的包壳由呈同心状或放射状的隐晶碳酸盐矿物组成。

团块:是具不规则外形和无内部结构的复合颗粒,常由微晶方解石胶结几个细小的生物碎屑、鲕粒或团粒等组成。大小不一,外形不规则,有的像葡萄串状。

2) 晶粒结构

经过重结晶作用后的碳酸盐岩具有晶粒结构。按晶粒大小可分为巨晶(＞2mm)、粗晶(2～0.5mm)、中晶(0.5～0.25mm)、细晶(0.25～0.06mm)、粉(微)晶(0.06～0.004mm)和泥晶(＜0.004mm)。

3) 生物骨架结构

生物骨架，又称生物格架，是生物礁灰岩特有的一种生物碎屑结构(图4-8-6)，是由原地生长的造礁群体生物分泌出的坚硬碳酸盐骨骼组成的。

常见的造礁生物是珊瑚、苔藓虫、海绵、层孔虫、厚壳蛤、藻类等。

（五）沉积岩的构造

图 4-8-6　生物骨架结构

沉积构造是指沉积岩各个组成部分在空间的分布状态和排列形式，一般是在沉积过程中和成岩作用过程中产生的，为沉积岩的原生构造。

在沉积岩漫长的形成过程中，由于各种因素的影响，通常沉积物之间是有层次的，就是一层一层非常明显。由两个平行或近平行的界面所限制的岩性基本一致的层状岩体称为岩层，由沉积作用形成的岩层称为沉积岩层。岩层的上、下界面称为**层面**，上层面称顶面，下层面称底面。一般来说位于下方的岩层比上方的岩层年龄古老。

1. 岩层厚度

岩层顶底面间的距离称为岩层厚度，垂直距离称为真厚度，倾斜距离称为视厚度。

沉积岩易沿层面易劈开。由层面分隔的各层岩石的厚(层的顶底面之间的距离)是不等的：厚度＞1m者，称为块层；厚度1～0.5m者，称为厚层；厚度0.1～0.5m者，称为中厚层；厚度0.1～0.01m者，称为薄层；厚度＜0.01m者，称为微层。

2. 层理构造

层理是沉积岩在形成过程中，由于沉积环境的改变，所引起的沉积物的成分、粒度、形状、颜色在垂直层面方向发生变化而显示出的成层现象。层理构造是沉积岩最重要的特征之一，是判断沉积岩的重要依据。层理按其形态的不同可分为3种基本类型：平行层理、递变层理和斜层理。

层理中各层纹相互平行者，可形成于两种不同的环境：一种是形成于平静的水介质中，成分以泥质、粉砂泥质为主，彼此间与层面平行的平直层理，称为**水平层理**(图4-8-7左)，其质地细腻，层理面易剥开；另一种是形成于不稳定的水体条件下，成分以砂质颗粒为主，形成平行交替排列的层理，称为**平行层理**(图4-8-7右)，其质地粗糙，常伴有冲刷痕。

递变层理，又称粒序层理，其特征是同一层内的碎屑粒径向上逐渐变细(图4-8-8)。它的形成主要是因水介质动力由强逐渐减弱所致。同一层内的碎屑颗粒从下往上逐渐

图 4-8-7　水平层理(左)与平行层理(右)

变粗者,称为反递变层理;多与重力流作用增强有关。

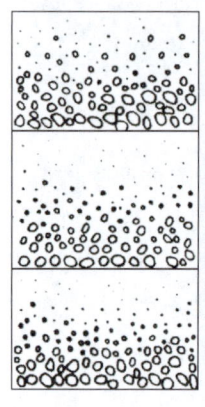  

图 4-8-8　递变层理

由一系列斜交于层面的沉积层系组成的层理,称为**斜层理**(图 4-8-9 左)。不同类型的斜层理细层的倾斜方向也不同,可以向同一方向倾斜,也可以向不同方向倾斜,从而形成彼此重叠、交错、切割的组合方式。因此,也有人将彼此重叠、交错的组合式斜层理称为**交错层理**(图 4-8-9 右)。

图 4-8-9　斜层理(左)与交错层理(右)

斜层理能用来确定岩层顶、底面的方向,其判别特征是:每组细层理与上层面(顶面)呈截交关系,与下层面(底面)呈收敛变缓而相切的关系,弧形层理凹向顶面(图 4-8-10)。

此外,还有脉状层理、波状层理、透镜状层理和韵律层理等。

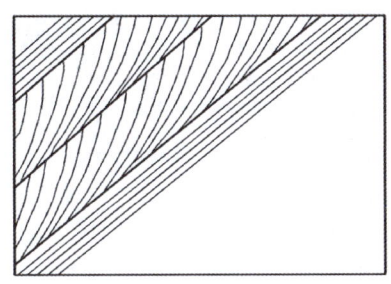 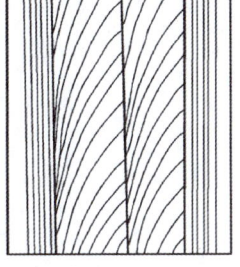 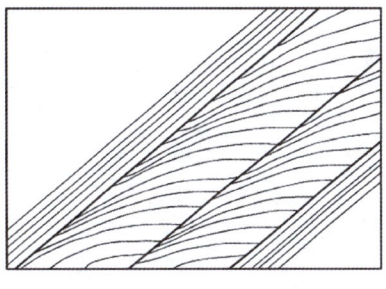

a.岩层是正常层序顶面在左边　　b.岩层直立,顶面在右边　　c.岩层倒转,顶面在右边

图 4-8-10　根据斜层理确定岩层顶、底面

3. 层面构造

保留在沉积岩层面上的一种原生构造,是由于未固结的沉积物,因机械原因或生物活动在其表面造成的痕迹,被后来的沉积物覆盖而保留在层面上的构造现象。常见的有波痕、泥裂等。

1) 波痕

波痕是指层面呈有规律波状起伏的构造。它是沉积介质动荡的标志,见于岩层的顶面。当介质做定向运动时所形成的波痕在纵剖面上为非对称状,其由流水或风引起,指示水流或风从缓坡向陡坡方向运动(图 4-8-11 左)。当介质是来回运动的波浪时,可形成对称波痕(4-8-11 右),其两坡坡角相等,也可形成不对称的浪成波痕,如波峰狭窄尖锐、波谷宽缓,可据此确定岩层的顶、底面,即波峰所指方向为顶,相反方向为底。

图 4-8-11　不对称波痕(左)与对称波痕(右)

2) 泥裂

泥裂是指岩层表面垂直向下的多边形裂缝构造。裂缝在表层张开大,向下呈楔形尖灭。刚形成的泥裂其裂缝是空的(图 4-8-12 左);地质历史时期形成的泥裂裂缝已被砂、

粉砂、碳或其他物质所填充(图 4-8-12 右)。泥裂构造是滨海、滨湖或滨河地带泥质沉积物暴露水面后失水变干收缩而成。利用泥裂可以确定岩层的顶、底面,即裂缝开口大的方向为顶,裂缝尖灭方向为底。

图 4-8-12　现代泥裂(左)与泥裂构造(右)

4. 结核

结核构造是沉积岩的一种层内构造。一种成分、结构或颜色与围岩截然不同的矿物质团块,称为结核(图 4-8-13)。结核的形状有球状、椭球状、透镜体状、柱状和姜状等,其成分与周围岩石有显著不同,据成分分硅质、钙质、磷质、铁质等结核,其内部构造有同心圆状、放射状等,大小不一,从数厘米到数十厘米甚至数米,分布呈层状、顺层的串珠状或零星分布。

图 4-8-13　结核

石灰岩中常见的燧石结核(图 4-8-13 右),主要是 SiO_2 在沉积物沉积的同时以胶体凝聚方式形成的,一部分燧石结核是在成岩过程中由沉积物中的 SiO_2 局部酸性环境下缓慢自行聚积而形成的。含煤沉积物中常见黄铁矿结核,它是成岩过程中沉积物中的 FeS_2 自行聚积形成的,一般为球形。洋底的锰结核则是沉积期形成的。黄土中常见钙质结核或铁锰结核,是地下水溶解沉积物中的 $CaCO_3$ 或 Fe、Mn 的氧化物,迁移在适当地点再沉淀而形成的,其形状多不规则。

5. 缝合线

缝合线是指岩石剖面中呈锯齿状起伏的曲线（图4-8-14）。沿缝合线岩层易劈开，参差起伏的劈开面，称为缝合面；突起的柱体，称为缝合柱。缝合线的形态多种多样。缝合线的起伏幅度一般是数毫米到数十厘米。缝合线是在成岩作用期形成的，在上覆岩层压力下，物质发生压溶作用，方解石、白云石被酸性溶液，石英被碱性溶液沿层面两侧溶解并带走，伴随一些成分沿垂直压力方向的不均匀带进，形成锯齿状起伏的缝合线。溶解的残余物如黏土矿物常分布于缝合面上。多数情况下其展布方向与层面平行，可借此判断岩层层面，尤其在石灰岩中，用其判断石灰岩的层面非常准确。缝合线常见于石灰岩、白云岩中，也可出现在砂岩中。

图 4-8-14　缝合线构造

三、代表性沉积岩

（一）沉积岩的分类

根据沉积岩成因特征，可把沉积岩分为三大类：陆源沉积岩（包括碎屑岩和黏土岩两种，前者如砾岩、砂岩、粉砂岩，后者如页岩、泥岩）、内源沉积岩（包括化学岩和生物化学岩，前者如石灰岩、白云岩、硅质岩、铝质岩、铁质岩、磷质岩、蒸发岩、可燃性有机岩，后者如硅藻岩、放射虫岩）、火山源碎屑岩（如火山集块岩、火山角砾岩、凝灰岩）等。

（二）代表性的沉积岩

1. 陆源沉积岩

陆源沉积岩是由母岩经物理风化作用形成的陆源碎屑物质，经机械搬运、沉积、压实和胶结而成的岩石，可分为陆源碎屑岩和泥质岩。

1）砾岩与角砾岩

主要由粒径大于2mm的陆源碎屑组成的沉积岩石，称为砾岩或角砾岩（图4-8-15）。碎屑组分主要是岩屑，只有少量矿物为碎屑，填隙物为砂、粉砂、黏土物质和化学沉淀物质。粗碎屑中呈圆状和次圆状碎屑的含量大于粗碎屑总量的50%者，称为砾岩；粗碎屑中呈棱角状和次棱角状碎屑的含量大于粗碎屑总量的50%者，称为角砾岩。根据砾石的大小，砾岩分为巨砾岩（＞128mm）、粗砾岩（32～128mm）、中砾岩（8～32mm）和细砾岩（2～8mm）。

图 4-8-15　砾岩（左）与角砾岩（右）

根据砾石成分的复杂性，砾岩可分为单成分砾岩和复成分砾岩。根据砾岩在地质剖面中的位置，可分为底砾岩和层间砾岩。底砾岩位于海侵层序的底部，与下伏岩层呈不整合或假整合接触，代表了一定地质时期的沉积间断，如河北唐山震旦系底部长城统石英岩质砾岩。层间砾岩整合地产于地层内部，不代表任何侵蚀间断，如我国北方寒武系和奥陶系的竹叶状灰岩。

2) 砂岩

主要由粒径为0.06～2mm的陆源碎屑所组成的沉积岩石，称为砂岩。颗粒成分主要是石英、长石和岩屑，胶结物有泥质、钙质、铁质和硅质等。按杂基含量分为净砂岩（简称砂岩，杂基含量＜15%）和杂砂岩（杂基含量≥15%）；砂岩和杂砂岩按碎屑组分可分为石英砂岩或石英杂砂岩、长石砂岩或长石杂砂岩、岩屑砂岩或岩屑杂砂岩等7类，共计14个小类；砂岩和杂砂岩按粒度大小可分为粗砂岩（2～0.5mm）、中砂岩（0.5～0.25mm）和细砂岩（0.25～0.06mm）。

石英砂岩或石英杂砂岩的碎屑物质中95%以上为石英（可包括燧石和硅质岩）碎屑（图4-8-16左），可有少数长石、岩屑等，重矿物很少，常为稳定的、磨圆的重矿物，如电气石、锆石、金红石等。SiO_2含量高，可达95%～99.5%。

长石砂岩的碎屑物质中25%以上为长石碎屑（其中石英含量＜75%，可含较多的云母和重矿物）（图4-8-16右），长石的种类多为酸性斜长石和钾长石。一般为粗砂状结构，肉红色—灰色，分选性和磨圆度变化较大，由很好至极差。常含较多的杂基，胶结物多为碳酸盐质、硅质、铁质。

3) 粉砂岩

主要由粒径为0.004～0.06mm的陆源碎屑所组成的沉积岩石，称为粉砂岩。碎屑成分常为石英及少量长石与白云母，颜色为灰黄色、灰绿色、灰黑色、红褐色等。

图 4-8-16　石英砂岩(左)与长石砂岩(右)

4) 泥质岩

由黏土矿物(碎屑粒级<0.004mm)所组成的沉积岩石,称为泥质岩。主要的黏土矿物有高岭石、蒙脱石、伊利石等,其中高岭石是最常见的矿物。除黏土矿物外,还有少量石英、长石等微细颗粒。

泥质岩中固结微弱者,称为黏土;固结较好但不具纹理与页理构造者,称为泥岩(图 4-8-17 左),固结较好且具有纹理与页理构造,黏土矿物定向分布明显者,称为页岩(图 4-8-17 右),泥质岩的颜色多样,与其所含的杂质有关。

图 4-8-17　泥岩(左,灰白色者)与页岩(右)

2. 内源沉积岩

内源沉积岩是指构成岩石的原始物质主要来自陆源溶解物和生物源,少部分来自深源气热液和深卤,在沉积盆地中通过生物沉积作用和化学沉积作用形成的岩石,分为蒸发岩、非蒸发岩和可燃有机岩。

1) 石灰岩

石灰岩简称灰岩,以方解石为主要成分(含量大于 50%)的碳酸盐岩。有时含有白云石、黏土矿物和碎屑矿物,有灰、灰白、灰黑、黄、浅红、褐红等色,性脆,石灰岩常有燧石结核及缝合线,滴稀盐酸会剧烈反应起泡。有颗粒结构和非颗粒结构两种类型。

(1) 颗粒结构的灰岩。

颗粒结构石灰岩中的颗粒成分皆为 $CaCO_3$。按其成因主要分为 3 种类型。

内碎屑灰岩:由海盆中已固结或半固结的 $CaCO_3$ 沉积物被海水冲击破碎而成。其中,粒径≥2mm 者称为砾屑(图 4-8-5 左),粒径 0.06~2m 者称为砂屑,粒径 0.004~0.06mm 者称为粉屑。

生物碎屑灰岩:由海水中动物的介壳、骨骼或钙化植物硬体被海水冲击破碎而成(图 4-8-5 中)。

鲕粒或豆粒灰岩:外形浑圆,内部具有核心和同心圆状包壳。前者小如鱼子(图 4-8-5 右),后者大如豆粒。$CaCO_3$ 鲕粒或豆粒是在炎热的气候条件下,在动荡浅水海域中形成的。

在颗粒结构的灰岩中,颗粒间的填隙物均为 $CaCO_3$。其中,粒径≥0.004mm 且透明的方解石称为亮晶;粒径<0.004mm 的方解石称为泥晶,据此,又可将灰岩分为亮晶灰岩和泥晶灰岩,如亮晶生物碎屑灰岩、泥晶生物碎屑灰岩等。

(2) 非颗粒结构的灰岩。

其颗粒细微,质地细腻、致密。典型的如泥晶灰岩(图 4-8-18),由粒径<0.004mm 的方解石微粒组成,含黏土矿物,岩石呈致密状,断口呈陶瓷状。

2) 白云岩

以白云石为主要成分(含量大于 50%)的碳酸盐岩。有时含有方解石、黏土矿物、石膏等,常为浅灰色、灰白色,少数为深灰色,断口呈晶粒状。外貌与石灰岩相似,滴稀盐酸极微弱起泡或不起泡。岩石风化面上有刀砍状溶蚀沟纹(图 4-8-19)。

图 4-8-18 泥晶灰岩

图 4-8-19 白云岩

3) 硅质岩

硅质岩的化学成分主要为 SiO_2,组成矿物为石英或玉髓或蛋白石。质地坚硬,性脆,颜色多样(图 4-8-20)。根据硅质岩成因可分为 3 类:生物硅质岩、化学硅质岩、凝灰硅质岩。

图 4-8-20　硅质岩

本学习单元小结

（1）在地壳表层条件下由母岩（岩浆岩、变质岩、先成的沉积岩）的风化产物、生物物质、宇宙物质等，经过搬运作用、沉积作用和成岩作用而形成的岩石，称为沉积岩。

（2）使松散的沉积物变为坚硬的沉积岩的作用，称为固结成岩作用；有压实作用、胶结作用、重结晶作用以及新矿物生长作用等方式。

（3）组成沉积岩的最常见矿物有石英、白云母、黏土矿物、钾长石、斜长石、方解石、白云石，其次是石膏、硬石膏、赤铁矿、褐铁矿、玉髓、蛋白石等。其中，方解石、白云石、黏土矿物、石膏、硬石膏等，是沉积岩的特有矿物。一些岩浆岩矿物，如钾长石、斜长石等，也能保存在沉积岩中；橄榄石、辉石、角闪石、黑云母等在岩浆岩中为常见矿物，却很少出现在沉积岩中。

（4）碎屑结构是沉积岩的特征性结构，也是识别沉积岩的基本标志。

（5）碎屑结构按其组成的碎屑颗粒粒径分为砾状、砂状、粉砂状、泥状等类型，其相应的沉积岩分别是砾岩（角砾岩）、砂岩、粉砂岩、泥岩（页岩、黏土岩）。前三者属于碎屑岩，后者属于泥质岩。

（6）砾岩和砂砾岩由碎屑、基质和胶结物三部分组成。中、细粒砂岩主要由碎屑、胶结物两部分组成，也可以含有少量黏土杂基。

（7）层理是沉积岩的特征性沉积构造和基本标志。具有水平或平行层理、交错层理、递变层理等类型。波痕、泥裂、印模等沉积构造都出现在具有碎屑结构的岩层中。它们对于判别岩层的顶、底面常有指示性意义。

（8）缝合线是石灰岩、白云岩中常见的沉积构造，也见于砂岩中。利用缝合线有助于确定岩层的层面。

（9）砾岩（含角砾岩）和砂岩的进一步定名主要依据其中碎屑的成分、碎屑的大小、岩石的颜色、胶结物的成分。

（10）黏土岩或泥岩的碎屑极细，进一步定名可以根据岩石的矿物成分、颜色及混入物成分。

(11) 硅质岩由 SiO_2 组成,致密坚硬。含有机质者为黑色;富含二价铁者呈灰绿色;富含三价铁者呈红色。含 SiO_2 的热泉经过沉淀,可形成硅华。富含黏土成分者称为硅质页岩,质地较软。

(12) 石灰岩由方解石组成,遇稀盐酸起泡。白云岩由白云石组成,遇稀盐酸可微弱起泡,或不起泡,晶粒常较石灰岩粗,较石灰岩稍坚硬。其风化表面多呈褐黑色,有溶蚀沟纹。

● **重要术语**

压实作用、胶结作用、重结晶作用、新矿物生长作用、碎屑结构、分选性、圆度、沉积构造、层理、交错层理、层面、递变层理、波痕、泥裂、缝合线、结核、砾岩(角砾岩)、砂岩、粉砂岩、黏土岩、硅质岩、内碎屑、生物碎屑、竹叶状灰岩、鲕状灰岩、礁灰岩。

● **思 考 题**

(1) 什么是固结成岩作用？固结成岩作用方式有哪些类型？各种成岩方式有什么特点？

(2) 何为沉积岩？沉积岩有哪些主要特征？

(3) 简述组成沉积岩的矿物。

(4) 什么是碎屑结构？沉积岩碎屑结构的类型有哪些？

(5) 何为层理？根据形态沉积岩的层理可分为哪些类型？

(6) 何为岩层厚度？根据岩层厚度不同,岩层可分为哪些类型？

(7) 沉积岩根据物质来源不同可分为哪些类型？

(8) 陆源沉积岩按碎屑颗粒大小可分为哪些类型？内源沉积岩按组成性质不同可分为哪些类型？

(9) 如何区分石灰岩和白云岩。

学习情境五　认知内动力地质作用及其产物

学习任务一　认知岩浆作用及认识常见岩浆岩

•学习目标　了解岩浆的活动方式,掌握喷出岩与侵入岩产状的基本特征,熟悉代表性岩浆岩。

•知识目标　掌握岩浆喷发活动及火山基本知识;掌握岩浆岩的结构和构造类型及其特征;掌握代表性岩浆岩的特征。

•思政目标　引导学生领会内动力在岩浆岩形成过程中的重要作用,以及岩浆岩在人们生产生活中的作用,感受自然力量的神奇,树立正确的自然观、科学观、地质观,涵养热爱自然、珍惜资源、保护环境、合理利用自然资源的思想意识。

岩浆岩又称火成岩,是由岩浆喷出地表或侵入地壳冷却凝固所形成的岩石,有明显的矿物晶体颗粒或气孔,占地壳总体积的64.7%,占陆地面积的17.6%。常见的岩浆岩有花岗岩、安山岩、玄武岩、闪长岩等。一般来说,岩浆岩易出现于板块交界地带。

岩浆岩中蕴藏着许多重要的金属和非金属矿产,如铜、铅、锌、铁、铬、镍、钨、锡、金刚石、稀土以及建筑装饰材料等。岩浆岩,特别是花岗岩造就了很多名山大川,东北大小兴安岭、东南沿海一带都有成群的花岗岩分布。安徽黄山多姿的奇观就是花岗岩体经过漫长的地质构造运动形成的。在陕西华山也可以看到花岗岩体被断裂切割成十分陡峭的地形,形成了像被斧头劈开一样笔直的百丈陡崖。

一、岩浆及岩浆作用的概念

(一)概述

火山活动是人尽皆知的、可以直接观察的内力地质作用之一。据统计,全球每年约60座火山爆发。如果到夏威夷或冰岛,可能有机会亲眼看到火红炽热的熔岩流出地表(图5-1-1),并冷却固结形成黑色细粒、被称为玄武岩的岩石。熔岩流出地表,说明地下深处有高温炽热的熔融物质即岩浆的存在。

火山喷发时,不但有炽热的熔融物质(熔岩流)从火山口流出,同时还伴有气体(挥发

图 5-1-1　熔岩流

分)、固体碎屑的喷出。熔岩流来源于岩浆,虽然接近岩浆成分,但在喷出过程中,由于压力骤减,挥发分已大量逃逸,所以熔岩流的成分不能真正代表地下深处的岩浆成分。熔岩流和火山喷发时逃逸的气体(挥发分)加在一起,才能代表岩浆的成分。

岩浆是在地壳深处或上地幔形成的,以硅酸盐为主要成分,炽热、黏稠并富含挥发分的熔融体,岩浆中还可含少量固体物质(矿物晶体和岩石)。

岩浆的发生、运移、聚集、变化及冷凝成岩的全部过程,称为岩浆作用。岩浆作用分为喷出作用(也称火山作用)和侵入作用。

岩浆岩是由岩浆冷却固结形成的岩石。

熔岩是流出地表的岩浆,由熔岩冷却固结的岩石称为喷出岩。在上地幔和地壳深处形成的岩浆,并不是都能喷出地表的,岩浆在地下深处上升、侵入、冷凝结晶形成的岩石称为侵入岩。

(二) 岩浆的基本特征

根据对熔岩流的观察和成岩实验研究,岩浆具有以 SiO_2 为主要成分、高温、具有液体性质(流动性)等基本特征。

1. 岩浆的成分

岩浆的成分若以氧化物表示,则以 SiO_2 最重要,含量也最高,通常为 40%～75%。其他主要成分还有 Al_2O_3、FeO、Fe_2O_3、MgO、CaO、Na_2O、K_2O 等。根据岩浆中 SiO_2 含量,将岩浆分为超基性(SiO_2 含量<45%)、基性(SiO_2 含量 45%～52%)、中性(SiO_2 含量 52%～63%)、酸性(SiO_2>63%)等四大类。其中,岩浆中的 K^+、Na^+、Ca^{2+}、Mg^{2+}、Fe^{2+}、Fe^{3+}、Al^{3+} 等阳离子是与硅酸根络阴离子相结合,形成相应的硅酸盐矿物。

通常,SiO_2 与 Na_2O、K_2O 呈正相关,与 FeO、MgO 呈负相关。因此,岩浆中 SiO_2 含量越高,形成的岩浆岩中含石英、长石越多,铁镁矿物越少。反之,SiO_2 含量越低,形成的岩浆岩中含石英、长石越少,铁镁矿物越多。因此,越来越多的人(特别在西方)把上述四大类岩浆分别称为超镁铁质、镁铁质、中性和长英质。

岩浆中还含少量(0.2%～3%)的气体(挥发分),主要是水蒸气和 CO_2(占气体总量的 98%),其他的挥发分有 SO_2、N_2、HCl 等,它们的含量虽少,但对岩浆性质有强烈影响。

2. 岩浆的温度

据测定,岩浆的温度一般在 900～1200℃ 之间,最高可达 1400℃。对现代火山喷发的熔岩喷出温度测定表明,岩浆温度随着 SiO_2 含量增加而降低:玄武质岩浆 1020～1225℃,安山质岩浆 900～990℃,流纹质岩浆 735～890℃。

由于地面测温度时熔浆内的挥发分已逸散,其温度不能完全代表地下深处岩浆受较大压力时的温度。根据热力学及人工实验的资料,地下20km以下(静压$>6\times10^8$Pa)的岩浆温度比上述实测值约低100℃。

3. 岩浆的黏度

黏度是物质产生流动阻力的内部性质,黏度越大,越难流动。黏度是岩浆的重要性质,决定了岩浆的流动能力、结晶能力(黏度越小,越容易结晶),直接影响到岩浆岩的产状、结构等基本特征。研究表明,影响岩浆黏度的最主要因素是岩浆的成分和温度。

SiO_2及Al_2O_3含量越高,黏度越大;含挥发分特别是H_2O越多则黏度越小;温度越高,黏度越低;随着压力增大则黏度增大。形成于岩石圈深处的基性岩浆,其温度甚高、黏度较小、流动性较强;酸性岩浆形成于岩石圈较浅处,温度较低、黏度较大、流动性较差。

(三) 喷出作用

喷出作用是地球内部能量释放的一种方式,主要表现为火山喷发。幸运的是,与许多其他内生地质作用不同,喷出作用是可以直接观察的。

1. 火山喷发

火山喷发是自然界最壮观的景象之一(图5-1-2)。如美国西北部的华盛顿州的圣海伦斯火山,在休眠123年以后,于1980年5月18日上午,再度大爆发。据估计这次喷出的火山灰和熔岩物质约有10亿m^3。结果使这座海拔2903m的山峰,削低了近200m。又如地中海的斯特朗博利火山,是一座仍在喷发的锥形火山,它每小时要喷发两三次,已经持续了两千余年。因为它从不发生猛烈爆炸,山峰仍保留着完整的锥形,人们可以登上山巅窥察喷发的情景。在夜间五六十千米以内的海面上,都能看到它喷发时闪亮的红光,被人们誉为"地中海上的灯塔"。

2022年1月15日,位于南太平洋的汤加王国境内海底火山猛烈喷发。火山喷发相当剧烈,所产生的冲

图 5-1-2 火山喷发景观

击波甚至可以在卫星图上看到,海面直接裂开,汤加上空遮天蔽日,火山灰更是高达20km以上。火山喷发所带来的海啸,已经波及到日本、美国、新西兰等周边沿海国家,对我国沿海地区,造成的最大海啸波幅约为20cm,是30年来全球最大的一次火山喷发。

1) 火山的类型

根据火山活动状况,可将火山分为活火山、死火山和休眠火山。

(1) 活火山:现在仍在活动或周期性不断活动的火山。

(2) 死火山:史前曾经喷发,但有史以来未曾活动的火山。

(3) 休眠火山:有史以来曾经活动过近百年来处于静止状态的火山。

2) 火山喷发类型

根据火山喷发方式的不同,主要分为中心式和裂隙式两种喷发类型。

中心式喷发是岩浆通过喉管状通道喷出地表,这是大陆上现代火山活动的主要方式。这种喷发,有时表现为猛烈爆炸,有时又为宁静溢出。此种喷发可能是岩浆沿裂隙交叉处喷出的缘故。

裂隙式喷发是岩浆沿地壳断裂带呈线状喷发,这种喷发,无爆炸现象,往往大量溢出,分布广泛。如二叠纪的玄武质熔岩——峨眉山玄武岩,覆盖于云、贵、川三省交界的广大地区。

3) 火山喷发产物

火山喷发产物中具有气体、液体和固体3种物质。

气体中主要成分是水蒸气,其次是氢、氯、氮、二氧化碳、一氧化碳、硫、三硫化二砷等。液体物质主要是熔浆,而固体物质则是火山通道中凝固的熔岩及其四周的围岩以及液态物质喷至高空冷凝形成的不规则体。大的称为火山弹,小的称为火山豆、火山砂、火山灰等。这些火山喷发产物,经压固、胶结等成岩作用,可形成各种火山碎屑岩。熔浆冷凝后则形成各种熔岩(图 5-1-3)。

图 5-1-3　形态各异的熔岩

2. 喷出岩的产状

一定成因的岩石构成的岩石集合体称为岩体,岩体的形态、大小及其与围岩的关系称为岩体的产状。根据喷出岩体的形态可将喷出岩的产状分为以下几种。

1) 熔岩被

呈面状展布的熔岩称为熔岩被。其特征是规模大、厚度稳定、产状平缓,覆盖面积可达数千乃至数十万平方千米,厚度可达数百至数千米。熔岩被主要由裂隙式喷发而成,岩性多为黏度小、流动性大的玄武岩,如分布在我国西南地区的峨眉山玄武岩,面积达 $18 \times 10^4 \text{km}^2$。

2) 熔岩流

呈带状或舌状展布的熔岩称为熔岩流。规模小于熔岩被,其形态往往受地形控制,由中心式喷发而成。

3) 火山锥

由火山喷出物质围绕火山口堆积而成的圆形火山体,称为火山锥(图5-1-4),是以中心式喷发为主而形成的。

4) 岩钟、岩针

由黏度较大的熔岩,在火山通道上部堆积而成的钟状岩体,称为岩钟。

岩针是火山通道内数量有限的黏稠岩浆,在具有较大内压力的情况下,原先已涌出或者充填在通道的已凝固的熔岩被上升岩浆挤出,

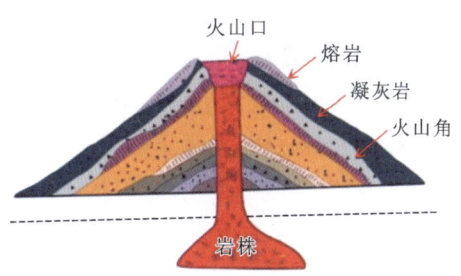

图5-1-4 火山锥剖面示意图

形成拔地而起的针状地质体,如加勒比海东部的马提尼克岛上的培雷岩针。

培雷火山位于加勒比海东部西印度群岛的马提尼克岛北部,高1350m,为全岛最高峰,因顶部为光秃熔岩而得名,是东加勒比海诸岛中活动最频繁的活火山之一。1792年、1851年曾有小规模喷发。1902年5月8日猛烈喷发,其南6km的圣皮埃尔全城被毁,喷发物覆盖了全岛六分之一的土地,全城3万居民几乎全部丧生。同年8月30日继续喷发,又毁灭两个村镇。1929—1932年期间仍有轻微活动。

3. 火山机构

又称火山体、火山筑积物。指火山喷发时在地表形成的各种火山地形(图5-1-5),如火山锥、火山穹丘、火山口、火山颈、火山通道等。火山口位于火山锥顶部的喷发中心;火山口至岩浆源的通道称为火山通道或火山喉管;停积在火山通道中由岩浆冷凝而形成的柱状岩体称为火山颈。

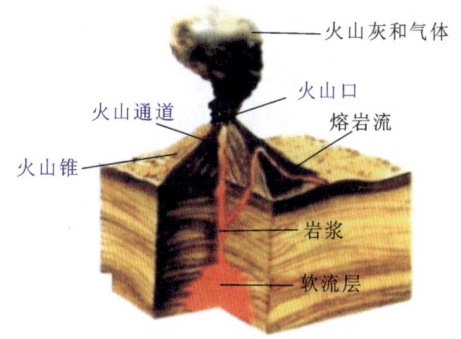

图5-1-5 火山机构示意图

4. 火山的分布

自板块构造理论建立以来,很多学者根据板块理论建立了全球火山模式,认为大多数火山都分布在板块边界上,少数火山分布在板块内。地球上已知的活火山共约518座,集中在以下几个地带,即环太平洋火山带、大洋中脊火山带、红海沿岸与东非裂谷火山带、地中海—印度尼西亚火山带。

1) 环太平洋火山带

南起南美洲的科迪勒拉山脉、阿拉斯加西岸,经阿留申群岛、堪察加半岛、千岛群岛、日本列岛、琉球群岛、台湾岛、菲律宾群岛、印度尼西亚群岛到新西兰,全长4万余千米,呈一向南开口的环形构造系。该带上现有活火山512座,如近期喷发的汤加火山(2022年1月)位于该带上。

该带的火山岩主要是中性岩浆喷发的产物,最常见的火山岩类型是安山岩,安山岩只分布在环太平洋四周大陆的边缘和岛屿上,大洋内部未见,大洋内部只有玄武岩,两者界线清晰,这一界线称为安山岩线。

2) 大洋中脊火山带

分布于大西洋、太平洋和印度洋的洋脊部位,由于火山多为海底喷发,不易被人们发现,据有关资料记载,大西洋中脊有 60 余座活火山。以喷发玄武质岩浆为特征,有的火山在水下喷发,有的火山已露出水面,成为火山岛。

该带上最著名的是美国夏威夷火山岛,面积 10 414 km^2,为夏威夷群岛最大和最东南的岛屿。地质年代较年轻,由 5 座火山组成。其中基拉韦厄火山是世界最大活火山,由于基拉韦厄火山经常喷发,火山口很大,直径约 4024m,深 130m,是一个充满炽热熔岩的火湖。它又像一只缺口的巨锅,大锅套小锅,坑底西南角另有一个喷火口,是直径 100m、深 100m 的圆坑。这里也长期存在着一个巨大的岩浆湖。熔岩时而涌起,时而下落。每当火山强烈活动时,火湖中的熔岩就上涨起来,漫过湖边,四处流泻,最快的流速达 30km/h,形成熔岩流和熔岩瀑布,十分壮观。

3) 红海沿岸与东非裂谷火山带

东非大裂谷是世界上最长的裂谷带,有"地球的伤疤"的称号,总长约 6400km,宽 48~65km。底部是一条宽条带状的低地,夹嵌在两侧高原之间,仿佛一条干涸了的巨大河谷,在群山中延伸,裂谷底部比两侧高原表面平均要低 500~800m,纵深地带相隔 3000m 左右。两岸悬崖壁立,高原上火山座座,巍然耸立,如乞力马扎罗山、肯尼亚山、尼拉贡戈火山等。

该带共有活火山 30 余座,近南北方向展布。火山喷发类型有两种:一种是裂隙式喷发,形成了玄武岩熔岩埃塞俄比亚高原,占埃塞俄比亚全国面积的三分之二;另一种是中心式喷发,多分布在裂谷带的边缘,有的火山喷发生成了爆裂火山口,或形成火口洼地,或是火口湖,如位于坦桑尼亚北部的恩戈罗恩戈罗火口洼地,直径达 19km,深度为 610~762m,面积 304km^2。

4) 地中海—印度尼西亚火山带

该带共有活火山 70 余座,其中地中海沿岸有 13 座,印度尼西亚有 60 余座。这一火山带喷发的岩浆性质从基性到酸性均有,不同的火山表现不同,同一火山的不同喷发阶段也有变化。

我国位于两大火山带之间,但活火山有限,主要见于台湾及东北。

火山活动可以形成一些有经济值的矿床。例如金刚石多产于由金伯利岩所构成的火山颈中。海底火山活动,可形成规模巨大的铁矿床。火山活动后期喷发出的硫化氢经氧化可形成自然硫矿床。火山活动的岩浆余热可促使地下水增温而形成热气田,为利用地热资源创造了条件。例如西藏拉萨西北的羊八井,钻井 30m 即获得温度高达 130℃ 的地下热水资源,目前国家已在此建立了地热发电站。

(四) 岩浆的侵入作用

岩浆除了穿过地壳喷溢出地表外,多数情况是它上升到地壳的一定深度,由于温度降低、压力减少、逐渐冷凝,不再向上运动,这种由地下深处上升,运移到地壳中的岩浆活动过程称为侵入作用。侵入作用的过程人们是不能直接观察到的,但它冷凝形成的侵入岩,经风化剥蚀裸露地表后就能观察研究了。

由于岩浆温度、黏度的不同以及围岩构造和强度的差异,其侵入的深度亦随之不同,根据岩浆冷凝的深度,可将侵入岩分为深成侵入岩和浅成侵入岩两类。

1. 深成侵入岩

岩浆在地面3km以下的深处冷凝形成的侵入体,称为深成侵入岩。由于在此深度以下压力较大、温度较高,岩浆冷凝缓慢,因而常形成由全晶质、中粒、粗粒的矿物所构成的岩石。岩体规模较大,常含捕房体,围岩受岩浆高温影响,变质程度较强,变质范围较广。常见的深成侵入岩产状有岩基、岩株两种(图5-1-6)。

1) 岩基

岩基是巨大的侵入岩体,是侵入岩中规模最大且不规则的一类岩体,出露面积大于100km^2,甚至可超过数万平方千米,由上往下有逐渐变大的趋势。据地球物理资料推测,其深度可达10~30km。处于褶皱山脉的核部,长轴方向常平行于山脉。它在地表出露的面积决定于其剥蚀深度,其边界与围岩产状在局部地方可以是和谐的,但整体是不和谐的。

岩基是由于大规模的深位运动而形成的,所以大片岩浆缓慢地冷却,形成结晶颗粒粗大的岩石(如花岗岩)。后来,由于上覆地质体长期遭受剥蚀而出露,成为广阔的高地。岩基的边缘陡峭地下插到地壳的深处,而侵入体与围岩的接触带附近由于受热力作用的影响而发生变质。在岩基的边部常有被挤碎的围岩碎块掉入其中形成捕房体。

构成岩基的岩石最常见的是花岗岩类,我国大部分山脉皆有分布,如昆仑山、天山、秦岭、祁连山、大兴安岭、江南丘陵等。我国著名风景区黄山、华山、衡山、九华山都是花岗岩岩基。

2) 岩株

岩株是一种小型的侵入岩体,在地表呈近圆形或不规则状,出露面积小于100km^2,其下部可能与岩基相连。岩株经常切过被侵入岩石固有的层状构造,与围岩的接触面较陡。通常以花岗岩类岩石为主,如北京周口店的房山花岗闪长岩岩体,湖北大冶铜山口的闪长岩岩体等都是典型的岩株。我国的很多岩浆型金属矿床的形成常与岩株有关。

2. 浅成侵入岩

岩浆从地面至地下3km处冷凝形成的侵入体,称浅成侵入岩。由于接近地表,岩浆冷凝速度较快,矿物结晶颗粒细小,形成的岩石常具有中粒、细粒斑状结构,岩体规模一般较小。这种侵入体主要是靠岩浆的机械力挤入地壳浅处的岩石裂隙或岩层之间而形成的,其岩石类型比较复杂,从酸性到基性岩都有,而且与矿产关系比较密切。常见的浅成侵入岩产状有岩床、岩盘、岩盆、岩盖、岩鞍以及岩墙、岩脉等(图5-1-6)。

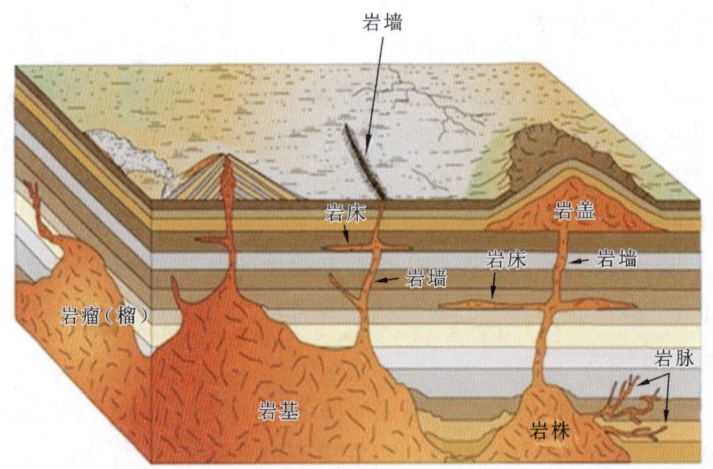

图 5-1-6　岩浆岩体产状立体图

1) 岩床

岩浆顺层理或片理侵入,形成与上、下岩层或片理相平行的板状岩体,称为岩床。其厚度从数厘米至数十米不等,常见为数米,延伸从几米到数百千米不等。大多数岩床为基性岩浆冷凝而成,它与围岩接触处,常可见轻微的变质现象。

2) 岩盖

岩盖是岩浆顺层侵入,局部聚集并顶起上部岩层而成的岩体。其特征是岩体呈平凸或双凸状的透镜体,规模一般不大,直径可达数千米,最厚处为几百米。与围岩接触处有变质现象。这种岩体多由黏度大、流动性小的酸性岩浆冷凝而形成。

3) 岩盆

岩盆是岩浆侵入到构造盆地中或者侵入到层状岩层中,在岩浆本身重量引起的压力下,使下部岩层向下弯曲而形成的盆状侵入体。一般中部厚边缘薄,直径从几千米到几百千米,厚度最大可达千米以上。常由黏性小比重大的基性、超基性岩浆冷凝而形成。

4) 岩脉

岩脉是岩浆沿着围岩的裂缝呈脉状贯入而形成的不规则的小型侵入体。常与层理斜交。厚度不稳定,甚至有分叉现象。

5) 岩墙

岩墙是岩浆切穿岩层沿着围岩的断裂构造侵入冷凝形成的板状侵入体。一般长度较大,厚度较稳定,是产状近于直立的岩脉。在有些火山喉管周围,岩浆沿放射状断裂侵入冷凝而形成放射状岩墙。

二、岩浆岩的基本特征

成分、结构、构造等岩石的基本特征是观察、描述岩石的主要内容,也是对岩石进行分类命名的依据。

(一) 岩浆岩的成分

1. 岩浆岩的化学成分

岩浆岩的化学成分以氧化物计,主要由以下 10 种氧化物组成,即 SiO_2、Al_2O_3、TiO_2、FeO、Fe_2O_3、MgO、CaO、Na_2O、K_2O、H_2O 等,它们占岩浆岩总质量的 99% 以上,称为主要造岩氧化物。

SiO_2 是岩浆岩中最重要的一种氧化物。它是反映岩浆岩性质和直接影响矿物成分变化的主要因素。根据 SiO_2 的含量将岩浆岩划分为超基性岩浆岩($SiO_2<45\%$)、基性岩浆岩(SiO_2 45%~52%)、中性岩浆岩(SiO_2 52%~63%)和酸性岩浆岩($SiO_2>63\%$)四大类。

岩浆岩中各种主要氧化物之间关系密切,变化也有规律。随着 SiO_2 含量增加,FeO 及 MgO 含量逐渐减少,而 K_2O 及 Na_2O 的含量则逐渐增加,当 SiO_2 含量增加或减少时,CaO、Al_2O_3 含量才急剧增加。因此,反映到各类岩浆岩中,化学成分也有规律地变化,如纯橄榄岩中 FeO、MgO 含量最高,SiO_2、Na_2O、K_2O 含量最低,花岗岩则相反。

岩浆岩中除含有上述主要造岩元素外,还含有许多微量元素。这些元素可以通过某些地质作用富集成矿,还可以反映岩石的形成过程。

2. 岩浆岩的矿物成分

组成岩浆岩的矿物以硅酸盐矿物为主,其中最多的是长石(斜长石、钾长石)、石英、角闪石、辉石、橄榄石、云母等(石英属于氧化物),占岩浆岩矿物总含量的 99%,称为岩浆岩的重要造岩矿物。其中颜色较浅的称为浅色矿物,以二氧化硅和钾、钠的铝硅酸盐为主,又称硅铝矿物,如石英、长石和白云母等;颜色较深的称为暗色矿物,以含铁镁的硅酸盐为主,又称铁镁矿物,如橄榄石、辉石、角闪石和黑云母等。

硅铝矿物和铁镁矿物在岩浆岩中的含量和比例,不仅影响岩石的颜色,而且影响岩石的相对密度。一般来说,岩石从超基性到酸性,铁镁物逐渐减少,而硅铝矿物则逐渐增多,故岩石的颜色越来越浅,相对密度越来越小。

岩浆岩中的矿物成分是岩浆岩分类的重要根据之一。岩石中含量高,可作为区分岩类根据的矿物,称为**主要矿物**,如花岗岩中的石英和钾长石。岩石中含量较少,对分类定名不起主要作用,但可作为确定岩石种属依据的矿物,称为**次要矿物**,如闪长岩中的石英,可有可无,如含一定数量(5%~20%)时,则为石英闪长岩。主要矿物和次要矿物因岩石种类而异,如石英在花岗岩中为主要矿物,而在闪长岩中则为次要矿物。岩石中含量很少(一般不超过 1%)、对岩石分类命名不起作用的矿物,称为**副矿物**,如铬铁矿、磁铁矿、磷灰石等。不过,近年对岩石中的副矿物也进行了深入研究,认为其形态、数量等对于划分岩石类型、确定岩石时代和揭示含矿规律也具有重要意义。

岩浆在冷凝过程中,由于物理化学条件不断改变,各种主要造岩矿物结晶析出有一定的顺序,而且先析出的矿物与岩浆发生反应,使矿物成分发生变化而产生新的矿物。1922 年美国鲍温(Bowen,1887—1956)在实验室观察相当玄武岩熔浆的冷却结晶过程并结合野外观察,得出玄武岩岩浆造岩矿物的结晶顺序以及它们的共生组合关系,称为鲍温反应系列(图 5-1-7)。

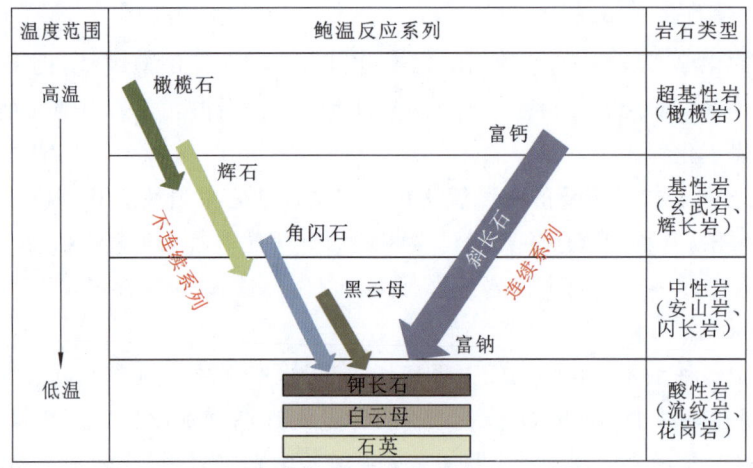

图 5-1-7　鲍温反应系列

从高温到低温岩浆结晶过程包括两个并行的演化系列:一个系列为浅色矿物(硅铝矿物)的斜长石的连续固溶体反应系列,即从富钙斜长石向富钠斜长石演化(也就是从基性斜长石向酸性斜长石演化),在这个系列的演变过程中,矿物晶体格架没有很大改变,只是矿物成分发生连续的变化,实际上是连续的类质同象过程;另一个系列为暗色矿物(铁镁矿物)的不连续反应系列,即按橄榄石、辉石、角闪石、黑云母的顺序结晶,在系列的演变过程中,前后相邻矿物之间不是成分上的连续过渡,而是岩浆同早期矿物发生反应产生新矿物,相邻矿物的结晶格架也发生显著变化。随着温度的下降,在岩浆晚期此二系列合成单一的不连续反应系列,依次结出钾长石、白云母,最后析出石英。

鲍温反应系列在一定程度上说明了岩浆中矿物的结晶顺序和共生组合规律,提供了掌握岩浆岩分类的简易方法。纵列表示从高温到低温矿物结晶的顺序;横行表示在同一水平位置上的矿物大体是同时结晶,按共生规律组成一定类型的岩石。例如辉石和富钙的斜长石组成基性岩,不可能与石英共生;钾长石、富钠斜长石、石英、云母等组成酸性岩浆岩,不可能与橄榄石共生。在纵列方向矿物相距越远,共生的机会越少。其他如超基性岩浆岩、中性岩浆岩的矿物组合规律如图 5-1-7 所示,此处不一一赘述。但是,天然的岩浆作用过程,不仅受温度条件控制,而且其他条件如压力、挥发成分、化学成分及其组合比例等也都影响结晶顺序。所以,鲍温反应系列只能代表矿物结晶顺序的一般模式,它不能解释岩浆岩结晶过程的所有复杂现象。

(二)岩浆岩的结构

岩石的结构是指组成岩石的矿物颗粒的特征,包括矿物的结晶程度、晶粒大小、矿物形态、自形程度及其相互关系(图 5-1-8)。它能反映岩浆结晶的冷凝速度、温度和深度,肉眼观察最主要的是矿物颗粒大小。

从左至右分别为全晶质结构、半晶质结构和玻璃质结构。

图 5-1-8　岩浆岩的结构

岩浆岩的结构分类如下。

(1) 按结晶程度分为：全晶质结构、玻璃质结构、半晶质结构（图 5-1-8）。

(2) 根据矿物颗粒大小分为：显晶质结构和隐晶质结构。

显晶质结构是用肉眼或放大镜可识别矿物的颗粒。根据颗粒的绝对大小又可分为：粗粒结构（>5mm）、中粒结构（5～2mm）、细粒结构（2～0.2mm）、微粒结构（0.2～0.02mm）；按颗粒相对大小可分为：等粒结构、不等粒结构（斑状结构、似斑状结构）（图 5-1-9）。

左上为等粒结构，右上为不等粒结构，左下为斑状结构，右下为似斑状结构。

图 5-1-9　岩浆岩的结构

隐晶质结构是矿物颗粒细微，需要用显微镜才能识别。

（3）按矿物自形程度分为：自形粒状结构、他形粒状结构、半自形粒状结构。

（4）按矿物颗粒相互关系分为：交生结构（根据交生的形态特点可分为：文象结构、条纹结构、蠕虫结构）、反应边结构、环带结构、包含结构、填隙结构等。

影响岩浆岩结构的因素首先是岩浆冷凝的速度。冷凝慢时，晶粒粗大，晶形完好；冷凝快时，众多晶芽同时析出，彼此争夺生长空间，导致矿物晶粒细小、晶形不规则；冷凝速度极快时，形成非晶质。岩浆的冷凝速度与岩浆的成分、规模、冷凝深度以及温度有关。

此外，岩浆中矿物结晶的先后顺序也是影响结构的重要因素。早结晶的矿物晶粒较粗，晶形较好；晚结晶的矿物受到空间的限制，晶粒细小，晶形不完整或不规则。

（三）岩浆岩的构造

岩石的构造是指组成岩石的矿物颗粒的分布特点，即矿物集合体之间或矿物集合体与其他组成部分（如玻璃）之间的排列、充填方式等相互关系的特征。侵入岩中常见的构造有：块状构造、带状构造、斑杂构造、球状构造、晶洞构造、晶腺构造、流动构造、原生片麻状构造等。喷出岩常见的构造有：气孔构造、杏仁构造、枕状构造、流纹构造等（图5-1-10）。

左上气孔构造、右上杏仁构造、左下枕状构造、右下流纹构造

图 5-1-10　岩浆岩的构造

块状构造：岩石中矿物排列无一定规律，岩石呈均匀的块体。这是岩浆岩最常见的构造。

流动构造：岩石中柱状或片状矿物或捕虏体彼此平行呈定向排列。表明岩浆一边冷凝一边流动。这一构造既见于火山熔岩中，也见于侵入岩的边缘。火山熔岩中不同成分和颜色的条带，以及拉长的岩浆屑、拉长的气孔相互平行排列，称为流纹构造。流纹构造常见于酸性或中性熔岩，尤以流纹岩最为典型。

气孔构造与杏仁构造：气孔构造指出现在熔岩中或浅成脉体边缘呈圆球形、椭球形的空洞，下小上大。其直径为数毫米或数厘米，是岩浆中的气体所占据的空间。基性熔岩中气孔较大、较圆，酸性熔岩中气孔较小，较不规则，或呈棱角状。气孔被矿物质（如方解石、石英、绿泥石、葡萄石）充填者，称为杏仁构造。

枕状构造：它主要是由外形似枕头的熔岩聚集而成，枕间常有火山碎屑物或玻璃质充填。枕体或相互重叠、连接，或分散孤立产出，具"顶凸底平"的特点。枕体表面较光滑，常有纵向及横向沟纹。枕状构造的成因是由于岩浆在海底喷出后，其外层迅速冷凝固结，构成硬壳，而内部高温熔体的挤压则使硬壳破裂、高温熔体外溢冷凝，形成新的硬壳。如此反复作用，就会形成枕状熔岩。多见于水下喷发形成的玄武岩、安山岩中。

球状构造：岩石中矿物围绕某些中心呈同心层分布，外形呈椭圆状的一种构造，各层圈中的矿物常呈放射状分布。系岩浆中某些成分脉动式过饱和结晶而形成，多发育在辉长岩和闪长岩中。

晶洞构造：侵入岩中具有若干不规则孔洞的构造，孔洞内常生长晶体或晶簇，如石英。一般认为是黏度很大的岩浆在冷凝收缩过程中形成的。常见于碱性花岗岩中。

层状构造：岩石具有成层性状。它是多次喷出的熔岩或火山碎屑岩逐层叠置的结果。

三、代表性岩浆岩

（一）岩浆岩的分类

岩浆岩种类很多，其差别主要表现在岩浆成分、矿物成分、矿物的相对含量、岩石的结构和构造等方面。

根据岩浆中 SiO_2 含量可分为 4 种类型，即超基性岩浆岩、基性岩浆岩、中性岩浆岩和酸性岩浆岩。根据岩浆岩的产状可分为侵入岩和喷出岩。

（二）代表性的岩浆岩

1. 侵入岩

（1）花岗岩：是酸性深成侵入岩代表性岩类，在侵入岩中分布最广。通常呈肉红、浅灰、灰白等色，粗粒结构，块状构造；主要由石英、钾长石、斜长石组成，次要矿物为云母、角闪石，有时可含少量辉石；暗色矿物（铁镁矿物）含量＜15%（通常＜10%），石英

>20%。

(2) 辉长岩:是基性深成侵入岩代表性岩类。通常呈灰黑色—灰色,粗粒结构,块状构造;主要由辉石和斜长石组成,可含少量的橄榄石、角闪石、黑云母;暗色矿物(铁镁矿物)含量40%~90%,石英罕见。

(3) 闪长岩:是中性深成侵入岩代表性岩类。通常呈浅灰色、灰绿色,粗粒结构,块状构造;主要由角闪石和斜长石组成,次要矿物为辉石、黑云母、石英;暗色矿物(铁镁矿物)含量15%~40%,石英含量<5%,一般肉眼难以见到。

(4) 橄榄岩:是超基性深成侵入岩代表性岩类。通常呈暗绿色或黑色,粗粒结构,块状构造;主要由橄榄石和辉石组成,可含少量角闪石、黑云母,暗色矿物(铁镁矿物)含量>90%,不含石英。

(5) 花岗斑岩:是酸性浅成侵入岩代表性岩类。通常为灰色或浅红色,斑状结构,基质呈微花岗结构;块状构造,斑晶主要为石英和长石,有时也见黑云母和角闪石。

2. 喷出岩

(1) 玄武岩:是基性喷出岩代表性岩类,在喷出岩中分布最广,也是在地表分布最广的岩浆岩。通常呈灰黑色、褐黑色、绿黑色等,玻璃质或斑状结构,基质具隐晶质结构;块状构造、气孔构造、杏仁构造、柱状节理构造;斑晶为斜长石、辉石和橄榄石,可见角闪石、黑云母。

(2) 安山岩:是中性喷出岩代表性岩类。通常为深灰色、紫色或绿色,斑状结构,基质具隐晶质—玻璃质结构;块状构造、气孔构造、杏仁构造;斑晶为斜长石、角闪石,可见黑云母、辉石。

(3) 流纹岩:是酸性喷出岩代表性岩类。通常为灰白色、浅灰红色,斑状结构,基质具玻璃质—隐晶质结构;流纹构造、块状构造,也可见气孔构造、杏仁构造;斑晶为石英和透长石,可见黑云母和角闪石。

本学习单元小结

(1) 岩浆是以含有挥发性成分的高温硅酸盐为主的熔融体。其黏度的大小可以有较大幅度的变化。硅、铝氧化物含量高的岩浆,岩浆温度相对低,黏度相对较高。

(2) 气体的喷发是火山喷发的前导,并贯穿于火山喷发的全过程。气体主要由水蒸气以及少量CO_2、硫化物等组成。

(3) 火山灰是火山喷出的细小碎屑物,能长时间飘浮在空中,喷出量很大时能影响一定范围内的气候。

(4) 熔岩是喷出地面后丧失了气体的岩浆岩。黏性大的熔岩流动性差;黏性小的熔岩流动性强,可以展布于很大范围内。熔岩在冷凝过程中发生规律性收缩,可形成柱状节理。

(5) 以火山高地的典型形态为锥形,称其为火山锥。锥体高度最大的可达数千米。锥顶有圆形洼坑,是岩浆喷出的通道,称为火山口。其直径大小不一。

(6) 如岩浆喷发沿地壳中的巨大断裂发生,不形成明显的火山锥者,称为裂隙式喷发,如喷发沿地壳中的管状通道发生,常形成火山锥者,称为中心式喷发。

(7) 超基性岩浆的 SiO_2 含量 $<45\%$,基性岩浆(或玄武岩浆)的 SiO_2 含量为 $45\%\sim52\%$。中性岩浆(或安山岩浆)的 SiO_2 含量为 $52\%\sim63\%$,酸性岩浆(或花岗岩浆)的 SiO_2 含量 $>63\%$。

(8) 世界火山集中分布在环太平洋带、地中海—印尼带、洋脊带以及地中海沿岸—东非裂谷带。

(9) 安山岩浆的喷发只见于环太平洋四周的大陆边缘及岛屿而不出现于大洋内部,大洋内部只喷发玄武岩浆,两者的界线称为安山岩线。

(10) 岩浆在地下冷凝而成的岩石称为侵入岩。侵入岩的产出状态决定于岩浆冷凝的速度、岩浆的成分、规模以及围岩的产状。重要的产状有岩脉、岩床、岩盆、岩株、岩基等。

(11) 岩浆岩的结构指岩浆岩中矿物的结晶程度、晶粒大小、形态特点以及晶粒间的相互关系,结构的特征取决于岩浆冷凝的快慢。

(12) 岩浆岩构造指岩浆岩中矿物集合体的形态、大小及相互关系,是岩浆岩形成条件的反映。

(13) 岩浆岩的肉眼鉴定主要是根据岩石的矿物成分、颜色、结构与构造。

(14) 岩浆侵入的过程往往伴随着围岩的同化及岩浆的混染,导致岩浆的成分发生改变。在侵入体的边缘可出现未被同化掉的围岩残块——捕房体。

(15) 玄武岩浆在分离结晶过程中,铁镁质矿物的晶出顺序是橄榄石、辉石、角闪石、黑云母,这是一个不连续的反应系列;长英质矿物晶出顺序是基性斜长石、中长石、酸性斜长石,这是一个连续的反应系列。以上两个系列分别进行,所形成的矿物一一对应。在分离结晶的低温阶段则晶出钾长石、白云母、石英。

• **重要术语**

岩浆、喷出作用、喷出岩(火山岩)、熔岩、火山灰、柱状节理、火山口、破火山口、中心式喷发、裂隙式喷发、安山岩线、环太平洋火山带、地中海—印尼火山带、洋脊火山带、地中海沿岸—东非火山带、活火山、死火山、侵入作用、侵入岩、围岩、浅成岩、深成岩、岩脉、岩床、岩盆、岩盖、岩株、岩基、隐晶质结构、显晶质结构、非晶质结构、斑状结构、块状构造、枕状构造、流动构造、气孔构造、杏仁构造、晶洞构造、球状构造、层状构造、部分熔融、捕房体、鲍温反应系列、玄武岩、安山岩、流纹岩、橄榄岩、辉长岩、辉绿岩、闪长岩、花岗岩。

• **思考题**

(1) 何为岩浆?岩浆的特征有哪些?岩浆是如何分类的?

(2) 根据火山活动特征,火山分为哪几类?对人类危害较大的是哪一类火山?为什么?

(3) 火山喷发方式有哪几种?它们各有什么特征?火山喷出物有哪几种?它们各有

什么特征?

(4) 火山机构由哪些部分组成?画图示意。
(5) 当今世界火山主要集中分布在哪些地带?
(6) 何为岩浆作用、喷出作用、侵入作用?它们形成的岩石分别称为什么?
(7) 何为岩浆岩结构?喷出岩常见的结构有哪些?侵入岩常见的结构有哪些?
(8) 何为岩浆岩构造?喷出岩常见的构造有哪些?侵入岩常见的构造有哪些?
(9) 何为岩浆岩产状?喷出岩常见的产状有哪些?侵入岩常见的产状有哪些?
(10) 岩浆岩根据 SiO_2 的含量分为哪几类?每一类岩浆岩的主要矿物有哪些?
(11) 何为析离体、捕虏体?它们是如何形成的?
(12) 何为鲍温反应系列?它有哪些反应系列?有什么特征?
(13) 简述岩浆岩的特征。

学习任务二　认知变质作用及认识常见变质岩

●**学习目标**　了解变质岩的概念、常见变质岩及其特征;熟悉变质岩的结构构造的类型及其特征;掌握变质作用的因素和类型。

●**知识目标**　掌握变质作用的影响因素及类型;掌握变质岩的结构构造及其类型。

●**思政目标**　引导学生领会内动力在变质岩形成过程中的重要作用,以及变质岩在人们生产生活中的作用和影响,感受自然力量的神奇,树立正确的自然观、科学观、地质观,涵养热爱自然、珍惜资源、保护环境、合理利用自然资源的思想意识。

变质岩是组成地壳的三大岩类之一,占地壳总体积的27.4%。它在地表的分布范围较小,也不均匀,占陆地面积的7.4%。变质岩中赋存有许多矿产,如铁矿、大理岩、石棉、石墨、以及一些名贵宝石等,均产自变质岩。

在江河湖海可以观察到沉积作用,通过观察火山喷发也可以获得岩浆作用的信息。然而,几乎所有变质岩都来自地壳深部,变质作用的过程难以被直接观察到。

一、变质作用概述

(一) 变质作用的概念

地壳中原来已存在的岩石,由于受到构造运动、岩浆活动或地壳内热流变化等内力的影响以及陨石冲击的瞬时热动力作用等,使岩石在固态(或基本保持固态)情况下发生矿物成分、结构、构造甚至化学成分的变化,这些变化总称为变质作用。根据变质作用的主要因素和地质条件,可将变质作用分为区域变质作用、动力变质作用、接触变质作用、气-液变质作用、混合岩化作用等。

在变质作用条件下,使地壳中已经存在的岩石(可以是岩浆岩、沉积岩及早已形成的变质岩)变成具有新的矿物组合及结构、构造等特征的岩石,称为变质岩。由岩浆岩经变质而成的变质岩,称为正变质岩;由沉积岩经变质而成的岩石,称为副变质岩;由变质岩经变质而成的岩石,称为复变质岩。

(二) 引起变质作用的因素

使岩石产生变质的因素主要是温度、压力以及化学活动性流体。这些物理、化学因素的变化取决于地质环境的改变。在变质过程中这些因素都不是孤立的,它们经常同时出现,共同作用。

1. 温度

温度是促使岩石发生变质的主要因素。温度的作用在于提供岩石变质所需要的能量。通常在变质过程中,不论何种变质方式所引起的矿物成分或结构构造的变化,都伴有物质组分的迁移,晶格的破坏和再造,这些活动都需要一定的能量,适当的温度为这种能量提供了来源。

变质作用发生的温度由150~180℃到800~900℃。低于150℃的作用属于固结成岩作用,高于650℃的作用,将使许多岩石熔融,向岩浆作用过渡。超过900℃,绝大多数地壳岩石被熔融。

岩石受到较高温度作用时,固态岩石中矿物的原子、离子和分子的活动性会增强,引起各种反应。例如,由非晶质变为结晶质,或由细小晶粒变为粗大晶体,或由某种矿物转变成另一种矿物等。

温克勒(Winler,1974)按照温度,把变质作用分成4个等级:<350℃为很低级变质,350~550℃为低级变质,550~650℃为中级变质,>650℃为高级变质。

引起变质作用的温度基本来源有3个方面。

(1) 地热:地下温度随着深度增加而增高。如果地表岩石因某种原因沉陷到一定深处,就能获得相应的温度。

(2) 岩浆热:岩浆是高温熔融体,当岩浆侵入时,岩浆热会传到围岩,使围岩快速增温。

(3) 构造运动和断裂:断裂块体相互错动和挤压,能产生摩擦热、剪切热,使岩石升温。

2. 压力

促使岩石变质的压力可分为静压力、流体压力和定向压力3种,它们在变质过程中所起的作用是不同的。

1) 静压力

静压力是指岩石在地壳一定深度所承受的上覆岩石柱的重力(图5-2-1左)。它是由上覆岩石重量引起的,随着埋藏深度增加而增大,这种压力对岩石的作用力各向均等。

静压力能使岩石压缩,使矿物中原子、离子、分子间的距离缩小,形成密度大、体积小的新矿物;静压力还能使矿物间发生化学反应形成体积小、密度大的新矿物。

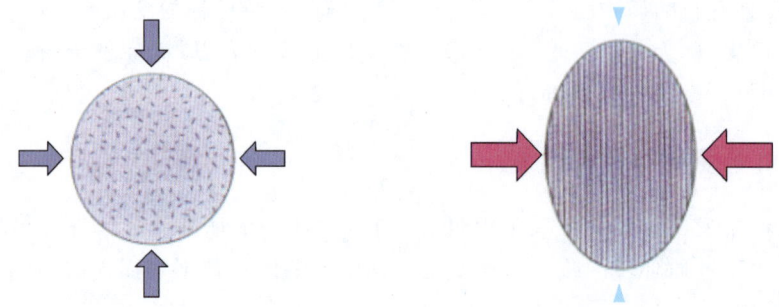

图 5-2-1　静压力(左)与定向压力(右)

2) 流体压力

静压力在岩石中的传递不只是通过固体的岩石质点,也可以通过循环于岩石空隙中的流体传递,形成流体压力。当岩石处于密闭状态时,上覆岩石的重量都传递给了各部位的流体,此时流体压力的数值等于岩石的静压力值。流体的成分及其压力的大小控制着许多化学反应的进程,对于岩石的变质具有重要影响。

3) 定向压力

定向压力来自构造运动,是作用于岩石的侧向挤压力,具有方向性,且两侧的作用力方向相反(图 5-2-1 右)。它们可以位于同一直线上,也可以不位于同一直线上,前者称为挤压应力,后者称为剪切应力。其作用主要导致岩石结构与构造的变化。

3. 化学活动性流体

化学活动性流体成分以 H_2O、CO_2 为主,并含其他一些易挥发、易流动的物质。它们有多种来源:一是岩石粒间孔隙及岩石裂隙中所含以水为主的液体;二是许多造岩矿物,尤其是沉积岩中的矿物,其结构中含有较多 H_2O 和 CO_2 等挥发性物质,在温度与压力的作用下,其被分离出来;三是从岩浆中分泌和逃逸出来的成分;四是从地球深部物质中分泌出含有 K、Na、SiO_2 等化学成分的热液。

化学活动性流体是一种活泼的化学物质,它们积极参与变质作用的各项化学反应,并控制反应的进程。同时,它们还将岩石中的一些元素溶虑出来,促使这些元素扩散和迁移,引起岩石化学成分的变化。

流体对于岩石的重熔作用也很重要,实验证明,在水饱和的条件下,花岗质岩石的始熔温度仅 640℃ 左右,但在完全不含水的"干"条件下,其始熔温度可高达 950℃,由此可见流体的存在可以降低岩石的始熔温度。

各项变质因素在变质作用中不是孤立的,而是相互配合的、相互影响的,从地表往下,随着深度增加,压力增大,温度也增加。但是,在不同的情况下起主导作用的因素不同,因而变质作可显示出不同的特征。此外,变质作用是一个缓慢的过程,需要足够长的时间才能发生作用。

二、变质岩的特征

(一) 变质岩的物质组成

1. 变质岩的化学成分

变质岩的化学成分,既取决于原岩的化学成分,又与变质作用的类型和强度有关。在变质过程中,如果没有组分的加入和带出,则变质岩的化学成分基本保持原岩的化学成分。由于变质岩的原岩可为各种沉积岩、岩浆岩等,所以变质岩的化学成分比较复杂。但总的来说,仍主要为 SiO_2、Al_2O_3、Fe_2O_3、FeO、MnO、MgO、Na_2O、K_2O、H_2O、CO_2、TiO_2、P_2O_5 等。各种氧化物的含量,在不同的变质岩中相差极大。如原岩为泥质岩的变质岩,Al_2O_3 的含量高;原岩为碳酸盐岩的变质岩,CaO、MgO、CO_2 含量高。

2. 变质岩的矿物组成

变质岩常具有某些特征性矿物,这些矿物只能由变质作用形成,故称为特征变质矿物。特征变质矿物是指变质作用过程中形成的稳定范围较窄,能够指示特定的温度、压力条件(有时还可指示原岩成分)的变质矿物。特征变质矿物按变质程度的高低分为三级。

低级变质矿物常见的有绿帘石、蛇纹石、绿泥石、绢云母、滑石、蓝闪石、阳起石、透闪石等;中级变质矿物常见的有十字石、红柱石、蓝晶石等;高级变质矿物常见的有矽线石、硅灰石、石榴子石等。例如,云母片岩中出现十字石、蓝晶石,表明其是由黏土质岩石经中级区域变质作用所形成,所以十字石、蓝晶石称为特征变质矿物。特征变质矿物的出现是发生过变质作用的最有力的证据。

除了典型的特征变质矿物之外,变质岩中也有既能存在于岩浆岩又能存在于沉积岩的矿物,它们或者在变质作用中形成,或者从原岩中继承而来。属于这样的矿物有石英、钠长石、钾长石、黑云母、白云母等。这些矿物能够适应较大幅度的温度、压力变化而保持稳定。

(二) 变质岩的结构

变质岩的结构是指变质岩中矿物的颗粒大小、形状及颗粒之间的相互关系。岩浆岩与沉积岩的结构通过变质作用可以全部或者部分消失,形成变质岩特有的结构。根据成因,变质岩的结构可分为变余结构、变晶结构、变形及碎裂结构、交代结构。

1. 变余结构

变余结构指变质岩中,由于变质结晶作用不彻底,仍保留有原岩的结构。例如,变余辉绿结构、变余砂状结构等。

2. 变晶结构

变晶结构是原有岩石经变质作用在固态下重结晶形成的晶质结构,是指岩石中矿物变晶粒度的相对大小、自形程度,矿物变晶的形态以及彼此间的交生关系等特征。例如,等粒变晶结构、鳞片粒状变晶结构、包含变晶结构等。

变晶结构按变晶矿物粒度大小划分为:粗粒变晶结构($\geqslant 3mm$)、中粒变晶结构($3\sim 1mm$)、细粒变晶结构($1\sim 0.1mm$)、显微变晶结构($<0.1mm$)。按变晶大小的相对关系可分为等粒变晶和斑状变晶,前者的变晶颗粒等大,后者的变晶颗粒有两种,其粒径相差悬殊。

3. 变形及碎裂结构

变形及碎裂结构是指动力变质作用使岩石发生变形或机械破碎而形成的一类结构。特点是矿物颗粒破碎成外形不规则的带棱角的碎屑,碎屑边缘常呈锯齿状,并具有扭曲变形等现象。按碎裂程度,可分为碎裂结构、碎斑结构、碎粒结构等。

4. 交代结构

交代结构是指变质作用过程中,通过化学交代作用(物质的带出和加入)形成的结构。其特点是,在岩石中原有矿物被分解消失,形成新矿物。例如,交代假象结构、交代蚕食结构、交代斑状结构等。

(三) 变质岩的构造

变质岩的构造是指变质岩中各矿物的空间分布特点和排列状况。变质岩的结构主要反映变质作用发生的条件,而变质岩的构造主要反映变质岩的形成环境。岩浆岩与沉积岩的构造通过变质作用可以全部或部分消失,形成变质岩特有的构造特征。根据成因,变质岩的构造可分为变余构造、变成构造。

1. 变余构造

变余构造是指变质岩中,由于变质结晶作用不彻底,仍保留有原岩的构造。例如,变余气孔构造、变余层理构造、变余波痕构造等。

应该指出,当变质程度不深时,原岩的构造易于部分保留。因此,变余构造的存在便成为判断原岩属于岩浆岩还是沉积岩的重要依据。前面所说的变余结构也存在着类似的作用。

2. 变成构造

变成构造是由变质结晶和重结晶作用所形成的变质岩的构造,是指岩石中各种矿物或矿物集合体的空间分布和排列状态等特征。这类构造在变质岩中占有重要地位,常见有斑点状构造、板状构造、千枚状构造、片状构造、片麻状构造等。

1) 斑点状构造

泥质岩石在变质作用的初期,原岩中某些成分集中成为或疏或密,形状不同、大小不等的斑点,称斑点状构造。斑点为圆形或不规则形状,直径常为数毫米。常见的斑点成分有铁质、硅质、碳质、红柱石和云母等矿物的雏晶等,基质为隐晶质—细晶。温度若进一步升高,斑点有可能转变成变斑晶。

2) 板状构造

岩石在应力作用下,产生一组平行、密集而平坦的破裂面(劈理面),破裂面光滑而平整,其上有时可见少量的绿泥石及绢云母等低温变质矿物集合体,岩石容易沿此面破裂成薄板,如同木板状(图 5-2-2 左)。单层厚从数毫米到百余毫米不等。岩石基本没有重结晶,新生矿物很少,常见于浅变质岩中,它是岩石受较强的定向压力作用而形成的。

图 5-2-2 具板状构造的板岩(左)与具千枚状构造的千枚岩(右)

3) 千枚状构造

岩石中的鳞片状矿物已初具定向排列,但重结晶程度不高,矿物颗粒肉眼难以分辨,仅在片理面上见有强烈的丝绢光泽(图 5-2-2 右),常有小挠曲、小褶皱。

4) 片状构造

岩石中片状或长柱状矿物呈连续而平行的定向排列(5-2-3 左),形成平行、密集而不甚平坦的纹理,称为片理或面理。沿片理方向岩石易于劈开。片理可以是平直的,也可是波状弯曲甚至揉皱的,片状构造主要见于各种片岩中。它与千枚状构造的区别是,岩石的变质程度高,重结晶及重组合进行得完全,矿物颗粒比较粗。片理的形成与定向压力的作用关系很大。

图 5-2-3 具片状构造的片岩(左)与具片麻状构造的片麻岩(右)

5) 片麻状构造

组成岩石的矿物以长英质粒状矿物为主,同时伴有部分呈断续定向排列的片状、柱状矿物,其间被粒状矿物如石英、长石等所隔开(图 5-2-3 右),主要见于片麻岩中。片麻状构造的形成除与造成片理的因素有关外,还可能受原岩成分的控制,即不同成分的物质层通过变质形成不同矿物的条带;也可以是在变质过程中不同组分发生分异并分别聚集的结果。

具有片麻状构造的岩石,其矿物颗粒一般都较粗大。有时长石可以变成粗大、似眼球状者,称为眼球状构造。

三、变质作用类型及其代表性变质岩

由于引起岩石变质的地质条件和主导因素不同,变质作用类型及其产物也不同。这里主要介绍接触变质作用、气-液变质作用、区域变质作用、动力变质作用、混合岩化作用以及它们的代表性变质岩。

(一) 接触变质作用

由岩浆活动引起的、发生在岩浆岩(主要是侵入岩)与围岩接触带附近的变质作用,称为接触变质作用。接触变质作用的温度较高,一般为 300~800℃,有时高达 1000℃,越是靠近岩体的围岩变质程度越高。按照变质过程有无交代作用,可分为接触热变质作用和接触交代变质作用两种类型。

1. 接触热变质作用

这种变质作用是指受岩浆高温作用的影响而导致围岩发生变质的过程。围岩主要是受岩浆热力影响,发生吸热反应,使矿物发生重结晶作用,因而形成新的矿物组合和结构构造,但其化学成分基本不发生改变。常见的接触热变质岩石有角岩、大理岩、石英岩等。

● 角岩:具有显微粒状变晶结构,主要为块状构造,岩石常很致密,很坚硬,颜色多呈暗色。原岩可以是碎屑岩,也可以是火山岩。因原岩成分不同以及变质程度的差异,角岩中的变质矿物多种多样,如红柱石、堇青石等。

图 5-2-4 蛇纹石大理岩

● 大理岩:主要由方解石组成,为粒状变晶结构,块状构造,常有变余层状构造。原岩为石灰岩、白云岩。几乎不含杂质的大理岩,洁白似玉,称汉白玉。多数大理岩因含有杂质,显示不同颜色的条带。如蛇纹石大理岩因含蛇纹石而显艳绿色条带(图 5-2-4),系由白云质灰岩变质而来。

● 石英岩:主要由石英组成,具有粒状变晶结构,块状构造,岩石极为坚硬。原岩为石英砂岩或硅质岩。

2. 接触交代变质作用

从岩浆中分泌的挥发性物质,与围岩进行化学反应,导致围岩化学成分发生显著变化,产生大量新矿物,形成新的岩石。接触交代变质作用主要发生在中、酸性侵入体与碳酸盐类岩石的接触带上,在热接触变质作用的基础上和高温气化热液影响下,经交代作用形成一种变质岩石,其典型岩石是矽卡岩(图 5-2-5)。

图 5-2-5 绿帘石石榴石矽卡岩

矽卡岩的矿物成分比较复杂,主要有石榴子石、透辉石、硅灰石、绿帘石、电气石、阳起石、绿泥石、石英等,具不等粒粒状变晶结构,晶粒一般比较粗大,块状构造,颜色较深,常呈暗褐、暗绿等色,相对密度较大。

某些金属矿物常在矽卡岩中富集成为矿体。常见的有磁铁矿、黄铜矿、辉铜矿、闪锌矿、锡矿等。

(二) 气-液变质作用

由热的气体或溶液(简称气水热液)作用于已经形成的岩石,使其化学成分、矿物成分及结构构造发生变化的作用,称为气-液变质作用。

在气-液变质作用中,流体是引起变质作用的主要因素,它可以液相或气相的形式作用于岩石。流体的来源较多,它可以是岩浆冷凝晚期析出的挥发组分和水溶液,或是变质过程中析出的水溶液和碳酸溶液,既可是混合岩化过程中分泌出来的气水溶液,也可以是潜入地下并赋存于岩石中的地下水等。这些流体迁移到岩石的裂隙中,矿物的接触界面之间,或是矿物内部的裂隙中,与岩石和矿物进行化学作用,改变原岩的矿物成分、结构和构造,可形成较大范围的交代变质现象。这种变质作用常与某些矿床有密切关系,因此,又称为矿体的围岩蚀变。它是一种重要的找矿标志。

较常见的岩石有:蛇纹岩、青磐岩、云英岩等。

(三) 区域变质作用

区域变质作用是指在广大范围内由温度、压力以及化学活动性流体等多种因素联合作用而引起的一种变质作用。区域变质作用的温度下限在 200～300℃,上限在 800～900℃以上,压力变化大,多在 100～200MPa 到 1.3～1.4GPa 之间。

区域变质作用形成的变质岩通常呈大面积分布或呈带状展布,长数百甚至数千千米,宽数十或数百千米。它们的分布空间大致与构造运动形成的造山带或强烈构造活动带相一致。如欧洲中部的阿尔卑斯造山带,我国的燕山造山带、秦岭-大别山造山带、哀牢山造山带。在这些造山带中,变质岩广泛发育,岩石类型有板岩、千枚岩、片岩、片麻岩、变粒岩等。

- 板岩：具有板状构造的浅变质岩石。由黏土岩、粉砂岩或由中酸性凝灰岩经轻微变质形成。颜色一般为灰色、绿灰色和黑色。常呈隐晶质致密状，矿物颗粒很细，肉眼很难辨认。有时可见少量的石英、绢云母、绿泥石等矿物。具变余结构、板状构造。
- 千枚岩：具千枚状构造的浅变质岩石。由黏土岩、粉砂岩及中酸性凝灰岩经低级区域变质而形成。一般由肉眼不易辨认的绢云母、绿泥石、石英等矿物呈定向排列而成。具变晶结构、千枚状构造。
- 片岩：具明显片状构造，在高温高压下变质而形成的中级变质岩石。由黏土岩、酸性凝灰岩等变质而成。一般以云母、绿泥石、滑石、角闪石等片状、柱状矿物为主，并呈定向排列。具变晶结构、片状构造。
- 片麻岩：具片麻状构造的高级变质岩石。由花岗岩和沉积岩的硅质岩类经区域变质形成。主要由石英、长石、黑云母、角闪石等矿物组成。具变晶结构、片麻状构造。由岩浆岩变质形成的片麻岩，称为正片麻岩；由沉积岩变质形成的片麻岩，称为副片麻岩。
- 变粒岩：主要由长石和石英组成的细粒粒状变质岩石（图5-2-6左）。变晶粒度一般0.1~0.5mm（有时可达1mm）。长石和石英含量＞70％，长石含量＞25％，片、柱状矿物含量＜30％。暗色矿物可以是黑云母、角闪石、透辉石、紫苏辉石，可出现石榴子石、矽线石等特征变质矿物，矿物分布比较均匀。变粒岩是粉砂岩、硬砂岩、基性—酸性凝灰岩及少量中酸性熔岩，经中级变质作用的产物。变粒岩的进一步命名可根据主要的片状、纤状矿物，如黑云母变粒岩、角闪石变粒岩，暗色矿物含量小于10％时，则称为浅粒岩。
- 麻粒岩，又称粒变岩：变质程度很高的变质岩（图5-2-6右）。其特征是暗色矿物中主要为辉石，浅色矿物中有长石和石英，有时含石榴子石、矽线石、蓝晶石、堇青石等，很少含黑云母、角闪石等矿物。具粒状变晶结构，块状构造。由于原岩成分不同，麻粒岩中暗色矿物的含量亦不同，因此常分为两种类型：一种是暗色矿物含量大于30％时，称为暗色麻粒岩或基性麻粒岩；另一种是暗色矿物含量少于30％时，称为浅色麻粒岩或酸性麻粒岩。

图 5-2-6　变粒岩（左）与麻粒岩（右）

区域变质岩有许多类型，各类型中因其特征变质矿物不同又有许多不同的变质岩石。那么,是什么因素造成区域变质岩的这种多样性呢?首先,是原岩的成分,原岩的成分不同,其变质产物就不一样。如石灰岩只能变成各种大理岩,而页岩或黏土岩只能变成各种板岩、千枚岩和片岩。其次,是变质的温度与压力条件,变质温度与压力的差异能使同种成分的原岩变质成不同的岩石。以含硅、铝、钙的黏土岩来说,当它遭受较低的温度与压力作用时,仅变成含绢云母与绿泥石的板岩或千枚岩;当它受到40~600℃温度作用时,则变成含白云母、黑云母及石榴子石的片岩;当变质温度高达650℃时,可变成含矽线石黑云母片麻岩。

因此,不同类型的变质岩一方面反映了原岩的成分差异,另一方面也反映了不同的变质温度和压力条件。根据变质岩的矿物组合特征及其化学成分,能够探讨岩石变质的环境、温度和压力条件,并恢复其原岩的性质。

(四) 动力变质作用

在构造运动所产生的定向压力作用下,岩石所发生的变质作用,又称"碎裂变质作用"或"错动变质作用"。其变质因素以机械能及其转变的热能为主,常沿断裂带呈条带状分布,形成构造角砾岩、碎裂岩、糜棱岩等,而这些岩石又是判断断裂带的重要标志。

在地壳的浅部和上部,由于温度较低,围压较小,岩石主要表现为脆性,岩石受力破裂,形成大大小小的碎块,称为构造角砾岩(图5-2-7左);岩石沿破裂面发生相对错位,在错位过程中挤压、研磨岩石碎块,使之变小、变细,形成碎裂岩(图5-2-7右)。

图 5-2-7 构造角砾岩(左)与碎裂岩(右)

(五) 混合岩化作用

混合岩化作用是一种介于变质作用和典型的岩浆作用之间的有不同性质流体参加的造岩作用。当区域变质作用进一步发展,在地下深处温度较高的地方,部分岩石因受热而发生部分熔融,形成小规模的长英质熔融体,熔融体沿着已形成的区域变质岩的裂隙或片理渗透、扩散、注入、重结晶和混合交代等,从而形成一系列特殊类型岩石的作用过程,称为混合岩化作用。由混合岩化作用所形成的岩石,称为混合岩。

混合岩由两个部分组成:原变质岩残留部分,称为**基体**,主要为铁镁质矿物。颜色较深;由注入、交代或重熔而新形成的岩石,称为**脉体**,其成分主要为石英、长石,颜色较浅

(图 5-2-8)。

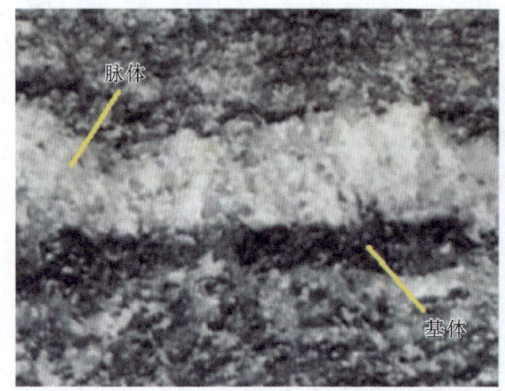

图 5-2-8　混合岩

本学习单元小结

（1）岩石基本处于固体状态下受到温度、压力和化学活动性流体的作用，发生矿物成分、化学成分、岩石结构构造的变化，形成新的结构、构造，或新的矿物与岩石的地质作用，称为变质作用。在变质作用过程中，岩石不发生明显的熔融。

（2）在很高的压力下，密度小、体积大的矿物可以结合成为密度大、体积小的新矿物。

（3）只能由变质作用形成的矿物，称为特征变质矿物。它是识别变质作用发生的重要标志。

（4）变晶结构是指岩石在固体状态下，通过重结晶和变质结晶而形成的结构。其中的晶粒称为变晶。变晶可大可小，粒径可以均匀（等粒变晶）分布，也可大小参差（斑状变晶）分布。

（5）变质岩中部分保留的原岩结构，称为变余结构，如变余砂状结构、变余斑状结构。

（6）由变质作用形成的构造称为变成构造，如片理构造、片麻状构造。

（7）接触变质作用的发生主要与岩浆的侵入有关，岩浆带来了大量热能和化学活动性流体，促使变质作用发生。接触变质作用影响的范围有其局部性。

（8）接触热变质作用是在单一的热能作用下发生的，可以引起岩石的矿物成分及结构的变化，但不伴随岩石化学成分的显著改变。如使石灰岩变为大理岩，石英砂岩变为石英岩。

（9）接触交代变质作用是在温度与化学活动性流体两种因素共同作用下发生的，可使岩石的矿物成分、化学成分以及结构都发生变化。其代表性的变质岩是矽卡岩。

（10）区域变质作用乃是温度、压力、化学活动性流体等多种因素的联合作用，具有很大的影响范围。

（11）同一种原岩因变质温度与压力不同，可以形成不同种类的变质岩，形成变质分带现象。

(12) 混合岩一般包括基体和脉体两部分,基体是变质岩,脉体是变质岩中由外来的或内生的熔体或热液通过充填或交代作用所形成的长英质岩石。如果长英质含量极高,便形成混合花岗岩。

(13) 动力变质作用是指由于构造运动的影响,岩石在强烈定向压力下发生变化的一种变质作用。多分布在大型断裂带附近。主要表现在岩石的变形方面,可分为浅地壳层次的脆性变形和中深地壳层次的韧性变形。

• **重要术语**

变质作用、变质岩、静压力、定向压力、化学活动性流体、特征变质矿物、变晶结构、变余结构、板状构造、千枚状构造、片状构造、片麻状构造、变余构造、接触热变质作用、接触交代变质作用、矽卡岩、区域变质作用、混合岩化作用、动力变质作用。

• **思考题**

(1) 何为变质作用?影响变质作用的因素有哪些?

(2) 变质作用的类型有哪些?它们各有什么特征?

(3) 何为变质岩?根据原岩不同,变质岩有哪些类型?

(4) 何为变质岩特征矿物?变质岩有哪些特征矿物?

(5) 何为变质岩结构?变质岩结构有哪些类型?

(6) 何为变质岩构造?变质岩构造有哪些类型?

(7) 简述变质岩的特征。

学习任务三 认知构造运动及认识地质构造

• **学习目标** 了解构造运动的概念、方式和表现以及构造运动的原因;理解地层的接触关系;认识和掌握常见的褶皱、断层构造的主要特征,岩层产状要素。

• **知识目标** 领会构造运动的特征;掌握构造运动的地貌证据;掌握地层的接触关系类型及其成因;掌握常见的褶皱、断层构造的主要类型及其特征;掌握岩层产状三要素及其相互关系。

• **思政目标** 引导学生领会内动力使岩石圈产生变动的过程,以及岩石变形变位的形迹对人们生产生活的影响和作用,感受自然力量的神奇,树立正确的自然观、科学观、地质观,涵养热爱自然、珍惜资源、保护环境、合理利用自然资源的思想意识。

构造运动是由于地球内力引起地壳结构改变、地壳内部物质变形变位的机械运动。它可以引起岩石圈的演变,促使大陆、洋底的增生和消亡,并形成海沟和山脉;同时还导致地震发生、火山爆发等。我国古代的学者朱熹在《朱子语类》中写到"尝见高山有螺蚌壳,或生石中,此石乃旧日之土,螺蚌即水中之物,下者变而为高,柔者却变而为刚"。

一般把构造运动也称为地壳运动或岩石圈运动。

一、构造运动

(一) 构造运动的表现

在地壳的演化发展过程中,由于不同地区的物质组成和结构构造的不同,其构造运动的强度和表现形式都有差异,即便是同一个地方,在不同的地质时期,构造运动的性质也不一致。所以在不同地区、不同的地质时期构造运动所表现的特征也是不一样的。

1. 构造运动的方向性

按构造运动的方向有水平运动和升降运动两类。

1) 水平运动

水平运动是指组成地壳的块体,沿平行于地球表面方向的运动。水平运动使岩层在水平方向上受到不同程度的拉伸或挤压,造成巨大而强烈的褶皱和断裂等,常常可以形成巨大的褶皱山系,以及巨型凹陷、岛弧、海沟等,因此,也称造山运动或褶皱运动。

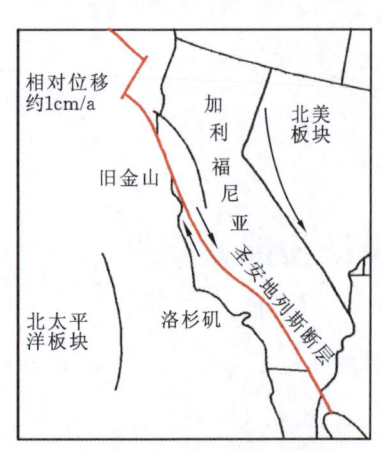

图 5-3-1 美国圣安地列斯断层两侧的水平运动

水平运动有 3 种基本形式:相邻块体背向分离、相邻块体相向汇集、相邻块体剪切错开。

典型的地壳水平运动实例是美国西部圣安地列斯断层两盘的水平运动(图 5-3-1),近年来通过卫星测量资料的监测,在断层两侧的昆西与奥泰山两个测点之间,每年平均水平位移达 8.9mm。全球范围的板块相互碰撞和板块的裂解都是水平运动的产物。

2) 升降运动

升降运动是指相邻块体或同一块体的不同部分做差异性上升或下降运动。升降运动使某些地区上升成为高地或山岭,另一些地区下降为盆地或平原,升降运动也称为垂直运动。

"沧海桑田"是古人对地壳升降运动的一种表述。实际上,升降运动不仅能使沧海变为桑田,而且能使大海变为高山。喜马拉雅山上有大量新生代早期的海洋生物化石,说明这里在 50~60Ma 年前还是汪洋大海。根据深海钻孔资料,我国东海海底发育大量的古近系和新近系湖泊及河流沉积,说明数千万年前到数百万年前这里曾是大陆上的河流与湖泊。

3) 水平运动与升降运动的关系

同一地区构造运动的方向随着时间的推移是不断变化的。某一时期以水平运动为主,另一时期以升降运动为主,水平运动的方式可以改变,升降运动的方向也可以改变。

不同地区出现不同方向的构造运动往往有因果关系。一个地区块体的水平挤压可引起另一地区块体的上升或下降;相反,一个地区块体的上升或下降可引起另一地区的块体发生水平方向的挤压、弯曲,甚至破裂。

此外,在大范围内,水平运动与升降运动常常兼而有之。但对于一定时期、一定地域而言,是以某一种方向的运动为主,另一种方向的运动为辅。

最近时期的构造运动与人类的关系最为直接。如进行水利工程及城市工程建设,地震的预测和预防等,都要求对最近时期构造运动的性质和特征进行详细研究,因此,将第四纪以来所发生的构造运动,称为新构造运动,并列为专门的研究对象。

2. 构造运动的速度和幅度

一般来说,构造运动的速度是一个长期而缓慢的过程,除地震、火山喷发、断层的形成等是在短暂的时间内引起地表显著变形、变位外。人是难以直接感觉出来的,可能必须经过长期的观察才能发现,它的位移可能都是以每年几毫米或几厘米来计算。但是,尽管构造运动是非常缓慢的,由于地球的发展历史经历了漫长的地质时期,因而也会产生巨大的变化。例如,40Ma 前的喜马拉雅山所处的位置,还是一片汪洋大海,属于古地中海的一部分,长期缓慢下降接收了 3 万多米厚的沉积物堆积,后受印度板块的碰撞,岩层褶皱变形,大约在 25Ma 前才开始从海底上升,到 2Ma 前初具规模,虽然平均每年只有几毫米的速度,但现在已雄踞世界最高峰,目前仍在上升之中。

构造运动的幅度是指它的运动位移量,常以一段时间间隔内升降运动的程度或水平运动的距离来衡量。在不同地区其运动的幅度是不一样的,如喜马拉雅山脉地区在新近纪以来上升了近万米的高度,而东部江汉平原地区在同样的时间内仅下降了近 1000m。在相同地区其运动的幅度也是不一样的,如同一条断层,在中段运动幅度是最大的,两端运动幅度逐渐减小,到断层的端点运动幅度即为零。实际上构造运动的幅度在时间和空间上都有差异。

3. 构造运动的周期性和阶段性

在地球的演化历史中,无论构造运动是水平运动还是升降运动,都会表现出相对平静时期与相对强烈时期交替出现。在相对平静时期,它的运动速度和幅度较小;而在相对强烈时期,则运动速度和幅度均较大。在漫长的地壳演化发展过程中,曾经有过多次构造运动相对缓和与相对强烈阶段的交替,从而使构造运动表现出明显的周期性和阶段性。

构造运动从缓和到强烈或从强烈到缓和,称为一次构造旋回。一次大的构造旋回往往要经历上亿年的时间。而且每一次大的构造旋回都会引起全球性的海陆、气候、生物、环境等的巨大变化;每一次大的构造旋回还包含有若干次一级或更次一级的构造旋回,导致区域性或局部范围内的地史变化。正因为有构造运动的周期性,自然就决定了地球历史发展的阶段性,所以地史可以划分出许多代,代又划分出若干纪,纪又划分为几个世等,这就是构造运动阶段性的反映(表 5-3-1)。

表 5-3-1 地质年代表

相对地质年代					绝对年龄/Ma	构造活动	
宙（字）	代（界）	纪（系）	世（统）	代号		构造运动	构造阶段
显生宙（字）PH	新生代（界）Cz	第四纪（系）Q	全新世（统） 更新世（统）	Qh Qp	2.58	喜马拉雅运动	喜马拉雅阶段
		新近纪（系）N	上新世（统） 中新世（统）	N_2 N_1	23.03		
		古近纪（系）E	渐新世（统） 始新世（统） 古新世（统）	E_3 E_2 E_1	66.0		
	中生代（界）Mz	白垩纪（系）K	晚（上）白垩世（统） 早（下）白垩世（统）	K_2 K_1	145.0	燕山运动三幕 燕山运动二幕	燕山阶段
		侏罗纪（系）J	晚（上）侏罗世（统） 中侏罗世（统） 早（下）侏罗世（统）	J_3 J_2 J_1	201.4±0.2	燕山运动一幕	
		三叠纪（系）T	晚（上）三叠世（统） 中三叠世（统） 早（下）三叠世（统）	T_3 T_2 T_1	251.9±0.0	印支运动	印支阶段
	古生代（界）Pz	晚古生代（界）Pz_2 — 二叠纪（系）P	乐平世（统） 瓜德鲁普世（统） 乌拉尔世（统）	P_3 P_2 P_1	298.9±0.2	海西运动	海西阶段
		石炭纪（系）C	宾夕法尼亚纪（亚统） 密西西比纪（亚统）	C_2 C_1	358.9±0.4		
		泥盆纪（系）D	晚（上）泥盆世 中泥盆世 早（下）泥盆世	D_3 D_2 D_1	419.2±3.2		
		早古生代（界）Pz_1 — 志留纪（系）S	普里道利世（统） 罗德洛世（统） 温洛克世（统） 兰多维列世（统）	S_4 S_3 S_2 S_1	443.8±1.5	加里东运动	加里东阶段
		奥陶纪（系）O	晚（上）奥陶世 中奥陶世 早（下）奥陶世	O_3 O_2 O_1	485.4±1.9		
		寒武纪（系）∈	芙蓉世（统） 苗岭世（统） 第二世（统） 纽芬兰世（统）	$∈_4$ $∈_3$ $∈_2$ $∈_1$	538.8±0.2		
元古宙（字）Pt	新元古代（界）Pt_3	震旦纪（系）Z	晚（上）震旦世（统） 早（下）震旦世（统）	Z_2 Z_1	635	蓟县运动	
		南华纪（系）Nh	晚（上）南华世（统） 中南华世（统） 早（下）南华世（统）	Nh_3 Nh_2 Nh_1	780		
		青白口纪（系）Qb			1000	晋宁运动	
	中元古代（界）Pt_2	蓟县纪（系）Jx			1600		
		长城纪（系）Ch			1800		
	古元古代（界）Pt_1	滹沱纪（系）Ht			2300		
		未名			2500	吕梁运动	
太古宙（字）Ar	新太古代（界）Ar_4				2800	五台运动	
	中太古代（界）Ar_3				3200		
	古太古代（界）Ar_2				3600	阜平运动	
	始太古代（界）Ar_1				4000		
冥古代（界）					4567		

（国际地层委员会，2023 年 6 月；全国地层委员会，2014 年）

(二) 构造运动的证据

1. 测量证据

对于构造运动在地貌上留下的痕迹,还不可能在短期或瞬间就能观察得到,必须借助一些精密的仪器进行长期的观察和监测才能得到。前面引用美国西部圣安地列斯断层两盘卫星监测的位移结果和喜马拉雅山脉大地测量的上升结果就是很好的测量证据。

1972—1974年,法、英两国科学家曾组织3只潜水器对大西洋亚速尔群岛西南方的大洋中脊进行考察,发现其中脊裂谷深2800m,宽3000m,并且有许多平行裂谷延伸的正断层,断距达几百米。谷底溢出大量的基性熔岩,经过年龄测定不到10ka,研究证明是海底扩张形成的新生海底。通过磁异常条带的宽度计算,探出裂谷东侧扩张速度为13.4mm/a,裂谷西侧扩张速度为7.0mm/a。使用同样方法,测到太平洋中脊在赤道附近的扩张速度平均为10mm/a。

2. 地貌标志

虽然各类地貌的形态特征是内、外力地质作用的产物,但不同类型的地貌分布多受构造运动的控制。一般来说,巨型地貌的形成主要受构造运动的控制,小型地貌则以外动力地质作用为主塑造而成。如在地壳长期上升的地区,以剥蚀地貌为主,常见高山、尖峰、深谷、河流阶地和多层溶洞等地貌;而在地壳长期下降的地区,则以堆积地貌为主,常见广阔的冲积平原、低山、缓丘、宽谷和埋藏阶地等地貌。

1) 河流阶地

河流阶地的形成大体可分为两个阶段:早期,地壳相对稳定,以侧蚀作用为主的河流造成较宽的河谷,并在谷底堆积了冲积物;晚期,由于地壳上升,河流底蚀作用增强,切穿谷底,老的谷底及其沉积物已不被洪水淹没,即形成阶地。若某区域构造运动表现为上升—稳定—上升的过程,则沿河谷会出现几级阶地。其中位置愈高的,形成时间愈早。为便于研究,需要对阶地进行编号,通常是从河漫滩以上最低一级阶地算起,由下而上,由新到老,依次称为一级、二级、三级阶地等,如金沙江流域则有六级阶地,长江在四川盆地有五级阶地,在南京附近有三级阶地,著名的雨花台砾石层,就位于第三级阶地之上。由此可见,阶地级数的多少代表地壳活动期次的多少,级数越多,活动期次越多。

由阶地高度和冲积层厚度,可以推断构造运动的幅度;由阶地的级数可以判断构造运动的次数。因此,常把河流阶地看作是现代构造运动的标志之一。

2) 喀斯特地貌

在岩溶发育地区,地壳以上升趋势为主时,则垂直喀斯特地貌形态较发育;若地壳长期相对稳定时,则有利于水平喀斯特地貌形态的发育。故常根据一个地区溶洞层、峰林、岩溶谷地的分布情况,判断该地区构造运动的发展。例如,北京西山的上方山地区,在海拔1000~700m、700~500m、500~300m高度上,分布几级不同的溶洞层和岩溶谷地,反映自新近纪以来地壳的多次强烈抬升。

地貌标志还有很多,如海蚀阶地、夷平面、断层三角面等。又如现代珊瑚虫生活在高潮线到水深 50m 的清洁温暖水域的习性,如果珊瑚礁在水深 50m 以下,则为地壳下降或海平面上升;反之,珊瑚礁暴露出海平面,则说明地壳上升或海平面下降。在我国的西沙群岛一带分布有高出海平面约 15m、距今有 4ka 左右的珊瑚礁灰岩,说明该区域自全新世中期以来一直持续缓慢上升。在我国台湾省高雄市附近下更新统的珊瑚礁灰岩已被抬升到海平面 200~350m 的高处。这些都是现代构造运动上升的标志。

3. 地质标志

1) 沉积厚度的变化

利用沉积物和沉积岩的厚度变化资料可以反映出地壳升降运动的速度和幅度情况。通常我们认为浅海的深度是在 200m 范围内,当浅海沉积物或沉积岩的厚度超过 200m 以后,则说明地壳是在不断地下降,浅海不断接受沉积的条件下产生的(保持浅海状态)。当地壳下降幅度恰好为沉积物所填补,则沉积的厚度等于地壳下降的幅度。在我国燕山地区蓟县一带,新元古代的浅海沉积岩厚达 1 万多米,说明该区在新元古代时期,地壳一直处于不断下降不断接受沉积的浅海环境。

2) 沉积相的变化

所谓沉积相是指能够反映沉积岩或沉积物的沉积特征、生物特征等生成环境的综合特征。由于构造运动的上升或下降,其地理环境随之发生变化,沉积相也相应发生变化。如地壳下降,将引起海进,在同一个沉积位置,细粒度的沉积物会覆盖在粗粒度的沉积物之上(图 5-3-2a);反之,地壳上升,引起海退,在同一个沉积位置,粗粒度的沉积物会覆盖在细粒度的沉积物上之(图 5-3-2b)。从图中的 aa'、bb' 线上看沉积剖面,由下至上,沉积物的粒度粗细和岩性的显著变化,实质上是反映了沉积环境的变化,而间接地反映了构造运动的状况。

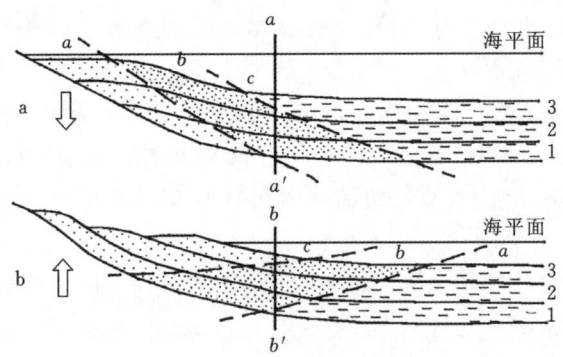

1、2、3. 海面变化位置;aa'、bb'. 同一地点的垂直剖面位置

图 5-3-2 海进层序(a)和海退层序(b)

3) 岩层的构造变形

构造运动常引起岩层产状发生改变,产生褶皱、断层等构造变形,反过来它们又是构造运动的证据。通过对褶皱、断层形态等特征的分析,可以推测其受力的方向、性质、强

度及应力场的分布等情况。如孤立的穹隆和高角度的正断层的存在,可以判定该地区在褶皱和断层形成时期曾受到地壳上升运动的作用;连续的紧密褶皱、逆掩断层,特别是大型的推覆构造,说明该地区曾受到强烈的水平挤压应力的作用(地壳水平运动);大规模的引张断陷,如裂谷、地堑等是水平引张作用产生的结果,大洋中脊裂谷是岩石圈板块在软流圈上反向漂移产生的结果。

总之,引起构造运动的证据非常多,如岩浆作用、变质作用、地层接触关系(后述)等,在此不一一赘述。在整个地质历史时期,构造运动在地球上无处不在,并且留下了许多痕迹,对这些痕迹的研究也是地质工作的一项重要内容。

二、地质构造

绝大部分的沉积岩都是在沉积盆地(海洋、湖泊)中形成的,其原始的产状通常是水平或近于水平的;同样,大部分火山岩形成之初也呈水平状态,二者在一定范围内都是连续分布的。但在沉积盆地的边缘、岛屿的边缘、火山锥附近等局部地区,沉积岩与火山岩岩层可呈原始的倾斜状态;在陆地的沉积物中,如残积、坡积、冰川沉积及风成沉积等形成的沉积物也表现出一定的原始倾斜状态。侵入岩属非层状地质体,一般不具层状构造,但具有完整性。

构造运动可使水平岩层变得倾斜甚至弯曲,或使连续的岩层被断开或错动,或使完整的岩体被碎裂。使地质体原有形态和空间位置发生改变的作用称为构造变形。

岩石变形和变位的产物,称为地质构造。最基本的地质构造是断裂和褶皱。

(一) 岩层产状

产状是指地质体(岩层、岩体、矿体等)在地壳中的空间分布位置和产出状态。

层状岩石的产状取决于岩层层面的走向、倾向、倾角以及岩层的厚度,可归纳为3种基本类型:水平岩层、倾斜岩层和直立岩层。

1. 岩层的产状要素

(1) 走向:层面与假想水平面交线的方向,它标志着岩层的延伸方向。

(2) 倾向:层面上与走向垂直并指向下方的直线,称为倾斜线,倾斜线的水平投影所指的方向即为倾向。它代表层面倾斜的方向,恒与走向垂直。

(3) 倾角:层面与假想水平面的最大夹角。沿倾向方向测量的倾角,称为真倾角;沿其他方向测量的交角均较真倾角小,称为视倾角,视倾角有无数个。

岩层的走向、倾向和倾角,称为岩层的产状三要素(图5-3-3)。

岩层产状要素用文字和符号表示。文字用于记录,只需记录倾向和倾角,如倾向125°,倾角35°,记为125°∠35°;符号则用于地质图件中。

2. 产状要素之间的关系

水平岩层的倾角为0°,没有走向和倾向,其空间位置只受岩层厚度的影响。

直立岩层的倾角为90°,有走向,但没有倾向,其产状用走向描述。

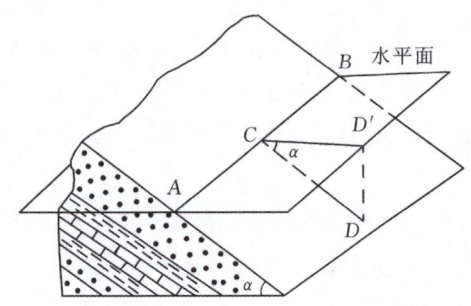

AB.走向;CD.倾向;α.倾角。

图 5-3-3　岩层产状三要素

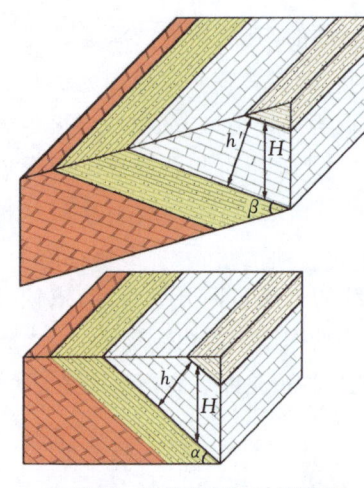

h.真厚度;H.铅直厚度;h′.视厚度;
α.岩层真倾角;β.岩层视倾角。

图 5-3-4　岩层真厚度和视厚度

倾斜岩层的倾角介于 0°～90°之间,只有倾斜岩层才具有走向、倾向和倾角。走向＝倾向±90°,反之是不正确的。

对层状岩浆岩空间位置的确定方法,原则上与上述方法相同;非层状岩浆岩形态复杂,其产状主要根据它的延伸方向确定;不规则侵入体与围岩的接触面也是一种产状要素,野外可根据接触面的延伸趋势测量其产状。

3.岩层的厚度

岩层的厚度是岩层顶面、底面间的垂直距离(即真厚度)。它是确定岩层产状的辅助要素。

在观测岩层厚度时必须将真厚度与视厚度区别开来,视厚度是岩层顶底面间的斜长度,它恒大于真厚度。地面上岩层顶、底面间的长度,称为露头宽度,常常是视厚度(图 5-3-4)。

(二)地层的接触关系

一个地区的地层之间的接触关系,从一个侧面记录了该地区构造运动的演化历史。同一地区在不同地质时期可能遭受不同性质的构造运动,形成不同特征的地质构造,造成新老地层(或岩层)之间具有多样的接触关系,但基本可分为整合接触和不整合接触两种类型。

1.整合接触

上、下两套地层在沉积层序上没有间断,岩性或所含化石一致或递变,产状基本平行,它们是连续沉积形成的,称为地层之间的整合接触(图 5-3-5)。

地层的整合接触反映了在形成这两套地层的地质时期该地区地壳处于持续地缓慢下降状态,或虽有短期上升,但是沉积作用从未间断,或者构造运动与沉积作用处于相对

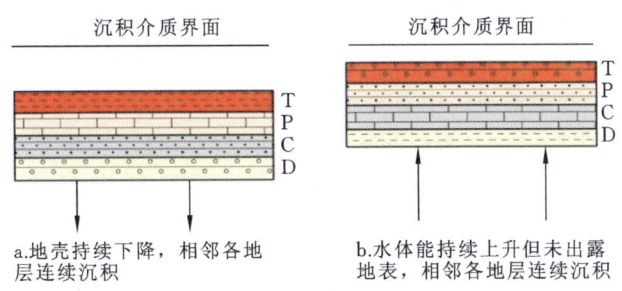

图 5-3-5 整合接触及其形成背景示意图

平衡状态,沉积物一层层地连续沉积,这样就形成了两套地层的整合接触关系。

2. 不整合接触

上、下两套地层之间存在明显地层沉积间断或地层缺失,地层的时代不连续,古生物演化顺序也不连续,这种地层间的接触关系称为不整合;上、下两套地层之间的沉积间断面,称为不整合面。沉积间断的时期可能代表没有沉积作用的时期,也可能代表以前沉积的岩石被侵蚀的时期。

不整合接触的特点:有明显的侵蚀面存在,侵蚀面上往往有底砾岩(其砾石为下伏地层的岩石碎块)、古风化壳等;有明显的岩层缺失现象,代表长期沉积间断;不整合面上下的岩性、古生物等有显著的差异。

根据不整合面上、下两套地层的产状及其所反映的构造运动过程,可分为平行不整合(又称假整合)和角度不整合(斜交不整合)(图 5-3-6)。

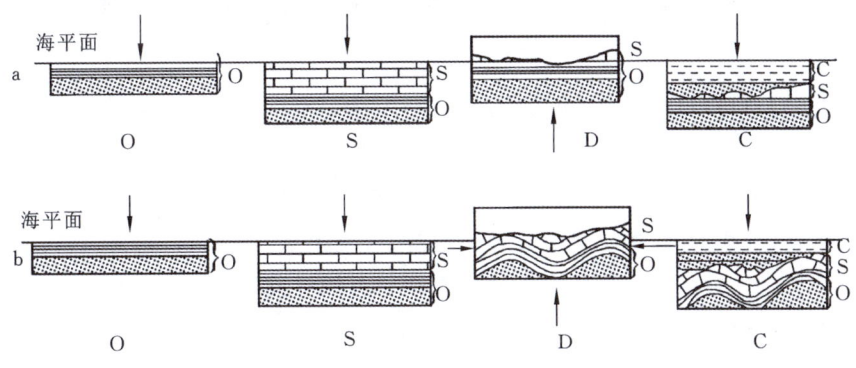

箭头代表地壳运动垂直或水平运动方向。

图 5-3-6 平行不整合和角度不整合形成过程

1) 平行不整合

平行不整合表现为上、下两套地层的产状平行或基本一致,但在两套地层之间缺失了一些时代的地层,表明在这段时期发生过沉积间断,不整合面就代表这个没有沉积的时期。不整合面有平整的,也有高低起伏的,它反映了上覆新地层沉积前的古地貌形态。

平行不整合的形成是由于地壳在一段时期处于上升,而在上升过程中地层又未发生明显褶皱或倾斜,只是露出水面发生沉积间断和遭受剥蚀。经过一段时期后,又再次下降接受新的沉积,从而使上、下地层之间缺失了一部分地层,但彼此的产状却是基本平行的。这一过程可以表示为:下降沉积→上升、沉积间断和遭受剥蚀→再下降、再沉积。

如我国华北和东北南部地区中石炭统本溪组直接覆盖在奥陶系马家沟组的石灰岩侵蚀面之上,其间缺失了自上奥陶统到下石炭统的一系列地层,而上、下两套地层的产状基本上是平行的,是平行不整合接触的一个典型例子。

2) 角度不整合

上、下两套地层之间既缺失部分地层,产状又不相同,这种接触关系称为角度不整合(图 5-3-7)。在不整合面上常有底砾岩、古风化壳、古土壤层等。上覆的较新地层的底面通常与不整合面基本平行,而下伏的较老地层层面与不整合面则相截交。

图 5-3-7　角度不整合

当下伏地层形成以后,由于受到构造运动影响而产生褶皱,隆起成山,遭受风化侵蚀;当地壳再次下沉接受沉积后,形成上覆的新时代地层,上覆新地层和下伏老地层产状完全不同,其间有明显的地层缺失和风化剥蚀现象。这一过程可以表示为:下降、接受沉积→褶皱上升、沉积间断、遭受剥蚀→再次下降、再沉积。

角度不整合的存在反映了该地区在上覆地层沉积之前,曾发生过地壳升降运动和褶皱等构造事件,古地理环境发生过极大的变化。

3. 不整合接触关系的意义

研究不整合有重要的理论和实际意义,不整合不仅说明构造运动、古地理环境和古生物的变化,而且还可以指明某些矿产形成的分布规律,指导找矿。不整合是构造运动产生的直接记录,是研究地壳发展历史的重要依据,特别是一些巨大的、广泛的区域性不整合,常常是地质历史阶段划分的重要标志之一;同时也是划分、对比地层的一个重要清晰的分界面;通过研究不整合还可以帮助我们了解古地理、古环境的变迁。不整合面往往是构造上的一个软弱带,也是一个重要的成矿带,是寻找一些重要矿床的有利部位。

(三) 褶皱构造

褶皱是岩石受力发生的弯曲变形,也称褶曲,它是通过岩石中原来近于平直的面变成了曲面而表现出来的。形成褶皱的变形面绝大多数是层理面。褶皱是地壳中广泛发育的地质构造的基本形态之一,是岩石在构造作用下受力后塑性变形的结果。

1. 褶皱的几何要素

为了正确描述和研究褶皱形态及其空间展布特征,必须认识褶皱的各个组成要素及其相互关系。褶皱主要具有以下各要素(图 5-3-8)。

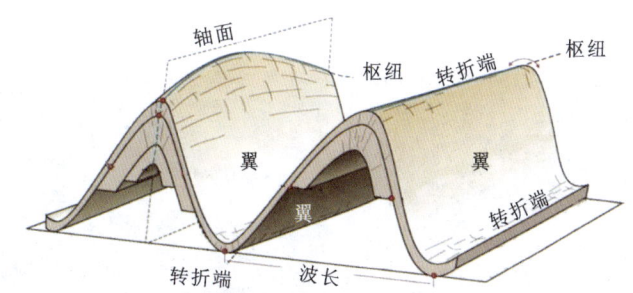

图 5-3-8　褶皱的几何要素

核:也称为核部,是褶皱中心部位的岩层。

翼:也称为翼部,是褶皱核部两侧的岩层。

转折端:从褶皱的一翼转到另一翼的最大弯曲部分。

枢纽:褶皱中同一岩层面最大弯曲点的连线,或褶皱同一层面上转折端的连线,枢纽可以是直线,也可以是曲线;可以是水平的,也可以是倾斜的,甚至是直立的。

轴面:褶皱两翼近似对称的面(假想面),由相邻枢纽连成的面,可以是平面,也可以是曲面,其产状随褶皱形态的变化而变化,可分为直立、倾斜、水平 3 种。

轴线:轴面与水平面的交线。它是假想线,平行于褶皱延伸方向,可以是直线,也可以是曲线。

脊线和槽线:在背斜的同一个褶皱面上,各横剖面上的最高点叫脊,它们的连线叫脊线;在向斜的同一个褶皱面上,各横剖面上的最低点叫槽,它们的连线叫槽线。

2. 褶皱的类型

褶皱的基本类型是背斜和向斜。

背斜:指岩层受力后上凸的弯曲,其核部地层相对较老,两翼地层相对较新。

向斜:指岩层受力后下凹的弯曲,其核部地层相对较新,两翼地层相对较老。

由于风化作用的破坏,造成向斜在地面上的出露特征为:从中心向两侧岩层从新到老对称重复出现(图 5-3-9a、b 左侧),而背斜在地面上的出露特征却相反,从中心到两侧从老到新对称重复出现(图 5-3-9a、b 右侧)。背斜与向斜常常是并存的,相邻背斜之间为向斜,相邻向斜之间为背斜,相邻的背斜和向斜共用一个翼。

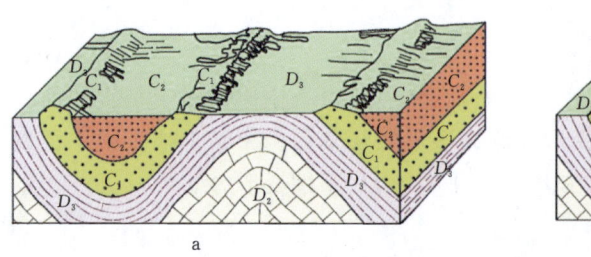
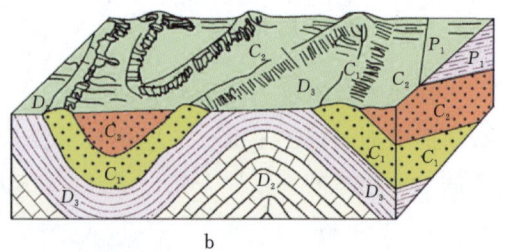

a、b 两图中左侧是向斜,右侧是背斜。

图 5-3-9　背斜和向斜在平面上与剖面上的特征

1) 按轴面的产状分(图 5-3-10)

左上为直立褶皱;右上为倾斜褶皱;左下为倒转褶皱;右下为平卧褶皱。

图 5-3-10　按轴面产状划分的褶皱类型

直立褶皱:轴面近直立,两翼岩层倾向相反,倾角近于相等。

倾斜褶皱:轴面倾斜,两翼岩层倾向相反,倾角不等。

倒转褶皱:轴面倾斜,两翼岩层向同一方向倾斜,倾角不等,其中一翼岩层为正常层序,另一翼岩层为倒转层序。

平卧褶皱:轴面近于水平,两翼岩层产状近于水平,一翼岩层为正常层序,另一翼岩层为倒转层序。

2) 根据横剖面形态特点分(图 5-3-11)

圆弧状褶皱:转折端为圆滑的弧形,两翼产状正常,较平直。

  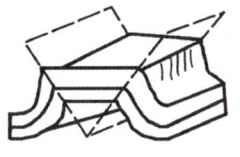 

a.圆弧状褶皱　　　　b.尖棱状褶皱　　　　c.箱形褶皱　　　　d.扇形褶皱

图 5-3-11　根据横剖面形态特点划分的褶皱类型

尖棱状褶皱：转折端急转过渡成尖棱状，两翼产状平直相交。
箱形褶皱：转折端岩层产状平缓，两翼岩层产状较陡峭。
扇形褶皱：转折端平缓弯曲，两翼岩层均倒转，而核部岩层正常。

3）根据枢纽产状分（图 5-3-12）

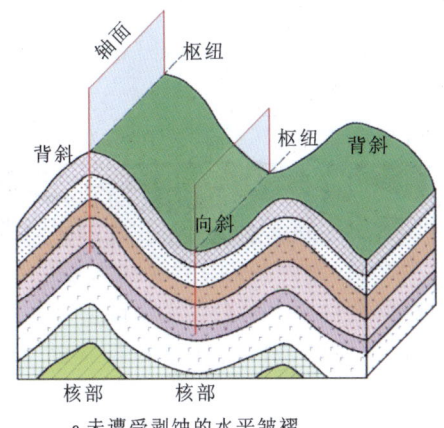 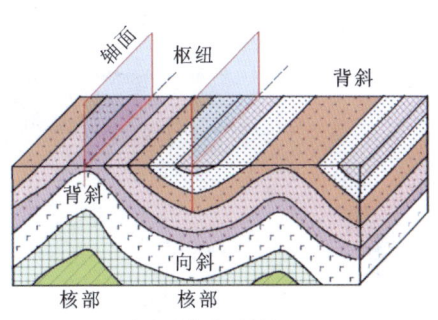

a.未遭受剥蚀的水平皱褶　　　　　　　　b.剥蚀后的水平皱褶

图 5-3-12　根据枢纽产状划分的褶皱类型

水平褶皱：枢纽近于水平延伸，两翼岩层走向平行。
倾伏褶皱：枢纽向一端倾伏，两翼岩层走向发生弧形闭合。对背斜来说，闭合的尖端指向枢纽的倾伏方向；对向斜来说，闭合的尖端指向枢纽的扬起方向。

4）根据褶皱的平面长宽比例分（图 5-3-13）

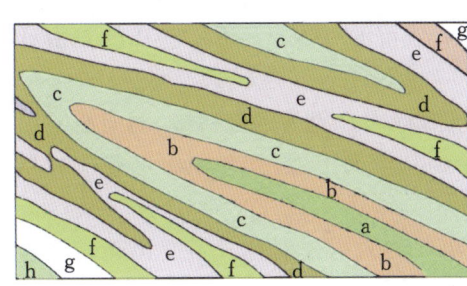 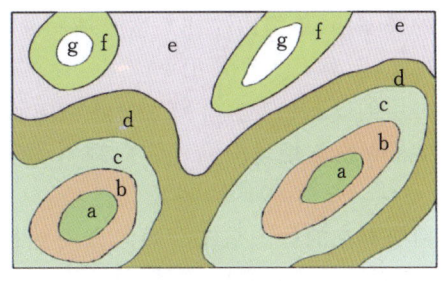

左为线状褶皱；右为短轴褶皱；a、b、c、d……表示地层的新老顺序

图 5-3-13　根据褶皱的平面长宽比例划分的褶皱类型

线状褶皱:长为宽的 10 倍以上,常达数十倍。
短轴褶皱:长为宽的 3~10 倍。
等轴褶皱:长为宽的 3 倍以内,上凸者为穹,下凹者为盆。

5) 根据褶皱组合方式分

复背斜和复向斜:大规模的背斜两翼被次一级的(或较小的)褶皱复杂化者,称为复背斜;大规模的向斜两翼被次一级的(或较小的)褶皱复杂化者,称为复向斜。

隔档式褶皱和隔槽式褶皱:由宽阔平缓的向斜和狭窄紧闭的背斜交互组成的称为隔档式褶皱;由宽阔平缓的背斜和狭窄紧闭的向斜交互组成的称为隔槽式褶皱。

3. 褶皱的野外判识方法

在野外辨识褶皱时,最主要的是判断褶皱是否存在,区别背斜和向斜,并确定其形态特征。

在野外,如沿山区公路或河谷两侧,岩层的弯曲常直接暴露,背斜和向斜易于识别;在多数情况下,地面岩层呈倾斜状态,岩层弯曲的全貌并非一目了然。因此,正确判别背斜和向斜是一项基本技能。

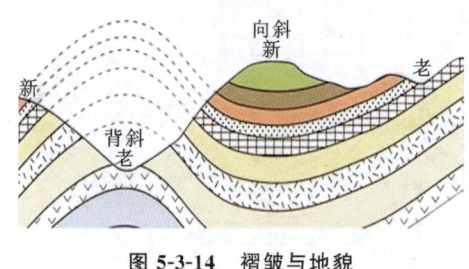

图 5-3-14 褶皱与地貌

首先应该知道,地形上的高低并不是识别背斜和向斜的标志。褶皱形成过程中,背斜转折端所受到的力为张力,导致岩层裂隙发育,岩层较为破碎,遭受风化时,剥蚀作用容易快速进行,在地貌上形成低洼的山谷,称为背斜谷(图 5-3-14);如果转折端的上层岩石坚硬(如石英砂岩、石灰岩),下层岩石较弱(如页岩),强烈的剥蚀作用便首先切开其上层,一旦剥蚀到下层,其破坏速度加快。相反,向斜转折端受到的力为压力,导致岩层变得更加致密,抗风化能力大大提高,其剥蚀速度较背斜缓慢,在地貌上,向斜的地形会比相邻背斜的地形高,称为向斜山。因此,在业内才有"**背斜成谷、向斜成岭**"的说法。

除褶皱地形外,有些山岭既非背斜,也非向斜,而是由单斜岩层组成,称为单斜山。在单斜山中,如岩层倾角平缓,且顺岩层倾向一侧的山坡较缓,另一侧山坡较陡者,称为单面山;岩层倾角及两侧山坡均陡者,称为猪背岭。单面山、猪背岭的名称源自阿尔卑斯山脉的侏罗山,单斜山往往是褶皱被剥蚀破坏后残留的一翼。还有一些山岭是由近水平的岩层组成,称其为平顶山。

岩层的倾斜状况亦非判别背斜和向斜的重要标志。因为倒转褶皱、同向褶皱以及平卧褶皱的两翼岩层均向同一方向倾斜,如果单纯从倾向上看,容易误将这些褶皱当成是单斜。

褶皱存在的标志是在沿倾向方向上相同年代的岩层作对称式重复出现。就背斜而言,核部岩层较两侧岩层老;就向斜而言,核部岩层较两侧岩层新。

在野外,除了观察褶皱的横剖面特点外,常常还需要了解褶皱是否倾伏,并确定其倾伏方向。这时需沿同一时代岩层的走向进行追索,如果其走向呈弧形合围,表明褶皱枢纽倾伏,弧尖的指向是背斜枢纽的倾伏方向,或是向斜枢纽的扬起方向,如果褶皱的两翼岩层走向平行,表明褶皱枢纽呈水平状态。

了解褶皱的形成年代是研究褶皱的另一项任务。确定褶皱形成年代的基本原则是,褶皱形成年代介于组成褶皱的最新岩层年代与未参与该褶皱的上覆沉积岩层的最老岩层年代之间。

4. 研究褶皱的实用意义

褶皱构造普遍存在,无论是找矿、找地下水还是进行水利工程建设,都要对它们进行研究。褶皱对油气水和矿床的保存有重要作用,宽阔和缓的背斜核部往往是油气水储集的重要场所。许多层状矿体(如煤矿)常保存在向斜中,大规模地下水也常常储存在和缓的向斜中。根据褶皱两翼对称式重复的规律,在褶皱的一翼发现沉积矿层时,可以预测另一翼也有相应的矿层存在。

此外,背斜轴部岩层容易断裂破碎,如果水库位于背斜轴部,会留下漏水的隐患;破碎的岩层不坚固,工程建设应该避开这种构造部位。

(四) 断裂构造

断裂是岩石受力作用后发生的破裂,是岩石的连续性受到破坏的表现,是构造变形的另一直观反映。

断裂包括断层和节理。破裂面两侧的岩块发生显著位移的断裂称为断层;破裂面两侧的岩块没有明显位移的断裂称为节理。

1. 节理

1) 节理的分布

节理是岩石中的裂隙,它是岩石受力后脆性断裂的结果,是地壳上部岩石中最为广泛发育的一种地质构造现象。节理的裂开面称为节理面,其走向与岩层走向可以是平行、垂直或斜交,其倾向与岩层的倾向可以一致或相反;节理的缝隙可以是空的,也可以被矿脉或岩脉(如方解石脉)所充填。

除了构造作用外,岩浆或熔岩冷凝收缩、沉积作用、风化作用、块体运动都能产生节理,因此,节理是比断层更为普遍、更为发育的变形构造。

节理对岩石的风化及剥蚀有重要的控制作用。节理密集的岩石易于风化,在适当的条件下可形成奇特的地形,造就优美的风景。如我国著名风景区黄山,不少奇光丽景就是通过花岗岩中密集且多方向的节理构造演化而来的。密集的节理加速了花岗岩的风化、剥蚀、崩落进程,形成了千姿百态的地貌景观。很多河谷是沿着密集的节理带发展起来的。山区河谷的两侧,常沿节理面崩落而形成峭壁。节理也是地下水循环的通道和矿体赋存的空间。节理的切割削弱了岩石的整体性和坚固性,对工程和水利建设会有重要的不利影响。

2) 节理的分类

(1) 按成因分。

原生节理:岩石形成过程中产生的节理,如玄武岩中常见的柱状节理。

次生节理：岩石形成之后产生的节理，分为构造节理和非构造节理，前者是由构造运动产生的，分布极为广泛；后者是由风化、滑坡、崩塌等原因生成的。次生节理多分布在地表或浅部，对地下水和工程建设影响较大。

(2) 按力学性质分。

张节理：是张应力超过岩石的抗张强度所产生的破裂面，节理面一般不平直，裂面较粗糙，裂缝较宽，常被矿物脉充填(图5-3-15左)。

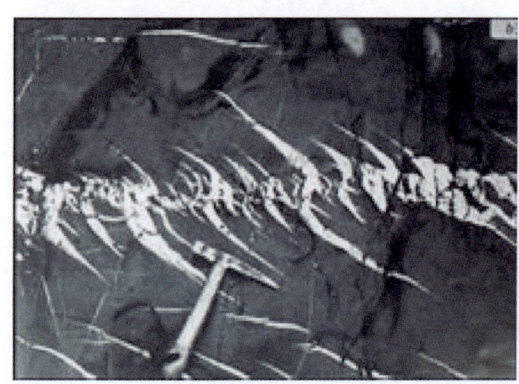

图 5-3-15　张节理(左)与剪节理(右)

剪节理：是剪应力超过岩石的抗剪强度所产生的破裂面，节理面一般平直光滑，裂缝细小，延伸稳定。剪节理多成群出现，构成平行排列或雁行排列的节理组(图5-3-15右)。

在应力作用下，沿着共轭剪切面的方向会形成两组交叉的剪节理，称为共轭节理或"X"节理，两组剪节理互相交切，常将岩石切成一系列的菱形方块。

3) 研究节理的意义

研究节理的分布、性质和组合情况，有助于推断区域应力场的特点和各种应力的分布规律以及与各种构造的相互关系；研究节理对矿产勘查、工程建设有较大的现实意义；研究节理对掌握地下水的分布规律至关重要；节理对地貌的发育、形态等有深刻的影响，节理构成了岩石的软弱面，为风化、剥蚀提供了有利条件，沿节理面风化或侵蚀常形成各种地貌。

2. 断层

1) 断层的几何要素

在断层研究中，为了观察和描述断层的空间形态，需明确断层要素(图5-3-16)。

(1) 断层面：分隔两个岩块并沿着它发生相对滑动位移的面。断层面有的平坦光滑、有的粗糙、有的略呈波状起伏，但总体是一个弯曲或波状起伏的曲面。断层面的走向、倾向和倾角，称为断层面的产状要素。大型断层的断层面不是一个简单的几何平面，而是由一系列次一级断层和破裂面所构成的断层带，带内还夹杂或伴生有压碎的岩块、搓碎的岩屑，把它们统称为断层破碎带。断层规模越大，断层破碎带也越宽越复杂，因此，较大规模的断层往往难以观察到直观的断层面。

(2) 断盘：沿断层面发生相对滑动位移的岩块。如果断层面是倾斜的，位于断层面上

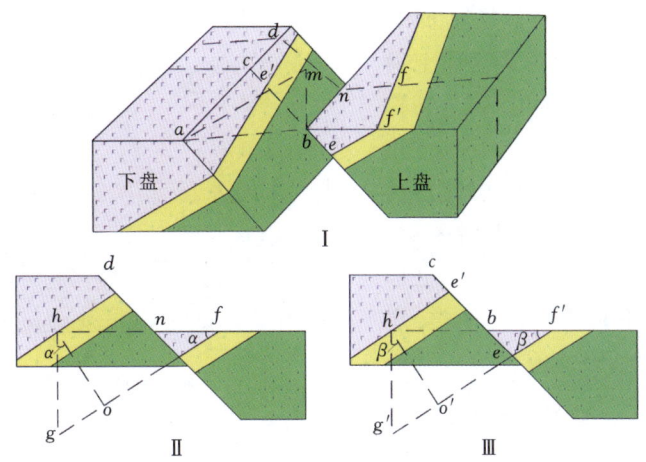

Ⅰ.立体图；Ⅱ.垂直岩层走向的剖面；Ⅲ.垂直断层走向的剖面；
ab.总滑距；ac.走向滑距；cb.倾斜滑距；am.水平滑距；ho.地层断距；$h'o'$.视地层断距；
$hg=h'g'$.铅直地层断距；hf.水平地层断距；$h'f'$.视水平地层断距；α.岩层倾角；β.岩层视倾角。

图 5-3-16　地层滑距与断距

方的岩块称为上盘，位于断层面下方的岩块称为下盘。如果断层面是直立的，则以岩块处于断层面的方位来命名，如断层的东盘或西盘、南盘或北盘；或以观察者视线与断层面走向平行来命名，如左盘或右盘。断盘还可以根据两盘的相对滑动方向分别称为上升盘与下降盘。

（3）滑距与断距：断层两盘相对滑动的距离。在不同方位的剖面上测量断距，其结果是不同的。两盘相当点（在断层面上的点，未滑动前为同一点）之间的距离称为总滑距，代表真位移；沿断层面倾斜方向的位移量称为倾斜滑距；在铅垂方向的位移量称为铅直滑距；沿断层面走向的位移量称为走向滑距；在水平方向的位移量称为水平滑距。

2）断层的分类

（1）按断层两盘相对滑动方向分（图 5-3-17）。

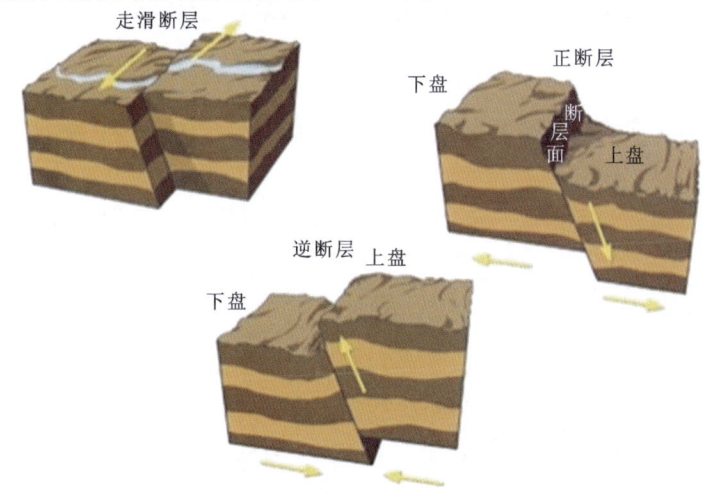

图 5-3-17　三种断层示意图

正断层:断层上盘相对下盘向下滑动的断层。

逆断层:断层上盘相对下盘向上滑动的断层。若逆断层的倾角<25°,则称为逆掩断层(图 5-3-18)。

平移断层:断层两盘沿断层面走向相对水平滑动的断层,又称走滑断层。根据相对滑动方向,可分为左行(也称为左旋)和右行(也称为右旋)两类;观察者位于断层一侧(即一侧岩块),对侧向左滑动者称为左行,对侧向右滑动者戏称为右行。

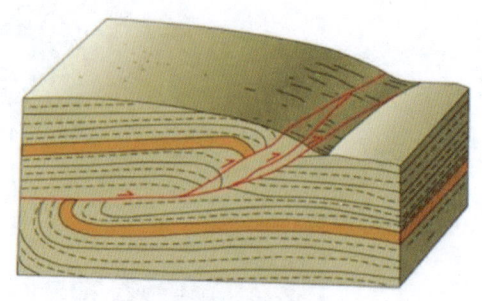

图 5-3-18 逆掩断层

(2) 根据断层走向与地层走向的关系分。

走向断层:断层走向与地层走向基本平行。

倾斜断层:断层走向与地层走向基本垂直。

斜向断层:断层走向与地层走向斜交。

(3) 根据断层走向与褶皱轴向或区域构造线的关系分。

纵断层:断层走向与褶皱轴向或区域构造线基本一致。

横断层:断层走向与褶皱轴向或区域构造线基本垂直。

斜断层:断层走向与褶皱轴向或区域构造线斜交。

(4) 根据断层的组合形式分,可分为地堑和地垒(图 5-3-19)。

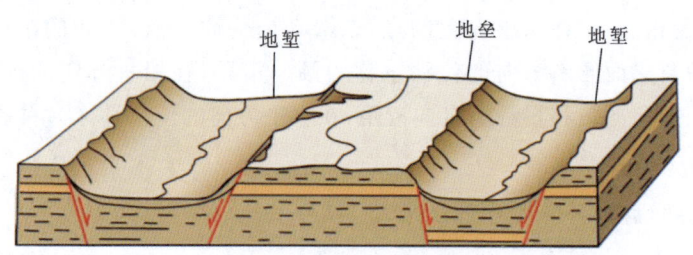

图 5-3-19 地堑和地垒

地堑:倾斜面相向的两条或两条以上正断层,其中间岩块相对下降,两边岩块相对上升的正断层组合。

地垒:倾斜面相反的两条或两条以上正断层,其中间岩块相对上升,两边岩块相对下降的正断层组合。

3) 断层的规模

断层的规模以其切割的深度,或延展的长度,或两侧岩块位移的距离为度量标准。三者之间常有密切的关系,一般来说,断层切割愈深,其延展愈长,位移量愈大。

断层的切割深度一般由几米到几千米,最深可切割到地幔顶部;断层长度一般由几米到数万米,最长可达数百万米,如东非大裂谷是大陆上最长的断裂带,全长近 6000km。

岩块位移幅度一般由几米到数万米,最大可大于数百千米,如美国西部圣安地列斯断层走滑量达 800km。

切割深(达地壳底层或更深)、延伸远(达数万米以上)的断层,称为深大断裂。

在逆掩断层中,其上盘位移距离达数千米以上者,称为推覆体;发育大规模逆掩断层的构造类型,称为推覆构造。

4) 断层的识别标志

(1) 地质体错断。

岩层、矿层等地质体沿走向突然错断,以致不同地质体或同一地质体的不同部位相互接触,这种错动关系可用以识别岩块的相对滑动方向。

(2) 地层的重复或缺失。

在正常情况下,地层是按一定层序在地表展布,但由于断层的影响,常常造成断层两盘地层的重复或缺失,这是断层存在的重要标志之一。由于断层性质不同,以及断层面和地层的关系不同,会造成 6 种基本的重复与缺失情况(表 5-3-2)。

表 5-3-2 断层造成的地层重复与缺失情况表

性质	断层与地层倾向相反	断层与地层倾向相同	
		断层倾角>地层倾角	断层倾角<地层倾角
正断层	重复	缺失	重复
逆断层	缺失	重复	缺失

(3) 牵引褶皱。

由于断层两盘岩块错动对岩层的拖曳,引起断层旁侧岩层发生弯曲褶皱的现象,它也是判断断层的重要标志之一。因断层性质和滑动方向不同,牵引褶皱具有不同的形态,根据其形态能判断断层的运动方向(图 5-3-20)。

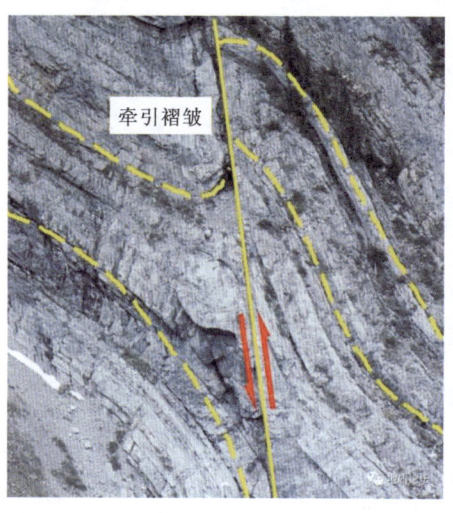

图 5-3-20 牵引褶皱

(4) 构造岩。

在断层运动过程中,由于两盘岩块相互挤压、错动,使断面附近的岩石和矿物被碾碎、变形,形成与两盘原有岩石在结构和构造上不相同的构造岩,并沿断层面大致平行分布。常见的构造岩有:碎裂岩、断层角砾岩(由岩石碎块组成)、糜棱岩(由定向排列的微粒组成)、断层泥(由细粉软泥组成)等。

(5) 擦痕、镜面和阶步。
- 擦痕:断层两盘岩块沿断层面相对滑动后,在断层面留下的平行而密集的沟纹。
- 镜面:断层两盘岩块沿断层面相对滑动后,形成的平滑而光亮的面。
- 阶步:断层面上与擦痕线近于直交的小阶坎。

擦痕和阶步都可以用来判别断层两盘的相对运动方向。擦痕的方向平行于岩块的运动方向,阶步陡坎的方向指示对盘岩块的运动方向。镜面上往往发育有擦痕和阶步。

(6) 密集节理。

断层面两侧岩块由于受到力的作用,常常发育与断层面大致平行的节理,近断层处节理密集,远离断层逐渐变稀以致消失。

(7) 地形地貌。

由断层两侧岩块的差异性升降而形成的陡崖,称为断层崖;断层崖继续受到与断层崖垂直方向的流水冲刷、下蚀等作用,从而形成断层三角面。

山脊错开和水系的转折:山脊沿走向突然错开,水系突然大角度急转弯,都可能是断层切错的结果,可作为断层存在的辅助标志。

由于断裂(断层或节理带)通过位置往往造成岩石破碎从而形成薄弱带,有利于风化作用的进行,断裂带上的剥蚀作用速度快于两侧的岩层,因此,在山岭上形成鞍部负地形,在山坡上形成沟谷负地形,负地形是判断断裂存在的辅助标志。在地质上常有"逢沟必断"的说法。

(8) 水文标志。

由于断层引起的断陷与破碎,在地表沿断层线形成一系列的湖泊或洼地的分布,如云南东部的小江断裂带上,分布着阳宗海、抚仙湖、星云湖、异龙湖等大小不等的湖泊。断层是地下水的通道,沿断层延伸地带常能见到一系列泉水出露。

5) 研究断层的意义

研究断层对找矿、找地下水、找油气以及水利工程建设都非常重要。因为断层是矿液的通道,控制了矿体的形成和赋存部位;断层也可以破坏已形成的矿床,只有根据断层性质才能推断矿体的延伸情况。断层也是地下水循环的通道,在断层带中常常有丰富的地下水赋存,在许多地区找水的成败就取决于是否能够找到近时期活动的断层。断层是油气运移富集的重要通道,勘探油气必须查明断裂构造。进行工程建设时,必须对地基的断层情况进行详细了解,以确定较优的工程地基,保证工程的稳定性。

三、板块构造与造山运动

1912年,德国气象学家魏格纳提出大陆漂移学说,并在1915年《海陆的起源》著作中作了论证,他不仅发现大西洋两岸大陆轮廓非常吻合,而且还发现了重要的古生物、岩石、构造、冰川等证据,证明古大陆沿大西洋发生过开裂和漂移;在海底地质考察的基础上,1961年美国地震地质学家迪茨正式提出"海底扩张"概念,1962年赫斯著文深入阐述。

(一) 两种大陆边缘

大陆边缘是大陆与大洋的过渡地带。大陆边缘有两种类型,一类为稳定大陆边缘,另一类为活动大陆边缘。

1. 稳定大陆边缘

稳定大陆边缘又称被动大陆边缘。其特点是大陆与大洋呈连续过渡关系,没有海沟,缺少地震和岩浆活动。一般由以下单元组成(图5-3-21)。

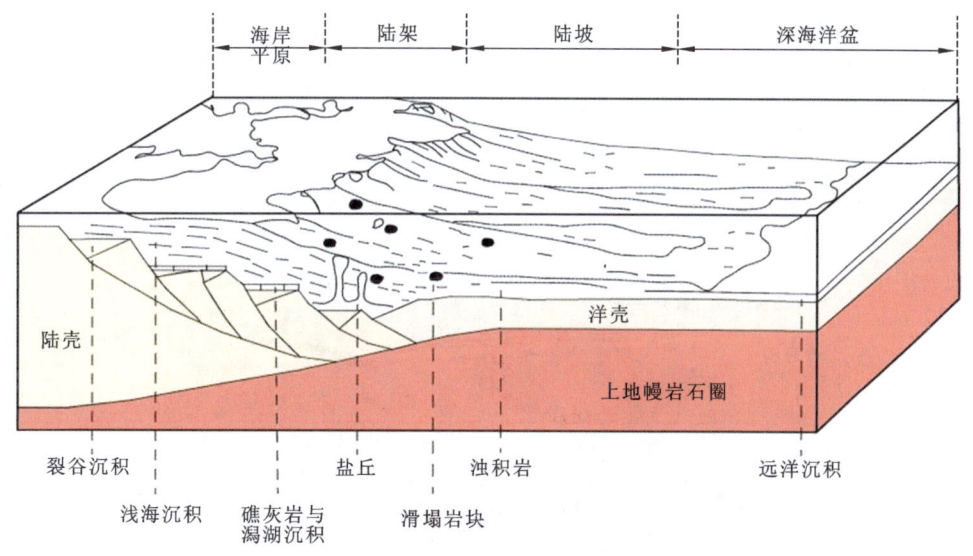

图 5-3-21　稳定大陆边缘示意图

(1) 陆架:也叫大陆棚。是从大陆向外海倾斜的平缓平台,海底坡度平均约0.1°。其最大宽度可达1300km,平均宽75km,最大水深200~500m。

(2) 陆坡:也叫大陆斜坡。大陆架向外海延续的部分。其海底倾斜度3°~6°,平均为4°。它是海底地形的显著转折带。大陆坡的宽度为数十到数百千米不等,大陆坡的基部水深为1400~3200m。

(3) 陆隆:也叫大陆麓、大陆裙、大陆基、大陆阶等。位于大陆坡脚以下,向大洋一侧过渡为深海平原。坡度较大陆坡和缓,一般小于1/400。宽度从数百到近千千米不等,最大宽度达1000km。是沉积物堆积较厚的地区。因为坡度很小,与深海洋盆不易区别,一些学者将其置于大洋盆地单元。

陆架、陆坡与陆隆依次环绕着大陆,组成广阔的稳定大陆边缘,是构造上极其稳定的地区。当今的大西洋东西两侧与大陆的连接带就是典型的稳定大陆边缘。它是从大陆岩石圈通过裂解扩张、伸展变薄演变而来的，故其地壳厚度较陆壳小，较洋壳大。

(4) 大洋盆地：位于陆隆之外，大洋盆地中的平坦地区称为深海平原。其地形坡度<1/1000，是固体地球表面最平坦的地区，也是海水最深的地区，一般水深为 4600～5500m。

2. 活动大陆边缘

其特点是大陆与大洋之间以海沟相接触，二者呈突变关系。陆架与陆坡均很窄，缺失陆隆。活动大陆边缘是世界上地震最强烈、岩浆作用最活跃的地带。其典型代表见于太平洋的周边（图 5-3-22）。

(1) 海沟：横剖面呈不对称"V"字形的狭长凹地，近洋侧缓，近陆侧陡。水深均超过 6000m。海沟中多堆积泥砂质沉积物，其厚度各处不等。

(2) 岛弧：由一系列呈弧形展布的岛屿组成。组成岛屿的特征性岩石是安山质熔岩及相关的侵入岩。太平洋北部的阿留申群岛、西部的萨哈林岛（库页岛）—千岛群岛—日本群岛—中国台湾—菲律宾、西南部的印度尼西亚以及新西兰等，是现代火山与地震活动最强烈的地带。

(3) 山弧：由一系列呈弧形展布的山脉组成，与大陆直接接触，也是现代火山与地震活动最强烈的地带。组成山弧的主要岩石是安山岩类，如南美洲西海岸的安第斯山脉、北美洲西海岸的科迪勒拉山脉。

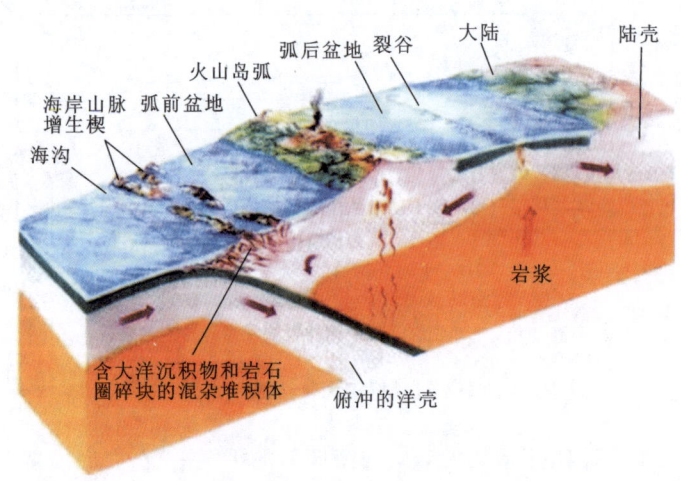

图 5-3-22　活动大陆边缘示意图

(4) 弧前增生楔：位于岛弧或山弧与海沟之间，由大洋地壳的碎片（蛇绿岩套）、浊积岩以及一系列与俯冲带平行的逆断层组成，剖面上呈上大下小的楔形。其成因是，在大洋板块沿海沟俯冲的过程中，部分洋壳物质，如厚大的海沟浊积岩以及下伏的超镁铁—镁铁岩可通过铲刮逆冲，不断增生到大陆边缘上，形成增生楔。

(5) 弧后盆地与边缘海：与岛弧紧密相伴的海盆地。一般来说，凡其基底为陆壳者，称弧后盆地；凡其基底为洋壳者，则称为边缘海。前者如台湾岛弧西侧的东海、黄海和台湾海峡，后者如日本岛弧西侧的日本海、阿留申岛弧北侧的阿留申海。

3. 地台和地槽

地台:地壳上巨大的构造稳定区。地台具有双层结构,即下部为前古生代变质基底,上部为古生代开始的未变质沉积盖层,其间为明显的区域性角度不整合面所分割。若地台上缺失沉积盖层、变质基底直接出露地表的部分称为地盾。

地槽:地壳上垂直沉降接受巨厚海相沉积,最后又回返褶皱并上升成山系的巨型槽状凹陷带。地槽一侧或两侧的稳定地块称为前陆。地槽内部又可区分出次一级的地向斜和地背斜。接近前陆的地槽外带不含大量火山岩,称为冒地槽;远离前陆的地槽内带含大量火山岩,称为优地槽。

地槽的发育要经历两大阶段。第一阶段以强烈下沉为主,堆积了厚达1万~2万 m 的沉积物,伴随有玄武岩喷发。第二阶段以隆起为主(一般从中央部分先开始),沉积地层发生强烈的线状褶皱,伴以花岗岩侵入和区域变质作用。原先深陷的海槽变成了高耸的山脉,山前坳陷内堆积磨拉石。上升的山脉被不断地剥蚀夷平,地壳的活动性也迅速减弱。

地槽与地台有着本质的差别,分别代表了地壳的活动带和稳定区。在两者的转化关系上出现了两种绝然不同的观点。"泛地槽"论者认为地球形成初期全球皆为地槽,地槽变成褶皱带后发展成地台,沿这个地台的边缘镶边式地贴上新的褶皱带,使地台面积不断扩大。"泛地台"说则认为地壳形成的初始阶段有一个全球性的原始古地台,因深大断裂作用而破裂,沿深大断裂发育成地槽。

一百多年来,有许多杰出的地质学家为完善和发展地槽-地台学说做出了杰出的贡献,使它的若干观点至今仍不失睿智的光芒。

(二) 板块构造

由于大规模的海底地质调查,使地质工作者的认识从陆地扩大到海底,随着海底地质知识的不断更新,形成了全新的海陆认识观,板块构造学说便应运而生。它立足于海底,面向全球,是海底扩张说的发展,是传统地质学领域中一场根本性的革命。

板块构造的含义是岩石圈分裂成许多巨大块体——板块,它们驮在软流圈上做大规模水平运动,致使相邻板块相互作用。板块边缘就成为地质活动(岩浆、地震、变质、变形、沉积等)最强烈的地带,板块的相互作用从根本上控制了各种内力地质作用、外力地质作用的发生与发展。

1. 板块边界类型

板块边界是板块之间的接触带,是板块划分的重要依据,板块边界有3种类型(图5-3-23):离散型、汇聚型、剪切型。

1) 离散型边界

沿此类边界,岩石圈发生分裂和扩张,地幔物质上涌,产生新的洋壳,属于生长型板块边界,主要出现在洋中脊、中隆和大陆裂谷。随着板块的分离,地幔物质沿裂谷上升,造成较大规模的岩浆侵入和喷出活动,形成新的洋底,促使板块边界不断增长,如大西洋

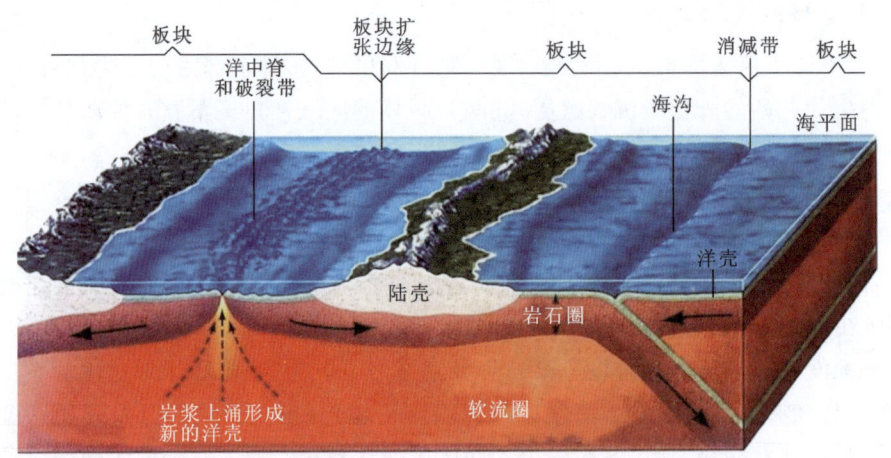

图 5-3-23　板块边界类型

中脊、东太平洋中隆等。

2）汇聚型边界

沿此类边界，两个板块做相向运动，是两个板块对冲、挤压、碰撞的场所，密度大的板块俯冲潜没于密度小的板块之下。存在两种表现方式：俯冲汇聚和碰撞汇聚。

（1）俯冲边界。

海沟是俯冲汇聚的边界。它导致大洋板块沿着俯冲带朝另一板块（大洋或大陆）之下逐渐潜没消亡，在俯冲带及其附近，发生强烈的挤压变形、地震活动和动力变质。俯冲板块在深部被熔融成岩浆，在俯冲带上盘，岩浆上涌引发火山-侵入作用，形成岛弧（山弧）以及相关的构造变形和变质带。属于此类型边界的有：西太平洋的岛弧-海沟系，如日本岛弧-海沟系、千岛岛弧-海沟系、汤加岛弧-海沟系；太平洋东岸的山弧-海沟系，如南北美洲西海岸的安第斯山脉、科迪勒拉山脉。

（2）碰撞边界。

两个大陆板块的碰撞结合带，又称为缝合带、碰撞带。当大洋板块俯冲殆尽时，与大洋板块紧密相连的大陆板块就会在大洋板块即将消失的边界处与边界上盘的大陆板块发生强烈碰撞，产生巨大的挤压应力，形成高耸的山脉，如印度板块与亚欧板块碰撞形成喜马拉雅-阿尔卑斯造山带。伴随强烈的构造变形、岩浆活动、区域变质和沉积堆积。

3）剪切型边界

即转换断层型边界。两个板块沿边界相互错动，板块边界既无板块的增生，也无板块的消减，而是相邻两个板块在转换点之间沿陡立界面的剪切错动，诱发地震、变形和岩浆作用。一般分布在大洋中，但也可以在大陆上出现，如北美板块西界的圣安地列斯断层，是有名的从大陆上通过的转换断层，该断层走向近南北，主体分布在陆地上，其南延与东太平洋洋脊相连，北延与戈达洋脊以及胡安·德富卡洋脊相接。

2. 全球板块的划分

1968 年，法国学者勒皮雄根据地形、地质、构造、地震和其他地球物理资料的分析和计算,将全球地壳划分为六大板块(图 5-3-24)。

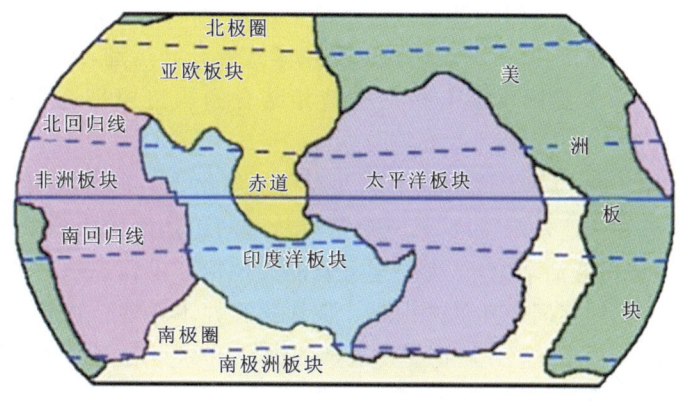

图 5-3-24　全球板块分布示意图

- 美洲板块:北美洲、西北大西洋、格陵兰岛、南美洲及西南大西洋。
- 南极洲板块:南极洲及沿海。
- 亚欧板块:东北大西洋、欧洲及除印度外的亚洲。
- 非洲板块:非洲、东南大西洋及西印度洋。
- 印度洋板块:印度、澳大利亚、新西兰及大部分印度洋。
- 太平洋板块:大部分太平洋及加利福尼亚南岸。

除太平洋板块绝大部分是由洋壳组成外,其余 5 个板块均由洋壳岩石圈与陆壳岩石圈复合而成。如美洲板块是由美洲大陆和西大西洋组成(大西洋洋脊以西部分),非洲板块是由非洲大陆和东大西洋组成,因此,板块的范围并不与所在的大陆或海洋一致。

此外,在大板块中还可以分出若干次一级的中板块,中板块又可划分出若干小板块,如美洲板块分为南美、北美、加勒比、可可斯、纳兹卡 5 个中级板块。

3. 我国大地构造单元划分

大地构造学是研究大陆、大洋或某一大尺度区域,地壳或岩石圈的组成、结构和演化历史的学科,目的是了解海洋、大陆、山脉和盆地的成因和发展过程,认识地壳和岩石圈的演化规律。

大地构造分区称为大地构造单元划分,是大地构造研究成果的表达形式之一,可直接服务于资源预测需求,作为成矿地质背景或油气盆地分析以及地质灾害评估的基点。一个大区域尺度的地壳物质组成、岩石构造组合,以及地球物理和地球化学场明显不同于相邻地域,这样的一个区域就是一个大地构造单元。构造单元既反映了地壳物质组构上大地构造环境(或大地构造相)的时空属性,又具有不同构造阶段的时空层次属性。

国内三大主流大地构造观的经典划分理念如下。

黄汲清的《中国主要地质构造单位》是关于中国大地构造的首次系统论述。划分的一级中国大陆构造单元为地台或准地台和地槽褶皱系,并从全球构造角度将古生代以来的中国大地构造划分为古亚洲、特提斯和滨太平洋三大构造域。任纪舜等在此基础上进一步发展,将中国大陆块分为亲西伯利亚陆块群、古中华陆块群和亲冈瓦纳陆块群,将显生宙造山带概括为古亚洲造山区、特提斯造山区和环太平洋造山区,而将华南早古生代造山带也作为古亚洲造山区的一部分。其立论基点是中国各主要陆块,在新元古代时已形成了统一的古中国地台,其后的裂解只是手风琴式的开合运动,或是冈瓦纳大陆裂离,亚洲大陆增生。这一多旋回学说与板块构造相结合的构造模型迄今仍是广泛应用的主流。

王鸿祯等运用板块构造学说审视中国大地构造演化,20世纪80年代提出了中国及邻区大地构造划分和构造发展阶段,其立论基点从时间论是地质历史发展阶段论和灾变论,从空间论是全球构造活动论,认为中国主要的大地构造单元包括中朝、扬子和塔里木地台(克拉通)以及其间不同时期的造山带。板块边界并不在地台边界,应在遥相对应的古大陆边缘之间的分界带,这一大陆及其边缘的缝合带称为对接消减带,大陆边缘的拉伸、张裂、地块移离形成弧盆体系的岛弧缝合带,称为叠接消减带。将中国地壳演化划分为陆核、原地台、地台、超大陆和泛大陆及陆内演化五大阶段,其中晋宁期(1000~830Ma)和印支期(230~210Ma)是地质最重要的造山期。强调地质历史与时空结合,奠定地表构造格架和单元细结构划分的基础。

李春昱等基于区域地质、地层古生物、岩石学及古地磁等多学科研究,划分了中国板块构造轮廓。将中国陆壳块体分别归属于7个不同古板块,并认为这些古板块之间被大洋分隔,强调大陆及其边缘海、大洋盆地,在地质时期均会作大规模漂移。并提出许多创新观点:蛇绿混杂带等是洋壳扩张、俯冲、碰撞的遗迹,指出"哈萨克斯坦很可能原来是西伯利亚大陆的一部分,在古生代初分裂出来,形成许多岛弧及沉积盆地带","古生代的哈萨克斯坦很类似于新生代的东南亚"。"土耳其—中伊朗—冈底斯原是冈瓦纳古陆的一部分,在古生代末—中生代分裂出来","高加索之北,向东经科佩特山、兴都库什,进入西藏班公湖至滇西澜沧江,向南接马来西亚劳勿—文冬带,该沿线是冈瓦纳古陆与古欧亚板块最初的碰撞缝合带"。

根据潘桂棠等的划分方案,当今的中国大陆主体是由四大陆块区和五大造山系镶嵌组成的9个一级构造单元。四大陆块区分别是:华北陆块区、塔里木陆块区、扬子陆块区和印度陆块区,五大造山系分别是:天山-兴蒙造山系、秦祁昆造山系、武夷-云开-台湾造山系、西藏-三江造山系、菲律宾造山系。自太古宙以来,中国大陆经历了多个阶段大洋岩石圈构造体制向大陆岩石圈构造体制的转换、增生、碰撞聚集形成的不可逆演化历程,形成了华北、塔里木、扬子为核心的陆块区,在全球构造中独具特色。

4. 板块运动的驱动力

是什么力量驱使板块进行运动,按照赫斯的海底扩张说来解释,认为大洋中脊是地幔对流上升的地方,地幔物质不断从这里涌出,冷却固结成新的大洋地壳,以后涌出的热流又把先前形成的大洋壳向外推移,自中脊向两旁每年以0.5~5cm的速度扩展,不断为大洋壳增添新的条带。因此,洋底岩石的年龄是离中脊愈远而愈古老。当移动的大洋壳遇到大陆壳时,就俯冲钻入地幔之中,在俯冲地带,由于拖曳作用形成深海沟。大洋壳被挤压弯曲超过一定限度就会发生一次断裂,产生一次地震,最后大洋壳被挤到700km以下,为处于高温熔融状态的地幔物质所吸收同化。

向上仰冲的大陆壳边缘,被挤压隆起成岛弧或山脉,它们一般与海沟伴生。如太平洋周围分布的岛屿、海沟、大陆边缘山脉和火山、地震就是这样形成的。所以,海洋地壳是由大洋中脊处诞生,到海沟岛弧带消失,这样不断更新,2亿~3亿年就全部更新一次。因此,海底岩石都很年轻,一般不超过2亿年,平均厚5~6km,主要由玄武岩类物质组成。而大陆壳已发现有37亿年以前的岩石,平均厚约35km,最厚可达70km以上。除沉积岩外,主要由花岗岩类物质组成。

地幔物质的对流上升也在大陆深处进行着,在上升流涌出的地方,大陆壳将发生破裂。如长达6000多千米的东非大裂谷,就是地幔物质对流促使非洲大陆开始张裂的表现。

5. 均衡原理

前已指出,地壳厚度各处不一。不仅陆壳和洋壳厚度相差很大,而且不同地区陆壳的厚度也有明显区别。珠穆朗玛峰海拔8 848.86m,是世界上的最高峰,马里亚纳海沟海拔-11 040.41m,是地球上最低点,两者高差约19 800m。在南美太平洋沿岸,安第斯山高达7000m,而紧邻的海沟为-7000m。这种巨大的高差是怎么形成的?怎样保持稳定的?此外,一般地壳越厚的地方,地势越高,地壳越薄的地方,地势越低。与此相应的是,莫霍面表现出明显起伏。地势高的地方莫霍面朝下凹,地势低的地方莫霍面向上突。

那么如何正确解释地势的起伏同莫霍面的起伏呈镜像关系呢?现今认为,均衡现象的存在是导致这一现象的驱动力。但是引起均衡的动力不是岩块的浮力,而是重力。据此提出重力均衡与均衡补偿基面的认识(Holmes,1978)。其原理是,设想在地幔内部(很可能在软流圈内),在某一深度上可以找到一个水平面,称为补偿基面。在此面的单位面积上,各处所承受的上覆岩块总质量都相同,即以此补偿基面为准,高山地区的地势虽高,但其下部地幔的厚度小,大洋地区的地势虽低,但其拥有的地幔厚度大,故两处岩块的总质量相等,从而能保持重力均衡(图5-3-25)。

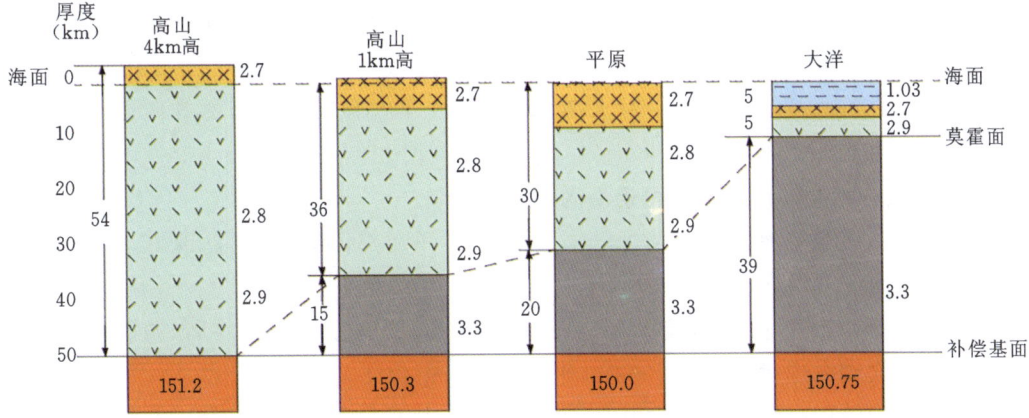

柱的右侧数字为岩石平均密度(g/cm³);左边数字为岩层厚度;
底部数字为深50km处单位面积的上覆岩石总质量(10^6 t/km²)。

图 5-3-25 重力均衡及莫霍面和均衡补偿基面关系图

应该指出,虽然大陆与大洋在重力上是均衡的,山区与平原在重力上也是均衡的,但是这种均衡总是暂时的和相对的。因为大陆是剥蚀区,特别是在山区,其剥蚀速度快,剥蚀量大,山体岩石不断被剥蚀并被搬运到低地或海洋之中堆积下来,增加这些低洼地区的负荷。这能改变原有的重力均衡。其结果是轻者上浮,重者下沉,引起地壳的升降运动。更重要的是,构造应力、热力以及地幔物质的调整等因素既能造成原有均衡的破坏,也能引起地壳的升降运动。所以,均衡原理对了解地球的动力学现象是很重要的。

6. 板块学说面临的问题

问题1:原来的地壳哪里去了?

依据板块学说绘制的板块生长与消亡图,大西洋和印度洋均向东西两侧扩张。在大西洋的南部,大西洋由中脊向东扩张3000多千米,印度洋向西扩张3000多千米,二者合计6000多千米,这原有的6000多千米宽的地壳哪里去了?

印度洋和太平洋向南扩张,使南极洲板块移动到现在的南极位置,那么原来的南极洲地壳哪里去了?

问题2:洋脊扩张方向和板块相撞方向矛盾,怎么解释?

印度洋洋脊为"人"字形,北部洋脊为南北向,而且还有两条次级南北向洋脊并行分布,大洋由洋脊向东西两侧扩张,即印度洋北部向东西向扩张。

那么,印度洋板块怎么会向北与亚欧板块相撞?怎么会形成青藏高原隆起?

问题3:海底地形与海底扩张不吻合,怎么解释?

板块学说的观点是:大洋地壳是由大洋中脊向两侧扩张而形成的。已经形成的大洋洋脊地形不会消失,随着大洋洋脊向两侧扩张而张开向两侧移动。以此理论,大洋洋底地形应全为洋脊。

通过海底地图,清楚标明大洋中脊位于大洋中心,中脊两侧是大洋盆地。大洋盆地怎么形成的?大洋地形否定了板块学说。

问题4:两条大洋中脊相交处是怎么扩张的?

大西洋中脊与印度洋中脊呈"⊥"形连接,两条大洋中脊向外扩张的方向是"对抗"的,怎么扩张?

在印度洋的大洋中脊呈"人"字形连接,两条大洋中脊向外扩张的方向也是"对抗"的。怎么向外扩张?

问题5:在大西洋海底存在两条海沟,怎么解释?

大西洋波多黎各海沟:最深9219m,位于大西洋北部,波多黎各岛北9218km,长约1550km,平均宽120km。

大西洋新赫布里底海沟:最深9174m,位于万那杜岛(新赫布里底岛)与新喀里多尼亚岛之间的珊瑚海边缘,长约1200km,平均宽70km。

板块学说的观点是大洋板块由大洋中脊诞生,然后向两侧扩张增生,在海沟处俯冲到大陆板块下消亡。

以大西洋中脊为界,将大西洋西部与北美洲、南美洲一同划分为美洲板块,那么对于大西洋的两条海沟如何解释？

问题 6：在两条大洋中脊交汇处，怎么对流？

板块学说的板块移动机制是热对流，在一条大洋中脊可以画出对流机制图，那么在两条大洋中脊交汇处如何对流？

板块学说解释热对流的热能来源于放射性元素的蜕变热，问题是，这么多的放射性元素是哪里来的？现在发现的放射性元素矿床是含放射性元素高的岩石，该岩石是固体。另外，如果是放射性元素蜕变产生的热量形成岩浆产生对流，蜕变所产生的元素就应该在岩浆里，从大洋中脊喷出的岩浆就应该含有这些蜕变元素，但没有见到相关报道。

（三）威尔逊旋回

从板块构造观点来看，洋壳盆地并非永恒存在，一般都经历了开裂、扩张、收缩和闭合的发展过程。加拿大地球物理、地质学者威尔逊(J.T.Wilson,1973)首先联系现代地表各种海洋实例，系统归纳了洋盆开合的多阶段发展模式。

（1）胚胎期，在陆壳基础上因拉张开裂而形成大陆裂谷，但尚未出现海洋环境，如东非裂谷带。

（2）初始期，陆壳继续开裂，开始出现狭窄的海湾，局部已出现洋壳，如红海。

（3）成熟期，由于大洋中脊向两侧不断增生，海洋边缘又未出现俯冲、消减现象，所以大洋迅速扩大，如大西洋。

（4）衰退期，大洋中脊虽然继续扩张增生，但大洋边缘一侧或两侧出现强烈的俯冲、消减作用，海洋总面渐趋缩小，如太平洋。

（5）残余期，随着洋壳海域的缩小，终于导致两侧陆壳地块相互逼近，其间仅存残留的小型洋壳盆地，如地中海。

（6）消亡期，最后两侧大陆直接拼合、碰撞，海域完全消失，转化为高峻山系，沿碰撞带可以出露挤压、侵位的古海洋洋壳残余（蛇绿岩套），称为地缝合线，如阿尔卑斯山脉、喜马拉雅山脉。

威尔逊的上述总结客观地反映了两个大陆板块间洋壳盆地的开合发展历史，得到了广泛传播和应用，1974 年由杜威和伯克(J.F.Dewer & K.C.A.Burke)正式命名为威尔逊旋回。

需要说明，地史中古板块和古洋盆的情况更为复杂，上述威尔逊旋回 6 个阶段不一定全部依次发展，小型或微型板块的分裂和拼合过程也有其特殊性，在实际应用时需要根据具体情况进行修正和创新。

（四）造山运动

造山运动是指地壳局部受力、岩石急剧变形而大规模隆起形成山脉的运动，仅影响地壳局部的狭长地带。造山带的形成一般都经历了早期大洋俯冲、闭合，以及大陆俯冲折返，隆升造山的过程。

1. 山脉的成因

造山运动的基本特征表现在构造运动和构造形迹两个方面。在构造运动方面表现为强烈活动的突发性和全球同步性及间歇呈周期性,且以水平运动为主。在构造形迹方面表现为极其强烈的褶皱及逆掩推覆,且强度常上强下弱;影响深度一般多限于沉积盖层或地壳上部;其褶皱山脉展布方向有一定的几何规律性。

板块论的观点认为,山脉是由于水平挤压而上升造成的。板块碰撞所引起的造山作用有 3 种类型:一是洋壳板块与洋壳板块相撞,在那里引起了海底造山运动;二是大陆壳与洋壳相撞,例如海沟—岛弧山系,或者山脉—海沟类型,山脉是沿大陆边缘和海沟俯冲带形成。这种类型现代的例子就是南北美洲的安第斯山脉和北美的科迪勒拉山脉;三是大陆壳与大陆壳碰撞,最典型的例子就是喜马拉雅山,喜马拉雅山在 25Ma 前开始形成,当时是印度板块向北移动,与亚欧板块相撞,俯冲插入亚欧板块之下,使亚欧板块边缘褶皱隆起形成世界上最高的喜马拉雅山。原来位于印度板块和亚欧板块之间的洋壳板块即特提斯海则闭合消失。

2. 造山运动的阶段性

造山运动的全球同步性和间歇周期性早已反映在一般公认的全球构造运动分期上,如加里东造山运动、海西造山运动、印支造山运动、燕山造山运动、喜马拉雅造山运动等,它们的间隔周期为 1.5 亿~2.0 亿年,褶皱山脉的展布规律,李四光将其分为纬向构造、经向构造、山字形构造等体系。全球性的造山运动与全球性大海退是同步的。

1) 加里东造山运动

加里东运动是古生代早期构造运动的总称。泛指早古生代志留纪与泥盆纪之间发生的构造运动,属早古生代的主造山幕。以英国苏格兰的加里东山而命名,志留系及更早地层被强烈褶皱,与上覆泥盆系呈明显的不整合接触。形成从爱尔兰、苏格兰延伸到斯堪的纳维亚半岛的加里东造山带。

早古生代时,地球发生过强烈的构造运动,地质学家统称"加里东运动"(即加里东构造旋回)。其典型地区是英国北方苏格兰延至斯堪地那维亚半岛西部的挪威,那里分布有褶皱山系和变质程度很高的岩石,对全球地质和生物演化影响很大。早古生代末古大西洋关闭,从而使北美板块与俄罗斯板块碰撞对接,形成"劳俄大陆"。我国西部柴达木板块与中朝板块拼合,古祁连海褶皱关闭。其他许多古海洋(如古乌拉尔海洋、古北亚海洋、古太平洋、原特提斯洋等)都遭到加里东运动不同程度的影响,导致各大陆板块边缘的陆壳增生。陆地面积进一步扩大,古老地台更趋向于稳定。

2) 海西造山运动又称海西造山运动

指晚古生代构造运动的总称,由德国海西山得名。当加里东运动因褶皱造山而终结后,即转入整个地壳比较稳静的泥盆纪,这时没有褶皱运动,只有升降运动。因此在加里东造山带上,形成了许多陷落盆地群,如库兹涅茨盆地、米努辛斯克盆地。在这些盆地里,后来都沉积有泥盆纪、石炭纪和二叠纪地层。

海西运动使西欧的海西地槽、北美东部的阿帕拉契亚地槽、欧亚交界的乌拉尔地槽、中亚哈萨克地槽,以及我国的天山、祁连山、南秦岭、大兴安岭等地槽褶皱回返,形成了巨大的山系。此时北半球各古地台之间的地槽带变为剥蚀山地。海西运动的完成,标志着古生代的结束。

3) 印支造山运动

印支运动是指中南半岛和我国华南地区,从晚二叠世至三叠纪地层之间的角度不整合所表现的构造运动。印支期对于我国地质来说是一个非常重要的时期,在此期间,扬子板块、华夏板块、思茅-印度支那板块、保山-中缅马苏地块均拼合到亚欧板块之上,使我国四分之三的陆地完成了拼合和统一。

华夏板块和扬子板块在中三叠世末期率先完成碰撞、拼合,形成华南板块,二者之间则形成绍兴-十万大山碰撞带。与此同时,思茅-印度支那板块也与华南板块碰撞拼合,之间形成金沙江碰撞带的南段。晚三叠世,保山-中缅马苏地块又拼合到华南板块之上,之间形成澜沧江碰撞带的南段。最后华南板块与中朝板块(亚欧板块的一部分)发生碰撞、拼合,之间形成秦岭-大别山碰撞带。由于印支期的构造活动相当剧烈,在发生碰撞的各板块内部都发生了广泛的褶皱变形。

据估计,上述4条碰撞带所形成的山脉都不太高,估计海拔不超过3000m;而且由于当时我国大陆的纬度要比今天偏南10°左右,4条碰撞带均位于热带—亚热带区域,炎热潮湿的气候使这些山脉很快被夷平。今天的横断山脉、秦岭山脉,都是印支造山运动的产物。

4) 燕山造山运动

是侏罗纪到白垩纪时期我国广泛发生的构造运动。我国许多地区地壳因为受到强有力的挤压,褶皱隆起,成为绵亘的山脉,北京附近的燕山是典型的代表。地质学家把出现在这个时期强烈的构造运动称为燕山运动。

燕山运动对我国大地构造的发展和地貌轮廓的奠定,都具有重要意义,在长江上游形成了唐古拉山脉,也使长江开始逐渐形成。此时我国陆域又有扩大,古地中海继续后撤。由于构造背景不同,燕山运动的强度和表现形式有明显的东、西差异。在大兴安岭、太行山、雪峰山一线以西,为相对稳定的一些大型内陆盆地所在,如鄂尔多斯、四川、准噶尔、塔里木等盆地,它们在中生代期间几乎连续地接受河、湖相沉积;盆地外围已固结了的古生代地槽带,普遍发生基底褶皱。上述一线以东,构造活动较强烈,造成许多北北东或北东向平行斜列的褶皱断裂山地和大量小型断陷盆地,并伴以岩浆活动,特别在东南沿海一带花岗岩侵入和火山岩的喷发尤为剧烈,显示了太平洋沿岸地带构造活动的加强。

5) 喜马拉雅造山运动

泛指新生代以来的造山运动,发生于古近纪和新近纪的喜马拉雅运动在亚洲大陆广泛发育。喜马拉雅运动是我国大陆及周边地区发生的又一次剧烈的构造运动。在喜马拉雅运动期间,印度板块在经过长途跋涉之后终于撞上了亚欧板块,使整个亚欧板块东部再次受到了近南北向的挤压作用。

主要有两个造山幕:第一幕是在渐新世至中新世,使喜马拉雅山主体、冈底斯山、念青唐古拉山、唐古拉山脉、长白山、武夷山脉等大幅度隆起;第二幕发生于上新世至更新世,这时,喜马拉雅山南面的西瓦里克丘陵隆起,青藏高原大幅度上升,台湾山地露出海面。

喜马拉雅运动过后,现代的我国地貌基本形成。在我国西部,喜马拉雅运动导致喜马拉雅山脉和青藏高原的迅速抬升,使后者成为"世界屋脊",并导致昆仑山、天山、阿尔金山、祁连山和阿尔泰山的抬升("活化"),以及塔里木盆地、准噶尔盆地、柴达木盆地的相对下降,新疆地区的"三山夹两盆"地貌就此形成。

在我国东部,第三隆起带东边的大兴安岭—太行山—巫山—雪峰山一线成为我国地貌第二级阶梯和第三级阶梯的分界线;横断山—祁连山—阿尔金山—昆仑山一线成为我国地貌第一级阶梯和第二级阶梯的分界线。这种三级台阶的地貌使黄河水系和长江水系最终得以全面形成。

3. 世界十大山脉

(1) 安第斯山脉:位于南美洲的西海岸,呈南北向延伸,长约8900km,其东西宽的平均值为241km,最宽处在阿里卡至圣他克卢斯之间,宽约750km。山脉平均海拔3660m,其中有许多高峰终年积雪,主峰位于阿根廷境内的阿空加瓜山,海拔6962m。是陆地上最长的山脉,相对于海底及地球最长的山脉中洋脊(长约8000km)。

(2) 大分水岭:澳大利亚东部主要山脉,走向南北。北起约克角半岛,南至维多利亚州,与海岸线大致平行,长约3000km,宽200~300km,最高峰科修斯科山为澳洲大陆最高点,海拔2230m。该岭是印度洋和太平洋水系的分水岭,故而得名。

(3) 昆仑山脉:位于亚洲中部,西起帕米尔高原东部,东到柴达木河上游谷地,于东经97°~99°处与巴颜喀拉山脉和阿尼玛卿山(积石山)相接,北邻塔里木盆地与柴达木盆地。山脉全长2500余千米,宽130~200km,平均海拔5500~6000m,西窄东宽,总面积达50多万平方千米。最高峰位于新疆和田南面的公格尔峰(7719m)。

(4) 阿特拉斯山脉:位于非洲西北部,呈北东-南西走向,长2400km,横跨摩洛哥、阿尔及利亚、突尼斯三国(并包括直布罗陀半岛),把地中海西南岸与撒哈拉沙漠分开。最高峰位于摩洛哥西南部的图卜卡勒峰(4167m)。

(5) 喜马拉雅山脉:世界海拔最高、最雄伟的山脉,位于亚洲的我国与尼泊尔之间,分布于青藏高原南缘,西起克什米尔的南迦-帕尔巴特峰(海拔8125m),东至雅鲁藏布江大拐弯处的南迦巴瓦峰(海拔7756m),全长2400km。主峰珠穆朗玛峰(海拔高度8848.86m)。根据板块构造学,喜马拉雅山脉是由印度板块与欧亚大陆板块碰撞形成的。所以喜马拉雅山仍然在缓慢上升中。喜马拉雅山脉约有70多个山峰。

(6) 阿尔泰山脉:位于我国新疆北部和内蒙古西部,西北延伸至俄罗斯境内。呈西北-东南走向,长约2000km,海拔1000~3000m。森林、矿产资源丰富。

(7) 祁连山脉:是我国境内主要山脉之一,位于青藏高原北缘,地跨甘肃和青海,西接阿尔金山山脉,东至兰州兴隆山,南与柴达木盆地和青海湖相连,山脉呈西北-东南走向,由数条近似平行的山脉组成,平均海拔4000m以上,长约2000km,宽200~500km,平原河谷占山地面积的三分之一以上。

(8) 秦岭：我国境内东西走向的一座山脉。它的西端在甘肃省境内，东端到河南省西部，主体位于陕西省的南部与四川省交界处，长约 1500km。秦岭同时也是长江流域与黄河流域的分水岭。秦岭的最高峰是太白山，高 3 763.2m。是我国大陆东半壁的第一高峰（号称群峰之冠）。

(9) 念青唐古拉山脉：位于西藏中东部，近东西走向。西侧冈底斯山脉，东侧横断山脉。全长 1400km，平均宽 80km，平均海拔 5000～6000m。

(10) 阿尔卑斯山：位于欧洲中南部，是欧洲著名的山脉。走向近东西，长 1200km，平均海拔约 3000m。共有 128 座海拔超过 4000m 的山峰，其中最高峰勃朗峰海拔 4808m，位于法国和意大利的交界处，山脉呈弧形。它覆盖了意大利北部边界、法国东南部、瑞士、列支敦士登、奥地利、德国南部及斯洛文尼亚。它被细分为 3 个部分：从地中海到勃朗峰的西阿尔卑斯山，从奥斯特谷（意大利西北部一自治区）到布勒内山口（奥地利和意大利交界处）的中阿尔卑斯山，从布勒内山口到斯洛文尼亚的东阿尔卑斯山。

本学习单元小结

(1) 构造运动有水平运动和升降运动两种类型。前者包括块体分离、块体汇聚、块体剪切位移三种基本形式，后者主要表现为基本在原地进行的隆升与沉降。

(2) 构造运动使原本呈连续而水平产出的岩层发生变形和变位，形成地质构造。最基本的地质构造是褶皱和断裂。

(3) 岩层的走向、倾向和倾角称为岩层的产状要素。

(4) 岩层顶面与底面间的垂直距离，称为岩层的厚度。地面上，地层顶、底面之间的距离称为露头宽度。

(5) 岩层的弯曲称为褶皱。向上凸曲、核部岩层老、两翼对称变新者称为背斜；向下凹曲、核部岩层新、两翼对称变老者称为向斜。

(6) 褶皱的几何要素包括：核、翼、枢纽、轴面、轴线，以及褶皱的长、宽、高等。

(7) 根据轴面的产状，可分为直立褶皱、倾斜褶皱、倒转褶皱、平卧褶皱。根据横剖面特征，可分为扇形褶皱、箱形褶皱、单斜。根据枢纽的产状，可分为水平褶皱、倾伏褶皱。根据褶皱的长、宽比，可分为线状褶皱、短轴褶皱、穹与盆。褶皱的组合形式有复背斜、复向斜、隔档式褶皱、隔槽式褶皱。

(8) 背斜成谷（背斜谷）、向斜成山（向斜山）的地形，称为地形倒置。

(9) 由单斜岩层组成的山岭，称为单斜山。其中，岩层倾角平缓，且顺岩层倾向的山坡缓，反岩层倾向的山坡陡者，称为单面山；岩层倾角及两侧山坡均陡者，称为猪背岭。由水平岩层组成的山岭，称为平顶山。

(10) 识别褶皱的标志是在沿垂直岩层走向的方向上，地层出现对称式的重复。

(11) 同一地层的走向发生合围转折表明褶皱的枢纽是倾伏的。对背斜而言，弧尖的指向代表枢纽的倾伏方向；对向斜而言，弧尖的指向代表枢纽的昂起方向。

(12) 褶皱形成的时间介于组成褶皱的最新岩层年代与未参与该褶皱的上覆地层的最老岩层年代之间。

(13) 断层是岩层的破裂,沿破裂面两侧岩块有明显滑动。断层的几何要素包括:断层面、断层盘、断层滑距等。

(14) 按断层两盘岩块的相对滑动方向,可分为正断层、逆断层、平移断层。逆断层中断层面倾角平缓者,称为逆掩断层。走滑(平移)断层分为左旋、右旋两种。

(15) 按断层走向同被断地层走向的关系,可分为走向断层(纵断层)、倾向断层(横断层)、斜向断层(斜断层)。切割深度达地壳底层或更深的断层,称为深断裂。

(16) 按断层组合,可分为地垒和地堑。地垒是倾斜面相背的两个正断层的共同下盘(上升盘)岩块,地堑是倾斜面相向的两个正断层的共同上盘(下降盘)岩块。

(17) 擦痕和镜面、阶步和反阶步、拖曳褶皱、断层角砾岩、断层磨砾岩、断层泥、地层重复或缺失、密集节理、岩层被错断、三角面山、断层崖、泉水出露等,都是指示断层存在的证据。

(18) 节理是岩石发生破裂,但沿破裂面未发生位移的构造。节理的裂开面称为节理面。按成因可分为原生节理和次生节理。按力学性质可分为张节理和剪节理。

(19) 张节理面一般不平直,裂面较粗糙,裂缝较宽,常被矿物脉充填。剪节理面一般平直光滑,裂缝细小,延伸稳定,在应力作用下,沿着共轭剪切面的方向会形成两组交叉的剪节理,称共轭节理或"×"节理。

(20) 相邻地层的接触关系有整合、不整合两种,不整合又可分为平行不整合和角度不整合。分别具有不同的构造含义。

(21) 侵入体形成后地壳发生隆起,使侵入体暴露地表并遭受剥蚀,随后因地壳沉降,沉积物覆盖其上,沉积物的底部包含有该侵入体的剥蚀碎屑物。地层与侵入体的这种沉积覆盖关系称为沉积接触。

(22) 强烈的构造运动在地质历史中是周期性出现的。同一次构造作用在不同地方不一定都是同时发生或结束,而是有一定时间跨度的。因而构造运动具有旋回性、多期性、穿时性等特点。

(23) 全球地壳共划分为六大板块,分别是美洲板块、南极洲板块、亚欧板块、非洲板块、印度洋板块、太平洋板块。

(24) 造山运动与构造旋回关系密切,目前公认的造山运动分别是加里东造山运动、海西造山运动、印支造山运动、燕山造山运动和喜马拉雅造山运动。

● 重要术语

构造运动、地质构造、水平运动、升降运动、岩层的产状要素、岩层的厚度、背斜、向斜、直立褶皱、倾斜褶皱、倒转褶皱、平卧褶皱、单斜、倾状褶皱、线状褶皱、短轴褶皱、复向斜、复背斜、背斜谷、向斜山、单面山、平顶山、断层面、断层盘、断层滑距、正断层、逆断层、走滑(平移)断层、纵向(走向)断层、横向(倾向)断层、地堑、地垒、深断裂、断层擦痕、断层镜面、断层阶步与反阶步、拖曳褶皱、断层角砾岩、断层泥、原生节理、次生节理、张节理、剪节理、板块、板块构造、造山运动。

思考题

(1) 何为构造运动？构造运动的方向有哪几类？构造运动按时间先后可分为哪些类型？

(2) 构造运动的证据有哪些方面？

(3) 何为地质构造？地质构造的类型有哪些？

(4) 何为岩层产状？用什么表示岩层产状？

(5) 岩层三要素是哪些要素？它们相互间存在什么关系？

(6) 何为褶皱？褶皱的基本类型有哪些？褶皱的要素主要有哪些？褶皱按轴面产状可以分为哪些类型？褶皱按枢纽产状可以分为哪些类型？

(7) 何为断裂？断裂有哪几类？它们各有什么特征？

(8) 何为断层？断层的要素有哪些？断层按两盘岩块的相对滑动方向可以分为哪些类型？它们各有什么特征？

(9) 简述识别断层的依据。

(10) 何为节理？节理按成因不同可分为哪些类型？它们各有什么特征？

(11) 画图示意地层间的接触关系。

(12) 画图示意岩体和围岩间的接触关系。

学习任务四　认知地震

学习目标　了解地震震级和烈度、地震地质现象；熟悉地震成因类型和地震的分布。

知识目标　掌握地震的成因类型及其特征；领会地震地质现象和空间分布；领会地震地质现象。

思政目标　引导学生领会内动力使岩石圈产或地表破坏的过程，以及对人们生产生活的影响和作用，感受自然力量的神奇，树立正确的自然观、科学观、地质观，涵养敬畏自然、珍爱生命的思想意识，激发主动学习专业知识的意识和造福人民的情怀。

一、概述

地震是指地壳(或岩石圈)的某个部位快速释放能量而引起的一定范围内地面震动现象，通俗地讲，就是大地的震动。地球上板块与板块之间相互挤压碰撞，造成板块边缘及板块内部产生错动和破裂，是引起地震的主要原因。地震常常造成严重的人员伤亡，能引起火灾、水灾、有毒气体泄漏、细菌及放射性物质扩散，还可能造成海啸、滑坡、崩塌、地裂缝等次生灾害。

据统计，全球每年约发生500万次地震，即每天要发生上万次的地震。其中绝大多数太小或太远，以至于人们感觉不到；真正能对人类造成严重危害的地震大约有十几至

20次；能造成特别严重灾害的地震大约有一两次。人们感觉不到的地震，必须用地震仪才能记录下来；不同类型的地震仪能记录不同强度、不同远近的地震。世界上运转着数以千计的各种地震仪器日夜监测着地震的动向。

(一) 地震要素

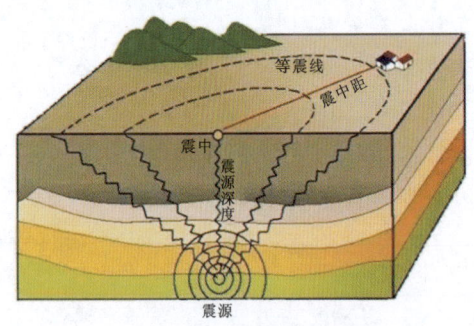

图 5-4-1 地震要素示意图

地震要素如图 5-4-1 所示。
- 震源：引起地震、释放深部能量的源区。
- 震中：震源在地面的垂直投影点，是接受震动最早的部位。
- 震源深度：震源到震中的距离。分为浅源地震（深度＜70km）、中源地震（深度 70～300km）、深源地震（深度＞300km）。
- 震中距：地震震中至某一指定点的地面距离。

(二) 强烈地震的一般特征

强烈地震在地球表层具有 3 个显著特征。

(1) 突发性：强烈的地震发生在顷刻之间。

(2) 破坏性：能导致山崩地裂、地面沉降和隆起、地表错位、河道堵塞决堤、建筑物倒塌等，甚至引起海啸。

(3) 连锁性：一次强烈地震往往伴随一系列次级地震，以及滑坡、泥石流、水灾、火灾等次生灾害。

二、地震的强度

地震的强度可以用地震震级和地震烈度来表示。

(一) 地震震级

地震震级是对地震大小的相对量度，是通过测量地震波的最大振幅值来计算的，以里氏震级（M）为常用。

震级的大小取决于地震释放的能量。释放能量越大，地震的震级越大；震级与释放能量的关系是对数关系（表 5-4-1），震级每相差 1 级，能量相差大约 32 倍；每相差 2 级，能量相差约 1000 倍。也就是说，一个 6 级地震相当于 32 个 5 级地震，而 1 个 7 级地震则相当于 1000 个 5 级地震，世界上最大的地震震级为 9 级。

表 5-4-1 里氏震级（M）与能量（E）的关系

M	E/J	M	E/J
1	2.0×10^6	7	2.0×10^{15}

续表5-4-1

M	E/J	M	E/J
2	6.3×10^7	8	6.3×10^{16}
3	2.0×10^9	8.5	3.6×10^{17}
4	6.3×10^{10}	8.9	1.4×10^{18}
5	2.0×10^{12}	9	2.0×10^{18}
6	6.3×10^{13}		

(二) 地震烈度

同样大小的地震，造成的破坏不一定相同；同一次地震，在不同的地方造成的破坏也不一样。为了衡量地震的破坏程度，科学家又"制作"了另一把"尺子"——地震烈度。

地震烈度是指地震引起的地面震动及其影响的强弱程度。烈度与震级、震源深度、震中距，以及震区的土质条件等有关。地震烈度分为12等级，分别用罗马数字Ⅰ、Ⅱ、Ⅲ、Ⅳ、Ⅴ、Ⅵ、Ⅶ、Ⅷ、Ⅸ、Ⅹ、Ⅺ和Ⅻ表示，Ⅻ级烈度是毁灭性的，Ⅵ级以上的烈度都具有破坏性（表5-4-2）。

表5-4-2 中国地震烈度表

地震烈度	人的感受	房屋震害		其他地震现象	水平向地震动参数	
		类型	震害程度	平均震害指数		峰值加速度/(m/s^2)	峰值速度/(m/s)
Ⅰ	无感	—	—	—	—	—	—
Ⅱ	室内个别静止中的人有感觉	—	—	—	—	—	—
Ⅲ	室内少数静止中的人有感觉		门窗轻微作响	—	悬挂物微动	—	—
Ⅳ	室内多数人、室外少数人有感觉，少数人梦中惊醒		门窗作响	—	悬挂物明显摆动，器皿作响	—	—
Ⅴ	室内绝大多数、室外多数人有感觉，多数人梦中惊醒		门窗、屋顶、屋架颤动作响，尘土掉落，个别房屋墙体抹灰出现细微裂缝，个别屋顶烟囱掉砖	—	悬挂物大幅度晃动，不稳定器物摇动或翻倒	0.31 (0.22~0.40)	0.03 (0.02~0.04)

续表5-4-2

地震烈度	人的感受	房屋震害		平均震害指数	其他地震现象	水平向地震动参数	
		类型	震害程度			峰值加速度/(m/s²)	峰值速度/(m/s)
Ⅵ	多数人站立不稳,少数人惊逃室外	A	少数中等破坏,多数轻微破坏和/或基本完好	0.00~0.11	家具和物品移动;河岸和松软土出现裂缝,饱和砂层出现喷砂冒水,有的独立砖烟囱轻度裂缝	0.63 (0.45~0.89)	0.06 (0.05~0.09)
		B	个别中等破坏,少数轻微破坏,多数基本完好				
		C	个别轻微破坏,大多数基本完好	0.00~0.08			
Ⅶ	多数人惊逃室外,骑自行车的人有感觉,行驶中的汽车驾乘人员有感觉	A	少数破坏和/或严重破坏,多数中等破坏和/或轻微破坏	0.09~0.31	物体从架子上掉落;河岸出现塌方,饱和砂层常见喷砂冒水,松软土地上地裂缝较多;大多数独立砖烟囱中等破坏	1.25 (0.90~1.77)	0.13 (0.10~0.18)
		B	少数中等破坏,多数轻微破坏和/或基本完好				
		C	少数中等和/或轻微破坏,多数基本完好	0.07~0.22			
Ⅷ	多数人摇晃颠簸,行走困难	A	少数毁坏,多数严重和/或中等破坏	0.29~0.51	干硬土上出现地裂缝,饱和砂层绝大多数喷砂冒水;大多数独立砖烟囱严重破坏	2.50 (1.79~3.53)	0.25 (0.19~0.35)
		B	个别毁坏,少数严重破坏,多数中等和/或轻微破坏				
		C	少数严重和/或中等破坏,多数轻微破坏	0.20~0.40			
Ⅸ	行走的人摔倒	A	多数严重破坏和/或毁坏	0.49~0.71	干硬土上有多处出现地裂缝,可见基岩裂缝、错动,滑坡、塌方常见,独立砖烟囱多数倒塌	5.00 (3.54~7.07)	0.50 (0.36~0.71)
		B	少数毁坏,多数严重和/或中等破坏				
		C	少数毁坏和/或严重破坏,多数中等和/或轻微破坏	0.38~0.60			

续表5-4-2

地震烈度	人的感受	房屋震害			其他地震现象	水平向地震动参数	
		类型	震害程度	平均震害指数		峰值加速度/(m/s²)	峰值速度/(m/s)
Ⅹ	骑自行车的人会摔倒,处于不稳定状态的人会摔离原地,有抛起感	A	绝大多数毁坏	0.69～0.91	山崩和地震断裂出现,基岩上拱桥破坏,大多数独立砖烟囱从根部破坏或倒毁	10.00 (7.08～14.14)	1.00 (0.72～1.41)
		B	大多数毁坏				
		C	多数毁坏和/或严重破坏	0.58～0.80			
Ⅺ	—	A	绝大多数毁坏	0.80～1.00	地震断裂延续很长;大量山崩滑坡		
		B					
		C		0.78～1.00			
Ⅻ	—	A	几乎全部毁坏	11.00	地面剧烈变化,山河改观	—	—
		B					
		C					

注:表中给出的"峰值加速度"和"峰值速度"是参考值,括弧内给出的是变动范围。

备注:表中的数量词中,"个别"为10%以下;"少数"为10%～45%;"多数"为40%～70%;"大多数"为60%～90%;"绝大多数"为80%以上。

(中国国家质量技术监督局,GB/T 17742—2020)

震害指数是指房屋震害程度的定量指标,以0.00～1.00之间的数字表示由轻到重的震害程度。

平均震害指数是指同类房屋震害指数的加权平均值,即各级震害的房屋所占的比率与其相应的震害指数的乘积之和。

同一次地震在不同地区造成的破坏程度不同,故各地具有不同的烈度。一般来讲,一次地震发生后,震中区的破坏最严重,烈度最高,从震中向四周扩展,地震烈度逐渐减小。烈度相同点的连线,称为等震线,由于各处地表的地质条件不均一,破坏程度也不一样,因而等震线并不是规则的同心圆。

地震的震级与烈度是衡量地震强度的两种不同方法。一次地震只有一个震级,但它所造成的破坏,在不同的地区是不同的。也就是说,一次地震,可以划分出好几个烈度不同的地区;而且同一地点、同一震级的地震,其震源越浅,造成的破坏越大,烈度越高。

三、地震的成因类型

引起地震的原因有很多,按成因,地震可分为以下四类。

(一) 构造地震

由于构造运动使地下岩石突然断裂引起的地震,称为构造地震,又称断裂地震。在一定的条件下,岩石具有刚性,而且位于地下的岩石恒处于某种构造"力"的作用下,岩石受力达一定程度就要发生变形,包括体积和形态的改变,若作用力强度超过岩石强度,岩石就要破裂,或断开,或错位。岩石在变形的前期处于弹性变形阶段,变形量是逐渐增加的,而岩石由弹性变形发展到破裂是突变的和快速的,变形的岩石通过破裂将已积累的"应力"迅速释放出来,然后,岩块迅速"回弹",引起弹性振动,这就是地震成因的弹性回跳学说。

构造地震是地球上数目最多的一类地震,约占地震总数的90%以上,破坏性最大的地震也是构造地震。构造地震的特点是能量大、影响范围广、对地面建筑物的破坏最强烈,常造成生命财产的重大损失。

构造地震很少孤立地发生,发生在同一地质构造带或同一震源内,具有成因联系的一系列地震,称为地震序列。在一个地震序列中,最强烈的一次地震称为主震,主震之前的一系列地震称为前震,主震之后的一系列地震称为余震,一般地震活动都存在规模与强度不一的前震和余震。1966年3月8日和22日,在河北邢台地区发生了6.8级和7.2级两次地震,在这之前的一个月内地震台网已监测到数百次微震和个别中强震,3月22日以后的一段时期内发生了数以千计的微震为主的余震,这是一个典型双主震的地震序列。

(二) 火山地震

由火山活动引起的地震。这类地震可能是直接由火山爆发引起地震,也可能是因火山活动引起构造变动,从而导致地震。这种地震强度一般较小,只是在火山周围地区有较显著的影响,且一般只与爆发式的火山喷发有关,火山地震约占地震总数的7%。

(三) 陷落地震

指由于地面塌陷而发生的地震。这类地震震级较小,其波及范围也小,破坏性不大,约占地震总数的3%。在石灰岩发育的地区,岩石长期被地下水溶蚀,形成巨大的地下溶洞,一旦上覆岩石的重量超过岩石支撑能力,洞顶垮塌,地面即发生塌陷,诱发地震;因地下采矿形成的较大采空区,若无足够的回填或支撑,上覆岩石也可能发生崩塌,引起地震。

(四) 诱发地震

在特定的地区因人类生产活动而产生的人工诱发地震。水库蓄水,石油和天然气、盐卤、地下热(汽)储的开发,废液处理和油田开采中的深井注水,钻进过程中的井漏,矿山抽、排水,固体矿床的开采和地下核爆炸等工程活动都可能诱发地震。这类地震一般难以造成大的危害。

四、地震分布规律

地震的分布是不均匀的,而是有规律地分布在一些特定的地带上,这些地带称为地震活动带。地震活动带绝大多数沿岩石圈板块的边界发育,与新构造运动基本吻合。

(一)全球地震带分布

1. 环太平洋地震带

该带是全球规模最大的地震活动带。此带主要位于太平洋边缘地区,沿南北美洲西海岸,从阿拉斯加经阿留申群岛至堪察加半岛,转向西南沿千岛群岛至日本。然后分成两支,其中一支向南经马里亚纳群岛、关岛到伊里安岛,另一支向西南经琉球群岛、中国台湾省、菲律宾、印度尼西亚至伊里安岛,两支在伊里安岛汇合,经所罗门、汤加至新西兰。全球约80%的浅源地震、90%的中深源地震以及几乎所有深源地震,都发生在这一带。所释放的地震能量占全球地震总能量的80%。该带是大多数灾难性地震和全球8级以上巨大地震的主要发震地带。如1923年日本关东8.3级地震,1960年美国加利福尼亚8.3级地震,1960年智利9.5级地震。

2. 地中海—喜马拉雅地震带

该带是全球第二大地震带,横贯亚欧大陆及非洲北部。西起大西洋亚速尔群岛,向东经地中海、土耳其、阿富汗、巴基斯坦、印度北部、我国西部和西南部边境,过缅甸到印度尼西亚,与环太平洋地震带相接,全长超过20 000km,带状特征更加鲜明。该带集中了世界15%的地震,主要是浅源地震和中源地震,缺乏深源地震,有的地震很强烈,如1755年葡萄牙里斯本8.7级地震、1897年印度阿萨姆8.5级地震、1950年我国西藏察隅8.5级地震。

3. 洋中脊地震带

此地震活动带蜿蜒于各大洋中脊,几乎彼此相连。总长约65 000km,宽1000～7000km,其轴部宽100km左右。主要是浅源地震,震级一般较小,尚未发生过特大的破坏性地震。

4. 大陆裂谷地震带

该带主要是东非大裂谷地震带,东非大裂谷为世界陆地上最长的裂谷带,总长6400多千米,平均宽48～65km。这条纵贯非洲大陆东部的大裂谷,跨越赤道南北,南起赞比西河河口,北抵红海。

(二)我国地震带分布

我国临近环太平洋地震带和地中海—喜马拉雅—印尼地震带的交接地区,地震频繁,加之境内有诸多活动断裂带的分布,故地震活动甚强,但地震的分布也具有规律性。

1. 台湾和福建沿海地震带

该带沿北东向分布,由于台湾地处太平洋板块(菲律宾海板块)和欧亚板块相互作用的边界地区,所以自古以来一直都是中国地震的多发区,如台湾省花莲县 6.7 级地震等。

2. 华北太行沿线和京津唐地区地震带

该带沿北东向分布,从东北长白山到京津唐地区、太行山一带,属于环太平洋地震带的西侧。该带以中—浅源地震为主,有的震级较大,如海城-营口地震(7.3 级)、唐山地震(7.8 级)、邢台地震(6.8 级)等,其中,东北是我国唯一有深源地震的地区。

3. 青藏高原和四川、云南西部地震带

该带纵贯我国中部、沿南北方向延伸的地震带,属于板块活动在内陆的影响区。受太平洋、欧亚、印度三大板块的联合夹击,地震频繁发生,震级大,破坏性强。四川汶川地震(8.0 级)、云南通海地震(7.8 级)即发生在此带,其中汶川地震发生在青藏高原东界与四川盆地的交接带,沿近南北向的龙门山断裂带分布。

4. 新疆、甘肃和宁夏地震带

该带是新近断裂活动强烈的地区,地震频繁。地震带主要分布在塔里木盆地的高山与盆地的交接带、昆仑山山缘、青藏高原等地,震中位置远离亚欧板块与印度板块交接带,如青海玉树地震(7.1 级)。

当前的科技水平可以对地震进行预测,但尚无法预报地震何时到来,在未来相当长的一段时间内,地震也是无法预报的。对于地震,我们更应该做的是提高建筑抗震等级、做好防御。

本学习单元小结

（1）大地的震动,称为地震。震动的源区,称为震源；震源在地面上的垂直投影点,称为震中；震中到地震台的水平距离,称为震中距；震源到地震台的距离,称为震源距。

（2）海底地震可以引起海啸。海啸是波长巨大的海浪,传播速度极快,对海岸地带能造成严重破坏。

（3）地震有多种分类。按地震成因,可分为构造地震、火山地震、陷落地震和诱发地震。

（4）按震源深度,可分为浅源地震、中源地震和深源地震 3 种。

（5）地震的强度用地震震级和烈度表示。

（6）发生在同一地质构造带或同一震源体内,具有成因联系的一系列地震,称为地震序列。在一个地震序列中,若有一次地震特别大,则称为主震；主震之前发生的地震,称为前震；主震之后发生的地震,称为余震。

（7）全球地震带分为 4 个：环太平洋地震带、地中海—喜马拉雅—印尼地震带、洋中脊地震带和大陆裂谷地震带。

（8）地震预防的主要途径是根据地震区划的要求,加强建筑物的抗震能力,避开活动断裂带。

重要术语

震源、震中、海啸、构造地震、火山地震、陷落地震、浅源地震、深源地震、地震序列、主震、前震、余震、震中距、等震线、震级、地震烈度。

思考题

(1) 何为地震、震源、震中、震中距、震源距？

(2) 地震按震源深度不同可分为哪些类型？地震按成因不同可分为哪些类型？

(3) 如何确定地震强度？地震现象有哪些？

(4) 全球地震主要集中分布在哪些地带？我国地震主要集中分布在哪些区域？

学习情境六　认识地球演化历史

•学习目标　了解地球演化的阶段,各阶段地球演化的特征;熟悉地史时期主要大陆的分布格局;掌握标志性的生物大爆发事件与大灭绝的时期。

•知识目标　领会生物大爆发与大灭绝与地球环境演化的联系;领会不同地史时期海陆格局分布与构造运动的内在联系。

•思政目标　引导学生领会地球在"沧海桑田"变换中的演化过程,以及对地球生命的作用和影响,感受自然力量之神奇与生命之脆弱,树立正确的自然观、科学观、地质观,涵养敬畏自然、珍爱生命的思想意识,激发主动学习专业知识的意识和造福人民的情怀。

在地球长达46亿年的历史中,地球大陆一直在演化。不同的地质板块缓慢但坚定不移地运动着,它们分分合合,时聚时散。但是,每过数亿年,地球上总会有规律地浮现出一个超级大陆。地球形成至今约46亿年,大致可分为3个阶段:天文时期、前寒武纪时期、显生宙时期。

学习任务一　认识地球演化的时期

一、地球的天文时期

地球的天文时期大致距今46亿～40亿年,地球上基本没有保留这一时期的地质体,当时的地质情况主要是从现有的地质知识出发,结合对月球和其他行星的考察进行推理的。

(一) 地球圈层构造的形成

地球已经是一个46亿岁的老寿星了,它起源于原始太阳星云,地球形成时温度比较低,也没有分层结构。

当初,构成地球的星云物质是冰冷的。这些星云物质通过相互碰撞,能释放出大量引力势能,再转化为动能、热能,使温度升高;地球内部还蕴藏着相当丰富的放射性元素,在其衰变过程中,也产生大量热能;同时,陨石轰击也产生大量热能,多因素的共同作用才使地球温度逐渐增加。随着温度的升高,地球内部物质也越来越具有可塑性,甚至在地球内部的某个深度上发生物质的熔融现象。

后来,高温的地球在强烈的旋转过程中,物质便按不同的相对密度产生分异作用:重的元素,如铁、镍等下沉到地球的中心部位,形成原始地核;轻的元素,如硅、铝等则上浮集中,围绕地核而形成原始地幔和地壳。后者通过降温逐渐失去热量,导致硬壳的出现,这就是地球圈层构造的初成。这一过程,估计需要5亿~6亿年,甚至更长。

初始地壳时期,一旦能量巨大的陨星向地球袭来时,其脆弱的薄壳很容易砸破,岩浆喷溢而出,致使原始地壳厚度迅速增加,改变了原始地壳的成分和结构,奠定了地壳外层的岩石基础。

(二) 原始大气与次生大气

要了解地球上最初大气的特点,只能借助于天体上的气体而推测,一般认为以H、He为主体,与现在的大气成分相差甚远。那么,最初的大气哪里去了?研究者认为,由于太阳风的作用而被吹散了。这种太阳风的风速极高,可达500km/s,所以原始大气早已散失在太空中。有学者估计,大约只需10Ma,原始大气就会逃逸干净。

所以,现在的大气是次生的。它又从何而来?不妨设想,当初强烈的火山作用几乎随处可见,火山喷发出的大量气体构成次生的原始大气,其成分包括H_2O(蒸汽)、CO_2、CO、N_2、Ar、Ne、CH_4、SO_2、H_2S、HCl、HF等。这些次生的原始大气是还原状态的,尚无游离氧(O_2)。游离氧要到元古宙,随着植物的出现才增多起来。

(三) 原始水圈的出现

从月球上获得的信息显示,在太阳风吹散原始大气之前,地球上是无水的。一般认为,最初的水来自于火山作用,即源自岩浆内部的结晶水。长期而密集的火山作用,不仅使地壳增厚,地面也出现起伏不平。在地表低洼的地方,容易聚积水体,这逐渐形成了原始海洋。

根据岩石学和微体古生物学的研究,大约在距今35亿年前,出现通过水体而发生的沉积作用,形成沉积岩和藻类生物。因火山喷发而聚积的水,含有HCl、HF、H_2BO_4等,属酸性水,具有较强的溶解力,有利于原始地壳中硅酸盐物质的分解,并从中离析出各种元素和化合物,为在地面上产生各种各样的沉积作用,为沉积矿物和岩石的形成创造了有利条件。这一点,对于原始地壳物质成分的改造具有重要意义。

二、前寒武纪时期

前寒武纪时期距今40亿~5.4亿年,这一时期的地质体主要残留在地球上若干很古老的大陆上,但这些地质体历经后来的多次地质作用的改造,其原先的面貌特征和特点难以辨认。而且有最古老的化石发现,此时已有原始生命发育,并开始出现向多种生物门类演化和发展的迹象。现在只能通过对幸存的残留地质体进行多方面研究,才有可能了解当时地球上的面貌。

(一) 大气圈

首先,考虑到天文时期的大气是缺乏游离氧的。到后来才开始出现并积聚游离氧。那么游离氧是从哪里来的?

据研究,游离氧的产生方式和途径,主要是通过高空热分解和植物的光合作用,有了游离氧,改变了大气的成分,于是地球上的氧化作用便产生了。

从目前残存在地球上的新太古代地层中,人们发现了很多属于原核的藻类化石,推测当时大气中含有游离氧了。当时的地层中还埋藏有铁矿石,特别是若干红色岩层中含有铁质胶结的碎屑沉积岩,也证明大气的成分与以往相比,已经发生了很大的改变。

不过,当时大气中的含氧量仍然很低。这一点,可以从厌氧性铁细菌吸收海水中的铁质而形成的铁矿石在全世界各地广泛分布而获得印证。

(二) 水圈

天文时期的地球表面是无水的,正如现在的月球表面一样。由此可见,地球上的水也和大气一样是次生的。在漫长的太古宙,火山作用频繁出现,提供了水的来源。这一点,可从科拉半岛上的片麻岩(其同位素年代测定,距今35亿年)内含有石英岩透镜体得到佐证。因为,石英岩的原岩是砂岩,是在水体环境中沉积形成的。另外,在南非35亿年前的变质岩系中,也发现由沉积而成的钙硅质岩层。

既然35亿年前能汇集成足以形成沉积岩的水域条件,人们推测,在40亿年前,地球表面已出现水是无疑的了。但当初的水量还很少,恐怕只有现在的10%。到太古宙晚期,沉积岩层普遍出现,估计当时的水量可达现在的70%了。并且认为,初期由火山喷发而形成的水体,溶有不少酸性气体,故其水应是酸性的,pH值在5~6之间,后来才渐渐变为弱碱性。这一点,可从太古宙晚期出现广泛的碳酸盐类沉积物得到证明。那时的海水还是淡的,其含盐量很低。到元古宙时期,海水开始出现咸味。因为当时的沉积物中已见到白云岩,但尚无石膏、石盐之类的矿物,可见并不是很咸。当时海水中的有机质含量也很少,那时的岩石都呈单调的浅色,一直到藻类大量发育之后,有机质的含量才多起来,致使海水中的pH值增高,碱性增强,促使硅酸盐类矿物分解,析出SiO_2,形成硅质岩。

(三) 生命的起源及演化

地球是太阳系中唯一具有生命的行星。而生命的形成,必须经过初期的化学演化阶段及其以后的生物演化阶段,历时数十亿年才发展成现今的生物圈。

研究者注意到地球早期的大气内含有甲烷、水汽、氨等。在高温条件下,可以出现诸如碳化氢之类的原始化合物,再与水、氢化物结合,形成糖类,降落到原始海洋中。在高温条件下,能出现溶解状态的氰化物,即碳和氢的化合物,随后形成氨基酸形式的有机含氮化合物。后来,由简单的氨基酸结合而成为复杂的蛋白质分子,这些分子再转变成胶体状的凝聚体结构,进一步复杂化,又转变成完全新的、具有新陈代谢能力的生命体

(阿西摩夫,1979)。上述一系列过程,应该在太古宙前就完成了。

从此,生命的演化进入到生物演化阶段:原始单细胞生命质点→单细胞生物→多细胞生物;由原核生物→真核生物;由植物→动物;由无壳后生动物→带壳后生动物。这一系列演化,大概在前显生宙的 34 亿年时段内完成。

生命的演化过程,可作如下的概括:

显 生 宙	带壳后生动物的出现	——5.4 亿年——
前寒武纪	无壳后生动物的出现	——6.8 亿年——
	真核生物发展阶段	——19 亿年——
	原核生物的发展阶段	——33.8 亿年——
	生命起源	——40 亿年——
		化学演化阶段

(四) 陆核和地盾的形成

原始地壳的表面几乎全被水淹没,尚无陆地。这一论断,大致可从最古老的岩石特点获得印证。例如,同位素年龄值约为 38 亿年的南非波丝林带中部的片麻岩和格陵兰的花岗片麻岩,以及 40 亿年的南美圭亚那角闪岩等,其原岩除酸性火成岩外,还富含超基性与基性火山岩,火山熔岩内可见枕状构造,此特征乃是海底火山喷发的证据,而且岩系中尚无陆源碎屑沉积。至于岩系内的硅质由来,其 SiO_2 则是火山物质经海水分解形成的,或从海底热泉上涌而带来的。缺乏陆源碎屑沉积,说明尚无陆地,也谈不到流水的侵蚀作用了。

大约从 35 亿年前开始,随着地球热量的逐渐散失,特别是放射性热源的快速衰减,出现地幔物质的部分熔融。此时除超镁铁质岩浆继续外溢外,还会出现安山玄武质的岩浆活动。这些岩浆就在海底堆积起来,构成高出海面的岛屿,诞生了最早的陆地。从此以后,陆上的风化侵蚀作用发生了,陆源碎屑物产生了,在其早期陆地的周围,出现了陆源碎屑沉积岩。这些早期陆地是形成后来的大陆核心,或者说是陆核。

后来,由于地壳构造运动以及岩浆活动,使陆核的周边不断扩大,形成更为宽阔的地块,这就成为了地盾,即古大陆的前身。

地史时期的古板块是经过长期而复杂的演变过程形成的。一般认为,古板块的形成时期主要在前寒武纪,它们是通过陆核、原地台、地台等不同阶段形成的,因而从某种意义上讲,前寒武纪地史也是古大陆的形成史。

前寒武纪时期,地壳普遍处于不稳定的地槽状态,造山运动比较频繁。那时地表还没有广阔的大陆,到元古宙中期,开始出现广大的相对稳定地区,逐渐转化为古陆台。如非洲陆台、南美陆台、澳大利亚陆台、印度陆台等组成的冈瓦那古陆,以及北方的俄罗斯陆台、西伯利亚陆台、中国东部陆台、北美陆台。它们被蒙古地槽、乌拉尔地槽、加里东地槽、阿巴拉契亚地槽和古地中海地槽所隔开。此外,还有科迪勒拉地槽、安第斯地槽、西太平洋地槽等。前寒武纪分为太古宙和元古宙。

（五）太古宙时期

距今 40 亿～24 亿年前，是原始地壳以及原始大气圈、水圈、沉积圈和生物的发生、发展的初期阶段。

太古宙的地层由变质深的正、副片麻岩组成。已知其中最古老的年龄为 40 多亿年。据此认为，在此之前地球便出现了小型的花岗岩质地壳。由沉积岩变质而成的副片麻岩的出现，说明当时有了原始大气圈和水圈，并有单纯的物理化学风化作用。在这些结晶变质岩基底上覆盖着一层变质较轻的绿岩带，其中有火山岩和沉积岩，它们形成于当时地面的凹陷带，后来才经历变质作用。其年龄在 34 亿～23 亿年间。据推测，太古宙早期地球表面有许多小型花岗质陆块，它们之间有深浅多变的古海洋。后来各小陆块在移运中结合成面积较大的大陆板块。这些最古老的陆块现在已散布于各大陆中，即通常所说的稳定陆块的核心——克拉通或古地盾区。

太古宙的构造运动和岩浆活动既广泛又强烈。火山喷发频繁，大气圈和水圈才得以形成。原始海洋的面积可能比现在大，但平均水深则浅得多。现在世界各地蕴藏丰富的海相层状沉积的变质铁锰矿床和岩浆活动形成的金矿等就是在这时期形成的。当时的大气圈可能富含碳酸气、水蒸气和火山尘埃，只有少量的氮和非生物成因的氧。海水也是酸性矿化水（后来才逐渐被中和），陆地是灼热的、荒芜的。在某些适宜的浅海环境中，有些无机物质经过化学演化跃变为有机物质（蛋白质和核酸），进而发展为有生命的原核细胞，构成一些形态简单的无真正细胞核的细菌和蓝藻。这只是出现于太古宙的后期。

总的来说，太古宙是原始地理圈的形成阶段，陆地是原始荒漠景观，水域是生命孕育和发源之地。当时地壳与宇宙之间以及和地幔之间的物质能量交换比后来任何时候都强烈得多。

（六）元古宙时期

距今 24 亿～5.4 亿年前，大陆性地壳逐渐形成，陆块分分合合。

1. 地台的形成

通过元古宙的两次主要的构造运动，陆核进一步扩大，形成规模较大的稳定地区，成为原地台。到中元古代晚期，原地台进一步扩大，在世界上终于出现了若干大规模稳定的古地台。由陆核到原地台和古地台，是陆壳构造发展的第二个阶段。

2. 哥伦比亚大陆的形成

新的超大陆哥伦比亚大陆，一般认为存在于 18 亿～15 亿年前的古元古代。该大陆由许多后来形成劳伦大陆、波罗的大陆、乌克兰地盾、亚马逊克拉通、澳洲大陆，可能还包含西伯利亚大陆、华北陆块、喀拉哈里克拉通的许多原始克拉通（注：克拉通为地台和地盾的统称，仅在大陆使用）组成。哥伦比亚大陆目前是依照古地磁资料证明其存在。

据推测哥伦比亚大陆从北到南跨越 12 900km，从东到西最宽处 4800km。哥伦比亚大陆于 16 亿年前开始分裂，分裂后的各陆块则在约 5 亿年后形成罗迪尼亚大陆。分裂原因一般认为是非造山的岩浆活动所导致的。

3. 罗迪尼亚大陆的形成

罗迪尼亚大陆是古代地球曾经存在的超大陆。根据板块重构,罗迪尼亚大陆存在于新元古代(11.5亿~7亿年前)。罗迪尼亚大陆的分布可能以赤道以南为中心,罗迪尼亚大陆则是由超级海洋米洛维亚环绕。

4. 罗迪尼亚大陆的分裂

大约7.5亿年前,罗迪尼亚大陆分裂成原劳亚大陆、刚果地盾、原冈瓦纳大陆(冈瓦纳大陆除去刚果地盾与南极洲)。原劳亚大陆进一步分裂,朝南极移动,原冈瓦纳大陆逆时针反转。在6亿年前,刚果地盾位于原劳亚大陆与原冈瓦纳大陆之间,三者聚合形成潘诺西亚大陆(图6-1-1)。

潘诺西亚大陆的大部分位于极区之内,而证据显示这个时代有大面积的冰河覆盖着,远大于地质时代的任何时期。潘诺西亚大陆的形状类似"V"字形,开口往北东。开口内侧为泛大洋,海底有中洋脊,潘诺西亚大陆的外侧环绕着泛非洋。

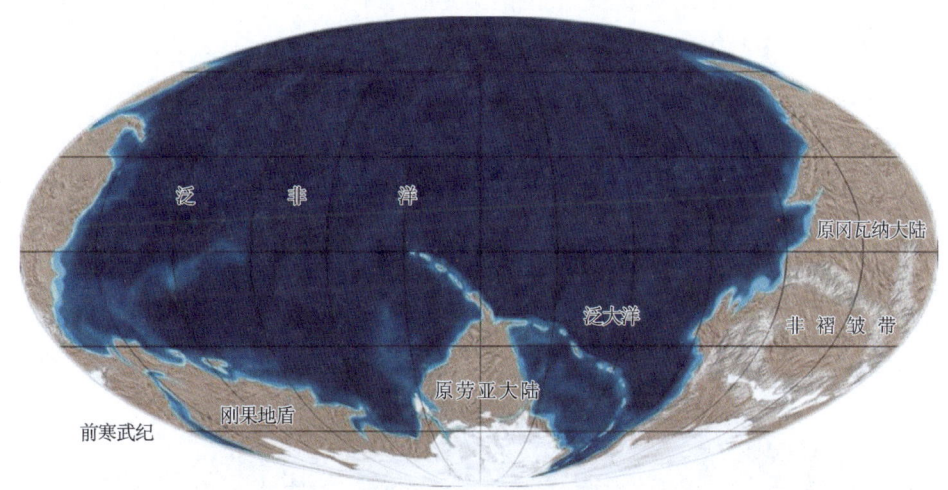

图 6-1-1 6亿年前的地球

5. 气候

古元古代有巨厚的碎屑堆积,大大有利于强烈的花岗岩化活动且导致大型侵入体的形成。由于大气中 CO_2 浓度降低和水中 Ca、Mg 离子增多,开始出现有化学沉积的碳酸盐岩。它将直接影响到岩浆过程的演化,导致碱性派生岩的出现。随着大气中游离氧的增加,氧化环境也开始出现了。因而后期有了鲕状赤铁矿和硫酸盐等矿物以及第一批红层建造的产生。生物的出现对环境的影响还不大,所以在元古宙无大量的生物化学沉积。元古宙末还发现有冰碛岩,这是全球性第一次大冰期的产物。

6. 生物

这一时期原核生物已进化为真核生物,嫌气生物转化为喜氧生物(这个转折点称尤里点,发生于大气中氧含量增至当前大气中氧浓度的1‰的时候),物种数量也从少增多。

这时地球上的植物界第一次得到大发展,出现了数量较多的能进行光合作用与呼吸作用的较原始的低等植物,如绿藻、轮藻、褐藻、红藻等。这些微古生物已可用于地层的划分和对比。在元古宙晚期,原始动物也出现了。如澳大利亚的埃迪卡拉动物群,其中有海绵、水母、节虫、扁虫及软体珊瑚等水生无脊索动物化石;在北美还发现有海绵骨针化石。

三、显生宙时期

5.4亿年至今,这一时期的地质体遍布全球各地,而且比较完整。生物趋向繁荣,并几度出现兴衰交替的发展,可以说,目前地质学的基本理论和基本知识,在很大程度上得益于对这一时期的地质学研究。

(一) 早古生代

从古生代开始,尤其加里东运动发生,使原来的苍茫海底,褶皱成山,陆地范围扩大。地球历史的发展进入了一个新的阶段,在生物、地层和地壳构造等方面均有显著的特征。早古生代代表显生宙的早期阶段,时限范围为距今5.4亿~4.2亿年前,延续时间为1.2亿年,分为寒武纪、奥陶纪和志留纪。

1. 寒武纪

1) 地球的面貌

潘诺西亚大陆的存在时间很短。组合成潘诺西亚大陆的各大块,是以错动方式聚合。在潘诺西亚大陆形成的6000万年后,潘诺西亚大陆分裂成4个大陆:劳伦西亚大陆、波罗的大陆、西伯利亚大陆、冈瓦纳大陆(图6-1-2)。泛大洋随着潘诺西亚大陆的分裂而扩张。

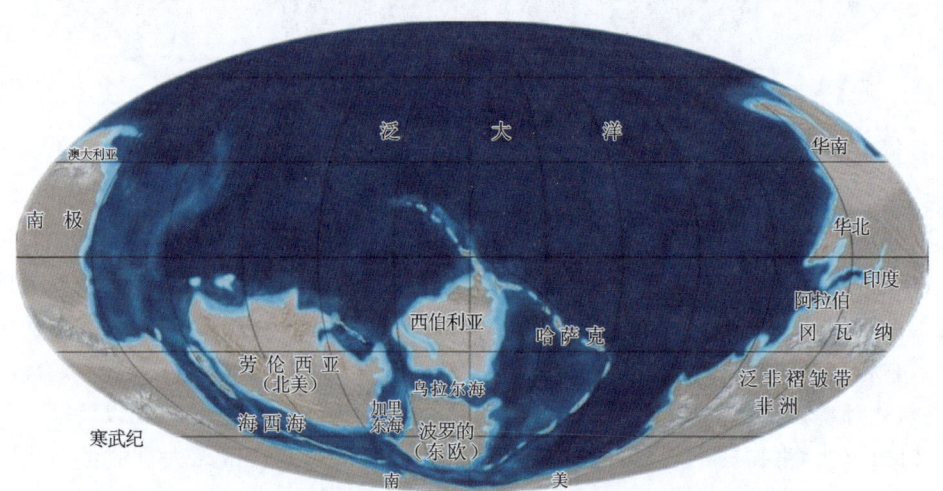

图 6-1-2 寒武纪时期的地球

2) 气候

寒武纪气候温暖,海平面升高,浅海淹没了大片的低洼地。这种浅海地带为新的物种诞生创造了极为有利的条件。

3) 生物——寒武纪生命"大爆炸"

寒武纪是海生无脊椎动物初度繁盛的时代，带壳、具骨骼的海洋无脊椎动物趋向繁荣，以微小的海藻和有机质颗粒为食物，其中，最繁盛的是节肢动物三叶虫，故寒武纪又称为"三叶虫时代"，其次是腕足动物、古杯动物、棘皮动物和腹足动物。

在寒武纪开始后的短短数百万年时间里，包括现生动物的几乎所有类群祖先在内的大量多细胞生物突然出现，这一爆发式的生物演化事件被称为寒武纪生命"大爆炸"，其典型代表是云南澄江动物群(5.4亿~5.3亿年前)和布尔吉斯动物群(5.15亿年前)。

2. 奥陶纪

1) 地球的面貌

在奥陶纪时，许多张裂的海盆使得劳伦西亚大陆、波罗的大陆、西伯利亚大陆和冈瓦纳大陆分离开来，包括古大西洋隔开了波罗的大陆和西伯利亚大陆，后来古大西洋闭合时，形成了加里东山脉以及北阿巴拉契亚山脉。还有古地中海把冈瓦纳大陆从波罗的大陆和西伯利亚大陆分隔开来，而巨大的古大洋则覆盖了当时大部分的北半球，各大陆之间有一片广袤的大洋——原特提斯洋(图6-1-3)。

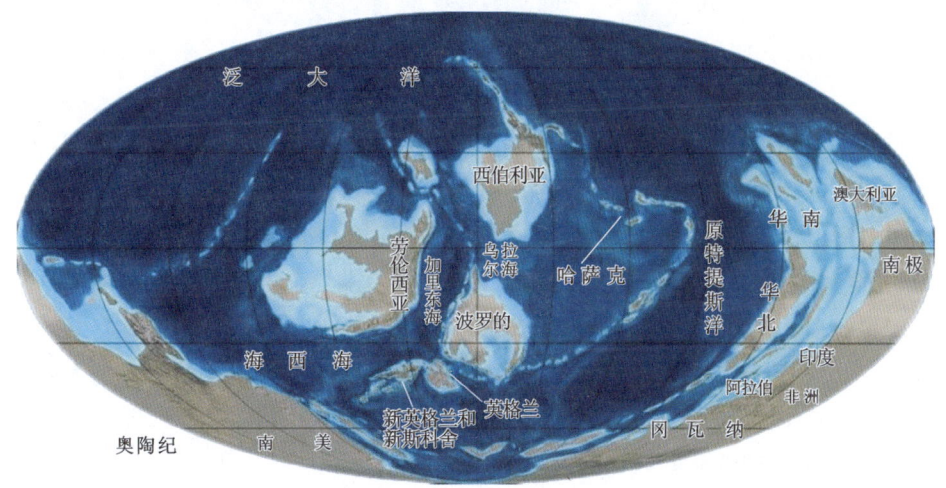

图 6-1-3 奥陶纪时期的地球

2) 气候——从温暖到严寒

奥陶纪早、中期继承了寒武纪的气候，气候温暖、海侵广泛，温暖的海水把石灰岩和盐岩沉淀在冈瓦纳大陆的赤道地区；奥陶纪晚期则进入了一个大冰期。冰原的厚度可以达到3km，覆盖了大陆的大部分。

3) 生物

奥陶纪生物类别非常繁盛。海生无脊椎动物空前发展，其中以笔石、三叶虫、鹦鹉螺类和腕足类最为重要，珊瑚自中奥陶世开始大量出现；已出现原始的脊椎动物，如原始无颌类的鱼；植物仍以海生藻类为主。

3. 志留纪

1) 地球面貌

志留纪时期全球主要的大陆有冈瓦纳、劳伦西亚、波罗的、西伯利亚、科累马、哈萨克斯坦、中朝、塔里木、华南9个。其中最大的是冈瓦纳大陆,集中在南半球的高纬度区。其他大陆则分布在当时的中、低纬度区,特别是低纬度区(图6-1-4)。

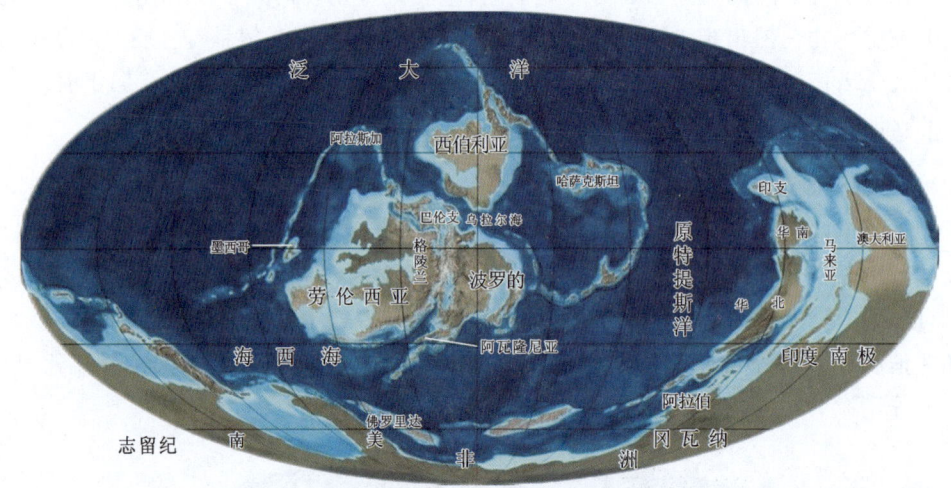

图6-1-4 志留纪时期的地球

介于劳伦西亚大陆和波罗的大陆之间的海洋为古大西洋(加里东海)。这一古洋在加里东末期一度闭合,形成加里东褶皱带。劳伦西亚大陆与波罗的大陆之间的前阿巴拉契亚洋闭合后形成阿巴拉契亚褶皱带。

2) 气候

志留纪初期,南极冰盖迅速消融,导致志留纪海洋和大气环流减弱,纬向气候分带不明显,深海部分相对较暖,含氧量较低,易形成滞流。因此,除高纬度的冈瓦纳大陆外,其他各大陆大都处于干热或温暖的气候条件下。

3) 生物——最早的陆地植物出现

植物开始登上陆地。作为陆生高等植物的先驱,低等维管束植物开始出现并逐渐占领陆地,其中,裸蕨类和石松类是目前已知最早的陆生植物。伴随着陆生植物的发展,出现了最早的昆虫和蛛形类节肢动物。

海生无脊椎动物发生了重要的更新,繁盛一时的三叶虫逐渐衰退,海百合开始出现,珊瑚、层孔虫、海百合等共同组成大型的生物礁;脊椎动物中的无颌鱼类和盾皮鱼类大量繁育。

(二) 晚古生代

晚古生代距今4.2亿~2.5亿年,延续时间为1.7亿年,包括泥盆纪、石炭纪和二叠纪。晚古生代为加里东运动之后地史发展的一个新阶段,全球无机界和有机界较早古生代均有很大发展。海西运动的掀起,许多地槽区先后褶皱隆起。中国的大部、欧洲中部、北美东部、非洲西北部、澳大利亚东部,以及亚欧之间的山脉都是海西运动的产物。这时亚欧大陆连成一体,陆地面积空前扩大。而冈瓦纳古陆出现分裂趋势,局部地区发生拗陷和下沉,海水侵入。

1. 泥盆纪

1) 地球面貌

由于早古生代加里东运动影响的结果,同时,从泥盆纪开始,地球又开始发生了海西运动。因此,泥盆纪时许多地区抬升,露出海面成为陆地,古地理面貌与早古生代相比有很大的变化(图6-1-5)。

冈瓦纳大陆是最完整、最大的古陆,围绕南极地区分布。劳伦西亚大陆与波罗的大陆在志留纪末期相遇碰撞构成超大陆,亦称欧美联合大陆,此时西伯利亚大陆仍处于游离状态。

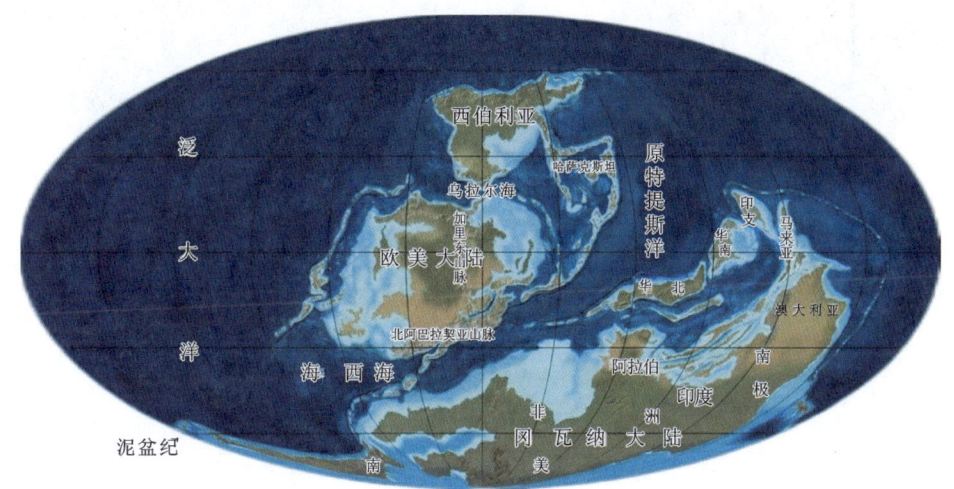

图 6-1-5 泥盆纪时期的地球

欧美联合大陆以东为一些分散的小型至微型陆地群,其中,以哈萨克斯坦、华北和华南大陆较大,后者的位置接近赤道附近和北半球中纬度带。

泥盆纪时的海水覆盖面积约占地球的85%,其分布特点包括广阔的古太平洋和原特提斯洋,以及位于冈瓦纳大陆以北的古地中海和各大陆之间狭窄的陆间海。

2) 气候

化石记录说明远至北极的地区当时处于温带气候。

3) 生物——鱼类时代

泥盆纪是生物大变革的时期,也是生物界开始征服大陆的时期,形成陆生植物、陆生脊椎动物和海生无脊椎动物共同繁荣的局面。泥盆纪的鱼类特别繁盛,可称为"鱼类时代";海生无脊椎动物呈现巨大的革新与发展,笔石几乎完全绝灭,三叶虫大为衰退,而腕足类、珊瑚类则十分繁盛,还出现了原始的菊石和昆虫;陆生植物以裸蕨类为主,并出现小型森林。

2. 石炭纪

1) 地球面貌

在泥盆纪的基础上,联合古陆不断扩大,到石炭纪中期这个过程达到一个高潮。石炭纪末期非洲大陆西北部与北美大陆之间的陆间海被填补消失,阿巴拉契亚山脉的造山运动完成,西伯利亚大陆与俄罗斯大陆相接,形成乌拉尔山脉,盘古大陆的雏形基本形成(图 6-1-6)。

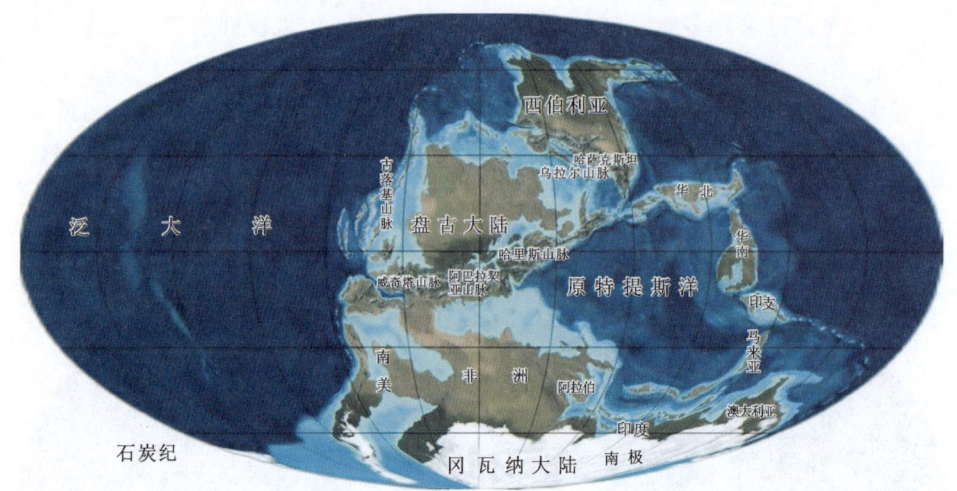

图 6-1-6　石炭纪时期的地球

2) 气候——石炭纪—二叠纪大冰期开始

石炭纪开始后气温下降,在早石炭世已经有冰川形成,但到石炭纪—二叠纪期间冰川发展到了高潮期。在冈瓦纳大陆到处都可以找到冰川的痕迹。

地质分析证明在石炭纪中气温比较温暖的时期与气温比较寒冷的时期不断交替。晚石炭世大量煤的沉积可能与海面的不断上下波动有关,这个波动可能是由于冈瓦纳超大陆南部冰川的融化和延长而造成的。

3) 生物——最早的爬行类出现

石炭纪生物界的重要特征是陆生生物得到进一步发展,陆生生物在石炭纪中晚期进入蓬勃发展的新阶段,地球上首次出现规模巨大的森林,与森林的发展密切联系的昆虫类也空前繁盛。陆生脊椎动物中两栖类已占统治地位,出现最早的原始爬行类。海生无脊椎动物也有显著改变,珊瑚再度进入造礁繁荣期,蜒是石炭纪出现的新生物。

3. 二叠纪

1) 地球面貌

地壳运动又趋活跃,全球范围内一系列板块的碰撞导致地史中著名的联合大陆(盘古大陆)在二叠纪末期基本形成(图 6-1-7)。该大陆几乎由北极延伸至南极,跨越不同的古气候带,自然地理环境的变化,促进了生物界的重要演化,预示着生物发展史上一个新时期的到来。原特提斯洋不断缩小,而新的特提斯洋逐渐形成。

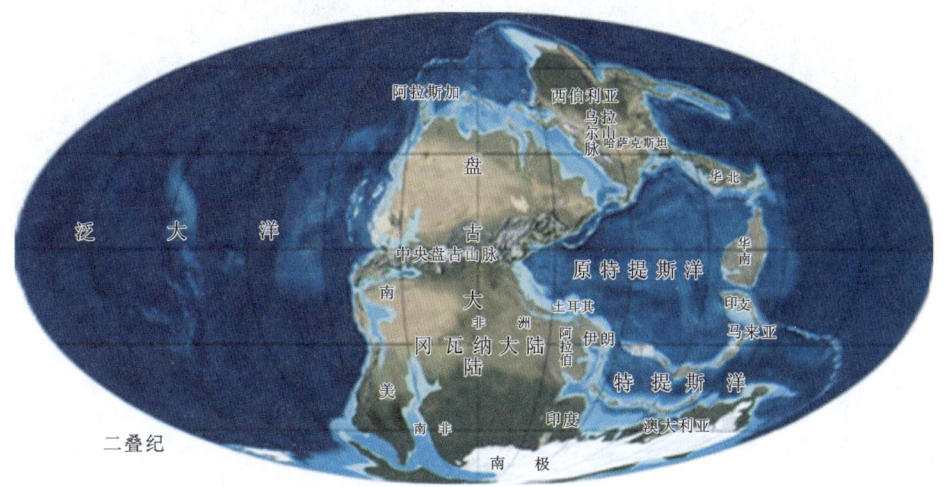

图 6-1-7 二叠纪时期的地球

2) 气候

早二叠世的气温被认为是相当低的,其后才逐渐改变。巨大的沙漠覆盖了盘古大陆的西半部,南半球广泛的含煤建造则标示一种温湿的气候。

3) 生物

二叠纪是生物界显著变革时期,在各个门类中都有反映。陆生脊椎动物中,两栖类出现了更进化的类型;原始爬行类得到进一步发展,至二叠纪晚期已经相当繁盛。海生无脊椎动物仍然是蜓、珊瑚、腕足和菊石类的天下,海百合和苔藓虫在局部地区达到惊人的繁盛程度,但蜓类在二叠纪末期灭绝。陆生植物以节蕨、石松、真蕨、种子蕨类为主,晚二叠世出现了银杏、苏铁、松柏类等裸子植物,开始呈现中生带的面貌。

(三) 中生代

中生代距今 2.5 亿~0.66 亿年,包括三叠纪、侏罗纪和白垩纪。太平洋运动(也称阿尔卑斯运动)使环太平洋地槽靠大陆部分的内带发生强烈的褶皱,造成东亚大陆边缘和美洲西部高大山系,陆地又向外进一步扩展。与此同时,在一些相对稳定的陆台区,地壳又重新趋于活动,产生断裂,大规模岩浆侵入和喷发,以及大幅度拗陷。到中生代末,冈瓦纳古陆彻底解体,南方各大陆及印度洋、南大西洋已基本形成。

1. 三叠纪

1) 地球面貌

盘古大陆的形成是始于泥盆纪,经由大陆与大陆彼此之间持续的碰撞,一直持续到三叠纪晚期,才最终形成这块超级大陆——盘古大陆(图 6-1-8),原特提斯洋进一步缩小,而新特提斯洋的范围更加扩大。

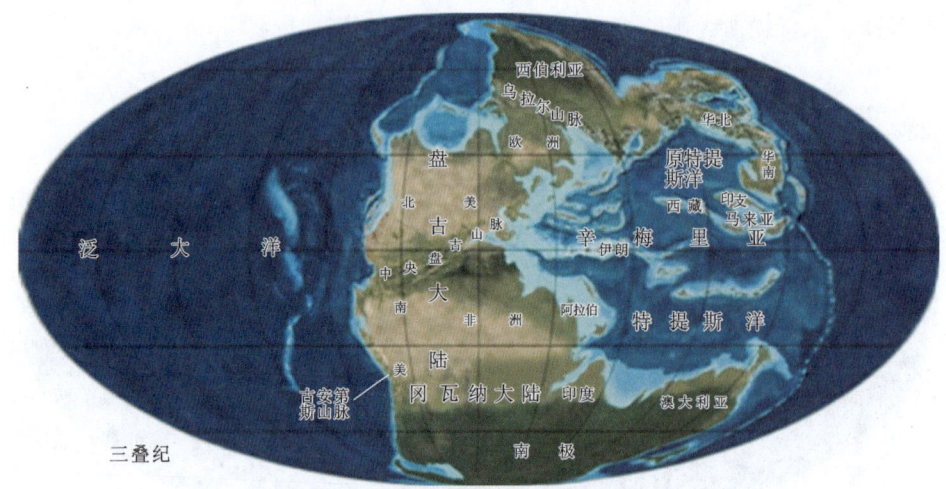

图 6-1-8 三叠纪时期的地球

2) 气候

三叠纪时的气候炎热干燥,季节分明,有强烈的雨季。在两极则比较潮湿、温和。

3) 生物——最早的哺乳类

陆生植物以骡子植物松柏、苏铁、银杏以及蕨类植物真蕨占优势。陆生脊椎动物也有新的发展,晚三叠世是爬行类的突发演化阶段,已经出现似哺乳类的爬行类和恐龙类。海生无脊椎动物中的菊石和瓣腮类占据重要位置。

2. 侏罗纪

1) 地球面貌

相聚是短暂的,侏罗纪早期,盘古大陆分裂为两块:北方的劳亚大陆、南方的冈瓦纳大陆。墨西哥湾出现,位于北美洲与尤卡坦半岛之间。北大西洋刚具雏形,原特提斯洋开始闭合,特提斯洋(古地中海)的范围进一步扩大(图 6-1-9)。

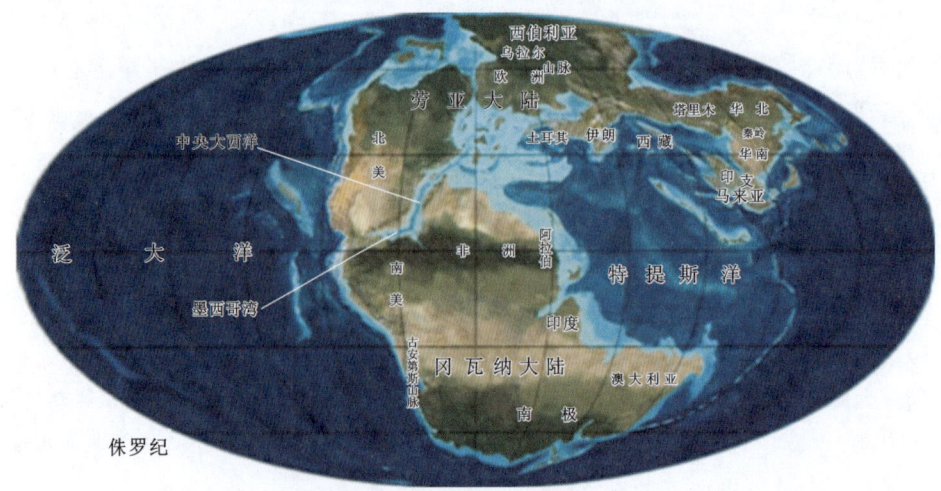

图 6-1-9 侏罗纪时期的地球

2) 气候

侏罗纪时期的大气层氧气含量是现今的130%,二氧化碳含量是工业时代前的7倍,气温则高于今天约3℃。气候温暖、潮湿。

3) 生物——恐龙的时代

侏罗纪是中生代生物界大发展的时期,尤以恐龙和菊石类的极度繁盛最为典型。陆生植物以裸子植物中的苏铁、银杏和松柏类为主。脊椎动物以爬行动物中的恐龙类占据统治地位,恐龙不仅征服了陆地上的各种生态领域,而且成功地适应海洋和空中生活,成为地球上占主宰地位的霸主;鸟类和真正哺乳类也开始出现。海生无脊椎动物以菊石、瓣鳃、箭石最为重要。

3. 白垩纪

1) 地球的面貌

在白垩纪,盘古大陆完全分裂成现在的各大陆(图6-1-10),但是它们和现在的位置完全不相同。白垩纪的海平面最高时期,地表上有1/3的陆地沉浸于海洋之下。

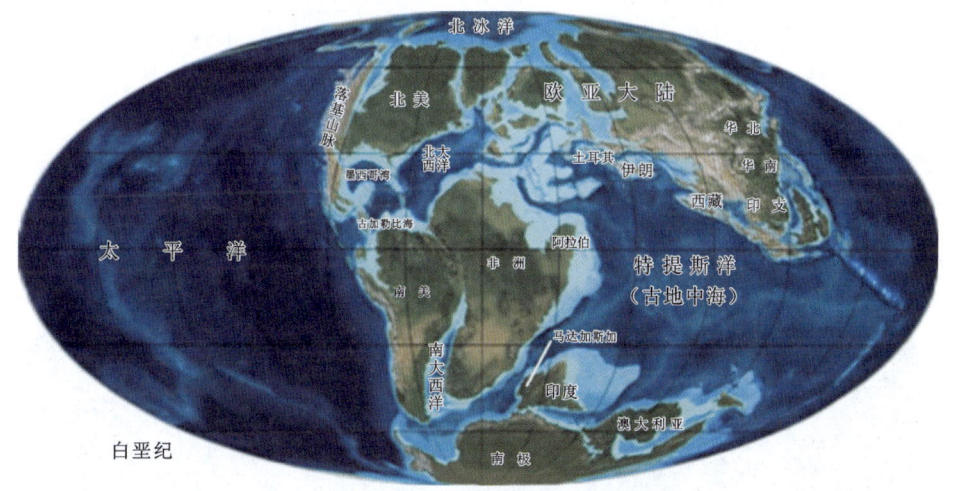

图6-1-10 白垩纪时期的地球

2) 气候

白垩纪早期气候出现寒冷的趋势,但是,冰河仅出现在高纬度地区的高山,而较低纬度仍可见季节性的降雪。白垩纪中期,气温开始上升,持续到白垩纪末期。气温上升的原因是密集的火山爆发,制造大量的二氧化碳进入大气层中。中洋脊沿线形成许多热柱,造成海平面的上升,大陆地壳的许多地区由浅海覆盖着。

3) 生物

陆生植物方面,早期是侏罗纪后期植物群的延续和发展,白垩纪中期普遍出现被子植物,至白垩纪晚期被子植物则占据统治地位。脊椎动物中的恐龙类在白垩纪早中期仍然繁盛,真正的鸟类已经出现,白垩纪末期恐龙类遭到了灭绝的厄运,从而结束了统治地球达1.3亿年的恐龙时代。海生无脊椎动物仍以菊石、双壳类为主。

(四) 新生代

恐龙灭绝之后,地球进入了名为"新生代"的新时期,新生代距今6600万年前至现在,包括古近纪、新近纪和第四纪。这是最终形成现代地表形态的一个发展阶段,通过新近纪中期开始的喜马拉雅运动,特提斯洋(古地中海)地槽发生强烈褶皱,形成了横贯东西的、年轻高大的阿尔卑斯-喜马拉雅山系。环太平洋地槽的外带也相继褶皱上升,形成东亚岛弧山脉和美洲西岸山脉。喜马拉雅运动的影响还扩及大陆的其他地区,如中亚、西欧等古生代褶皱带又被抬升和断裂,东非大裂谷继续扩大,并有大规模玄武岩喷发活动,等等。

1. 古近纪

1) 地球面貌

在4500万年前,当澳大利亚大陆从南方大陆中分裂出来时,北方的超级大陆——劳亚大陆也开始分裂,亚欧大陆、格陵兰岛和北美大陆也相继从中分裂而出(图6-1-11)。印度大陆离开非洲大陆,并开始撞击亚欧大陆,喜马拉雅山脉开始形成。非洲大陆持续向北挤压亚欧大陆,阿尔卑斯山脉随之开始隆起,特提斯洋的残余部分与大西洋的联系更加不畅。

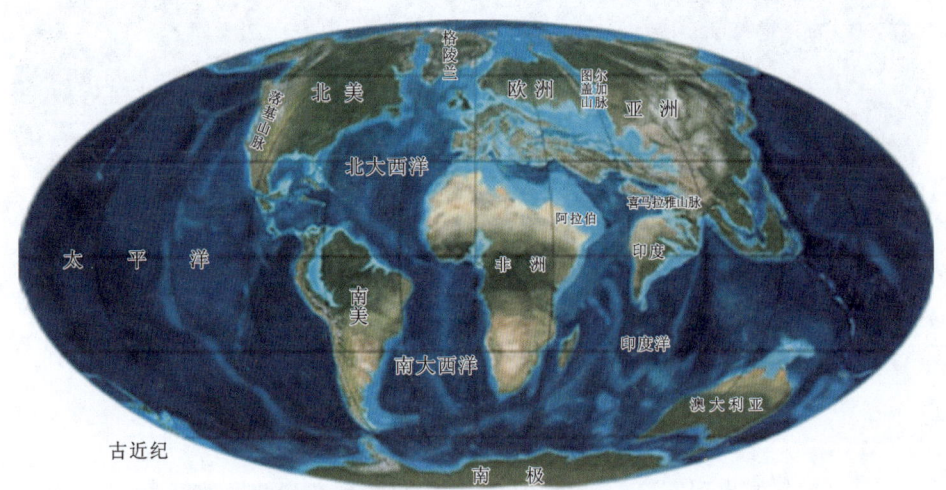

图6-1-11 古近纪时期的地球

2) 气候

由于被称为古新世—始新世的极热事件(PETM或IETM)——地球地质历史记录出现的最快的、强度最大的一次全球变暖事件,地球温度迅速升高,这次迅速和剧烈的升温(在高纬度地区温度上升了7℃之多)持续的时间少于10万年,但是导致了大量物种急剧灭绝。

在始新世中期开始气候变冷,致使到了始新世末期时大陆内部开始变得干燥,在某些地区,森林分布区域萎缩。气候变冷亦导致了季节变化的出现,落叶树种能更好的适应剧烈的温度变化,于是比之常绿树种,开始占据优势。在始新世末期,落叶林覆盖了北方大陆的大片区域,雨林则只分布在赤道附近。

古近纪时期全球气温持续下降的趋势在渐新世被打断,在40万年之间气温急剧下降8.2℃之后进入了一段长达700万年的气温平稳震荡期。渐新世时期生态系统发生的一个重要改变是草原在全球的扩张,而热带阔叶林则萎缩至赤道一带。

3)生物

古近纪动物界的基本特点是哺乳动物的大量发展和被子植物的极度繁盛。

陆生脊椎动物最突出的标志是爬行类的衰亡,空出了广阔的生态领域,取而代之的哺乳动物得到大发展,古有蹄类、奇蹄类高度发展,肉食类也进入了繁荣期。海生无脊椎动物以双壳类和腹足类占统治地位。植物界中,从晚白垩世开始开始占主要地位的被子植物,更趋繁盛,植物分区更接近现代。

2. 新近纪

1)地球面貌

2000万年前,南极大陆整个被冰雪所覆盖,同时北方的大陆也开始迅速冷却。世界看起来已经和今天非常类似(图6-1-12)。距今800万年前,范围辽阔的特提斯洋(古地中海),由于非洲大陆与亚欧大陆的靠拢并发生碰撞,它的面积不仅大为缩小,而且被分隔得支离破碎,逐步呈现封闭半封闭状态,失去了与大西洋的通畅联系,形成了今天的地中海和里海。

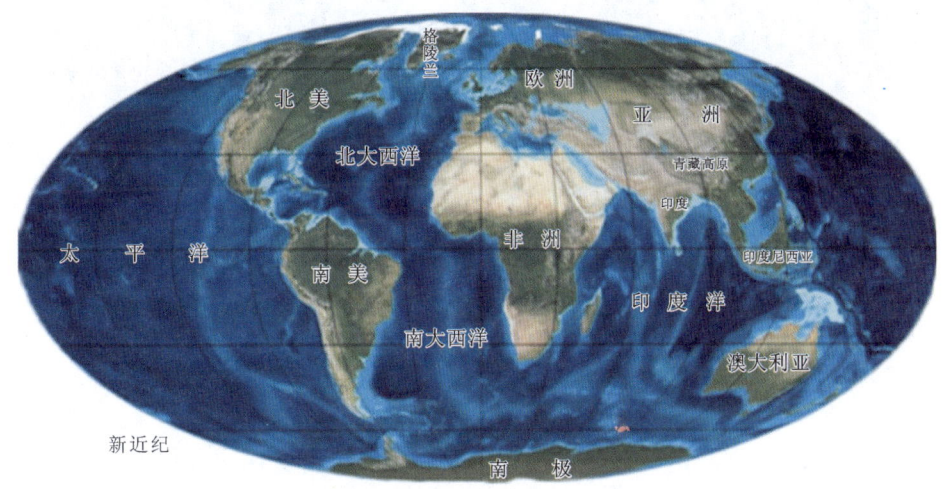

图6-1-12 新近纪时期的地球

2)气候

气候开始变冷变干,四季比此前分明,有点像今天的气候。南极洲开始被冰雪覆盖,中纬度的冰川也发展起来,北冰洋的冰层开始形成。

海洋依然相当温暖,但其水温在不断下降。北冰洋的冰盖形成后使得气候变得干燥,北大西洋上的浅寒流加剧。

3) 生物

新近纪是偶蹄类大发展和象的迅速演化的时期,草食动物和一些肉食动物体形变大,除鲸外,海洋中的哺乳动物还有海牛、海豹和海狮。气候的变化对植物的变化影响很大,全世界热带种类减少,落叶森林范围扩展,北方被松柏林和冻土地带覆盖,除南极洲外,在所有的大陆上草原扩张。只在赤道地区还有热带森林,在亚洲和非洲,热带大草原和沙漠出现。

3. 第四纪

在第四纪,地球上出现两件大事:一是冰期与间冰期的频繁交替;二是人类的出现。人类成为地球生物的主宰者。

1) 地球的面貌

200万年前至今,地球的面貌与今天基本一致,在这段时间里板块移动小于100km(图6-1-13)。

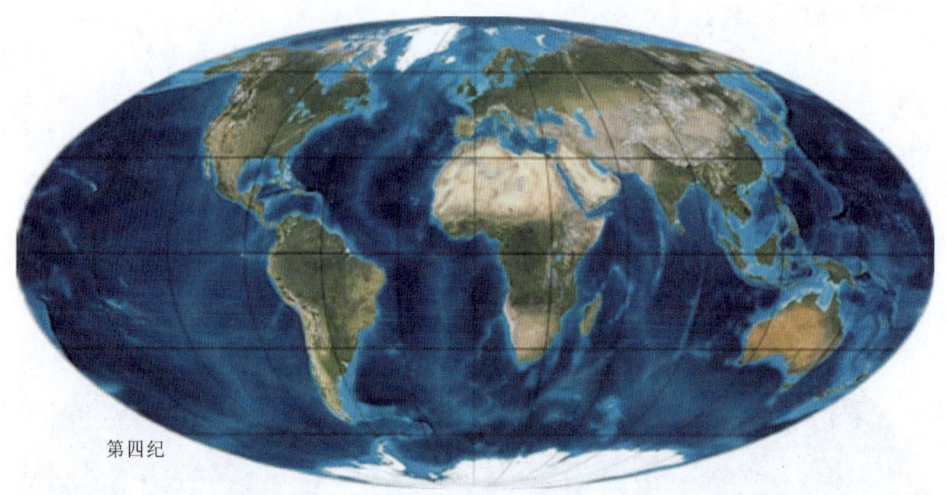

第四纪

图 6-1-13　今天的地球

2) 气候

显著特征为气候变冷,有冰期与间冰期的频繁交替。在冰川期中冰川可以一直延伸到纬度40°的地方。此时,欧洲发生过五大冰期分别是:多脑冰期、群智冰期、民德冰期、里斯冰期和玉木冰期。我国气象学家竺可桢根据我国历史文献、考古和气候资料,对我国5000年来的气候进行总结,得出气候的冷暖周期为500年,20世纪中期以来气温有明显的升高。

3) 生物——人类的时代

第四纪是哺乳动物现代化和人类发展时期。这一时期绝大多数动、植物属种与现代相似,只有很少新的动物种类产生,更新世末期,在北半球有不少哺乳动物(如剑齿虎、猛犸象、乳齿象、雕齿兽等)灭绝。

一般将人类的发展划分为以下 4 个阶段。

（1）早期猿人阶段。其代表是能人，发现于坦桑尼亚西北部的奥杜威河谷，使用的石器称奥杜威文化。时代属早更新世。

（2）晚期猿人阶段。其典型代表是中国猿人，其他为中国元谋人、蓝田人、大荔人，以及印尼爪哇猿人和德国海德堡人等。其文化特点是石器分化，表示出多种用途，尚有骨器及用火的证据。属中更新世。

（3）早期智人阶段，即古人阶段。欧、亚、非各洲均有发现，其典型代表是尼安德特人。我国的马坝人、丁村人、长阳人等均属于早期智人。智人能以兽皮制衣，懂得用火。

（4）晚期智人阶段。形态很接近现代人，其典型代表是克罗麦昂人，为现代白种人的祖先。我国的柳江人、资阳人、河套人、南京直立人、山顶洞人等均属于晚期智人。文化上，除石器、骨器外，还发现装饰、雕刻及绘画等艺术品。当时可能已进入母系社会了。

智人的出现不早于 25 万年前，5 万年以来，智人在体质方面进化很少，而文化方面则突飞猛进。

学习任务二　认识地质历史时期的生物爆发与灭绝

在地球表层系统地质演化过程中，有两类重大的生物事件是不能忽视的，这就是生物大爆发和生物大灭绝。正是这两类全球生物事件的存在，使显生宙地球充满生机与活力，使活跃的生命繁衍和生物地质成为可能，使相对地质年代的编年所依据的标准化石与标准化石带得以种类繁多且全球广泛发育，也使人类的诞生成为现实。

一、生物大爆发

在距今约 5.4 亿年前一个被称为寒武纪的地质历史时期，地球上突然涌现出各种各样的动物，它们不约而同地迅速起源、立即出现。节肢、腕足、蠕形、海绵、脊索动物等一系列与现代动物形态基本相同的动物在地球上来了个"集体亮相"，形成了多种门类动物同时存在的繁荣景象。这就是至今仍被国际学术界列为"十大科学难题"之一的"寒武纪生命大爆发"。依照传统和经典的生物学理论，即达尔文生物进化论认为，生物进化经历了从水生到陆地、从简单到复杂、从低级到高级的漫长演变过程，这一过程是通过自然选择和遗传变异两个车轮的缓慢滚动逐渐实现的。我国的科学家通过古生物化石研究向这一权威理论提出了挑战。

寒武纪生命大爆发的代表——云南澄江动物群。

在国际上被誉为"20 世纪最惊人的发现之一"的"澄江动物群"化石，为探索"寒武纪生命大爆发"的奥秘开启了一扇宝贵的科学之窗。它是世界上目前所发现的最古老、保存最为完整的带壳后生动物群。

1984 年 7 月 1 日，我国青年古生物学家侯先光在云南澄江市帽天山首先发现了"澄江动物群"。这是一个内容十分丰富、保存非常完美,距今5.4亿~5.3亿年的化石群,其成员包括水母状生物、三叶虫、具附肢的非三叶的节肢动物、金臂虫、蠕形动物、海绵动物、内肛动物、环节动物、无绞纲腕足动物、软舌螺类、开腔骨类以及藻类等,甚至还有低等脊索动物或半索动物(如著名的云南虫)等。由于许多动物的软组织保存完好,为研究早期无脊椎动物的形态结构、生活方式、生态环境等提供了极好的材料,同时也成为了探索地球上大壳后生动物爆发事件的重要窗口。

云南澄江动物群在生物进化研究上具有重大的意义,云南澄江动物群的发现,使得我们对在前寒武纪晚期到寒武纪早期生命的进化发展有了较为清晰的认识。它在生物进化上的意义至少可以概括为两点:

首先,该动物群的发现,再次证实了"生命大爆发"的存在,成为"寒武爆发"理论的重要支柱。同时,它还是联系前寒武纪晚期到寒武纪早期生命进化过程的重要环节。

在该动物群被发现之前的20世纪内有过两次激动人心的古生物学发现。一次是1910年在加拿大发现的距今约5.15亿年中寒武世的"布尔吉斯动物群",另一次是1947年在澳大利亚南部发现的距今5.65亿~5.43亿年之间的"埃迪卡拉动物群"。云南澄江动物群成了联系埃迪卡拉动物群和布尔吉斯动物群之间的重要环节,随着对澄江动物群研究的深入,埃迪卡拉—澄江—布尔吉斯3个动物群之间的演化关系会更加清楚。

其次,澄江动物群的发现为"间断平衡"理论提供了新的事实依据,对达尔文的进化论再次造成冲击。"间断平衡"理论认为,生物的进化不像达尔文及新达尔文主义者所强调的那样是一个缓慢的连续渐变积累过程,而是长期的稳定(甚至不变)与短暂的剧变交替的过程,从而在地质记录中留下许多空缺。澄江动物群的发现说明了生物的进化并非总是渐进的,而是渐进与跃进并存的过程。

全球不同地区的古生物化石门类的发现,栩栩如生地再现了远古海洋生命的壮丽景观和现生动物的原始特征,以丰富的生物学信息为"寒武纪生命大爆发"研究提供了直接证据,准确标定了生物大爆发的时间底界。

生物大爆发的原因可能与基因突变和大气中氧气增加有关,目前尚无定论。

二、生物大灭绝

由于气候与环境突变等,地球上的生物失去了赖以生存的条件,或无法适应新的环境,最后导致大量种属的消亡与灭绝。物种竞争、自然选择引发的灭绝是一种正常的自然现象,若有些时期大量生物类群在很短的时间内消亡,而且波及全球,造成突然灭绝的现象,则称为生物大灭绝。显生宙期间,至少发生过5次全球性生物大灭绝(图6-2-1)。

1. 奥陶纪末期

发生在距今4.44亿年前,属于地史上第三大规模的物种灭绝事件。该事件导致了当时生物界85%的物种灭绝,绝大部分三叶虫物种惨遭灭绝。其原因复杂,推测主要是全球气候突变所致,资料表明,此时期发生了全球冰川事件,导致气候变冷,大部分生物物种无法适应,难以生存,直至灭绝。

2. 泥盆纪后期

发生在距今 3.60 亿年前，历经两大高峰，中间间隔 100 万年，是地史上第四大规模的物种灭绝事件。该事件导致了笔石、三叶虫等生物物种的灭绝，其原因尚不清楚。

3. 二叠纪末期

发生在距今 2.52 亿年前，是地史上最大规模的物种灭绝事件。该事件导致了当时生物界 96% 的物种灭绝，使长期占领海洋领域的生物物种的大部分遭受灭绝，从而使生态系统获得一次较彻底的更新，为恐龙类等爬行动物的进化铺平了道路，其原因目前也不清楚。

4. 三叠纪末期

发生在距今 2.00 亿年前，是地史上第五大规模的物种灭绝事件。该事件导致了当时生物界 76% 的物种灭绝，海洋生物的物种基本灭绝，原因可能与气候、环境变化有关。

5. 白垩纪末期

发生在距今 0.66 亿年前，是地史上第二大规模的物种灭绝事件。该事件导致了当时生物界 75%～80% 的物种灭绝，使陆地上的恐龙时代终结，海洋中的菊石类灭绝，从而为哺乳类及人类的最后登场提供了条件。一般认为，该事件的原因与陨石撞击、气候变化、环境变化等诸多因素有关。

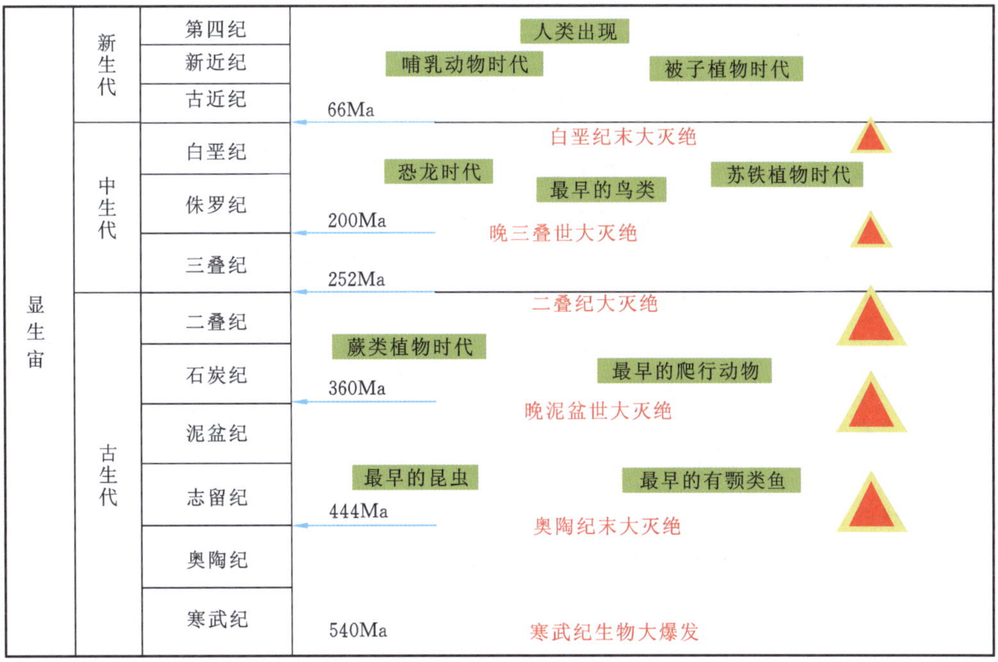

图 6-2-1　5 次全球生物大灭绝图示

（据戎嘉余，2005）

本学习单元小结

（1）地球形成至今约有46亿年。其演化大致可分为天文时期、前寒武纪时期和显生宙时期。

（2）天文时期为距今46亿～40亿年前。这时地球的层圈构造初成，显著的重力分异作用、大量的陨星撞击以及频繁的火山喷发是这一时期极具特征的地质现象。

（3）前寒武纪时期为距今40亿～5.4亿年前，完成了由生命的演化到生物的演化过程：由原始单细胞生命质点→单细胞生物→多细胞生物；由原核生物→真核生物；由植物→动物；由无壳后生动物→带壳后生动物。

（4）在澳大利亚南部的埃迪卡拉山区，发现距今5.65亿～5.43亿年前的"埃迪卡拉动物群"。它同属软体动物，种类众多，且在世界各地分布较广，出现了能分泌硬壳和骨骼的后生动物——小壳动物。

（5）进入显生宙，即寒武纪初期，小壳动物演化到鼎盛时期。随后到寒武纪早期，最早的大壳动物出现。我国云南发现的"澄江动物群"即为其典型代表，其种类颇多，凡现在所有的各动物门类，在这里都能找到它们的祖先遗容。故古生物学家称之为生物界的大爆发时期。

（6）早古生代以生长在海水中的无脊椎动物与低等植物的繁盛为特色。藻类、三叶虫、头足类、笔石、腕足类、低等珊瑚十分丰富。

（7）晚古生代以陆生植物和脊椎动物登上大陆为特色。在陆上出现高大的乔木、鱼类、两栖类、爬行类。在海洋中出现蜒类。同时，三叶虫、笔石在晚古生代末灭绝。头足类、腕足类、珊瑚等进一步发展，出现新的属种。

（8）中生代，脊椎动物中的爬行类极其繁盛，各种恐龙横行天下。白垩纪初期出现鸟类。在中生代早期，裸子植物繁盛，到中生代晚期，其地位被被子植物所取代。

（9）新生代是被子植物和哺乳动物的天下。

（10）显生宙生物界发生了5次全球性的灾变事件：第一次在奥陶纪末期（距今4.44亿年前），第二次在泥盆纪晚期（距今3.60亿年前），第三次在二叠纪末期（距今2.52亿年前），第四次在三叠纪末期（距今约2.00亿年前），第五次在白垩纪末期（距今约0.66亿年前）。其中，第三次灾变极其突出，海洋中生物的1/2、陆上生物的1/3灭绝。第五次灾变导致曾经横行天下的恐龙灭绝。

（11）罗迪尼亚大陆是前寒武纪时期存在过的超级大陆，大约7.5亿年前罗迪尼亚大陆分裂为原劳亚大陆、刚果地盾和原冈瓦纳大陆，6亿年前三大陆再次聚合形成潘诺西亚大陆。

（12）5.4亿年前，潘诺西亚大陆分裂为劳伦西亚大陆、波罗的大陆、西伯利亚大陆和冈瓦纳大陆。

（13）在泥盆纪时期，分裂的各大陆有再次拼合的趋势，这一拼合过程较为缓慢，直至三叠纪末期才最终完成拼合，形成超级大陆——盘古大陆。

(14) 侏罗纪早期，盘古大陆分裂为劳亚大陆和冈瓦纳大陆，之后各大陆不断分裂、漂移，至新近纪末期已经与今天非常类似了。

• **重要术语**

埃迪卡拉动物群、澄江动物群、布尔吉斯动物群、三叶虫、笔石、腕足类、蜓、恐龙、罗迪尼亚大陆、潘诺西亚大陆、盘古大陆、劳亚大陆、冈瓦纳大陆。

• **思 考 题**

(1) 地球形成距今有多少年的历史？迄今为止地球共经历了哪几个演化阶段？

(2) 简述地球生命的演化过程。

(3) 简述地球各个演化阶段特征。

(4) 简述地球演化过程中曾发生了哪几次生命大灭绝。

学习情境七　认识地质环境与地质灾害

- **学习目标**　了解城市兴衰与地质环境的关系；理解废物处置的地质环境；掌握地质灾害的概念及常见的地质灾害。
- **知识目标**　掌握常见的地质灾害类型及其特征；领会城市兴衰与地质环境的关系。
- **思政目标**　引导学生领会地质环境，以及次生地质环境问题与地质灾害对人类生产生活的影响，树立正确的自然观、科学观、地质观，涵养热爱自然、保护环境、合理利用环境和资源的思想意识，激发主动学习专业知识的意识和造福人民的情怀。

环境、人口和资源已并列为当代世界最突出的和亟待解决的三大问题。人类的生存环境其本质是地质环境，离开了地质环境就无法完整地研究人类赖以生存的周围环境。

环境是指人类赖以生存的周围事物（如大气、水、土地、岩石、矿产、森林、山脉、动物和植物等）的总称。环境的范围随着科学技术的进步而不断扩大，向下可至地壳深部、深海海底，向外可达遥远的宇宙空间。

地质环境是指大气圈、水圈、生物圈和科学技术研究可及的岩石圈的总称，又称为自然环境。人类在自然环境中诞生、繁衍，又从地质环境中直接或间接获取各种资源，加工成人类必需的生产和生活资料。

一、城市兴衰与地质环境

（一）城市兴衰的地质因素

城市是人口密集之地，又是现代文明的象征。据统计，自人类出现到1830年，全世界人口达10亿，用了近100万年；人口从10亿增长到20亿却只花了100年；而从第二次世界大战以来，全世界人口每增长10亿则从30年缩短到15年，而且城市人口激增。据有关机构统计，2021年全球人口总数为75.8亿，预计到2050年，全世界人口将达90亿，其中一半集中于城市。

城市的兴衰与其所处的地质环境密切相关。地质环境优者长盛不衰，劣者则逐渐衰亡或毁于一旦。城市的崛起早在公元前2000年左右就已开始。例如，出现于中东、远东、埃及、印度、我国等地古代城市，它们首先出现在水资源丰富的洪泛平原上；美国波士顿的第一批移民从1630年开始，曾三易其址，最后在优质矿泉水丰富的贝科山西侧定居（即今波士顿市）；希腊雅典之所以长盛不衰，著称于世，皆因其地质环境优越，如水源充足,地势居高临下便于防卫以及盛产黏土和银矿等。良好的地质环境不仅提供了城市发展的条件,而且在一定程度上还能影响城市社会的活动方式。与此相反的是,西印度群岛所属马西尼克岛上美丽的圣佩尔城曾被培雷火山的一次喷发而全部摧毁。持续而缓慢的地面沉降与海平面上升等已使一些城市从陆地上消失,埋藏于现代沙漠和大陆架的古城堡现已发现有数十座之多。

城市按其兴衰史及其与地质环境的关系,可初步划分为5种类型。

(1) 地质环境变化较小,稳定兴盛的城市。例如,意大利的罗马城,历经3000年而不改地址,被誉为"永恒之都";又如苏州市,它是始建于春秋时的吴国都城,至今已有2000多年历史,在地面以下有6~7层各时代的文化层,吴国城门的名称一直沿用至今。

(2) 随地质环境演变迁移的城市。例如西安市与洛阳市,因新构造运动,相关的山间盆地和河流地貌的演变,致使城市多次迁移。再如四川北川县,因2008年地震,现已迁址它地。

(3) 随地质环境变化多次兴衰并重建的城市。例如,因最新的构造沉降,曾多次遭泥沙掩埋、洪水淹没的开封及徐州等城市,其古城遗址深埋地下。

(4) 因地质环境巨变而衰亡的城市。例如,由于新构造沉降,于康熙十九年(公元1680)年沉没于洪泽湖底的江苏泗州城;由于气候变化,河流干涸而被废弃的新疆高昌古城和甘肃楼兰古城等。

(5) 因发现丰富的地质资源而诞生的现代化城市。例如从戈壁滩上兴起的甘肃金昌市(号称我国镍都),因大型钒钛磁铁矿而新建的四川攀枝花市,以及从北大荒崛起的石油城大庆市等。

在选择新城址时人们愈来愈重视地质环境的制约作用,并从新城址的区域地质稳定性、资源供给(水资源、矿产资源、建筑材料等)以及地形地貌等多种环境因素方面进行评价和论证。英国在1946—1970年间,规划和建设了28座新城市,对所有的新城址都从地质环境角度作了充分论证与筛选,并对城市建设进行了规划。

(二) 城市规划的地质因素

城市用地选择是城市规划的重要工作内容,而地质环境又是决定城市用地选择的主要因素。它主要包括以下几个方面。

(1) 岩土体类型:城市的任何建筑工程都离不开岩土,或以其为地基,或以其为建筑材料。由于地质构造和岩石成因的复杂性,在一个城市的范围内可能分布有多种岩土体,它们的物质成分、结构构造及物理性质等均有差异。在城市规划时,应根据城区范围内岩土体的分布及其工程性质,合理安排建筑物(尤其是高层建筑物)的布局和市政设施,做到既充分发挥岩土体的潜力,又安全与经济地实施城市工程建设。

(2) 水文地质条件:水是城市的血液。地下水作为城市主要供水水源,与确定工程建设项目及城市发展规模密切相关。如果水源充足且水质良好,可安排耗水量大的工业项目;反之,则要限制城市发展规模,安排耗水少的工业项目,以免引起水源枯竭、水体污染及地面沉降等人为地质灾害。如果某城市地位重要,必须扩大规模,而水源不足,则应规范引水工程加以解决。总之,在城市规划时,应综合考虑地下水水量、赋存形式、矿化度及径流条件,并结合其他自然条件,统筹安排工农业布局及城市规模。

(3) 地形地貌条件:不同地形及地貌条件,对城市规划的布局、平面结构、道路走向和线型、建筑组合形式以及城市轮廓等都有制约作用。

(4) 城市地质作用:地表水冲刷、泥石流、滑坡以及岩石崩落等多种作用均可在城市范围内发生。因此,在选择城市用地时,应分析潜在的城市地质灾害,采取相应的规避和防治措施。

此外,在规划现代化城市时,还要考虑风景资源。例如,可充分利用起伏多姿的山丘和蜿蜒曲折的河湖海岸,创造优良的环境,以便给人们提供优美的城市自然景观,使城市轮廓分明,景色秀丽,例如倚钟山、临长江而建的南京城。

(三) 城市建设的地质因素

地质环境与城市建设的关系表现为以下几个方面。

(1) 地基选择:地基包括基岩地基、土质地基及特殊地基(膨胀土地基、黄土地基、软土地基、红黏土地基)等类型。其中变形弱的基岩是建筑的好地基,尤其是高层建筑物的优良地基,其质地稳固,可减轻地震的破坏力。

(2) 城市地下空间的开发利用:由于城市用地紧张,世界上许多大城市都向地下空间发展,建立地下隧道、地铁、地下商场、停车站、污水处理等。地下建筑具有季节和昼夜温差小,冬暖夏凉,不受恶劣气候影响,噪声小,外界干扰少,节约建筑材料,以及在战时又是安全庇护场所等优点。城市的地下工程建设与岩土体力学、构造地质学、水文工程地质学密切相关。

(3) 城市地质灾害防治:由于城市建设的特点,各类地质灾害(尤其人为地质灾害)发生率高于非城市地区。为保证城市建设经济、安全地进行,必须查明拟建工程周围的灾害地质环境及其在工程施工和运营过程中的变化,并采取相应防治措施。

(4) 城市废物处置:城市的污水和废物处置非常重要,处置工程的建设也必须以地质环境研究为基础。

(5) 城市供水:在建设城市供水工程时,应充分考虑本地水文地质条件,预测城市建设和地下水开采时水文地质环境的影响,合理选择开发水资源的技术方案。

(6) 建装材料供给:城市建设前,必须探索就地取土、石、沙等材料的可能性。

二、废物处置的地质环境

废物是工农业生产或生活中的废弃物,俗称垃圾。据统计,全世界每年生产城市垃圾 9×10^9 t;数量庞大的各类废物严重污染环境,威胁人类的正常生活,安全处置日益增多的各类废物,已成为当今世界亟待解决的重要环境问题之一。

废物按物理状态分为固态、液态、气态三类。按来源可分为城市废物、矿石选冶废物、工业废物、农业废物、疏浚废物。按危险性可分为危险性废物和非危险性废物。按有无放射性可分为放射性废物和非放射性废物。无论何种废物,处置场地的合理选择,是安全处置的首要因素。废物处置场选址是环境地质学研究的重要任务。

(一) 城市废物处置的地质环境

对于城市固体废物主要采用地表填埋法处置。在选择填埋场时,应审视当地人口密度、场地水文地质条件、交通、土地资源、工业设施、气候等因素。应倍加重视场地的水文地质条件。

(1) 尽量使废物填埋场远离当地的地下含水层位。
(2) 填埋场宜建在地形稍高、排水条件较好的地方。
(3) 地下水的潜水面尽量深一些,至少要低于场地基底 8~15m。
(4) 浅层潜水的流动方向不能污染附近供水水源。
(5) 在场地附近不存在灰岩溶洞。
(6) 场地基底岩石中裂隙不发育,不存在断裂、滑坡、泥石流、崩塌等潜在危险。
(7) 宜选择黏土、致密页岩作废物掩埋介质,如在基岩中填埋,则基岩顶部必须有厚度超过 10m 的相对不透水黏土或页岩层。
(8) 场地地下水流速小于 30 cm/a。

对于城市生活用水,可采用污灌、斜地漫流或快速入渗等方法处置。对于危险较大的工业废液,我国多采用净化处理,再将浓缩残浆固化,使其作为固体废物来填埋处置。在西方国家,则常采用深井灌注法,将其置于地下数百米深处的岩层中,使其与人类环境永远隔离(我国禁用此法处置)。至 1973 年,美国已有这类处置井约 300 口,包容废液的岩层需产状稳定、层位延伸范围大的砂岩、石灰岩等透水性岩层,其上、下盘中存在相对不透水的页岩、泥岩、板岩等。在深井灌注法中,其废液处置的寄主岩层应位于地下淡水层之下,以免废液污染地下水。供处置废液的透水岩层厚度要大于 60m。处置场址一般应选择在向斜盆地内或平原地区,地下水流速应小于 1m/a。

(二) 放射性废物处置的地质环境

随着各国大力发展核电事业,核废物安全处置成为世界上一个特殊的环境保护问题。由于核废物对环境的特殊危害性,诞生了一门独立的学科——放射性废物管理学,专门研究核废物处理、处置理论和技术。核废物按放射性活度和毒性大小,可分为低放射性废物、中放射性废物和高放射性废物三大类(美国则分为低放射性废物和高放射性废物两大类)。按物理状态则分为固体、液体和气载废物三大类。不同的核废物,其处置技术也不同。我国一般是将气载及液体核废物先转化为固体核废物,然后进行陆地浅埋(对于低、中放固体废物)或深埋处置(对于高放固体废物),使其与人类环境暂时或永久隔离。在处置前,需对液体及固体废物进行焚烧、压缩、浓缩、固化(水泥固化、沥青固化、玻璃固化等)和包装处理。

核废物陆地处置场址和处置库址选择的一般原则如下。

(1) 远离城镇和人口聚居地。
(2) 应远离供水水源、地表水体和地下含水层,且无遭受洪水袭击的潜在危险。
(3) 场地范围和附近很少或没有地下水,如果存在少许地下水径流,则其流速要小于 1m/a。

(4) 地质构造稳定,场地在核废物安全处置期间(低、中放废物,300~500年;高放废物,>10万年)不出现地壳升降运动、断裂、地震、火山喷发、滑坡、泥石流等地质灾变事件。

(5) 处置介质(黏性土壤、花岗岩、岩盐、凝灰岩、黏土岩、玄武岩等)不仅透水性差,而且对放射性核素具有较强的吸附与阻滞能力。

供高放废物处置的选址首选大洋地区。那里海底的地质构造稳定、海底黏土沉积厚度大、海水深($>$4000m)。此外,人类活动、洋流方向、流速、海浪、风力和风向等环境因素也应高度重视。

三、常见的地质灾害

地质灾害是地质作用或地质过程与人类活动发生冲突的表现。自然灾害种类繁多,主要包括滑坡、泥石流、崩塌、火山喷发、地震、海啸、地面塌陷、荒漠化、沙尘暴、水土流失、地面沉降、海岸侵蚀等,给人类的经济发展、社会生活、生态环境带来了巨大影响。研究表明,地质灾害可分为突发性和渐进性两种类型。

滑坡、泥石流、崩塌、火山喷发、地震、海啸、地面塌陷等灾害是突然发生的,其发生前的变化过程很难被人类直接感知,属于突发性地质灾害。火山喷发、地震、海啸已在相关章节中描述过,此处不再赘述。

有些地质灾害具有明显渐进性特点,其变化过程相对缓慢且容易被人类所感知。例如,土地的荒漠化、沙尘暴、水土流失、地面沉降、海水入侵、海岸侵蚀等现象和过程,是逐渐发生、缓慢变化的,不容易被人类直接感知,为渐进性地质灾害。

(一) 滑坡

斜坡上的岩土体在重力、水压力、地震震动或其他外力的作用下,沿一定的滑动面整体向下滑动的现象,称为滑坡。滑坡常常给工农业生产以及人民生命财产造成巨大损失,有的甚至是毁灭性的灾难。如2018年10月11日,西藏江达县白格村发生的特大型滑坡,滑坡体规模3500万m^3,堵塞金沙江形成堰塞湖,导致金沙江短时断流,堰塞湖水位上涨,多个乡镇被淹没,泄洪后金沙江出现较大洪峰,金沙江沿岸的四川、云南的部分地区被淹。1963年10月9日意大利瓦依昂拱坝的库区南坡托克山灰岩-泥灰岩古滑坡体复活,约$217\times10^8 m^3$的岩土体滑移500m后倾泻入水库,引起滔天巨浪,最大浪高250m,漫顶浪高150m,摧毁了下游3km处的隆加罗镇,导致1925人死亡,震惊全球。

1. 滑坡的阶段性

滑坡的发生、发展、演化过程,是一个累进性变形破坏过程,而且往往具有多次周期性活动的特点,根据滑坡活动的运动学特征,可划分为4个阶段。

1) 蠕滑阶段

当地质体内某处的最大剪应力超过了该面的抗剪强度时,开始发生局部剪切破坏,斜坡前部的岩土体会沿软弱面局部向临空方向缓慢位移,即出现蠕滑现象。

2) 滑动阶段

当若干裂隙渐渐沟通,或软弱层中形成一个整体的移动面时,蠕滑岩土体的后部及两侧主裂缝连通,两侧羽毛状裂缝形成,前部会断续出现鼓胀裂缝和不连续放射状裂缝,滑坡体形成,进入到滑动阶段。

3）剧滑阶段

随着滑坡体滑移速度加快,后缘张裂缝急剧张开,并发生错动,两侧及前缘表部坍塌,滑坡体快速向下运动,经常会发出岩石挤压破碎的响声,当滑移速度很大时,甚至会产生气浪,有时随滑坡体伸出,流出大量泥水,后壁不断坍塌,滑坡体进入剧滑阶段。

4）稳定阶段

经快速滑移后,滑坡体重心降低,能量逐渐消耗于克服滑床阻力和滑坡体内部的变形中,加之部分地下水的排出使滑动带岩土体强度有所恢复,滑坡体的滑速渐减,滑坡体趋于稳定。

在上述 4 个阶段中,剧滑阶段不是一个必有的阶段,有的滑坡滑动面总倾角较平缓,抗滑地段(滑面)比较长,可以不出现剧滑阶段,而由滑动阶段直接进入稳定阶段。但是,也有的滑坡主要表现为剧滑,在较短时间内即完成滑动过程,蠕滑滑动阶段不明显。

2. 滑坡的分类

为了更好地认识和治理滑坡,需要对滑坡进行分类。根据我国的滑坡类型可有如下的滑坡划分。

1）按体积划分

(1) 小型滑坡:滑坡体体积小于 10 万 m^3。

(2) 中型滑坡:滑坡体体积为 10 万～100 万 m^3。

(3) 大型滑坡:滑坡体体积为 100 万～1000 万 m^3。

(4) 特大型滑坡(巨型滑坡):滑坡体体积大于 1000 万 m^3。

2）按滑动速度划分

(1) 蠕动型滑坡:人们仅凭肉眼难以看见其运动,只能通过仪器观测才能发现的滑坡。

(2) 慢速滑坡:每天滑动数厘米至数十厘米,人们凭肉眼可直接观察到滑坡的活动。

(3) 中速滑坡:每小时滑动数十厘米至数米的滑坡。

(4) 高速滑坡:每秒滑动数米至数十米的滑坡。

3）按厚度划分

浅层滑坡(滑坡体厚度＜10m)、中层滑坡(滑坡体厚度 10～25m)、深层滑坡(滑坡体厚度＞25m)。

4）按形成的年代划分

现代滑坡、古滑坡(全新世以前发生的滑坡)、老滑坡(全新世以来发生的滑坡)。

5）按力学条件划分

牵引式滑坡、推动式滑坡。

6）按物质组成划分

土质滑坡、岩质滑坡。

7) 按滑动面与岩体结构面之间的关系划分

顺层滑坡、切层滑坡。

3. 滑坡的组成要素（图 7-0-1）

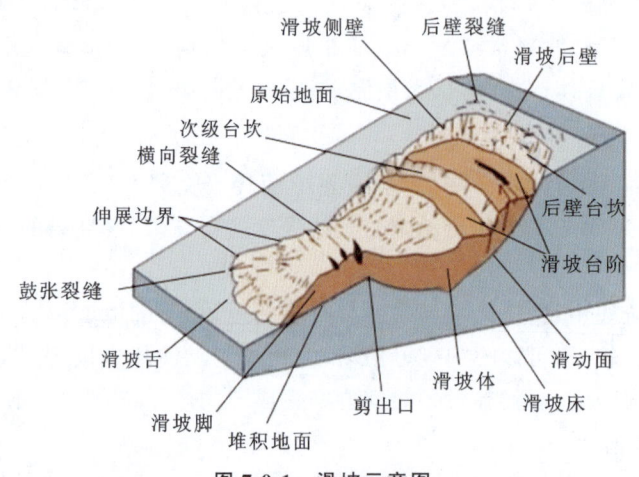

图 7-0-1 滑坡示意图

滑坡体：滑坡的整个滑动部分，简称滑体。

滑坡壁：滑坡体后缘与不动的山体脱离开后，暴露在外面的形似壁状的分界面，分后壁和侧壁。

滑动面：滑坡体沿下伏不动的岩、土体下滑的分界面，简称滑面。

滑动带：平行滑动面受揉皱及剪切的破碎地带，简称滑带。

滑坡床：滑坡体滑动时所依附的下伏不动的岩、土体，简称滑床。

滑坡舌：滑坡前缘形如舌状的凸出部分，简称滑舌。

滑坡台阶：滑坡体滑动时，由于各种岩、土体滑动速度差异，在滑坡体表面形成台阶状的错落台阶。

滑坡周界：滑坡体和周围不动的岩、土体在平面上的分界线。

滑坡洼地：滑动时滑坡体与滑坡壁间拉开，形成的沟槽或中间低四周高的封闭洼地。

滑坡鼓丘：滑坡体前缘因受阻力而隆起的小丘。

滑坡裂缝：滑坡活动时在滑体及其边缘所产生的一系列裂缝。位于滑坡体上（后）部多呈弧形展布者称拉张裂缝；位于滑体中部两侧，滑动体与不滑动体分界处者称剪切裂缝；剪切裂缝两侧又常伴有羽毛状排列的裂缝，称羽状裂缝；滑坡体前部因滑动受阻而隆起形成的张裂缝，称鼓张裂缝；位于滑坡体中前部，尤其在滑舌部位呈放射状展布者，称扇状裂缝。

4. 滑坡形成的条件

1) 岩土类型

岩土体是产生滑坡的物质基础。一般来说，各类岩、土都有可能构成滑坡体，其中结构松散，抗剪强度和抗风化能力较低，在水的作用下其性质能发生变化的岩土，如松散覆盖层、黄土、红黏土、页岩、泥岩、煤系地层、凝灰岩、片岩、板岩、千枚岩等及软硬相间的岩层所构成的斜坡易发生滑坡。

2）地质构造条件

组成斜坡的岩土体只有被各种构造面切割分离成不连续状态时，才具有可能向下滑动的条件。同时，构造面又为地面水流进入斜坡提供了通道。故各种节理、裂隙、层面、断层发育的斜坡，特别是当平行和垂直斜坡的陡倾角构造面及顺坡缓倾的构造面发育时，最易发生滑坡。

3）地形地貌条件

只有处于一定的地貌部位，具备一定坡度的斜坡，才可能发生滑坡。一般江、河、湖（水库）、海、沟的斜坡，前缘开阔的山坡、铁路、公路和工程建筑物的边坡等都是易发生滑坡的地貌部位。坡度大于10°，小于45°，下陡中缓上陡、上部成环状的坡形是产生滑坡的有利地形。

4）水文地质条件

地下水活动在滑坡形成中起着主要作用。它的作用主要表现在：软化岩土体，降低岩土体的强度，产生动水压力和孔隙水压力，潜蚀岩土体，增大岩土体容重，对透水岩层产生浮托力等。尤其是对滑面（带）的软化作用和降低强度的作用最突出。

5）内外地质营力（动力）的影响

在构造运动强烈的地区，可使产生滑坡的条件发生变化，从而诱发滑坡。主要的诱发因素有：地震、降水、河流对斜坡坡脚的不断冲刷等。

6）人为作用的影响

在人类工程活动的频繁地区，由于不合理的人类工程活动，可诱发滑坡，如开挖坡脚、坡体上部堆载、爆破、水库蓄（泄）水、矿山开采等都可诱发滑坡。

（二）泥石流

发生在山区沟谷的一种挟带大量泥砂石块的暂时性高密度洪流，称为泥石流。泥石流具有突然性、流速快、流量大、物质容量大和破坏力强等特点。泥石流常常会冲毁公路铁路等交通设施甚至村镇等，造成巨大损失。如2016年9月17日，云南省元谋县的朱布村发生泥石流地质灾害，成昆铁路被冲毁300余米，造成朱布村、海洛村与龙川江交界处形成堰塞湖2个，淹没农作物5000亩，威胁农房76户，影响周边7个自然村。

1. 泥石流的分类

1）按物质成分分

由大量黏性土和粒径不等的砂粒、石块组成的称为泥石流。

以黏性土为主，含少量砂粒、石块，黏度大，呈稠泥状的称为泥流。

由水和大小不等的砂粒、石块组成的称为水石流。

2）按物质状态分

黏性泥石流：含大量黏性土的泥石流或泥流。其特征是：黏性大，固体物质占40%～60%，最高达80%，其中的水不是搬运介质，而是组成物质，稠度大，石块呈悬浮状态，暴发突然，持续时间亦短，破坏力大。

稀性泥石流：以水为主要成分，黏性土含量少，固体物质占 8%～40%，有很大的分散性。水为搬运介质，石块以滚动或跃移方式前进，具有强烈的下切作用。其堆积物在堆积区呈扇状散流，停积后似"石海"。

3) 按泥石流的形态分

沟谷型泥石流：一般形成于沟谷中，沟谷的长度可达几千米甚至十几千米，具有明确的形成区、流通区和堆积区，一般规模较大。

坡面型泥石流：一般发育在没有形成明显沟谷而且陡峻的山坡上；山坡上具有能够汇聚水流的凹形坡面，且具有一定厚度的松散土石。坡面型泥石流规模一般较小。

除此之外还有多种分类方法。如按泥石流的成因分类有：冰川型泥石流、降雨型泥石流；按泥石流流域大小分类有：大型泥石流、中型泥石流和小型泥石流；按泥石流发展阶段分类有：发展期泥石流、旺盛期泥石流和衰退期泥石流等。

2. 泥石流形成条件

泥石流的形成需要 3 个基本条件：地形地貌、松散物质来源和气象水文条件。

1) 地形地貌条件

泥石流总是发生在陡峻的山岳地区，在地形上具备山高谷深、地形陡峻、谷床纵坡比降大、流域形状便于水流汇集。在地貌上，典型的泥石流流域可分为形成区、流通区和堆积区三部分（图 7-0-2）。地形条件是泥石流形成的前提和活动场所。

图 7-0-2　泥石流形成的地形地貌条件

2) 松散物质来源条件

地质条件决定了松散固体物质的来源，在地质构造复杂、岩层软弱、风化作用强烈、植被不发育地区，容易在山坡和沟谷中形成大量松散的碎屑堆积物，形成泥石流的物源补给区；另外，一些人类工程活动，如滥伐森林造成水土流失，开山采矿，采石弃渣等，往往也为泥石流提供大量的物质来源。松散堆积物是形成泥石流的物质条件。

3）气象水文条件

泥石流的形成必须有强烈的地表径流作为动力条件。泥石流的水源来源于暴雨、高山冰雪强烈融化和水库溃决水体等，气象条件是激发泥石流的决定因素。

因此，上游形成区的地形多为三面环山，一面出口为瓢状或漏斗状，地形比较开阔、周围山高坡陡、山体破碎、植被生长不良，这样的地形有利于水和碎屑物质的集中；中游流通区的地形多为狭窄陡深的峡谷，谷床纵坡比降大，使泥石流能迅猛直泄；下游堆积区的地形为开阔平坦的山前平原或河谷阶地，使堆积物有堆积场所。

（三）崩塌

陡峻斜坡上的岩土体在重力作用下突然脱离母体崩落、滚动、堆积在坡脚（或沟谷）的地质现象，称为崩塌（崩落、垮塌或塌方）。多发生在坡度为60°～70°的斜坡上。崩塌会使建筑物，有时甚至使整个居民点遭到毁坏，使公路和铁路被掩埋。崩塌的碎屑物滑落在山麓的堆积体，呈顶朝上的锥形，称为倒石堆。

崩塌过程按块体的地貌部位和崩塌形式又分为3种：一是山崩，是指规模巨大的山体脱离基底，呈垂直或近垂直方式崩塌的现象，山崩可引发泥石流与滑坡；二是崩落，俗称塌方，是指岩块崩裂，脱离基岩，发生垂直下滑、滚落的现象；三是坠石，是指坡体产生局部失稳，发生石块坠落的现象。

1．崩塌的形成条件

1）岩土类型

岩土是产生崩塌的物质条件，不同岩土类型所形成崩塌的规模大小不同。在厚层坚硬的岩体中，如石灰岩、白云岩、砂岩、石英岩、侵入岩、结构密实的黄土等易形成规模较大的岩崩；页岩、泥灰岩等互层岩石及松散土层等，往往以坠落和剥落为主。

2）地质构造

各种构造面，如节理、裂隙、层面、断层等，对坡体的切割、分离，为崩塌的形成提供脱离体（山体）的边界条件。坡体中的裂隙越发育，越易产生崩塌，与坡体延伸方向近乎平行的陡倾角构造面，最有利于崩塌的形成。

3）地形地貌

江、河、湖（岸）、沟的岸坡及各种山坡、铁路公路边坡、工程建筑物的边坡及各类人工边坡都是有利于崩塌产生的地貌部位，坡度大于45°的高陡边坡、孤立山嘴或凹形陡坡均为崩塌形成的有利地形。

2．崩塌的诱发因素

1）地震

地震引起坡体晃动，破坏坡体平衡，从而诱发坡体崩塌，一般烈度大于7度以上的地震都会诱发大量崩塌。

2）融雪、降雨

特别是大暴雨，暴雨和长时间的连续降雨，使地表水渗入坡体，软化岩土及其中软弱面,产生孔隙水压力等,从而诱发崩塌。

3) 地表冲刷、浸泡

河流等地表水体不断地冲刷边脚,也能诱发崩塌。

4) 不合理的人类活动

如开挖坡脚、地下采空、水库蓄水、泄水等改变坡体原始平衡状态的人类活动,都会诱发崩塌活动。

还有一些其他因素,如冻胀、昼夜温度变化等也会诱发崩塌。

本学习单元小结

(1) 地质环境是指大气圈、水圈、生物圈和科学技术研究可及的岩石圈之总称。环境地质学是研究人类与地质环境相互作用、相互影响的应用性地质学科。

(2) 地质环境制约着城市的兴衰,主要表现在水文地质条件、地形地貌、岩土体类型、建筑材料保障、矿产资源和可能出现的灾害地质现象等。对城市诞生、发展或消亡都将产生重大影响。

(3) 斜坡上被陡倾破裂面分割的岩土体块,经强烈风化,在重力或地震的作用下突然而快速坠落的现象称为崩塌。山体崩塌主要是做垂直运动,无依附面。

(4) 块体在重力、水压力、地震震动或其他外力的作用下沿斜坡向下滑移的现象称为滑坡。

(5) 崩塌物在山麓形成的锥形堆积体称为倒石锥。

(6) 发育在山区沟谷,由暴雨、冰雪融水等水源激发的、含有大量泥砂石块的特殊洪流,称为泥石流。

(7) 泥石流按其物质成分可分三类:①由大量黏性土和粒径不等的砂粒、石块组成的称为泥石流;②以黏性土为主,含少量砂粒、石块,黏度大,呈稠泥状的叫泥流;③由水和大小不等的砂粒、石块组成的称为水石流。

(8) 泥石流的形成条件有三:一是陡峻的、便于集水、集物的地形地貌;二是有丰富的松散物质;三是短时间内暴增的水源。

(9) 典型泥石流一般可分为上游形成区、中间流通区和下游堆积区三部分。

• **重要术语**

环境地质学、地质环境、自然地质灾害、人为地质灾害、崩塌、滑坡、倒石锥、滑坡、泥石流、泥流、水石流、蠕滑、地质灾害。

• **思考题**

(1) 何为地质环境、环境地质?它们之间存在什么样的联系?

(2) 简述制约城市发展的地质环境。

(3) 何为地质灾害?常见的斜坡地质灾害主要类型有哪些?

(4) 何为崩塌、滑坡、泥石流?它们各有什么样的形成条件?

学习情境八　认识地质资源

●**学习目标**　了解各种地质资源的概念及其分类；熟悉土地资源、地下水资源、地质景观资源的经济意义；掌握矿石、矿体、矿床和品位的含义。

●**知识目标**　领会各种地质资源的经济意义；了解矿床的成因类型。

●**思政目标**　引导学生领会各类地质资源在国家富强、人们生活、社会经济发展中的重要作用，树立正确的自然观、科学观、地质观、资源观，涵养热爱自然、珍惜资源、合理利用资源的思想意识，激发主动学习专业知识的意识和造福人民的情怀。

自然资源是指自然界中人类可以直接获得用于生产和生活的物质。可分为三类：一是不可更新资源，如各种金属和非金属矿物、化石燃料等，需要经过漫长的地质年代才能形成；二是可更新资源，指生物、水、土地资源等，能在较短时间内再生产出来或循环再现；三是取之不尽的资源，如风力、太阳能等，被利用后不会导致储存量减少。

地质资源是指在现有社会、经济和技术条件下能够为社会经济所利用的组成地质环境的物质。地质资源是地质环境的重要组成部分。因此，在开发利用地质资源时，既要考虑社会经济的需要，又要考虑对地质环境的影响。一般来说，地质资源包括矿产、土壤、地下水、地质景观等。

学习任务一　认识矿产资源

矿产资源是指赋存于地壳内部或地壳表层，由地质作用形成的呈固态、液态、气态的具有现实和潜在经济意义的自然富集物，又称为矿物资源。

矿产资源属于不可再生资源，其储量是有限的，是重要的自然资源，需要经过几百万年，甚至上亿年的地质变化才可形成，是社会生产发展的重要物质基础，现代社会人们的生产和生活都离不开矿产资源。

世界已知的矿产有160多种，其中80多种应用较广泛。按其性质和用途，通常分为4类：能源矿产11种，如煤、泥炭、油页岩、石油、天然气等；金属矿产59种，如铜、铅、锌、钨、锡、铁、金、银等；非金属矿产92种，如石灰岩、萤石、白云岩、黏土、磷、硫、钾盐、硼、芒硝等；水气矿产6种，如地下水、地下热水、矿泉水等。

矿产资源的特性：耗竭性、隐蔽性、分布不均衡性和可变化性。

一、矿产资源的分类

根据划分标准的不同,有多种分类方法。

(1) 按照生成赋存的不同领域分为陆地资源、海洋资源和外星资源三大类。

(2) 根据用途不同,可划分为10类(我国矿产资源统计中使用的分类)。

① 能源矿产:煤、石油、油页岩、天然气、铀等。

② 黑色金属矿产:铁、锰、铬等。

③ 有色金属矿产:铜、锌、铝、铅、镍、钨、铋、钼等。

④ 稀有金属矿产:铌、钽等。

⑤ 贵金属矿产:金、银、铂等。

⑥ 冶金辅助用料:溶剂用石灰岩、白云岩、硅石等。

⑦ 化工原料:硫铁矿、自然硫、磷、钾盐等。

⑧ 特种类:压电水晶、冰洲石、金刚石、光学萤石等。

⑨ 建材及其他类:饰面用花岗岩、建筑用花岗岩、建筑石料用石灰岩、砖瓦用页岩、水泥配料用黏土等。

⑩ 水气矿产类:地下水、地下热水、二氧化碳气等。

(3) 按矿物的性质分类。

① 无毒且必需元素:钾石盐、金刚石、石棉、石英。

② 强烈毒性元素:红铊矿、毒重石、胆矾、毒砂、雌黄、雄黄、砷华、砷化氢、辰砂、方铅矿、光卤石等。

③ 含有毒元素但本身无毒矿物,主要是在冶炼和使用中可能会造成伤害,包括闪锌矿、绿柱石、铬铁矿、重晶石、萤石、自然金。

④ 矿物为放射性矿物:铀等。

二、矿体、围岩和矿床

矿体是指由矿石组成的具有一定形状、规模和产状的地质体。矿体是采矿的对象,是矿床的主要组成部分。

矿床是指在地壳中由地质作用形成的,其所含有用矿物资源的数量和质量,在一定的经济技术条件下能被开采利用的综合地质体。一个矿床至少由一个矿体组成,也可以由两个或多个,甚至十几个乃至上百个矿体组成。矿床是地质作用的产物,但又与一般的岩石不同,它具有经济价值。矿床的概念随经济和技术的发展而变化。19世纪时,含铜高于0.5%的铜矿床才有开采价值,随着科技进步和采矿加工成本的降低,含铜0.4%的铜矿床已被大量开采。

围岩是矿体周围包围矿体的各种岩石,它与矿体之间的界限有时明显,有时过渡不清,一般用边界品位来确定矿体。

三、矿石与品位

矿石是指在一定的经济技术条件下，能从中提取对国民经济有用组分（元素、化合物或矿物）的天然固体矿物集合体，是矿体的基本组成部分。矿石由矿石矿物和脉石矿物两部分组成。矿石矿物是指矿石中可被利用的金属或非金属矿物，也称有用矿物。如铬矿石中的铬铁矿，铜矿石中的黄铜矿、斑铜矿、辉铜矿和孔雀石，石棉矿石中的石棉等。脉石矿物是指那些与矿石矿物相伴生的、暂不能利用的矿物，也称无用矿物。如铬矿石中的橄榄石、辉石，铜矿石中的石英、绢云母、绿泥石，石棉矿石中的白云石和方解石等。脉石矿物主要是非金属矿物，但也包括一些金属矿物，如铜矿石中含极少量方铅矿、闪锌矿，因无综合利用价值，也称脉石矿物。随着科技的发展，矿石矿物的范围在不断扩大，现在认为的脉石矿物将来可能成为矿石矿物被利用。

矿石品位指单位体积或单位重量矿石中有用组分或有用矿物的含量。一般以质量百分比（%）表示（如铁、铜、铅、锌等矿），有的用克/吨（g/t，10^{-6}）表示（如金、银等矿），有的用克/立方米（g/m^3）表示（如砂金矿等），有的用克/升（g/L）表示（如碘、溴等化工原料矿产）。矿石品位是衡量矿床经济价值的主要指标。

边界品位是指划分矿与非矿界限的最低品位，即圈定矿体时单位个矿样中有用组分的最低品位。边界品位是用于区分矿石与废石的临界品位值，矿床中高于边界品位的部分是矿石，低于边界品位的是废石。边界品位是根据矿床的规模、开采加工技术（可选性）条件、生产能力、选矿回收率、矿床品位分布、矿石费用和产品价格等因素确定的。

四、矿床的成因分类

根据成矿作用的特点、成矿地质环境、成矿物质来源等因素，将矿床分为以下几类。

1. 内生矿床

内生矿床是指在地球的内热和内力的作用下使元素产生迁移，在地壳不同深度的压力和温度条件下富集形成的矿床。内生矿床既可由岩浆作用形成，也可由气化热液作用形成。控制成矿因素包括区域地质构造背景、成矿物质来源、岩浆岩类型、气化热液的性质与成因、控矿构造类型、温度、压力、深度和围岩性质等。内生矿床的种类多，分布广，经济价值大。

内生矿床主要包括以下三大类。

（1）岩浆矿床：由岩浆中存在的成矿物质经结晶分异或熔离作用富集而成，这类矿床大多产在镁铁质和超镁铁质岩石中，主要矿产有铬、铂、钛、铁、铜、镍及金刚石等。

（2）伟晶岩矿床：由富含挥发组分和稀有金属的岩浆经过结晶分异作用、交代作用而使成矿物质富集形成。这类矿床主要产在花岗岩类岩石中，矿产有锂、铍、铌、钽、长石、云母、水晶、稀土元素等。

（3）热液矿床：含矿的热气、热液在岩石中运动时，以充填作用、交代作用等方式沉淀出矿质并富集而成。按来源不同，热液有岩浆水、变质水、大气降水（渗入地下）等多种类型。成矿的地层、岩石和构造条件也复杂多样。因此,这类矿床分布很广,矿种也很多,主要有钨、锡、钼、金、银、铜、铅、锌、铁、汞、锑、砷、铀、稀土元素、萤石、重晶石、水晶等。

2. 外生矿床

外生矿床是指暴露于地表附近的岩石(或早先形成的矿床),在温度、大气和生物等地球外部能量的作用下,经氧化、破碎、溶解、搬运、沉积、固结成岩等作用,使有用物质富集形成的矿床。外生矿床的成矿物质主要来自地壳表层,有一部分是地内物质通过火山、喷气或热泉等带到地表的。

外生矿床包括全部的煤、石油和天然气,绝大部分的铝矿和锰矿,大部分钴矿和铁矿以及一部分有色和稀有金属矿产,还有重要的农肥和化工原料及其他非金属矿产。

外生矿床主要包括以下三大类。

(1) 风化矿床:地壳表层岩石(包括含矿的母岩及原生矿床)在风化作用过程中,使某些稳定的有用组分在原地或原地附近富集起来所形成的矿床,称为风化矿床。根据风化作用类型、风化物质、聚积地点和方式,大体分为残积砂矿床、坡积砂矿床、残余矿床和淋积矿床。

(2) 沉积矿床:在地表外力作用下,主要通过沉积分异作用使有用组分富集而成的矿床,称为沉积矿床。这类矿床与沉积岩的形成条件和过程是一致的,因此具有和沉积岩相同的特征,如具层理、有的含有化石、层位比较稳定、有时规模巨大等,找矿和勘探也比较容易。根据其形成方式,可以分为机械沉积矿床、化学及生物化学沉积矿床。

(3) 可燃有机岩矿床:这是一类有机成因的可以作为燃料能源的矿床,包括煤、石油、天然气、油页岩等。因此,本类矿床在国民经济以及在国际战略资源方面占有极重要位置。当然,煤和石油等的用途还不仅限于用作能源,特别是石油,几乎与所有工业有关。可燃有机岩矿产占世界矿物原料总产量或总产值的3/4以上,由此可见本类矿床具有特殊重要的意义。

3. 变质矿床

变质矿床是指在变质岩地区,因受变质作用影响使成矿物质富集而形成的矿床,以及原有矿床经受强烈的变质,成为具有另一种工艺性质的矿床。由内生作用或外生作用形成的岩石或矿石在遭受变质作用时,由于地质环境的改变,温度和压力的增加,以及变质热液的作用,它们的矿物成分、物理性质和构造结构等,都要发生变化,并在变化中形成成矿物质的富集。

变质矿床根据受变物质转化方式分为:变质生成矿床(又称变成矿床,如石墨矿床)、受变质矿床(如沉积变质铁矿床)。按变质成矿作用的不同,变质矿床主要包括以下三类。

(1) 接触变质矿床:由于岩浆侵入使围岩温度升高引起围岩中有用组分重结晶及重组合而形成有用矿物的作用称为接触变质成矿作用,由此而形成的矿床即为接触变质矿床。能源来自侵入岩浆热能,成矿物质来自受变质的原岩。常见的有重要工业意义的矿床有石墨矿床、红柱石矿床、硅灰石矿床、大理石矿床等。

(2) 区域变质矿床:在区域构造运动和岩浆活动引起的区域变质作用下受到强烈改

造的矿床和形成的矿床。能源来自地热增温、构造热能和岩浆热能,成矿物质主要取决于原岩建造(可能伴有变质热液的带入和带出)。属变质矿床的重要类型,大部分变质矿床均属此类。

（3）混合岩化矿床:经混合岩化作用形成的矿床。当变质温度升高到一定程度时变质岩将发生部分熔融,其中低熔点组分如石英及钾长石、钠长石首先熔融形成高挥发组分的花岗质岩浆。这些富钾、钠、硅和高挥发组分的岩浆汇聚并贯入到断裂裂隙中缓慢冷凝结晶则可形成伟晶岩及伟晶岩矿床。如果这些岩浆分散注入或渗透于变质岩中则形成混合岩及混合岩化矿床。

① 原地交代型矿床:与混合岩化主期同步,矿源层中的成矿组分受混合岩化流体和混合岩浆的影响,形成较大的运移。主要矿床有含白云母、稀有元素和磷灰石的伟晶岩型矿床,含铀、钍和稀有元素的混合花岗岩型矿床及某些非金属矿床。

② 后期热液交代型矿床:属于混合岩化晚期热液作用形成的矿床。热液来自构造期后由于张力影响而形成的流动溶液,可形成延伸较长的矿化带和矿床。主要矿床有富铁矿床、硼矿床、铜矿床、金矿床、部分稀有元素伟晶岩矿床以及与交代岩(钠长石岩、黄铁细晶岩等)有关的稀有和稀土矿床。

五、我国矿产资源的特点

1. 资源总量大,但人均占有量低,是一个资源相对贫乏的国家

2021年铜储量3494万t、铝土矿储量7.1亿t、铅储量2040万t、锌储量4422万t、铁矿储量161亿t。需求量大的铜和铝土矿的保有储量占世界总量的比例却很低,分别只有4.4%和3.0%,属于我国短缺或急缺矿产,因此对外的依存度相对较大。我国有色矿产资源总量尽管很大,但由于人口众多,人均占有量很低,是一个资源相对贫乏的国家。

2. 贫矿较多,富矿稀少,开发利用难度大

我国有色矿产数量很多,但从总体上讲贫矿多、富矿少。如铜矿,平均地质品位只有0.87%,远远低于智利、赞比亚等世界主要产铜国家。铝土矿虽有高铝、高硅、低铁的特点,但几乎全部属于难选冶的一水硬铝土矿,可经济开采的铝硅比大于7%的矿石仅占总量的三分之一,这些特点决定了必然增大矿山建设的投资和生产经营成本。

3. 共生、伴生矿床多,单一矿床少

我国80%左右的有色矿床中都有共伴生元素,其中尤以铝、铜、铅、锌矿产多。例如,在铜矿资源中,单一型铜矿只占27.1%,而综合型的共伴生铜矿占72.8%;在铅矿资源中,以铅为主的矿床和单一铅矿床的资源储量只占其总资源储量的32.2%,其中单一铅矿床只占4.46%;在锌矿产资源中,以锌为主和单一锌矿床所占比例相对较大,占总资源储量的60.45%,但矿石类型复杂,而且不少矿石嵌布粒度细,结构构造复杂,选矿难度较大。我国有色矿产资源中,虽然共伴生元素多,但若能搞好综合回收,可以提高矿山的综合经济效益,同时由于矿石组分复杂,势必造成选冶难度大、建设投资和生产经营成本高的现状。

4. 分布范围广,地域分布不均衡

我国有色矿产资源分布范围很广,各省、自治区、直辖市均有产出,但区域间不均衡。铜矿主要集中在长江中下游、赣东北和西部地区;铝土矿主要分布在山西、河南、广西、贵州等地区;铅锌矿主要分布在华南的广西、湖南、广东、江西和西部的云南、内蒙古、甘肃、陕西、青海等地区;锡锑主要分布在湖南、云南、广西等地区。

从资源的开发上看,我国的铅锌资源开发正逐步从东北、中部向中、西部以及内蒙古转移。除湖南、广东、广西仍保持一部分资源外,铅锌资源开发、矿山建设主要向云南、甘肃、四川、青海以及内蒙古转移。

学习任务二　认识土地资源

土地资源既包括土地的自然属性,也包括土地的社会属性,是人类的生产资料和劳动对象,是"财富之母"。

一、土地与土地资源

1. 土地的含义

土地是指地球表面上由土壤、岩石、气候、水文、地貌、植被等组成的自然综合体,它包括人类过去和现在的活动结果。

作为自然物的土地逐渐由人类生存和发展的最基本生态环境要素转化为人的劳动对象和劳动资料,日益成为人类生活和生产活动的自然资源宝库,是一切生产资源和生产资料的源泉和依托;并使自然资源和生态环境要素的土地转化为人工自然资源和人工生态环境要素而成为自然资源综合体,使土地不仅具有使用价值,而且有了社会价值。

2. 土地资源的含义

土地资源是指可供工、农、林、牧业或其他方面利用的土地,是人类生存的基本资料和劳动对象,具有质和量两个内容。在其利用过程中,可能需要采取不同类别和不同程度的改造措施。土地资源具有一定的时空性,即在不同地区和不同历史时期的技术经济条件下,所包含的内容可能不一致。如大面积沼泽因渍水难以治理,在小农经济的历史时期,不适宜农业利用,不能视为农业土地资源。但在已具备治理和开发技术条件的今天,即为农业土地资源。由此,土地资源包括土地的自然属性和经济属性两个方面。

二、土地资源的分类

土地资源的分类有多种方法,在我国较普遍的是采用地形分类和土地利用类型分类。

1. 按地形分类

按地形土地资源可分为高原、山地、丘陵、平原、盆地。这种分类展示了土地利用的

自然基础。一般而言，山地宜发展林牧业，平原、盆地宜发展耕作业。

2. 按土地利用类型分类

土地资源可分为已利用的耕地、林地、草地、工矿交通居民点用地等；宜开发利用土地、宜垦荒地、宜林荒地、宜牧荒地、沼泽滩涂水域等；暂难利用土地、戈壁、沙漠、高寒山地等。这种分类着眼于土地的开发、利用，着重研究土地利用所带来的社会效益、经济效益和生态环境效益。评价已利用土地资源的方式、生产潜力，调查分析宜利用土地资源的数量、质量、分布以及进一步开发利用的方向途径，查明暂不能利用土地资源的数量、分布，探讨今后改造利用的可能性，为深入挖掘土地资源的生产潜力，合理安排生产布局，提供基本的科学依据。

3. 按土地资源利用类型分类

由于我国自然条件复杂，土地资源类型多样，经过几千年的开发利用，逐步形成了现今的各种多样的土地利用类型。土地资源利用类型一般分为耕地、林地、牧地、水域、城镇居民用地、交通用地、其他用地（渠道、工矿、盐场等）以及冰川和永久积雪、石山、高寒荒漠、戈壁沙漠等。按《世界资源》(1983)的可比资料，我国与世界其他国土规模较大的国家相比，农业用地比重偏小。

4. 按土地利用类型的组合分类

我国东南部与西北部差异显著，其界线大致北起大兴安岭，向西经河套平原、鄂尔多斯高原中部、宁夏盐池同心地区，再延伸到景泰、永登、湟水谷地，转向青藏高原东南缘。东南部是全国耕地、林地、淡水湖泊、外流水系等的集中分布区，耕地约占全国的90%，土地垦殖指数较高；西北部以牧业用地为主，80%的草地分布在西北半干旱、干旱地区，垦殖指数低。

水土资源组合的不平衡也很明显，长江、珠江、西南诸河流域，以及浙、闽、台地区的水量占全国总水量的81%，而这些地区的耕地仅占全国耕地的35.9%。黄河、淮河及其他北方诸河流域水量占全国水量的14.4%，而这些半湿润、半干旱区需用灌溉的耕地却占全国耕地的58.3%。西部干旱、半干旱区，水资源总量只占全国水量的4.6%。

三、我国土地资源的特征

我国国土辽阔，土地资源总量丰富，而且土地利用类型齐全，这为我国因地制宜全面发展农、林、牧、副、渔业生产提供了有利条件，但是我国人均土地资源占有量小，而且各类土地所占的比例不尽合理，主要是耕地、林地少，难利用土地多，后备土地资源不足，特别是人与耕地的矛盾尤为突出。

1. 绝对数量大、人均占有量少

我国土地面积144亿亩。其中，耕地约20亿亩，约占全国总面积的13.9%；林地18.7亿亩，占12.98%；草地43亿亩，占29.9%；城市、工矿、交通用地12亿亩，占8.3%；内陆水域4.3亿亩，占2.9%；宜农宜林荒地约19.3亿亩，占13.4%。

我国耕地面积居世界第4位，林地居第8位，草地居第2位，但人均占有量很低。世界人均耕地 0.37hm²,我国人均仅 0.1hm²,人均草地世界平均为 0.76hm²,我国为 0.35hm²。发达国家 1hm² 耕地负担 1.8 人,发展中国家负担 4 人,我国则需负担 8 人,其压力之大可见一斑,尽管我国已解决了世界 1/5 人口的温饱问题,但应注意到,我国非农业用地逐年增加,人均耕地将逐年减少,土地的人口压力将愈来愈大。

2. 类型多样、区域差异显著

我国地跨赤道带、热带、亚热带、暖温带、温带和寒温带,其中亚热带、暖温带、温带合计约占全国土地面积的 71.7%,温度条件比较优越。从东到西又可分为湿润地区(占土地面积 32.2%)、半湿润地区(占土地面积 17.8%)、半干旱地区(占土地面积 19.2%)、干旱地区(占土地面积 30.8%)。又由于地形条件复杂,山地、高原、丘陵、盆地、平原等各类地形交错分布,形成了复杂多样的土地资源类型,区域差异明显,为综合发展农、林、牧、副、渔业生产提供了有利的条件。

3. 难以开发利用和质量不高的土地比例较大

我国有相当一部分土地是难以开发利用的。在全国国土总面积中,沙漠占 7.4%,戈壁占 5.9%,石质裸岩占 4.8%,冰川与永久积雪占 0.5%,加上居民点、道路占 8.3%,全国不能供农林牧业利用的土地占全国土地面积的 26.9%。

此外,还有一部分土地质量较差。在现有耕地中,涝洼地占 4.0%,盐碱地占 6.7%,水土流失地占 6.7%,红壤低产地占 12%,次生潜育性水稻土占 6.7%,各类低产地合计 5.4 亿亩。从草场资源看,年降水量在 250mm 以下的荒漠、半荒漠草场有 9 亿亩,分布在青藏高原的高寒草场约有 20 亿亩,草质差、产草量低,需 60~70 亩,甚至 100 亩草地才能养 1 只羊,利用价值低。全国单位面积森林蓄积量每公顷只有 79m³,为世界平均 110m³ 的 71.8%。

四、土地资源现状

土壤的水蚀和风蚀现象严重。需要治理的水土流失面积为 356 万 km²,其中水力侵蚀面积为 165 万 km²,风力侵蚀面积为 191 万 km²。我国每年表土流失量在 50 亿 t 以上,居世界之首。1949 年以来,我国已治理水土流失面积 53 万 km²。

据《我国 1∶100 万土地资源图》量测结果,在现有耕地中,质量好的一等耕地约占全国总耕地的 41.6%;对农业利用有一定限制、质量中等的二等耕地面积约占 34.5%;对农业利用有较大限制、质量差的三等耕地约占 20.3%,不宜农用而需退耕者占 3.3%。据统计资料推算,如果以播种面积(统计数字)亩产 150kg 为一个台阶计算,那么 150kg 以下的低产田占 21.0%,高于 300kg 的高产田占 22.5%,150~300kg 的中产田占 56.5%。由此可得以下利用特点。

1. 农用后备土地资源

全国农用后备土地资源约 5 亿亩,按其质量评价,其中一等荒地仅占 3.1%,二等荒地占 49%,三等荒地占 47.9%,包括盐碱地、沼泽地、红黄壤山丘、高寒地、干旱地和沿海滩涂等。且大多地处边远地区,交通不便,开垦所需投资较大,要经大力改造后才能使用。

宜农荒地主要分布在北纬 35°以北地区,以三江平原、松嫩平原、东北山区的山间谷地及山前丘陵、内蒙古东部、河西走廊、准噶尔盆地、塔里木盆地、伊犁河流域等为主,这些地区的荒地面积约占全国荒地面积的80%。宜农荒地既可以开垦用于农耕,也适于发展牧业与林业。宜农荒地中约有40%为天然草地,主要适于开垦种植饲草饲料,将天然草地转变为人工牧草地。另外,有14%~20%的宜农荒地分布在南方各省山丘地区,主要适宜发展木本油料和茶、橘等作物。

2. 牧区土地开发利用不尽合理

我国西部牧区面积约占国土总面积的一半,但草原牧区土地生产力低,平均每亩草场仅产肉0.15kg。如以牧草加上农作物秸秆,农副产品的剩余部分作为饲料量计算,则西部的饲料量仅占全国的11%,产肉量占4.9%。西部牧区草场不仅生产力低,而且普遍过牧超载,导致草原退化与土地沙化。而南方山地草场牧草生长期长,产量高,利用不到20%,具有很大潜力。

3. 林区土地资源分布不尽合理

我国林业用地为37亿亩,其中森林面积为18.7亿亩。森林中中幼林为10亿亩左右。

据林业部资料,目前有21个林业局可采森林资源已基本枯竭,按现有生产水平继续下去,到21世纪末将有近70%的林业局可采森林将全部采完,而南方集体林区乱砍滥伐更为严重,形势十分严峻。因此,无论从保护生态环境,还是供给木材角度看,对林业建设与林地布局都有必要进行战略调整。

学习任务三　认识地下水资源

地下水是一种宝贵的资源。地下水资源是水资源的一个组成部分。地下水与大气水、地表水,在水文循环过程中相互转化,因此,一个地区的水资源是一个密切联系的有机整体。

地下水资源不合理开采,会引起区域地下水位大幅度下降,水资源枯竭、地面沉降和水质恶化等公害。例如,我国上海市地面沉降2.63m;日本东京地区地面沉降3.7m;墨西哥的墨西哥城地面沉降达7.9m;我国西安、成都产生了已受污染的浅层水越流补给并污染深层水的现象;大连市海水侵入含水层,使一些井水的矿化度增高而不能使用;美国加利福尼亚州洛杉矶的沿海平原,海岸附近的地下水位降到海平面以下31m。相反,如果不认识地下水资源的可恢复性这一特征,片面强调不得动用储存量,不能进行大降深开采,而使一部分地下水得不到充分利用,这同样是地下水开采的不合理现象。

一、地下水资源含义

地下水资源是指在一定期限内,能提供给人类使用的,且能逐年得到恢复的地下淡水量,由地下水的储存量和补给量组成,是水资源的组成部分。通常以地面入渗补给量(包括天然补给量和开采补给量)计算其数量。因此,地下水资源的开采一般不应超过补给量,否则会给环境带来危害,使生态条件恶化。

地下水资源是保障生产、生活需要所不可缺少的重要资源。为了合理地、长期地使用地下水资源,在开发之前,一般均应对其量和质作出评价,以便据此制定其开发利用和保护管理规划。

二、地下水资源的特性

地下水资源具有系统性、可再生性、变动性和可调节性等特性。

1. 地下水资源的系统性

地下水资源发育于内部具有统一水力联系、与外界相对隔离的地下含水系统或含水层之中。赋存于含水系统中的地下水具有统一水力联系,在其任一部分加入或排除地下水,影响将波及整个系统。因此,地下含水系统是水资源的重要组成部分。

松散沉积物中包含多个含水层和弱透水层,含水层之间通过弱透水层越流发生水力联系、构成具有统一水力联系的地下含水系统。通常,浅部含水层水力联系密切,随着深度加大,含水层之间水力联系变差。因此,浅部发育潜水,深部发育承压水。浅部水循环更新迅速,深层水循环更新缓慢;开采时,浅部含水层以疏干方式排水,深部含水层以弹性释放方式释水。开采同等水量情况下,深部含水层水位下降幅度明显大于浅部。

基岩中存在多个含水层和隔水层时,当隔水层厚度较小,构造破坏较强,含水层之间水力联系较好时,构成具有统一水力联系的地下含水系统;隔水层厚度较大,构造作用破坏不明时,各含水层分别构成独立的系统。

只有正确认识到地下水资源的系统性,按照含水系统计算地下水资源,并以含水系统为单元统筹规划与管理地下水资源的开发利用,才能避免地下水资源开发利用的盲目性。

2. 地下水资源的可再生性

自然资源区分为不可再生和可再生两类。例如,矿产资源是在地质时期形成的,属于不可再生资源;而地下水资源,属于可再生资源。

地下水资源的再生是通过水文循环实现的。地下水从大气水与地表水获得补给,向大气与地表水排泄。在水文循环过程中水量不断再生,水质也不断更新。含水系统与外界水的循环交替程度不同,地下水资源的可恢复性也不同。地下水资源的再生能力既取决于可能补给源的水量大小,又取决于含水系统接受补给的条件(如地形、岩性、构造等),后者中最主要的地下水赋存条件与含水介质的渗透能力有关。

显然,一个地区的降水量从根本上决定着地下水可能获得的补给量的多寡,从而宏观上决定着一个地区地下水资源贫富的状况。

岩溶含水系统由于介质渗透性极强,在条件有利时往往可以获得大量降水的补给,其地下水资源的可恢复性往往优于裂隙和孔隙的含水系统。

赋存于浅部与大气圈、水圈密切联系的潜水,成分参与水文循环,地下水在含水系统中平均贮留时间短(一年至几年),资源具有良好可恢复性。

承压水埋藏深,且有隔水层或相对隔水层的阻隔,与外界发生水力联系弱,水的循环交替缓慢。愈往深部的承压水层,循环的距离愈长,流经的相对隔水层愈多,与外界的联系愈微弱,更新恢复愈慢。深部承压水的平均贮留时间可能达到数千年乃至数万年。被良好隔水层圈闭的构造封闭条件下的承压含水系统,与外界几乎不发生水力联系,赋存着地质历史时期形成的地下水,是不可再生的资源。

3. 地下水资源的可调节性

地下含水系统是具有时间上调节水量功能的天然的"地下水库"。"地下水库"不必依靠修坝筑库蓄贮水量,它或者利用有利的地质结构蓄存水,或者利用含水介质滞留水,更多情况下则是上述两者的结合,含水系统的储存水量可维持枯水季节或年份的供水,并在丰水季节或年份得到补偿。

显然,在缺乏补给的情况下,能够较长期提供较大水量维持供水的含水系统的调节能力便愈强。因此,含水系统的调节能力取决于它滞蓄水量的能力,这与赋存条件与含水介质特性有关。

包气带中局部隔水层上的上层滞水,由于其含水层规模小,一般只能在雨季与融冻期后的短时间内季节性地滞水。只有当其地质结构格外有利于贮水或含水介质的渗透性较差时,才有可能在旱季保留一定水量,作为较小居民点的生活用水水源。潜水含水层通常厚度不大,储存水量有限,一般只具有年内或隔年调节能力,遇到连续干旱缺水,供水往往难以保证。承压含水层的厚度通常较大,地质结构也有利于蓄存水量,常具多年调节功能。

不同介质的含水系统滞蓄水量的能力也不同。孔隙含水系统分布于地势低下的部位,介质的渗透性通常不很大,储滞水量多,调节能力较好。岩溶含水系统含水介质渗透性极强,滞留地下水能力差,只有当其具备有利于蓄水的较大规模的地质构造(如向斜、单斜断块等)时,才有较强的蓄水能力与调节能力。

4. 地下水资源的变动性

由于自然及人为因素,地下水资源处于不断变动之中。自然因素方面,受季节、气候、年际以及多年的周期性变化等因素的影响,地下水补给资源变动。人为因素方面主要是:土地利用方式的改变、城市化进程导致的无渗下垫面增多、温室气体排放导致的全球气候变化等。

土地利用方式改变影响地下水资源变动,主要表现为土地种植方式的变化,随着作物单产及复种指数增大,土壤水消耗增多,降水的更多份额被包气带截留,补给地下水的份额减少。

随着城市化进程,城镇、厂矿、道路的无渗化,使降水的更多份额转化为地表水或者直接进入排水管网,从而减少地下水补给。

温室气体排放导致的全球气候变化,气候变暖将加速大气环流和水文循环过程,引起水资源量及其时空分布变化加剧,进而可能导致水资源短缺问题更加突出、生态环境问题进一步恶化、洪涝灾害威胁更加严重。

三、地下水资源分类

进行地下水资源分类,既要考虑地下水本身的特性,又要考虑供水的要求。

地下水含水系统经常与外界发生水量交换,每年接受一定补给量,并给出一定排泄量;与此同时,在含水系统中经常保持一定的水量。由此可知,对于一个含水系统,有着性质不同的两类水量:一类是经常与外界交换的水量;另一类是保持含水系统中的水量,前者称为补给资源,后者称为储存资源。

补给资源是含水系统可以恢复再生的水量,这一水量年复一年更新再生。由于气候变化,含水系统每年获得的补给量与给出的排泄量是有变化的,但从多年平均的角度看,某一含水系统多年平均的补给量与排泄量相等,其多年平均的年补给量是个定值。因此,含水系统的地下水多年平均年补给量称为补给资源量,其单位为 m^3/a。

储存资源是含水系统在地质历史时期积累保存下来的水量。含水系统地下水多年平均低水位以下的重力水体积称为储存资源量,其单位为 m^3/a。

为了满足生活与生产的需要,对地下水的开采的必须保持开采与补给的均衡。因此,作为供水水源的含水系统,必须同时有一定数量的补给资源与储存资源。补给资源可以保持供水的长期持续稳定,储存资源则保证供水的均衡稳定。

学习任务四　认识地质景观资源

地质地貌条件是自然景观形成的前提和基础,是自然环境的重要组成部分,并影响到其他自然景观的形成。自然景观中的山水名胜,不论是峰谷、洞穴,还是河湖、泉瀑,都是在特定的地质条件下形成的,受到各种地质因素控制。

一、地质景观资源的含义

1. 景观

一定区域内由地形、地貌、岩石、土壤、水体、植物和动物等所构成的综合体,反映一定自然地理环境内的综合特征。

2. 地质景观资源

地质景观资源是指具有欣赏价值、由地质作用(内力、外力)形成的地质景象,以及由地质景象所决定或依附于地质体的土壤、植被、水文、地貌、气象及人类活动行迹的地质资源的总体。如由冰川地质作用形成的、以冰川为特征的巍峨高耸的冰川地质景观;由岩溶作用形成的千姿百态的峰林丛林地质景观;由新构造运动抬升、流水下切而形成的深切河谷峡谷地质景观。

地质景观的特征:具有一定地质实体、一定地质景象;具有一定形体;具有一定的独立单元;具有一定的观赏价值和科考价值;具有旅游价值的地质单元体。

二、地质景观的类型

(一) 山岳地貌景观

1. 岩浆岩类山岳地貌景观

岩浆岩是由岩浆在地下或喷出地表后冷凝而形成的岩石。

1) 花岗岩类山岳地貌景观

花岗岩常形成高大挺拔的山体,其主峰突出,山岩陡峭险峻,气势宏伟。如我国的泰山、华山、黄山、天柱山、九华山、崂山、普陀山等都是典型的花岗岩地貌(图 8-4-1)。

泰山

华山

黄山

图 8-4-1　花岗岩山岳地貌景观

2) 玄武岩类山岳地貌景观

玄武岩是喷出岩中分布最广的,常形成熔岩台地、火山岛及海底山岭。熔浆在流动、冷凝过程中会形成各种拟人拟物的形态,称"造型地貌"。

岩浆冷凝时,由于体积收缩,往往裂开成根根六边形(亦有四边形、五边形)岩柱,构成奇特的石柱林景观(图 8-4-2)。我国著名的玄武岩地貌有五大连池火山群、长白山火山群、镜泊湖火山群、大同火山群、腾冲火山群等。

图 8-4-2　柱状节理

3) 流纹岩类山岳地貌景观

以流纹岩为主形成的岩石地貌。由于熔浆在流动、冷凝过程中形成各种拟人拟物的形态，人称"象形地貌"，其颜色多为暗红色或肉红色。

这类地貌造型极其丰富，在福建、浙江沿海分布很广。最典型的是浙江乐清的雁荡山，喷出岩经长年侵蚀形成"象形"景观，种种奇观变化无穷，步移景换，令人叫绝（图8-4-3）。此外天目山、杭州西湖孤山、宝石山和葛岭也是流纹岩体。

图8-4-3　浙江雁荡山流纹岩地貌

2. 沉积岩类山岳地貌景观

沉积岩是由成层沉积的松散沉积物固结而成的岩石，主要有碎屑岩、泥岩和化学岩。

1) 丹霞地貌景观

丹霞地貌景观是指厚层铁质胶结不均的红色砂砾岩，岩层产状平缓、节理发育，在差异风化、重力崩塌、侵蚀、溶蚀等作用下形成的城堡状、宝塔状、柱状、方山状或峰林状的地形地貌。

由于成岩物质颗粒不等，内部抗风化力差异导致松软岩石易受剥蚀出现凹坑，扩大形成岩洞，大砾石的脱落也会形成凹坑，进而发育成岩洞，古人因此发明了崖墓葬俗（又称悬棺葬），有不少丹霞地貌的绝壁崖洞中（如福建武夷山、江西龙虎山），发现有悬棺。我国丹霞地貌分布很广，著名的丹霞地貌有广东的丹霞山（图8-4-4）、福建武夷山、江西龙虎山、湖南新宁的崀山、云南三江并流带（主要为丽江老君山）。

图8-4-4　广东韶关丹霞山地貌

由于红色砂砾岩有较好的整体性，可雕可塑，因而，大量的石窟、石刻等均创作于这类砂砾岩地区，如麦积山石窟、云岗石窟、大足石刻、乐山大佛等。

2) 张家界地貌景观

张家界地貌是指由石英砂岩峰林构成的地形地貌景观。石英砂岩是一种质地坚硬的岩石，一般情况下很难被风化侵蚀产生造型地貌，但由于受到地质构造作用的影响，形成多组垂直方向的裂隙，在地表流水和地下水的向下冲刷作用下，裂隙不断扩大，坚硬的石英砂岩被切割成大小不等、棱角分明、千峰林立独特罕见的地质地貌遗迹。

由于发展阶段和发育程度的不同以及不同地域岩石性质、节理密度和流水条件的差异,产生了平台状、方山状、峰墙状、峰丛状、石门状、天生桥状、峡谷状、障谷状等不同的地貌类型和数以千计、千姿态、变化无穷的个体形态。其中以湖南张家界的"砂岩峰林峡谷地貌"类型最具代表性(图8-4-5),这也是世界唯一的石英砂岩峰林。

图 8-4-5　石英砂岩地貌

3. 变质岩类山岳地貌景观

变质岩是由变质作用所形成的岩石,五岳之首的东岳泰山就是变质杂岩地貌景观,此外还有我国四大佛教名山之一的五台山、道教名山武当山以及河南嵩山、江西庐山、云南苍山、贵州梵净山(图8-4-6)等。

(二) 地质构造地貌景观

所谓地质构造地貌景观,是指在地球演化历史中,尤其是新构造运动以来,地壳岩石广泛受力,产生变形变位所形成的地貌景观。实际上,前述山岳地貌景观,或多或少也都与地质构造作用有关。

图 8-4-6　贵州梵净山

此处的地质构造地貌景观专指与地质构造作用直接相关的地貌景观,如褶皱、断裂所形成的特色地貌景观,尤其是断裂有关的湖泊、陡崖开发价值最高。

1. 构造湖盆地貌景观

构造湖盆主要是指内力地质作用所形成的各种凹地,如向斜凹地、地堑及其他断裂凹地、火山口等积水所形成的湖盆,包括断陷湖盆、向斜坳陷湖盆、塌陷湖盆、火山口湖等。构造湖常与构造山地、构造悬崖山水相映,形成优雅绮丽、陡峭巍峨的强烈对比,构成湖光山色的地貌景观组合。

断陷湖常常是由断层的一盘下降陷落形成的凹地积水而成。断陷湖的特征是湖泊平面形态较简单,常呈狭长状,湖岸线较平直,岸坡较陡,深度较大,分布有一定的规律性。如我国云南的滇池、洱海、抚仙湖、阳宗海,四川的邛海,内蒙古的呼伦池以及青海的青海湖;俄罗斯的贝加尔湖,东非大裂谷中的坦噶尼喀湖等。

常见的火山口湖往往形成于破火山口中。由于火山的剧烈喷发,导致火山口下方深处的岩浆房被掏空,无法支撑上方山体的重力,造成以火山口为中心的部分火山锥体向下塌陷,造成巨大的环形破火山口,由于雨水或融化的雪水,汇集到火山口中,聚集成的湖泊。火山口湖是世界风光奇观之一,如长白山的天池(图8-4-7)。

图8-4-7　长白山火山口湖

2. 构造崖地貌景观

构造崖是因地质构造作用,使山坡陡峻成崖,主要是断层崖,也可以是直立岩层带形成的陡崖,一般坡度大于70°,直至直立(悬崖绝壁状),且大多呈直线状延伸,如云南昆明的西山龙门、甘肃天水的麦积山。

(三) 侵蚀地貌景观

由侵蚀作用塑造形成的地形地貌称为侵蚀地貌景观。侵蚀地貌多出现于相对上升地区(或相对于其邻区较高的地区),与岩性和地质构造的关系密切。断层发育地区常出现冲沟、峡谷;黄土地区多出现沟壑纵横的歹地;石灰岩地区多出现岩溶(喀斯特)地貌;高海拔或高纬度地区由于冰川的铲刮力特强,则常常形成特殊的侵蚀地貌,如角峰、"U"形谷等。

1. 喀斯特地貌景观

喀斯特地貌又称岩溶地貌。因最早被发现于南斯拉夫的喀斯特高原地区而得名。在我国广西桂林、阳朔是极为典型和发育的喀斯特地貌区,云南、贵州一带也非常发育,此外在湖北西北部、四川、浙江、江苏等地也有许多溶洞发现。

喀斯特地貌是以碳酸盐岩类岩石(主要是石灰岩和白云岩)为主的可溶性岩石,它们在水和二氧化碳的作用下,以化学溶解和沉淀为主,并伴随机械作用共同形成的地貌形态。不同气候带内的喀斯特地貌发育特征和形态各不相同,其中热带和亚热带湿热条件下的形态最为典型。

(1) 峰丛、峰林和孤峰：峰丛和峰林是碳酸盐岩遭受强烈溶蚀后形成的山峰集合体。

(2) 石林：云南石林是喀斯特地貌的另一种类型的典型，多有惟妙惟肖的造型。如"阿诗玛"等景观（图 8-4-8）。最矮的石柱约有一人高，最高的 30 多米。

(3) 钙华沉淀堆积：富含碳酸氢钙的水体，由于温度、气压等因素的变化，导致二氧化碳大量逸出而形成碳酸钙的化学沉淀物。四川黄龙是我国最大的露天岩溶景观，密布 3400 多个彩池，乳黄色的石灰华（钙华）堆积是黄龙景观的最大特色，钙华堆积成的"边石坝"犹如梯田，面积 700km²（图 8-4-9）。另外，美国黄石公园的 Mammath 温泉形成形态各异的泉华群，备受旅游者青睐。

图 8-4-8　石林

图 8-4-9　四川黄龙五彩池

2. 峡谷地貌景观

峡谷是由峭壁所围住的山谷，一般由河流长时间侵蚀而形成。由于新构造运动的抬升，使河流下蚀作用增强，在坚硬岩石组成的地段，当地面隆起速度与下切作用协调时，便形成深度大于宽度的谷坡陡峻的山谷。如我国长江的三峡、雅鲁藏布江大峡谷、金沙江虎跳峡、怒江大峡谷，美国亚利桑那州的大峡谷等。

还有一种峡谷是由冰川的刨蚀作用所形成，横断面呈"U"字形，称为"U"形谷，如挪威的峡湾就是非常著名的"U"形谷，《国家地理旅游者杂志》将挪威的峡湾评选为保存完好的世界最佳旅游目的地。深入大陆的峡湾既深邃又曲折，两岸是不尽的悬崖峭壁，高差近 1500m（图 8-4-10）。

图 8-4-10　挪威的峡湾

3. 淋溶地貌景观

淋溶地貌景观是指新生界的湖泊相、河流相的各种黏土、砂、砾石等松散堆积物，在

图 8-4-11　元谋土林

干燥气候环境中,受季节性雨水的淋溶侵蚀、冲刷而形成的地貌景观。多发育在荒芜贫瘠的劣地环境中,是一种特殊的地貌景观组合,如云南元谋土林(图 8-4-11)、云南陆良彩色沙林、云南元江膏林等。这种淋溶地貌景观的特点是不稳定性和易变性,随季节、年代的改变而不断地千变万化,甚至一场暴雨过后,新景观就会出现。

4. 风蚀地貌景观

干旱内陆地区由强风、流沙或间歇性地表水等因素形成的侵蚀和堆积地貌。表现为沙漠、沙丘、砾漠(戈壁)、风蚀洼地以及各种风蚀地貌等。

风蚀地貌以雅丹和风蚀城堡景观为典型,新疆罗布泊洼地的雅丹地区发育最为典型,准噶尔盆地的乌尔禾"风城"和将军戈壁滩上的"魔鬼城"最为著名。"雅丹",源于维吾尔语,意为"有陡壁的小丘"。

5. 洞穴地貌景观

洞穴地貌景观是指各种地质作用在各类岩石中所形成的空洞及堆积物地貌景观,主要是以溶洞、地下河、化学沉积物景观为主,其中旅游价值最大的为地下溶洞。溶洞中最常见的景观有石柱、石瀑布、石笋、边石坝等。如云南昆明九乡溶洞(图 8-4-12)、贵州省绥阳县的双河溶洞、湖南张家界黄龙洞,美国肯塔基州境内的猛犸洞等。

图 8-4-12　昆明九乡溶洞

6. 瀑布景观

当河水在流经断层、凹陷等地区时垂直地从高空跌落的现象,远看好像挂着的白布。瀑布的成因有断层瀑布、堰塞瀑布、袭夺瀑布、差异侵蚀瀑布、悬谷瀑布等,瀑布的形成常常是多种地质因素作用的结果。

瀑布是由内力和外力作用而形成的。在河流的存续时段内,瀑布是一种暂时性的特征,由于受瀑布的落差、水量、岩石的种类和结构以及其他一些因素的影响,一般情况下,瀑布的位置会因为悬崖或者陡坎被水流冲刷,向上游方向消退而最终消失。

瀑布是地球上很壮美的自然景观。世界上最著名的三大瀑布是尼亚加拉瀑布、维多利亚瀑布和伊瓜苏瀑布。我国著名的瀑布有贵州黄果树瀑布、山西黄河壶口瀑布、云南罗平九龙瀑布群等。

7. 海岸景观地貌

海岸地带受波浪、潮汐、海流以及生物等作用而形成的地貌,包括海蚀地貌和海积地貌两大类。

(1) 岩石海岸地貌:以岩石为主体的海岸,由于受到海浪、海风和阳光的长期作用,往往会产生各种各样的风化现象。最常见的地貌有海蚀崖、海蚀柱、海蚀拱桥、海蚀龛等。

(2) 砂砾质海岸地貌:主要发育于岬角与港湾相间的平阔基岩海岸。在波浪、潮汐和沿岸流的搬运和沉积作用下,形成由砂和砾石堆积而成的沙滩、砾石滩、沙嘴等海积地貌。其中由砂砾质海岸构成的宽广海滩是开辟海滨浴场的最佳场所,旅游价值最高,极适宜于海滨度假旅游,世界上著名的海滩主要分布在地中海和夏威夷地区。

(3) 生物海岸地貌:为热带和亚热带地区特有的海岸地貌类型。海岸带生物繁茂,生物的生长和遗体堆积,对生物海岸地貌的发育起着决定性作用。如贝壳堆积可形成贝壳堤海岸;红树林生长成为红树林海岸;珊瑚礁堆积成为珊瑚礁海岸等。

本学习单元小结

(1) 地质资源是指在现有社会、经济和技术条件下能够为社会经济所利用的组成地质环境的物质,地质资源包括矿产、土壤、地下水、地质景观等。

(2) 矿产资源是指赋存于地壳内部或地壳表层,由地质作用形成的呈固态、液态或气态的具有现实和潜在经济意义的自然富集物,又称为矿物资源。

(3) 矿产资源的特性:耗竭性、隐蔽性、分布不均衡性和可变化性。

(4) 矿产资源根据用途不同,可分为能源矿产、黑色金属矿产、有色金属矿产、贵金属矿产等10类。

(5) 矿体是指由矿石组成的具有一定形状、规模和产状的地质体。

(6) 矿床是指在地壳中由地质作用形成的,所含有用矿物资源的数量和质量,在一定的经济技术条件下能被开采利用的综合地质体。

(7) 矿石是指在一定的经济技术条件下,能从中提取对国民经济有用组分(元素、化合物或矿物)的天然固体矿物集合体,是矿体的基本组成部分。

(8) 根据成矿作用的特点、成矿地质环境、成矿物质来源等因素,将矿床分为:内生矿床、外生矿床、变质矿床。

(9) 我国矿产资源的特点:①资源总量大,但人均占有量低,是一个资源相对贫乏的国家;②贫矿较多,富矿稀少,开发利用难度大;③共生、伴生矿床多,单一矿床少;④分布范围广,地域分布不均衡。

(10) 土地资源是指可供工、农、林、牧业或其他方面利用的土地,是人类生存的基本资料和劳动对象,具有质和量两个内容。

(11) 我国土地资源的特征:①绝对数量大、人均占有量少;②类型多样、区域差异显著;③难以开发利用和质量不高的土地比例较大。

(12) 地下水资源是指在一定期限内，能提供给人类使用的，且能逐年得到恢复的地下淡水量，由地下水的储存量和补给量组成的，是水资源的组成部分。

(13) 地下水资源的特性：系统性、可再生性、变动性和可调节性等。

(14) 地质景观资源是指具有欣赏价值、由地质作用（内力、外力）形成的地质景象，以及由地质景象所决定或依附于地质体的土壤、植被、水文、地貌、气象及人类活动行迹的地质资源的总体。

(15) 地质景观的特征：具有一定地质实体，一定地质景象；具有一定形体；具有一定的独立单元；具有一定的观赏价值和科考价值；具有旅游价值的地质单元体。

(16) 地质景观的类型主要有山岳地貌景观、地质构造地貌景观、侵蚀地貌景观等。

● 重要术语

地质资源、矿产资源、土地资源、地下水资源、地质景观资源、矿石、矿体、矿床、品位、围岩。

● 思考题

(1) 何为地质资源？它包括哪些类型？

(2) 何为矿产资源、土地资源、地下水资源、地质景观资源？它们各有什么特性？

(3) 何为矿床、矿体、矿石？

(4) 简述我国矿产资源的特点。

主要参考文献

国家质量技术监督局,1988.岩石分类和命名方案 变质岩岩石分类和命名方案:GB/T 17412.1—1998[S].北京:质检出版社.

国家质量技术监督局,1988.岩石分类和命名方案 沉积岩岩石分类和命名方案:GB/T 17412.1—1998[S].北京:质检出版社.

国家质量技术监督局,1988.岩石分类和命名方案 火成岩岩石分类和命名方案:GB/T 17412.1—1998[S].北京:质检出版社.

韩运宴,罗刚,徐永齐,2007.地质学基础[M].北京:地质出版社.

黄定华,2004.普通地质学[M].北京:高等出版社.

刘本培,全秋琦,1996.地史学教程[M].3版.北京:地质出版社.

潘桂棠,郝国杰,冯艳芳,等,2009.中国大地构造单元划分[J].中国地质,26(1):28.

苏良树,2020.普通地质学[M].4版.北京:地质出版社.

陶晓风,吴德超,2007.普通地质学[M].北京:科学出版社.

王大纯,等,2006.水文地质学基础[M].北京:地质出版社.

王鸿祯,刘本培,1980.地史学教程[M].北京:地质出版社.

吴泰然,何国奇,等,2003.普通地质学[M].北京:北京大学出版社.

徐开礼,朱志澄,1987.构造地质学[M].北京:地质出版社.

杨坤光,袁晏明,2019.地质学基础[M].2版.武汉:中国地质大学出版社.

杨世瑜,吴志亮,2006.旅游地质学[M].天津:南开大学出版社.

张人权,等,2016.水文地质学基础[M].北京:地质出版社.

自然资源部,2022.中国矿产资源报告(2022)[M].北京:地质出版社.左琼华,杨加庆,2021.岩石肉眼鉴定[M].北京:地质出版社.